Python Web
开发
从入门到精通

王海飞◎编著

北京大学出版社
PEKING UNIVERSITY PRESS

内 容 提 要

本书以Python Web开发中的实际工作需求为出发点,结合大量典型实例,全面讲解Python Web在网站开发中的应用。

全书分为5篇,第1篇是入门篇,介绍Python基础知识、数据库基础知识、前端基础知识等;第2篇是进阶篇,介绍Django的基础知识,以及虚拟环境的安装与使用;第3篇是精进篇,介绍微框架Flask、高并发框架Tornado和底层框架Twisted;第4篇是实战篇,以项目案例的形式讲解如何使用Python进行商城网站前端、后端的开发;第5篇是部署篇,介绍Linux服务器的基础操作、远程连接软件Xshell和Xftp的安装与使用、Nginx服务与uWSGI服务的基础操作、项目的部署上线。

全书内容由浅入深,案例丰富且全部来源于实际开发工作。本书适合零基础或基础薄弱但又想快速掌握Python Web开发、数据库和HTML基础技能的读者,也适合作为相关专业的教学用书。

图书在版编目(CIP)数据

Python Web开发从入门到精通 / 王海飞编著. —— 北京:北京大学出版社,2020.9
ISBN 978-7-301-31487-6

Ⅰ.①P⋯ Ⅱ.①王⋯ Ⅲ.①软件工具 – 程序设计Ⅳ.①TP311.561

中国版本图书馆CIP数据核字(2020)第139234号

书　　　名	Python Web开发从入门到精通
	PYTHON WEB KAIFA CONG RUMEN DAO JINGTONG
著作责任者	王海飞　编著
责 任 编 辑	张云静　杨　爽
标 准 书 号	ISBN 978-7-301-31487-6
出 版 发 行	北京大学出版社
地　　　址	北京市海淀区成府路205 号　100871
网　　　址	http://www.pup.cn　　　新浪微博:@ 北京大学出版社
电 子 信 箱	pup7@ pup.cn
电　　　话	邮购部 010–62752015　发行部 010–62750672　编辑部 010–62570390
印 刷 者	北京鑫海金澳胶印有限公司
经 销 者	新华书店
	787毫米×1092毫米　16开本　30.75 印张　720千字
	2020年9月第1版　2020年9月第1次印刷
印　　　数	1–4000册
定　　　价	99.00 元

前言

Preface

Python 语言易学易用，被广泛应用于各种领域。Python 是 Web 开发的主流语言，具有完整、成熟的 Web 框架，如 Django 框架、Flask 框架、Tornado 框架、Twisted 框架等。Python 应用于 Web 开发的效率极高。

关于本书

市面上已有的关于 Python Web 开发的图书要么单一讲解开发框架的应用，要么单一讲解数据库或 Web 前端技术的应用。本书最大的不同之处在于，它将 Python 入门基础、数据库应用、Web 前端技术应用、主流 Web 开发框架应用以及网站项目开发实战、网站部署上线等必备技能进行整合，将相关内容科学地融合到一本书中进行讲解。本书结合丰富的案例，系统、全面地讲解了 Python Web 开发的相关知识、技能在实战中的应用。

内容结构

本书内容翔实，以最新版本的 Python 3.7 为工具，以 Web 开发中实际工作需求为出发点，结合大量典型实例，全面、系统地讲解 Python Web 在网站开发中的应用。全书内容安排及结构如下图所示。

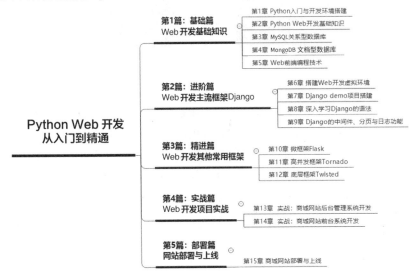

读者如果有一定的 Python 基础，可挑选自己需要的内容进行学习。本书所展示的所有代码都配套源码供读者阅读，学习编程最好的方法之一就是阅读别人的源码，然后自己上手开发实践。

本书特色

本书力求简单、全面，坚持以实例为主、理论为辅。全书分为 5 篇，共 15 章，包含了从 Python 基础、数据库基础到 Python Web 流行框架、实战案例、运维部署等内容，覆盖了 Web 开发的全部过程。本书有以下特色。

（1）案例丰富，易学易读。本书包含大量的示例代码，示例简短且紧扣主题，读者只需参考源码，修改示例，就能得到自己想要的结果，真正实现了让读者看得懂、学得会、做得出。

（2）系统全面，实用性强。书中全面讲解了 Python 基础、数据库基础、前端基础、Python Web 流行框架、实战案例、运维部署等内容，可作为零基础人员的入门书籍。由于 Python Web 不局限于某一个框架，所以本书分别讲解了当前比较流行的 4 个框架，使读者在开发工作中更得心应手。

（3）实战演练，巩固知识。全书安排了 12 个"实战演练"案例，都是作者多年的实战开发经验的总结。通过"实战演练"案例实训，读者能够尽快巩固知识，做到举一反三，学以致用。

（4）新手问答，排忧解难。全书安排了 26 个"新手问答"，帮助初学者解决常见疑难问题。

除了书，您还能得到什么

（1）赠送案例源码。提供书中相关案例的源代码，方便读者学习参考。

（2）赠送 Python 精选面试题。旨在帮助读者在工作面试时提高成功率。习题见附录，习题答案可通过扫描下方的二维码下载资源。

以上资源，请用微信扫一扫下方二维码关注公众号，输入提取码 201936E，获取下载地址及下载码。

致谢

这本书献给我的父母、姐姐，同时也献给一直以来鼓励我的朋友。感谢骆昊大神、雷静老师以及在工作与技术上给我提供支持的同事，最后还要感谢在创作时给予我无限关怀的妻子。感谢胡子平老师及出版社编辑在写作上的指导，正因为你们认真、严谨的编审态度，本书才得以高质量顺利出版。

我竭尽所能地为您呈现最好、最全的实用内容，书中若有疏漏和不妥之处，敬请广大读者不吝指正。

读者信箱：2751801073@qq.com　　读者交流群：335239641

目录
Contents

第2篇　进阶篇：Web开发主流框架Django

第3篇　精进篇：Web开发其他常用框架

第4篇　实战篇：Web开发项目实战

第5篇　部署篇：网站部署与上线

第1篇

入门篇

Web 开发基础知识

欢迎学习 Python 语言。Python 是一种结合了解释性、面向对象、动态数据类型的高级程序设计语言，是 Guido van Rossum 在荷兰国家数学和计算机科学研究所设计出来的，第一个公开发行版于 1991 年发布。

Python Web 框架是一种快速开发系统的应用，包括简单的博客系统、客户关系管理系统（CRM）、内容管理系统（CMS）和企业资源管理系统（ERP）等。本书将使用 Python 语言的 Web 框架由浅入深地讲解 Web 开发流程和项目的设计与实现。本篇旨在为 Web 开发打下坚实的基础，带领读者了解 Web 开发的相关基础知识。

第 1 章
Python 入门与开发环境搭建

本章旨在让零基础的读者初步了解 Python 编程语言，为后面的 Web 开发学习打下基础。本章将分别介绍 Python 语言及发展趋势、Python 主要的应用领域、Python 版本的选择、Python 在不同操作系统下的安装、Python IDE 的运行与使用等，以便读者对即将学习的 Python 语言有一个更清晰的认知，明确学习 Python 语言的目的。如果读者对 Python 已有良好的认识，可直接进入第 2 章，开始下一阶段的学习。

通过本章内容的学习，读者将掌握以下知识。

- 了解 Python 语言，包括 Python 语言的排行、Python 语言应用的领域
- 掌握 Python 开发环境的安装与配置
- 了解 Python 2.x 和 Python 3.x
- 掌握 PyCharm 开发工具的使用

1.1 认识Python

Python 的第一个公开发行版本于 1991 年发布，至今 Python 语言已经流行了 20 多年，在各个领域都有广泛的应用。

Python 语言能够广泛应用于各领域，主要原因是它具有易学易用、跨平台性等特点，且 Python 语言是一种"胶水语言"，即可用于连接软件组件的程序设计语言。Python 语言作为解释性语言，在运行程序时会将程序编译为机器代码，开发效率高。

Python 目前流行两个版本：Python 2.x 版本和 Python 3.x 版本。Python 3.x 版本和 Python 2.x 版本无法做到完全兼容，本书使用 Python 3.7.0。

1.1.1 Python简介

Python 语言是由 Guido van Rossum 于 1989 年创立的，经历了 30 多年的沉淀与发展后，如今正在广泛地被人们所使用。目前 Python 语言已成为最受欢迎的编程语言之一。

不同开发语言的流行程度皆可在 TIOBE 排行榜进行查询。图 1-1 展示了 TIOBE 编程语言社区发布的 2020 年 7 月排行榜。

Jul 2020	Jul 2019	Change	Programming Language	Ratings	Change
1	2	∧	C	16.45%	+2.24%
2	1	∨	Java	15.10%	+0.04%
3	3		Python	9.09%	-0.17%
4	4		C++	6.21%	-0.49%
5	5		C#	5.25%	+0.88%
6	6		Visual Basic	5.23%	+1.03%
7	7		JavaScript	2.48%	+0.18%
8	20	∧∧	R	2.41%	+1.57%
9	8	∨	PHP	1.90%	-0.27%
10	13	∧	Swift	1.43%	+0.31%
11	9	∨	SQL	1.40%	-0.58%
12	16	∧∧	Go	1.21%	+0.19%
13	12	∨	Assembly language	0.94%	-0.45%
14	19	∧∧	Perl	0.87%	-0.04%
15	14	∨	MATLAB	0.84%	-0.24%
16	11	∨∨	Ruby	0.81%	-0.83%
17	30	∧∧	Scratch	0.72%	+0.35%
18	33	∧∧	Rust	0.70%	+0.36%
19	23	∧∧	PL/SQL	0.68%	-0.01%
20	17	∨	Classic Visual Basic	0.66%	-0.35%

图1-1　2020年7月编程语言热度排行榜

从 2020 年 7 月的排行榜中我们不难发现，Python 凭借自身的优势，目前已稳居第 3 名。

TIOBE 排行榜每个月更新一次，可以作为编程语言流行度的指数，且该指数基于全球技术工程师、课程和第三方供应商的数量，流行的搜索引擎，如谷歌、必应、雅虎、维基百科、亚马逊和百度等都在使用指数计算。计算方式可参照的网站地址为 https://www.tiobe.com/tiobe-index/programming-languages-definition/。

继续看看最近 20 年常用的编程语言的热度曲线走势图，如图 1-2 所示。

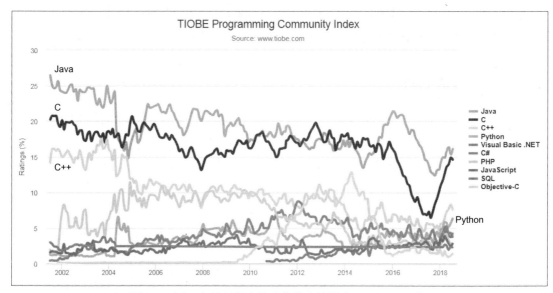

图1-2　近20年编程语言热度曲线走势图（2002-2020）

从编程语言热度曲线走势图中可以看出 Java、C、Python 等语言的热度走势，特别是 Python 语言的曲线不断升高。每种语言都各有优势，但 Python 能稳居前列足以说明 Python 语言具有强大、简洁、优美、优雅的语法特性。用一句经典的话语来形容 Python 这门语言在人们心目中的地位，那就是"人生苦短，我用 Python"。

1.1.2　Python的应用领域

Python 语言已经流行了 20 多年，在各领域都有广泛的应用。不管是在 Web 开发、爬虫、云计算、人工智能，还是在游戏开发等领域，Python 都能够胜任。下面介绍 Python 主要的应用领域。

（1）Web 开发领域。Python 是 Web 开发中的主流语言，配备有完整成熟的 Web 框架，如 Django 框架、Flask 框架、Tornado 框架、Twisted 框架等。Python 应用于 Web 开发的效率极高。Python 在 YouTuBe、豆瓣、Instagram、Google 等知名平台都有应用。在网络上，还有一篇名为《Python+Django 如何支撑了 7 亿月活用户的 Instagram》的文章，对 Python Web 开发在 Instagram

上的运用进行了详细的介绍。

（2）爬虫领域。网络爬虫又被称为网络蜘蛛（Spider），是一种按照一定规则自动爬取万维网信息的程序。Python 在爬虫领域的应用也是非常广泛，同样配备完整成熟的爬虫框架，如 Pyspider 框架、Scrapy 框架、Cola 分布式爬虫框架、Portia 框架、Demiurge 微型爬虫框架和 Grab 网络爬虫框架。

网络爬虫还可结合自动化测试工具 Selenium 进行数据爬取的开发工作。

（3）云计算领域。OpenStack 云计算平台就是基于 Python 开发的，旨在解决公共云及私有云的建设与管理问题。

（4）人工智能领域。得益于自身的数据分析能力与强大而丰富的库，Python 在人脸识别、语音识别、无人驾驶和 AlphaGo 等人工智能领域都得以应用。

除此之外，Python 还被应用于游戏开发、自动化运维、网络编程等领域，这里就不再一一介绍了。

1.1.3　Python版本的选择

1991 年年初，Python 发布第一个公开发行版 Python 2，在 2008 年又发布了 Python 3.0。Python 3 很好地解决了之前版本中的遗留问题，但是由于大量的项目已经使用了 Python 2 进行开发，同时 Python 2 还有非常丰富的类库，而 Python 3 对 Python 2 的类库的支持比较一般，所以很多项目无法从 Python 2 迁移到 Python 3，再加上 Python 3 在设计上是不完全向下兼容的，于是 Python 2 和 Python 3 两个版本就进入了一个长期并行的开发和维护的阶段。

目前 Python 2 只维护到 2020 年，Python 2.7 是 Python 2.x 的最后一个版本。零基础的读者建议直接学习 Python 3.x，在未来 Python 3 的库也会逐渐丰富起来。

1.2　Python的安装与环境搭建

Python 是个跨平台语言，支持在不同系统上运行。本节中将分别介绍在 Windows 系统、Linux 系统、Mac OS 系统下安装 Python 3.7.0 的方法。

安装 Python 3.7.0 之前需先确认待安装的计算机中是否已经安装 Python，避免重复安装不同版本的 Python。

1.2.1 Windows系统下Python的安装与环境搭建

Windows 是目前应用最广泛的操作系统之一，本节将介绍 Windows 操作系统下 Python 的安装与环境搭建。

1.检查Windows系统中是否已安装Python

安装之前需先确认计算机中是否已经安装 Python，避免重复安装不同版本的 Python。

步骤 1：按键盘上的【Win+R】快捷键，如图 1-3 所示。弹出【运行】对话框，在【打开】文本框中输入"cmd"，如图 1-4 所示，按下【Enter】键即可打开一个命令窗口。

图1-3 【Win+R】快捷键组合使用图

图1-4 运行"cmd"命令窗口

步骤 2：在弹出的命令窗口中直接输入"python"并按【Enter】键，若出现如图 1-5 所示的信息，则说明计算机中已安装 Python 3.7.0 版本。

图1-5 执行"python"命令窗口

若出现"'python'不是内部或外部命令，也不是可运行的程序或批处理文件"的提示信息，如图 1-6 所示，则说明计算机中没有安装 Python。

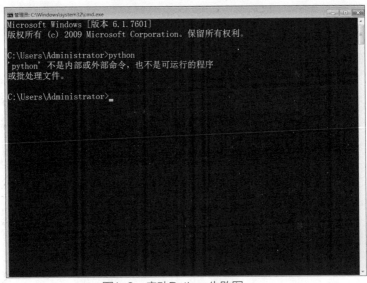

图1-6　启动Python失败图

2.Windows系统中Python 3.7.0版本的下载

根据 Windows（32 位或 64 位）版本从官网下载 Python 3.7.0 对应的安装包。官网下载地址为 https://www.python.org/downloads/。其详细操作步骤如下。

步骤 1：打开浏览器，在地址栏输入"https://www.python.org/downloads/"，进入 Python 官网，找到【Windows】链接，如图 1-7 所示。

图1-7　进入Python官网

步骤 2：单击图 1-7 中的【Windows】链接进入下载页面，如图 1-8 所示。

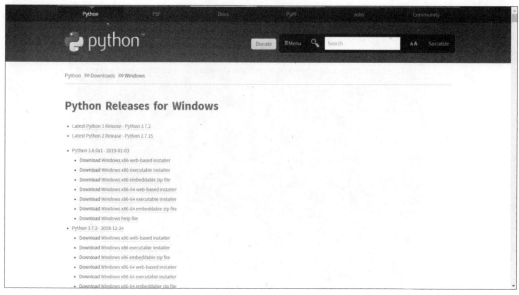

图1-8　进入Windows版本下载页面

步骤 3：将浏览器页面向下滚动，找到【Python 3.7.0 - 2018-06-27】链接，如图 1-9 所示。

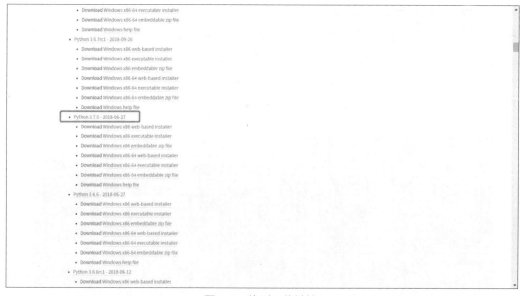

图1-9　找到下载链接

步骤 4：在 Windows 版本下载页面中，根据当前操作系统的类型单击相应的链接下载 Python 安装程序。若操作系统是 64 位，则单击【Windows x86-64 executable installer】链接进行下载；若操作系统是 32 位，则单击【Windows x86 executable installer】链接进行下载，如图 1-10 所示。

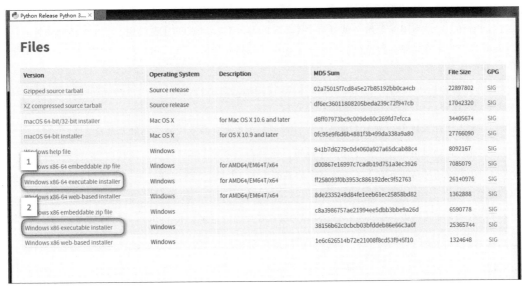

图1-10　根据操作系统类型下载Python安装程序

3.图解安装步骤

运行下载完成的 Python 3.7.0 安装程序，开始安装 Python 软件，详细操作步骤如下。

步骤 1：双击已下载完成的 Python 3.7.0 安装程序，如图 1-11 所示。

图1-11　双击运行Python 3.7.0安装程序

步骤 2：Python 安装程序显示如图 1-12 所示的安装界面，此时需要选中【Add Python 3.7 to PATH】复选框，并单击【Customize installation】按钮。

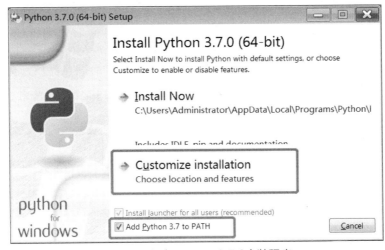

图1-12　运行Python 3.7.0安装程序

在进行 Python 3.7.0 版本安装时，最好选中【Add Python 3.7 to PATH】复选框。选中该选项的目的是将可执行 Python 文件的主路径加入到系统环境变量中，以便能从命令提示符 CMD 中通过输入 Python 命令快速进入 Python 的解释器环境。

如果读者在安装 Python 程序时，没有选中【Add Python 3.7 to PATH】复选框，则可以按照以下步骤进行添加环境变量的操作。

步骤 1：右击【计算机】，单击【属性】，再单击系统属性页面左侧的【高级系统设置】。

步骤 2：在弹出的对话框中单击【高级】选项，并单击底部的【环境变量】按钮。

步骤 3：在弹出的对话框底部【系统变量】中找到【Path】变量，并单击底部的【编辑】按钮进行【Path】变量值的编辑。

步骤 4：系统变量【Path】的变量值为安装 Python 的路径。例如，将 Python 3.7.0 安装在 D 盘下，添加的变量值为 "D:\python37\Scripts\;D:\python37\;"。

步骤 3：进入可选选项页面，此处默认全部选中，不做任何改动，单击【Next】按钮即可，如图 1-13 所示。

图1-13 选中安装的功能

步骤 4：进入安装配置界面，可根据需要选中相应选项。除默认的选项外，这里还选中了【Install for all users】和【Precompile standard library】复选框，同时下方的【Customize install location】选择框选择默认的安装地址为 "D:\python37"，单击【Install】按钮开始安装，如图 1-14 所示。

安装时最好选中【Install for all users】和【Precompile standard library】复选框。

【Install for all users】选项：表示本机的所有用户可以使用安装。如本机其他用户也有运行 Python 程序的需要，可直接运行 Python 程序而不需再安装 Python 运行程序。

【Precompile standard library】选项：表示在安装期间预编译标准库，即将标准库中的 py 文件编译为 pyc 文件。勾选该选项的优点是在后续使用过程中不用再次编译，可直接使用，缺点是安装过程所需时间稍长。刚入门的读者可以忽略该选项的勾选。

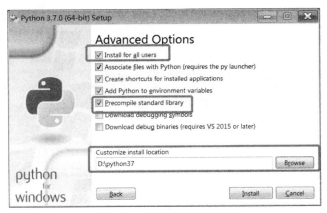

图1-14　选择安装配置选项

步骤 5：等待安装程序自动执行安装，如图 1-15 所示。

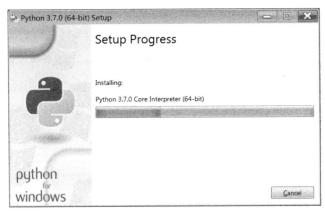

图1-15　等待安装

步骤 6：当计算机显示如图 1-16 所示界面时即表示 Python 环境已经成功安装，单击【Close】按钮关闭安装程序。

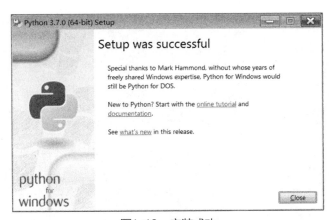

图1-16　安装成功

步骤 7：验证 Python 3.7.0 是否安装成功。按下键盘上的【Win+R】键后，在【运行】窗口中输入 cmd 命令，在弹出的命令窗口中输入 python 后，按下【Enter】键即可，如图 1-17 所示。

```
C:\Users\Administrator>python
Python 3.7.0 (v3.7.0:1bf9cc5093, Jun 27 2018, 04:59:51) [MSC v.1914 64 bit (AMD64)] on win32
Type "help", "copyright", "credits" or "license" for more information.
>>>
```

图1-17　成功安装Python 3.7.0的截图

1.2.2　Linux系统下Python的安装与环境搭建

Linux 作为一个稳定的多用户网络操作系统被许多编程人员喜爱。本节将介绍如何在 Linux 系统下安装 Python 程序。

Linux 系统下安装 Python 程序需读者使用 Xshell 终端软件远程连接 Linux 服务器。Linux 服务器可在阿里云上进行购买，或将计算机装成 Linux 系统。Linux 系统有众多版本，本书使用 CentOS 7 系统进行 Python 环境的搭建。

1.检查Linux服务器中是否已安装Python 3.7.0版本

安装之前需先确认计算机中是否已经安装 Python，避免重复安装不同版本的 Python。

步骤 1：连接云服务器的终端工具为 Xshell（Xshell 的安装与配置将在第 15 章进行详细讲解）。使用 Xshell 访问 CentOS 7 64 版本的云服务器，连接服务器成功后，默认打开一个命令行界面，如图 1-18 所示。

步骤 2：在控制窗口中输入命令"python"并单击【Tab】键，即可查看当前系统中已安装了哪些 Python 版本，如图 1-19 所示。

由于 CentOS 7 中已默认安装 Python 2.x 版本，因此可以分别执行 python、python2、python2.7 命令进入 Python 2 的解释器环境。如需退出当前 Python 解释器，则需按下键盘上的【Ctrl+D】键或【Ctrl+Z】键或输入 exit() 命令，然后按【Enter】键退出。

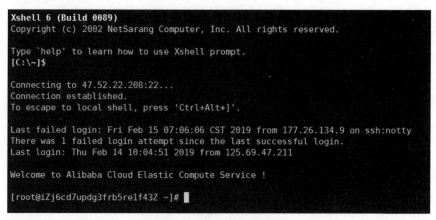

图1-18　打开命令行界面

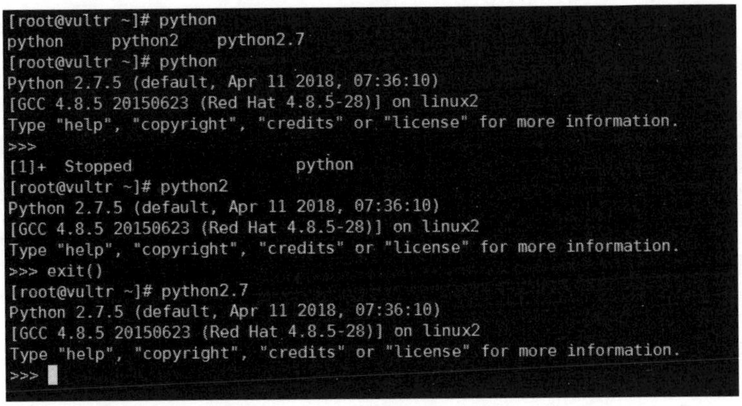

图1-19　CentOS 7 x64下默认安装的Python版本信息

2.Linux服务器中Python 3.7.0版本的下载与安装

CentOS 7 中默认只安装 Python 2.x 版本，因此 Python 3.x 版本需自行安装。下面将在服务器中安装 Python 3.7.0 版本。详细操作步骤如下。

步骤 1：CentOS 7 中安装 Python 3.x 所需要的各种依赖包。在 CentOS 7 中执行以下命令。

```
yum -y groupinstall "Development tools"

yum -y install zlib-devel bzip2-devel openssl-devel ncurses-devel sqlite-devel
readline-devel tk-devel gdbm-devel db4-devel libpcap-devel xz-devel libffi-devel
```

步骤 2：使用 wget 命令下载 Python 3.7.0 程序。下载命令为 wget https://www.python.org/ftp/python/3.7.0/Python-3.7.0.tar.xz，如图 1-20 所示。

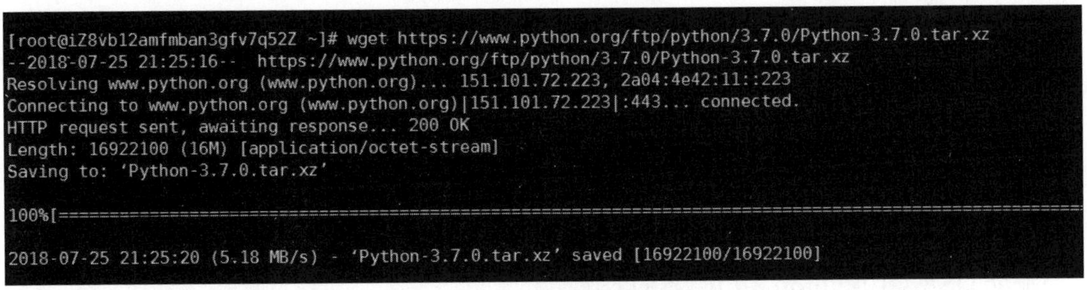

图1-20　下载Python 3.7.0

通过 wget 命令下载 Python-3.7.0.tar.xz 压缩包后，可以使用 tar 命令进行压缩包的解压，并使用 make 命令进行编译。解压和编译的命令如步骤 3 所示。

步骤 3：安装 Python 3.7.0 程序。

```
先解压：tar -xvJf Python-3.7.0.tar.xz
进入解压后的 Python-3.7.0 文件夹：cd Python-3.7.0
指定编译后的文件路径：./configure --prefix=/usr/local/python3bu'y
编译：make && make install
```

以上步骤操作的进程可能有些缓慢，需要耐心等待。执行完命令后，Python 3.7.0 就已经安装成功了。已安装的 Python 3.7.0 的文件位置为 /usr/bin/python3。

步骤 4：建立 python3 的软连接及 pip3 的软连接。

创建 python3 的软连接：
```
ln -s /usr/local/python3/bin/python3 /usr/bin/python3
```

创建 pip3 的软连接：
```
ln -s /usr/local/python3/bin/pip3 /usr/bin/pip3
```

步骤 5：在控制窗口中输入"python3"并按【Enter】键，进入 Python 3.7.0 的解释器环境，如图 1-21 所示。

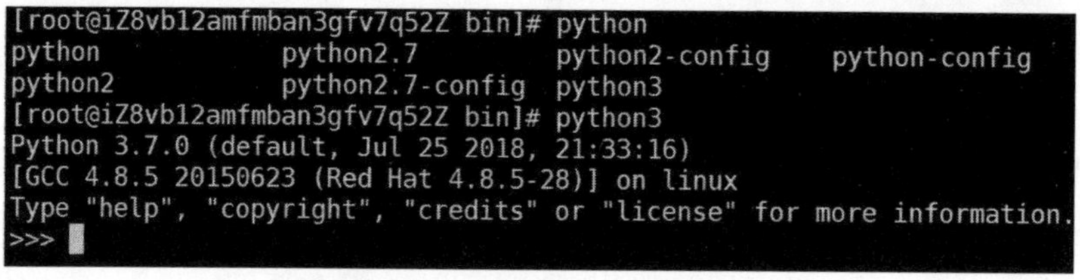

图1-21　Python 3.7.0 安装成功并运行

1.2.3　Mac OS系统下Python的安装与环境搭建

Mac OS 系统自带 Python 2.x 版本程序，如果使用 Mac 计算机，则可以直接在控制台窗口中输入"python"进入 Python 的解释器，如图 1-22 所示。

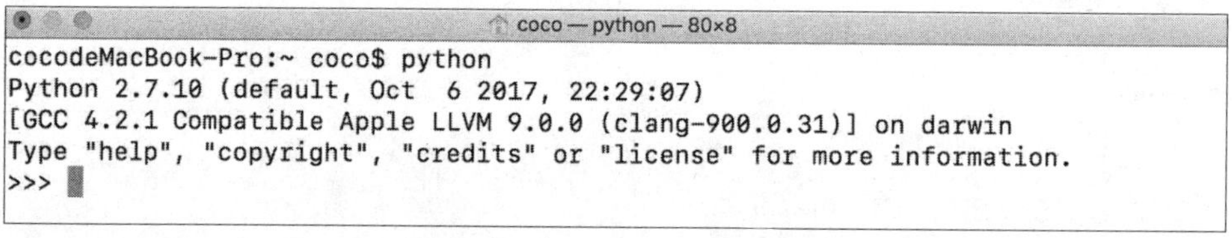

图1-22　Mac中的Python 2

1.Mac OS系统中Python 3.7.0版本的下载

Mac 系统下安装 Python 非常简单，与 Windows 系统下的安装方式类似。从官网下载 Python 3.7.0 的安装包，详细操作步骤如下。

步骤 1：打开浏览器，访问官网下载页面地址 https://www.python.org/downloads/，找到【Mac OS X】链接，如图 1-23 所示。

图1-23　进入Python官网

步骤 2： 单击图 1-23 中的【 Mac OS X 】链接进入下载页面，如图 1-24 所示。

图1-24　进入Mac OS版本下载页面

步骤 3： 将浏览器页面滚动到底部如图 1-25 所示的位置，找到【 Python 3.7.0 - 2018-06-27 】链接。

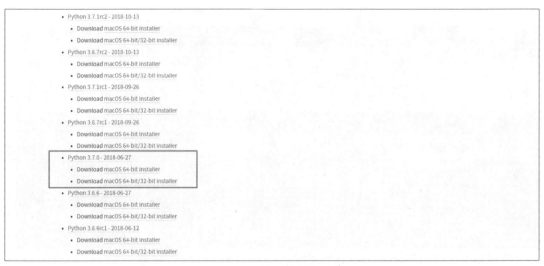

图1-25　找到下载链接

步骤 4：根据当前操作系统的类型单击相应的链接下载 Python 安装程序，如图 1-26 所示。若操作系统是 10.6，则单击【macOS 64-bit/32-bit installer】链接，它同时支持 32 位和 64 位运行环境；若操作系统是 10.9，则单击【macOS 64-bit installer】链接，它只支持 64 位运行环境。

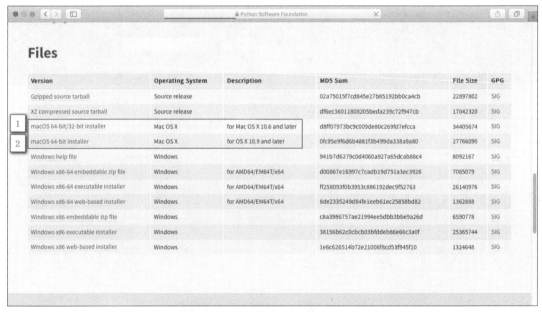

图1-26　根据Mac OS系统版本下载Python 3.7.0安装程序

2.图解安装步骤

运行下载完成的 Python 3.7.0 安装程序，开始安装 Python 软件，详细操作步骤如下。

步骤 1：双击已下载完成的 Python 3.7.0 安装程序，进入如图 1-27 所示的安装界面，单击【继续】按钮。

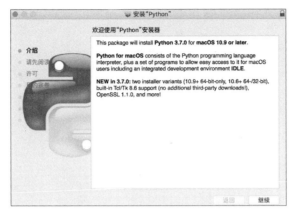

图1-27　安装Python 3.7.0

步骤 2：根据提示单击【继续】按钮，如图 1-28 所示。

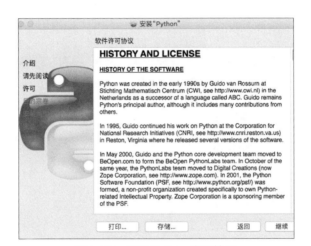

图1-28　显示Python许可协议

步骤 3：在弹出的对话框中单击【同意】按钮，如图 1-29 所示。

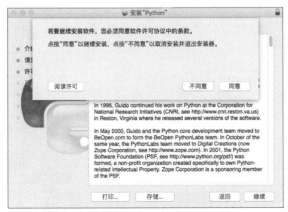

图1-29　同意Python软件许可协议

步骤4：单击【自定】按钮，查看将安装的组件，如图1-30所示。

图1-30　以自定义方式安装Python

步骤5：默认选中所有组件，如图1-31所示，单击【安装】按钮。

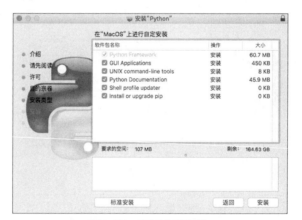

图1-31　查看安装组件

步骤6：输入用户名及密码，如图1-32所示，单击【安装软件】按钮。

图1-32　输入当前用户名及密码

步骤 7：开始安装 Python，如图 1-33 所示。

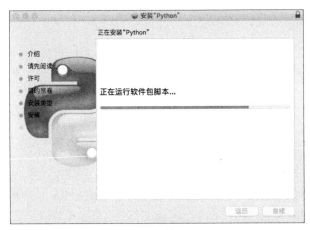

图1-33　安装Python

步骤 8：当显示如图 1-34 所示界面时，即表示 Python 已经成功安装，单击【关闭】按钮关闭安装程序。

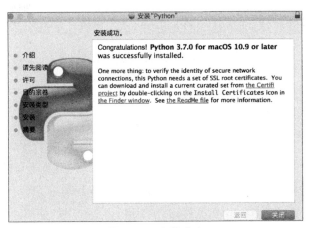

图1-34　安装成功

步骤 9：检测是否成功安装 Python 3.7.0。打开终端控制台，输入"python3"即可进入 Python 3.7.0 的解释器，如图 1-35 所示。

```
zldeMacBook-Pro-2:~      $ python3
Python 3.7.0 (v3.7.0:1bf9cc5093, Jun 26 2018, 23:26:24)
[Clang 6.0 (clang-600.0.57)] on darwin
Type "help", "copyright", "credits" or "license" for more information.
>>>
```

图1-35　Mac中Python 3.7.0解释器

新手问答

问题1：新手学习使用Python应该选择哪一种操作系统？

答：如果是零基础入门学习 Python，推荐使用 Windows 系统来学习和操作 Python 语言，因为很多读者接触计算机，都是从使用 Windows 系统开始的。

问题2：Python Web领域中需掌握哪些技术栈？

答：Python 在 Web 应用开发中，涉及的技术栈有关系型或非关系型数据库（如关系型数据库 MySQL、非关系型数据库 MongoDB）、Linux 操作、Web 框架（如 Django 框架、Flask 框架、Tornado 框架等）、Git 版本控制、超文本标记语言（HTML）等。

实战演练：使用与运行IDE开发环境工具

【案例任务】

在 Python 程序开发中，读者可选择适合自己的 Python IDE 工具。本案例中将演示 Python 自带 IDE 工具的使用及 PyCharm 的使用。

【技术解析】

Python 开发工具推荐使用 PyCharm。PyCharm 具有调试、语法高亮、项目管理、单元测试、版本控制等功能，另外 PyCharm 还可用于开发 Python Web 相关框架。

实现方法中将分别演示 Python IDE 工具与 PyCharm 开发工具的使用。

【实现方法】

1.Python IDE 的运行与使用

集成开发环境（Integrated Development Environment，IDE）是用于提供程序开发环境的应用程序，包括代码编辑、调试器、编译器和图形用户界面等工具。这里将演示 Python 自带的 IDE 工具的运行与使用。

步骤 1：安装好 Python 以后，我们可以在【开始】菜单中找到安装 Python 的文件夹，需注意该文件夹下有两个比较重要的选项，一个是【IDLE(Python 3.7 64-bit)】选项，另一个是【Python 3.7 Manuals(64-bit)】选项，如图 1-36 所示。

图1-36　Python 3.7文件详解

步骤 2：单击【IDLE(Python 3.7 64-bit)】选项后，操作系统桌面会弹出一个【Python 3.7.0 Shell】窗口，该窗口就是用于编写和执行 Python 语法命令的窗口。在窗口中输入"import this"后按下【Enter】键，可看到如图 1-37 所示界面，界面中输出的是"Python 之禅"。

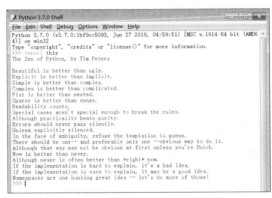

图1-37　Python Shell窗口

步骤 3：单击【Python 3.7 Manuals(64-bit)】选项后，在操作系统桌面会弹出一个【Python 3.7.0 documentation】窗口，这既是 Python 开发文档，也是查阅手册。单击左侧选项卡【索引】，在【键入关键字进行查找（W）】中输入"os.path"后，按下【Enter】键，搜索相关的语法，搜索结果如图 1-38 所示。

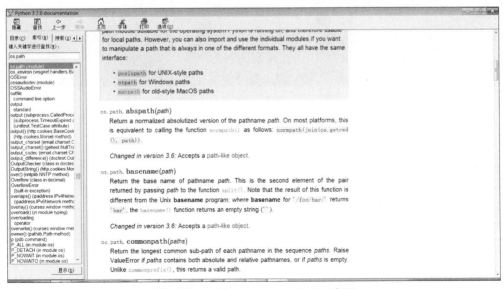

图1-38　Python documentation窗口

2.PyCharm 的基本使用

PyCharm 是一款非常流行的 Python IDE 开发工具，除 PyCharm 之外，其他比较成熟的 IDE 开发工具还有 Eclipse、VSCode 等。若觉得 IDE 笨重，那么使用 VIM 进行 Python 开发也是不错的选择，读者可根据情况自行选择。

由于本书中使用的操作系统是 Windows，所以下面讲解在 Windows 中安装 PyCharm。PyCharm 的下载地址为 https://www.jetbrains.com/pycharm/download/#section=windows。从下载界面中可以看到有 2 个版本的 PyCharm 可供下载安装，一个是专业版本，另一个是社区版本。个人开发使用免费的社区版就可以了。默认读者已安装好 PyCharm。

创建 Python 文件并运行的步骤如下。

步骤 1：双击打开 PyCharm 并打开项目所在的路径，默认路径为"D:\wordspace\demo"，如图 1-39 所示。

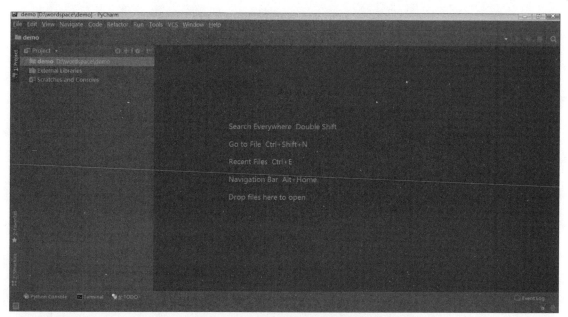

图1-39　PyCharm的工作窗口

步骤 2：右击 PyCharm 的左侧 demo 文件夹，单击【New】按钮后再单击【Python File】按钮，创建一个名为"hello.py"的文件，如图 1-40 所示。

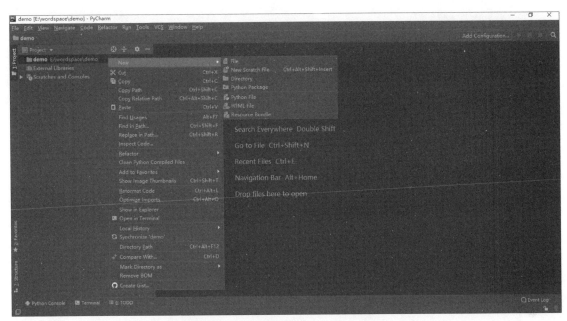

图1-40　创建"hello.py"文件

步骤 3：在"hello.py"文件中输出"hello Python"，如图 1-41 所示。

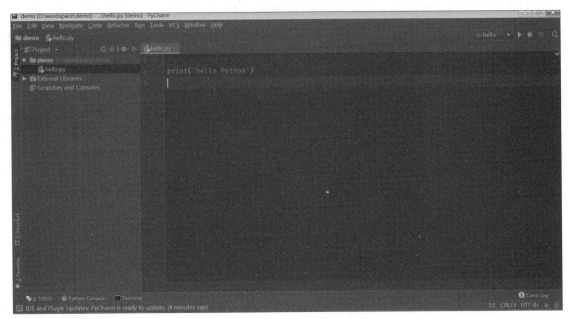

图1-41　PyCharm的工作窗口

步骤 4：在 PyCharm 的右侧窗口空白处中右击打开快捷菜单，单击【Run 'hello'】选项，即可在底部的窗口中看到输出的"hello Python"，如图 1-42 所示。

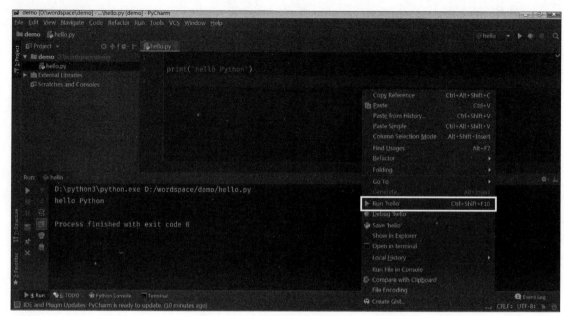

图1-42　输出"hello Python"

本章小结

本章主要介绍了 Python 的入门知识及其在不同操作系统下的安装方法，通过对这部分知识的学习，读者可以对 Python 有一个初步的认识。为了更好地理解本章知识，推荐读者使用 Python 自带开发工具 IDE 及专业 Python 开发工具 PyCharm。

第 2 章
Python Web 开发基础知识

本章主要讲解 Python 的语法知识，包括 Python 的数据基础类型、Python 逻辑控制、Python 的异常处理、面向对象编程，以及如何分析并灵活运用 Python 实现相关案例。

通过本章内容的学习，读者将掌握以下知识。

- 掌握定义符合规范的变量
- 掌握 Python 的基本数据类型
- 掌握 Python 中基本逻辑控制符
- 掌握 Python 的异常处理机制
- 掌握面向对象编程的思想
- 了解 __init__() 方法、__new__() 方法、__del__() 方法的实现方式
- 了解面向对象编程中的继承与多态

2.1 Python基础数据类型

在 Web 开发中，变量是一种存储数据的载体，变量的值可以被修改和读取。计算机能处理的数据有很多种类型，如文本、音频、视频、数值等，因此不同的数据需要定义不同的存储类型。

在 Python 中，变量的使用并不需要提前声明，只需在使用前赋值即可。变量被赋值的同时便会被赋予一个数据类型，因此所有的变量都具有数据类型。

变量的定义必须遵循以下规则。

（1）变量名只能包含字母、数字和下划线。

（2）变量名只能以字母或下划线开头，不能用数字开头。

（3）变量名中不能包含空格，如果出现多个单词，多个单词之间用下划线连接。

（4）变量名区分大小写，如小写 m 和大写 M 是不同的变量。

（5）变量名绝对不能用 Python 的关键字和函数名，如 print。

（6）受保护的实例属性用单下划线开头。

（7）私有的实例属性用两个下划线开头。

2.1.1 数字（Number）类型

在 Python 3.x 中有 3 种数字类型：整（int）型、浮点（float）型和复数（complex）型。

（1）整（int）型：在 Python 中可以处理任意大小的整数，而且支持二进制（如 0b100，换算成十进制是 4）、八进制（如 0o100，换算成十进制是 64）、十进制（如 100）和十六进制（如 0x100，换算成十进制是 256）的表示法。

整（int）型的子类型为布尔（bool）型，布尔值只有 True 和 False 两种值，即要么是 True，要么是 False。在 Python 中，可以直接用 True、False 表示布尔值（需注意大小写），也可以通过布尔运算计算出布尔值（例如，3 < 5 会产生布尔值 True，而 2 == 1 会产生布尔值 False）。True 和 False 还可以和数字进行运算，例如，True+1。

（2）浮点（float）型：浮点数也就是小数，之所以称为浮点数，是因为按照科学计数法表示时，一个浮点数的小数点位置是可变的。浮点数除了数学写法（如 123.456）之外还支持科学计数法（如 1.23456e2）。

（3）复数（complex）型：形如 3+5j，与数学上的复数表示一样，唯一不同的是虚部的 i 换成了 j。

1.算数运算

在所有的数字类型中（除复数类型）都可以进行以下操作。

【示例 2-1】算术运算符：+（加）、-（减）、*（乘）、/（除）、%（求余）、//（整除）、**（幂运算）。

```
# +、-、*、/、% 和数学里面相应的运算是一模一样的
print(12 + 10.0)
print(100 - 8)
print(10 * 7)
print(5 / 2)
print(10 % 4)
# ** 幂运算 计算 2 的 3 次方
print(2 ** 3)
# 整除
print(10.0 // 3)
```

运算结果如下。

```
22.0
92
70
2.5
2
8
3.0
```

2.进制转换

整型数值还可进行按位运算，以下分别讲解十进制、二进制、八进制、十六进制运算。

（1）十进制。

十进制中的基数：0，1，2，3，4，5，6，7，8，9。

十进制计算规则：逢十进一。

【示例 2-2】十进制的运算。

```
234 = 200 + 30 + 4
123 = 1*10² + 2*10¹ + 3*10⁰（任何数的 0 次方都是 1）
4563 = 3*10⁰ + 6*10¹ + 5*10² + 4*10³
```

其实我们平常写的数字就是十进制的。

（2）二进制（计算机中存储的数据都以二进制数存在）。

二进制中的基数：0，1。例如 1101，1010010。

二进制计算规则：逢二进一。

二进制转十进制规则：每一位上的数乘以当前位上的 2 的幂次数（从低位到高位，幂次数从 0 开始依次加 1），然后相加求和。

【示例 2-3】二进制转换为十进制。

二进制 1001 转十进制的公式为 $1*2^3 + 0*2^2 + 0*2^1 + 1*2^0 = 8 + 0 + 0 + 1 = 9$
二进制 101011 转十进制的公式为 $1*2^5 + 0*2^4 + 1*2^3 + 0*2^2 + 1*2^1 + 1*2^0 = 32 + 8 + 2 + 1 = 43$

（3）八进制。

八进制的基数：0，1，2，3，4，5，6，7。

八进制转十进制规则：每一位上的数乘以当前位上的 8 的幂次数（从低位到高位，幂次数从 0 开始依次加 1），然后相加求和。

【示例 2-4】八进制转换为十进制。

八进制 17 转十进制的公式为 $1*8^1 + 7*8^0 = 8 + 7 = 15$
八进制 76 转十进制的公式为 $7*8^1 + 6*8^0 = 56 + 6 = 62$

（4）十六进制。

十六进制中的基数：0，1，2，3，4，5，6，7，8，9，a/A（代表 10），b/B（代表 11），c/C（代表 12），d/D（代表 13），e/E（代表 14），f/F（代表 15）。

十六进制转十进制规则：每一位上的数乘以当前位上的 16 的幂次数（从低位到高位，幂次数从 0 开始依次加 1），然后相加求和。

【示例 2-5】十六进制转换为十进制。

十六进制 1f 转十进制的公式为 $1*16^1 + 15*16^0 = 16 + 15 = 31$
十六进制 abc 转十进制的公式为 $10*16^2 + 11*16^1 + 12*16^0 = 2560 + 176 + 12 = 2748$

2.1.2 字符串（String）类型

在 Python 中最常用的数据类型就是 String（字符串）。从 Python 3.0 开始，使用单引号、双引号或多重引文（"" 或 """"）来创建的字符串，例如，'hello'、"hello"、""""hello""""、'''hello'''，其在内存中都是以 Unicode 编码格式来存储的。

温馨提示：

Unicode 编码又叫万国码，支持目前几乎所有的语言文字编码，这样在程序中就很少出现乱码。Unicode 编码默认规定两个字节表示一个字符，存储英文时也会使用两个字节来存储一个英文，但英文只需占用 1 个字节，所以使用 Unicode 编码会很消耗内存。

引入 UTF-8 编码旨在解决浪费存储空间问题。UTF-8 编码是可变长编码，通常英文编码为 1 个字节，汉字编码为 3 个字节，一些生僻的汉字会被编码为 4~6 个字节。使用 UTF-8 编码，更加节省存储空间。

1.字符串的定义

Python 的字符串分为两种：普通字符串和 Unicode 字符串。

【示例 2-6】定义普通字符串。

```
str1 = ''              # 空串，长度是 0
str2 = 'Hello world'   # 字符串中单独的一个符号就是一个字符
str3 = '123'
str4 = ' '             # 空格字符串是有意义的字符串
str5 = ' 中文 '        # 定义包含中文的字符串
```

【示例 2-7】定义 Unicode 字符串。

```
str6 = u' 人生苦短，我用 Python'
str7 = u' 你好，Python'
```

2.字符串中值的访问

可以使用下标来获取字符串中的单个字符。

语法如下。

字符串变量 [下标]

其中下标是从 0 开始的数字，代表的是某一个字符在字符串中的偏移量（位置）（范围：0 ~ 字符串长度-1 ）。

温馨提示：

下标不要超过字符串的长度，否则下标越界，会报"IndexError: string index out of range"错误。

【实例 2-8】获取字符串 s='beautiful python' 中的第 1 个字符、第 3 个字符和最后一个字符。

```
s='beautiful python'
# 获取第 1 个字符
print(s[0])
```

输出结果：

b

```
# 获取从 0 开始数的第 3 个字符
print(s[2])
```

输出结果：

a

```
# 下标越界演示
print(s[20])
```

输出结果：

IndexError: string index out of range

```
# 获取最后一个字符
s_length = len(s)
print(s[s_length-1])
```

输出结果：

n

3.字符串的截取

通过下标还可以获取字符串中的某一节的字符。

语法如下。

字符串变量 [头下标 : 尾下标]

头下标代表的字符需要截取，尾下标表示的字符不需要截取。

温馨提示：

下标可以是负数，负的下标不可以越界。

【示例 2-9】获取字符串 s='beautiful python' 中某一段的字符。

```
# 获取从第 2 个开始到第 3 个的所有字符
print(s[1:3])
```

输出结果:

e

```
# 获取从第 1 个开始到第 4 个的所有字符
# 开始下标不写, 默认就是 0
print(s[:4])
```

输出结果:

beau

```
# 获取从第 3 个字符开始后面所有的字符
# 结束下标不写, 就会取到最后一个字符
print(s[2:])
```

输出结果:

autiful python

```
# 获取从第 4 个字符开始到倒数第 2 个的所有字符
print(s[3:-1])
```

输出结果:

utiful pytho

```
# 获取最后一个字符
print(s[-1])
```

输出结果:

n

```
# 如果结束下标在开始下标之前, 将获取不到字符（不能倒着取）
print(s[5:1])
```

输出结果:

空

4.字符串的格式化

格式化字符串有两种方式: 百分号方式和 format 方式。

语法如下。

```
'%s %d %c' % (var1, var2, var3)
```

语法表示输出字符串, 字符串由两部分构成: 其一为字符串中的字符串格式符, 表示字符串中变化的内容; 其二为 % 后的括号中的变量, 表示对前面的字符串格式符赋值。

常用的格式符: %s 表示字符串, %d 表示整数, %f 表示浮点数, %c 表示字符。

【示例 2-10】字符串的格式化与格式符的使用。

```
name = ' 小明 '
age = 18

# 输出 : 我是 XXX, 今年 XX 岁
print(' 我是 %s, 今年 %d 岁 '%(name,age))
```

输出结果：

我是小明，今年 18 岁

```
# %f, 格式浮点数
print(' 余额 :%f 万元 '%(10.25))
# %.2f 保留小数点的后 2 位, %.3f 保留小数点后 3 位
print(' 余额 :%.2f 万元 '%(10.25))
```

输出结果：

余额：10.25 万元

```
# python 中的字符，是指长度为 1 的字符串
# 输出字符 a
print('%c'%('a'))
# 将十进制转化为字符
print('%c'%(97))
# 将十六进制转化为字符
print('%c'%(0x4e00))
```

输出结果：

a

a

一

```
# 将十进制转为八进制
print('%o'%(10))
```

输出结果：

12

```
# 将十进制转化为小写或大写的十六进制
print('%x , %X'%(15,15))
```

输出结果：

f , F

下面详细地汇总了 Python 中字符串与格式化符，如表 2-1 所示。

表 2-1 Python格式符

符号	描述
%c	格式化字符及其ASCII码
%s	格式化字符串
%d	格式化整数
%u	格式化无符号整型
%o	格式化无符号八进制数
%x	格式化无符号十六进制数
%X	格式化无符号十六进制数（大写）
%f	格式化浮点数字，可指定小数点后的精度
%e	用科学计数法格式化浮点数
%E	作用同%e，用科学计数法格式化浮点数
%g	格式化浮点数字，根据值的大小决定使用%f或%e
%G	格式化浮点数字作用同%g
%p	用十六进制数输出变量的地址

2.1.3 列表（List）类型

List（列表）是 Python 中常用的数据类型，可以存储不同数据类型的元素。列表内的数据不需要具备相同的类型，可出现多个相同的变量，因此列表常作为有序的可变元素的集合。

列表可通过切片、加、减、乘、索引等操作修改其所包含的元素，此外，Python 已经内置了确定列表中最大元素和最小元素的方法。

1. 列表的定义

列表作为有序的可变元素的集合，可以存储不同类型的变量，常使用 [] 进行表示。

【示例 2-11】定义列表。

```
# 声明存储不同类型元素的列表 list1
list1 = [1, 2, 3, 10.9, 'abc']
# 声明一个空的列表 list2
list2 = []

# 输出列表 list1
print(list1)
```

输出结果：

[1, 2, 3, 10.9, 'abc']

2. 获取列表中单个元素

列表中的单个元素可通过元素对应的下标进行获取。获取列表元素可分为正向获取和反向获取。

正向获取列表中元素，其下标的范围：0~列表总长度-1。

反向获取列表中元素，其下标的范围：-1~-列表总长度。

> **温馨提示：**
>
> 列表中的第一个元素对应的下标为 0，列表中最后一个元素对应的下标为列表总长度-1。

【示例 2-12】列表中元素的获取。

```python
list3 = [1, 2, 3, 4, 5, 'python', 'success']
# 获取下标是 0 的元素，即第 1 个元素
print(list3[0])
# 获取下标是 3 的元素，即第 4 个元素
print(list3[3])
# 获取最后一个元素
print(list3[-1])
# 获取倒数第 2 个元素
print(list3[-2])
```

输出结果：

1

4

success

python

> **温馨提示：**
>
> 当获取的下标超过了列表总长度-1，那么再通过下标获取元素时，将出现异常情况。

【示例 2-13】获取下标超出列表长度的例子。

```python
# 定义一个长度为 5 的列表
list4 = [1,2,3,4,5]
# 输出列表中下标为 6 的元素
print(list4[6])
```

输出结果：

```
Traceback (most recent call last):
  File "<stdin>", line 1, in <module
IndexError: list index out of range
```

从示例 2-13 中可以发现，当下标超出了列表总长度-1 以后，就会报 "list index out of range" 的错误。如果在运行 Python 代码时，发现出现该错误，一定要检查是否为下标取值时出的错。

3. 获取列表中的部分元素（切片）

列表中的部分元素可通过获取第一个元素的下标和最后一个元素的下标进行截取。

语法如下：

列表名 [头下标 : 尾下标 : 步长]

步长可以不定义，其值默认为1。获取到的是从头下标到尾下标的所有的元素组成的新列表。

【示例 2-14】截取列表中的部分元素。

```
list5 = [2, 'a', 'abc','a', 1, 4, 10, 6.6]
# 获取下标为 1 开始到下标为 3 的所有的元素
print(list5[1:4])
# 获取从第一个元素开始到下标为 3 的所有元素
print(list5[:4])
# 获取从下标为 2 开始到列表最后的所有元素
print(list5[2:])
# 获取列表从开始到结束的所有元素
print(list5[:])
# 从下标为 0 开始到下标为 3，每 2 个元素取一个元素
print(list5[0:4:2])
# 获取列表中所有下标是偶数的元素
print(list5[::2])
```

输出结果：

['a', 'abc', 'a']

[2, 'a', 'abc', 'a']

['abc', 'a', 1, 4, 10, 6.6]

[2, 'a', 'abc', 'a', 1, 4, 10, 6.6]

[2, 'abc']

[2, 'abc', 1, 10]

4. 列表中元素的添加、修改、删除、插入

列表是用于存储不同类型数据的结构，下面将讲解列表中元素的添加、修改、删除及插入数据的方法。

（1）列表添加新元素。

语法如下：

列表名 .append(元素)

特点：append 方法是将元素添加到列表的最后。

（2）修改列表中的元素。

修改元素：通过下标获取对应的元素，然后对其重新赋值，即可修改列表中的元素。

（3）删除列表中的元素。

删除元素：在 Python 中，删除元素有以下方式。

①使用 del 方法可以删除任何内容。

②使用 remove 方法删除指定元素。

③使用 pop() 方法删除指定下标的元素。

语法如下：

del 列表名 [下标]；列表名 .remove(元素)；列表名 .pop(下标) 或列表名 .pop()

（4）向列表中插入数据。

语法如下：

列表名 .insert(下标 , 元素)

特点：在指定的下标前插入指定的元素，这里的下标可以越界。

【示例 2-15】实现列表中元素的添加、修改和删除。

```python
# 创建一个空列表
list1 = []
# 向列表中加入元素，使用 append 方法，语法格式：列表名 .append( 元素 )
list1.append('abc')
print(list1)

list2 = [1, 2, 3, 4, 5, 6, 7, 8]
# 在列表的 2 之前插入 a 字母
list2.insert(1,'a')
print(list2)

list3 = ['a', 'str1', 10+20, 'b', True]
# 删除下标为 1 的元素
del list3[1]
print(list3)

list4 = ['a', 'b', 'c', 1, 2, 3]
# 删除指定元素
list4.remove('c')
print(list4)
```

输出结果：

['abc']

[1, 'a', 2, 3, 4, 5, 6, 7, 8]

['a', 30, 'b', True]

['a', 'b', 1, 2, 3]

温馨提示：

当列表的下标超出了列表的长度-1 以后会报错误。以下错误的写法一定不能在程序中出现。

```python
# 声明列表 list1
list1 = ['a', 'str1', 10+20, 'b', True] # 删除列表中下标为 20 的元素
```

```
del list1[20]
```

输出结果：

Traceback (most recent call last):

File "<stdin>", line 1, in <module>

IndexError: list assignment index out of range

5. 列表的运算

列表可进行逻辑运算，如加（"+"）、（乘"*"）、in、not in。此外，Python 中还内置了 len() 方法用于计算列表的元素个数，以及求列表中最大元素 max() 方法或最小元素 min() 方法。

【示例 2-16】列表的运算。

```
list1 = [1, 2, 3, 4, 5, 6]
# 使用 len( 列表名 ) 方法，计算列表的长度
length = len(list1)
print(length)

# 列表的 + 操作，将多个列表组合成一个新的列表
list2 = [1, 2, 3, 4] + ['a', 'b', 'c', 'd']
print(list2)

# 列表的 * 操作，将列表中元素重复指定次数，组合成一个新的列表
list3 = [10, 2]*4
print(list3)
```

输出结果：

6

[1, 2, 3, 4, 'a', 'b', 'c', 'd']

[10, 2, 10, 2, 10, 2, 10, 2]

2.1.4　元组（Tuple）类型

Python 的元组与列表类似，不同之处在于元组的元素不能修改。列表中除了增加、修改和删除相关操作，其他都适用于元组。需注意列表的定义是使用方括号 "[]"，而元组的定义是使用小括号 "()"。

【示例 2-17】元组的使用。

```
# 定义元组
tuple1 = (1, 2, 3, 4, 'aa', True)
print(tuple1)

# 元组 +、* 运算
```

```
print((1, 2, 3) + ('a', 'b', 'c'))
print((1, 'a') * 3)
```

输出结果：

(1, 2, 3, 4, 'aa', True)

(1, 2, 3, 'a', 'b', 'c')

(1, 'a', 1, 'a', 1, 'a')

2.1.5 集合（Set）类型

集合 set 是一个无序不重复元素的对象。集合和列表可以相互转换。集合可以进行元素的添加、查询、删除操作，也可以进行并集、交集、差集的算数运算。

1.集合的定义

集合可以使用大括号"{}"或 set() 来定义。一定要注意，不能使用 {} 来定义一个空集合，因为 {} 是创建一个空字典（下一节会详细讲解）。

【示例 2-18】直接声明集合，或者将字符串、列表转换为集合。

```
# 声明一个集合 set()
set1 = {1, 2, 3, 4, 1, 10}
print(set1)

# 将字符串转换成集合
set2 = set('abcndjhaaks')
print(set2)

# 将列表转换成集合
set3 = set([1, 2, 3, 4, 5, 6, 6])
print(set3)
```

输出结果：

{1, 2, 3, 4, 10}

{'j', 'a', 'c', 'k', 'b', 'h', 'd', 's', 'n'}

{1, 2, 3, 4, 5, 6}

思考：

将字符串转化为集合后，从输出的集合结果可以看出集合中已没有重复的元素，而且元素的顺序和字符串中字符的顺序也不相同，这是因为集合是一个无序而且不重复元素的对象。利用这个特性，可以去除列表中的重复元素。

2.集合的查询操作

集合中数据的查询不能单独获取集合中的某一个元素，只能通过遍历的方式去获取每一个元素。

【示例 2-19】遍历集合。

```
set1 = set('12364789anc')
for item in set1:
    print(item)
```

输出结果：

1

2

a

c

4

8

3

9

6

7

n

3.集合的增加操作

向集合中新增元素时，可以使用 update() 方法或 add() 方法。集合新增数据语法如下。

集合 1.update(集合 2)，将集合 2 中的元素添加到集合 1 中
集合 .add(元素)，将指定的元素添加到指定的集合中

【示例 2-20】向集合中增加元素。

```
# 集合 1.update( 集合 2)：将集合 2 中的元素添加到集合 1 中
set1 = set('123456')
set2 = set('abcd1')
set1.update(set2)
print(set1)

# 集合 .add( 元素 )：将指定的元素添加到指定的集合中
set1.add('aaa')
print(set1)
```

输出结果：

{'1', '2', 'a', 'c', '4', 'b', '3', '5', 'd', '6'}

{'aaa', '1', '2', 'a', 'c', '4', 'b', '3', '5', 'd', '6'}

4.集合的删除操作

集合中元素的移除，可使用 remove(元素) 方法。

【示例 2-21】删除元素。

```
# 集合 .remove( 元素 )：将指定的元素从集合中删除
set1 = set('123456')
set1.remove('1')
print(set1)
```

输出结果：

{'2', '4', '3', '5', '6'}

5.集合的运算

Python 中的集合是一个无序不重复元素集，其支持联合（union）、交（intersection）、差（difference）、对称差集（sysmmetric difference）等数学运算及包含关系的判断。

语法如下。

集合数学运算：并集（"|"）、交集（"&"）、差集（"-"）、补集（"^"）
集合的包含关系：>=、<=

【示例 2-22】判断集合 1 和集合 2 的包含关系。

```
set1 = set('abczef')
set2 = set('abcf')
# 集合 1 >= 集合 2：判断集合 1 中是否包含集合 2，结果是布尔值
print(set1 >= set2)

# 集合 1 <= 集合 2：判断集合 2 中是否包含集合 1
print(set1 <= set2)
```

输出结果：

True

False

2.1.6　字典（Dict）类型

字典类型可以用于存储任意类型的对象。字典的定义与列表、元组、集合不同，字典是用键值对（key，value）来定义的，键和值之间通过冒号 ":" 分割，整个字典数据包含在大括号 "{}" 中。

温馨提示：

在集合的定义中，我们说到集合可以使用set() 来定义，也可以使用 {} 来定义。但使用 {} 定义集合的时候，{} 中一定要有元素，这样定义的变量才是集合类型，如果 {} 中没有元素，那么定义的变量就是字典类型。

1.字典的定义

字典可以使用 {} 来定义，字典内的键值对之间通过冒号 ":" 分割。其定义如示例 2-23 所示。

【示例 2-23】定义字典，查看字典的类型。

```
# 声明一个字典对象，有两个键值对
dict1 = {'name': ' 王海飞 ', 'age': 18}
dict2 = {'score': 100, 10: 'aaa', (1, 3):[10, 23]}
```

```
print(dict1)
print(dict2)
print(type(dict2))
```

输出结果：

{'name': ' 王海飞 ', 'age': 18}

{'score': 100, 10: 'aaa', (1, 3): [10, 23]}

<class 'dict'>

温馨提示：

字典的 key 不能定义为列表。

【示例 2-24】定义列表为字典的 key，查看输出结果。

```
dict3 = {[10, 12]: 'abc'} # TypeError
Traceback (most recent call last):
  File "<stdin>", line 1, in <module>
TypeError: unhashable type: 'list'
```

2.查询字典数据

字典中数据的查询方式有两种，即通过键获取值和通过遍历的方式获取字典内所有键对应的值。

（1）获取某个元素的值。

语法如下。

字典名 [key]，或者字典名 .get(key)

区别：获取字典时，如果不确定 key 对应键值对是否存在，一定要使用 get 方法去获取其对应的值。如果 key 不存在，使用 get 方法返回的结果是 None，而使用 [key] 方法就会报异常。

【示例 2-25】使用字典名 [key] 和字典名 .get(key) 获取 key 对应的值。

```
# 声明一个字典，存入小明的姓名、年龄、成绩、颜值
xiaoming = {'name': ' 小明 ', 'age': 20, 'score': 100, 'face': 90}
print(xiaoming['age'])
print(xiaoming['face'])
print(xiaoming.get('name'))

# 获取一个不存在的 key
print(xiaoming.get('abc'))
```

输出结果：

20

90

小明

None

在例 2-25 中，读者是否发现了问题？使用字典名 .get(key) 从字典中获取一个不存在的 key 时，返回的是 None 值，那么如果使用字典名 [key] 返回的是否还是 None 值？带着疑问，来看示例 2-26。

【示例 2-26】 使用字典名 [key] 获取一个不存在的 key。

```
# 使用字典名 [key] 获取值
value = xiaoming['sex']
print(value)
```

输出结果：

Traceback (most recent call last):

　File "<stdin>", line 1, in <module>

KeyError: 'sex'

从示例 2-26 中，我们可以总结出结论：在不确定 key 是否存在时，从字典中获取键对应的值时，最好使用字典名 .get(key) 的形式。

（2）遍历字典，获取键值对的值。

获取字典中所有的 key，可以直接遍历字典。

【示例 2-27】 输出字典中的键值对。

```
dict3 = {'a': 1, 'b': 2, 'c': 3}
# 方法 1：遍历字典
for key in dict3:
    print(key, dict3[key])
```

输出结果：

a 1

b 2

c 3

```
# 方法 2：
for (key, value) in dict3.items():
    print(key, value)
```

输出结果：

a 1

b 2

c 3

3.修改字典中key对应的元素

修改字典中某个键对应的值内容，可以使用示例 2-28 的方法。

【示例 2-28】 修改字典中指定的 key 对应的 value 值。

```
dict3 = {'a': 1, 'b': 2, 'c': 3}
dict3['a'] = 10
print(dict3)
```

输出结果：

{'a': 10, 'b': 2, 'c': 3}

4.增加字典中的键值对

字典中新增键值对和修改键对应的值的操作方式是一样的，即通过 key 取值，然后赋值。如果这个 key 不存在，即为添加键值对；如果 key 存在，即对其对应的值进行修改。

【示例 2-29】新增键值对 'd':4。

```
dict3 = {'a': 1, 'b': 2, 'c': 3}
dict3['d'] = 4
print(dict3)
```

输出结果：

{'a': 1, 'b': 2, 'c': 3, 'd': 4}

【示例 2-30】定义一个空字典，分别添加键值对（当重复添加同一个 key 的时候，注意查看输出字典的内容）。

```
dict5 = {}
dict5['name'] = ' 张三 '
dict5['color'] = 'red'
dict5['color'] = 'green'
print(dict5)
```

输出结果：

{'name': ' 张三 ', 'color': 'green'}

温馨提示：

字典中的键是唯一的，当重复对同一键进行赋值时，键对应的值是最后赋值的参数。

5.删除键值对

删除字典中的键值的方式： del 字典名 [key]、字典名 .pop(key)、popitem 方法（随机删除）。

【示例 2-31】删除字典中的元素，并输出结果。

```
dict1 = {'a': 10, 'b': 10.3, 'c': False, 'd': [1, 2, 3]}
# del 语句, 格式: del 字典 [key]
# 删除 'b' 对应的键值对
del dict1['b']
print(dict1)

# pop 方法, 格式: 字典 .pop(key)
# 删除 'a' 对应的键值对
dict1.pop('a')
```

```
print(dict1)

# popitem 方法：随机删除（取出）一个元素
dict1.popitem()
print(dict1)
```

输出结果：

{'a': 10, 'c': False, 'd': [1, 2, 3]}

{ 'c': False, 'd': [1, 2, 3]}

{'d': [1, 2, 3]}

6.字典的其他内置方法

字典的语法中，除了字典的定义和字典中数据的查询、修改、增加、删除等，还有其他的内置方法。

（1）字典 .keys()：获取字典中所有的 key。

（2）字典 .values()：获取字典中所有的值。

（3）update：字典 1.update(字典 2)，用字典 2 中的元素去更新字典 1 中的元素（如果字典 2 中的键值对在字典 1 中不存在，则在字典 1 中直接添加，如果存在则修改）。

（4）in、not in：判断字典中是否存在指定的 key。

【示例 2-32】内置方法的运用。

```
# keys 和 values 方法
dict1 = {'a': 1, 'b': 2, 'c': 3}
# 字典 .keys(): 获取字典中所有的 key，返回一个列表
print(list(dict1.keys()))
```

输出结果：

['a', 'b', 'c']

```
# 字典 .values(): 获取字典中所有的值，返回一个列表
print(list(dict1.values()))
```

输出结果：

[1, 2, 3]

```
# update
# 字典 1.update( 字典 2): 用字典 2 中的元素去更新字典 1 中的元素（如果字典 1 中没有字典 2 中的
  键值对，则直接添加，如果有就修改）
dict1.update({'d': 123, 'e': 'hhh', 'a': 100})
print(dict1)
```

输出结果：

{'a': 100, 'b': 2, 'c': 3, 'd': 123, 'e': 'hhh'}

```
# in 和 not in
# 判断字典中是否有指定的 key
```

```
print('a' in dict1)
print(100 in dict1)
```

输出结果：

True

False

读者需要特别注意以下两点。

（1）定义字典的时候，key 不能重复且 key 不能为列表。

（2）获取字典元素的时候，当 key 不存在时，最好使用字典名 .get(key) 方式，不要使用字典 [key] 方法。

2.1.7　可变数据类型与不可变数据类型

在 Python 中列表（List）、字典（Dict）是可变数据类型，整（int）型、浮点（float）型、字符串（String）型、元组（Tuple）是不可变数据类型。

辨别变量是可变数据类型还是不可变数据类型，只需使用 id() 函数来查看变量的内存地址是否变化即可。如果 id(变量) 的值不变，即说明变量为不可变数据类型，否则为可变数据类型。

【示例 2-33】不可变数据类型分析，使用 id() 函数查看内存地址。

```
int_a = 1
int_b = 1
print(id(int_a))
输出 int_a 变量的内存地址：
8791475803168

print(id(int_b))
输出 int_b 变量的内存地址：
8791475803168
```

修改示例 2-33 中的变量 int_a，重新赋值 int_a=2，再次查看 int_a 变量指向的内存地址。

```
int_a = 2
print(id(int_a))
输出 int_a 变量的内存地址：
8791475803200
```

思考：

在示例 2-33 中，我们定义了 a=1 和 b=1 及 a=2，那它们在内存中是怎么保存数据的呢?

接下来将通过图 2-1 了解变量的声明以及在内存中变量如何进行存储。

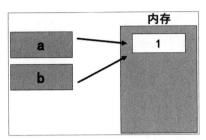

图2-1 a=1和b=1的内存分配图

从图 2-1 中可以一目了然地看到，a 和 b 都指向了同一内存块，该内存块中的内容为数字 1。

【示例 2-34】可变数据类型分析，以列表为例。

```
a = [1,2,3,4]
b = [1,2,3,4]
print(id(a))
输出 a 变量指向的内存地址：
38036104

print(id(b))
输出 b 变量指向的内存地址：
40557768
```

在上述示例中，分别定义了列表 a=[1,2,3,4] 和 b=[1,2,3,4]。通过如图 2-2 所示的内存分布图来了解变量 a 和 b 是怎么分配内存的。

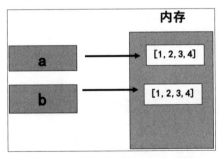

图2-2 列表a和b的内存分配图

从图 2-2 中可以看出，列表 a 和列表 b 的元素虽然相同，但是它们所指向的内存空间却是不同的，所以列表是可变数据类型。

思考：

　既然列表是可变数据类型，那么定义两个列表指向同一内存空间时，如果修改其中一个列表中的元素，另外一个列表中的元素是否被修改？

　带着疑问，查看示例 2-35。

【示例 2-35】定义列表 a，然后赋值给 b，查看内存地址。

```
a = [1,2,3,4]
```

```
b = a
print(id(a), id(b))
```

输出结果：

40557512 40557512

通过赋值，变量 a 和 b 指向了同一内存空间。

【示例 2-36】修改列表 a，查看列表 b 是否改变。

```
a.append(5)
print(a)
```

输出结果：

[1, 2, 3, 4, 5]

```
print(b)
```

输出结果：

[1, 2, 3, 4, 5]

```
print(id(a), id(b))
```

输出结果：

40557512 40557512

温馨提示：

因为 a、b 指向同一内存地址，且 a、b 的类型都是列表，为可变数据类型，因此对 a、b 任意一个列表进行修改，都会影响另外一个列表的值。

2.2 Python逻辑控制

在程序设计中，代码并不是逐行地按照顺序执行，在运行到某一行代码时，需要停下来判断接下来将要运行哪一个分支代码，这种判断就是程序中的分支结构。分支结构可以使用 if 进行控制。

在程序中可能会遇到需要循环输出的情况，例如要输出 100 次 'Hello Python'，那么这时需要写 100 次输出语句吗？明显是不能的，此时要用到循环结构，例如 for 循环、while 循环及 range 等。

Python 中的逻辑流程控制还包括跳出（break）、继续（continue）、遍历（range）等语句。

2.2.1 条件控制if

在 Python 中，要构造分支结构可以使用 if、elif、else 关键词。

语法如下。

```
if 条件语句 1:
    执行语句块 1
elif 条件语句 2:
    执行语句块 2
else:
    执行语句块 3
```

执行过程如下。

（1）判断条件语句 1 是否为 True，如果为 True 就执行语句块 1，整个条件结构即执行完毕，继续执行其他语句；如果条件语句 1 为 False，则判断条件语句 2 是否为 True。

（2）如果判断条件语句 2 为 True 就执行语句块 2，再执行其他语句；如果为 False，则直接执行语句块 3。

温馨提示：

冒号后面的语句块和冒号所在行的语句要保持一个缩进。

【示例 2-37】if-else 用法：判断 num=11 是偶数还是奇数，并输出。

```
num = 11
if num % 2 == 0:
    print('%d 是偶数 '%(num))
else:
    print('%d 是奇数 '%(num))
```

输出结果：

11 是奇数

【示例 2-38】if-else-elif-else 用法：判断成绩 66 分是优秀（90~100）、良好（80~89）、中等（60~79），还是不及格（60 以下）。

```
if grade < 0:
    print(' 成绩有误 ')
else:
    print(' 不及格 ')
elif grade <= 79:
    print(' 中等 ')
elif grade < 90:
    print(' 良好 ')
elif grade <= 100:
    print(' 优秀 ')
else:
    print(' 成绩有误 ')
```

输出结果：

中等

2.2.2 循环while

在程序中如果需要重复执行某些代码，可以使用 while 语句。while 条件语句，即在条件语句成立的情况下，重复循环执行某段程序。

语法如下。

```
while 条件语句:
    循环体
```

执行过程：判断条件语句的结果是否为 True，如果为 True 则执行循环体；执行完循环体后再判断条件语句是否为 True，如果为 True 则再次执行循环体。重复这个过程，直到条件语句的结果为 False。

【示例 2-39】计算 1 到 100 的和。

```
while num <= 100:
    num += 1
print(num)
```

输出结果：

5050

温馨提示：

当 num 变量为 1 的时候，执行判断语句 num<=100，判断语句结果为 True，执行循环体变量自增操作，即 num 变量自增 1；然后再次循环进行判断，此刻 num 变量为 2，再执行判断语句 num<=100，判断语句结果仍然为 True，继续执行循环体变量的自增操作。重复上述过程，直到循环到 num 变量为 100 的时候，再次自增后的 num 变量为 101，判断语句为 False，不再执行循环体。

【示例 2-40】求 1~100 中所有偶数的和（while 循环）。

```
num = 0
sum1 = 0
while num <= 100:
    if num % 2 == 0:
        sum1 += num
    num += 1
print(sum1)
```

输出结果：

2550

温馨提示：

while 循环和 if 判断结合使用，外层的 while 循环判断循环的次数，循环的次数超过 100 次即不再执行循环体的操作；内层的 if 判断 num 是否为偶数，若求余（%）结果为 0，即 num 为偶数，则使用变量 sum1 进行求和。

2.2.3 遍历for

在 Python 中，如果需要循环依次取出列表、字符串、字典等对象中的每一个数据，那么推荐使用 for-in 循环。

语法如下。

```
for 变量 in 列表 / 字符串 / 字典 / 元组 :
循环体
```

执行过程：使用变量依次获取列表中的数据，直到获取完为止。每获取一个数据，执行一次循环体。

执行次数：由列表 / 字符串 / 字典 / 元组中数据的个数决定。

【示例 2-41】使用 for 循环实现列表中的整型元素求和。

```
like = [1,2,3,4,5,6,7]
sum = 0
for i in like:
    sum += i
print(sum)
```

输出结果：

28

温馨提示：

读者需要注意以下两点。

（1）使用 for-in 循环，可以从列表中依次获取到每一个元素，如第 1 次获取元素为 1，第 2 次获取元素为 2，……最后一次获取元素为 7。

（2）求和操作，就是对取出的整型元素进行算数求和的过程。

【示例 2-42】获取字符串中的每一个字符。

```
str1 = 'abcdefuuuuhshshshakkknnlls'
for char in str1:
    print(char)
```

温馨提示：

输出字符串中的每一个字符，可以使用 for-in 循环，也可以使用下标的形式获取（下标的使用在 2.1.2 节有详细的讲解）。

2.2.4 遍历range

range() 函数在 Python 2.x 和 Python 3.x 中有很大的区别，在 Python 2.x 中 range() 函数返回的是一个列表类型，而在 Python 3.x 中返回的是一个可迭代对象。如果在 Python 3.x 中想要得到 range()

的列表对象，可以使用 list() 函数将迭代对象转化为列表。

【示例 2-43】查看 Python 3.x 中 range() 函数返回参数的类型，并输出。

```
r1 = range(10)
print(r1)
```

输出结果：

range(0, 10)

```
print(type(r1))
```

输出结果：

<class 'range'>

```
print(list(r1))
```

输出结果：

[0, 1, 2, 3, 4, 5, 6, 7, 8, 9]

温馨提示：

在 Python 2 中 range(10) 函数可以创建一个整数列表，而在 Python 3 中 range(10) 函数的结果需要使用 list() 转化为列表对象。range() 函数中可以带 3 个参数，含义介绍如下。

（1）range(101) 可以产生一个 0 到 100 的整数序列，默认是从 0 开始。

（2）range(1,100) 可以产生一个 1 到 99 的整数序列。

（3）range(2,100,2) 可以产生一个 2 到 99 的偶数序列，其中 2 是步长，即数值的增量。

2.2.5 占位pass

在 Python 中可以使用空语句 pass 进行占位，pass 语句代表可以不进行任何操作，仅仅是为了保持程序结构的完整性。

【示例 2-44】输出字符串 'Python' 中的每一个字符。

```
for i in 'Python':
    if i == 'o':
        pass
        print ('pass 占位 ')
    print (' 当前字符为 :', i)
print (" 结束 ")
```

输出结果：

当前字符 : P

当前字符 : y

当前字符 : t

当前字符 : h

pass 占位

当前字符：o

当前字符：n

结束

温馨提示：

pass 语句表示占位，相当于 do nothing，不进行任何操作。它主要用于保证语法完整性、格式完整性、结构完整性等，后面的代码照常执行。

2.2.6　继续continue

在 Python 中可以使用 continue 语句来结束本次循环，即不再执行循环体后面的内容，而是继续进行下一次的循环。

【示例 2-45】计算 1 到 1000 中所有奇数的和。

```
sum1 = 0
for x in range(1,1001):
    if x % 2 == 0:
        continue
    sum1 += x
print(' 总和为 :%s'% sum1)
```

输出结果：

总和：250000

温馨提示：

在 for 循环中，当 x 初始值为 1 的时候，sum1 的值为 1；当 x=2 的时候，进行循环体中 if 的判断，即 x 被 2 整除，所以执行 continue 语句。

continue 语句表示不再执行continue 后面的内容，而是直接进入下一次的循环，直接跳过sum1 += x 的操作。

依次进行循环操作，可以得到 sum1 的求和公式规律。

x = 1　sum1 = 1

x = 2

x = 3　sum1 = 1 + 3

x = 4

x = 5　sum1 = 1 + 3 + 5

…

2.2.7　终止break

在 Python 中，可以使用关键词 break 使整个循环提前结束。需要注意的是，break 只能在循环中使用。

如果在 for 循环或 while 循环中遇到了 break，那么循环就会在 break 的位置直接结束，结束循环后程序将执行循环后面的代码。

【示例 2-46】找到 1000~9999 中的第一个能够被 17 整除的数并输出。

```
for x in range(1000,10000):
    if x % 17 == 0:
        print(' 找到了 :',x)
        break
print(' 循环结束 !')
```

输出结果：

1003

循环结束！

在 for 循环中，使用 range() 函数，x 变量初始值为 1000。在循环体中判断 x 变量和 17 是否能整除，如果能整除，则执行 print(' 找到了 :',x)，使用 break 跳出 for 循环；如果不能整除，则继续进行循环判断 x 和 17 是否整除。

【示例 2-47】使用 while 循环获取控制台数据信息，判断输入信息是否为 1，如果输入为 1 则不再要求用户输入，如果输入不为 1 则继续循环运行。

```
while True:
    # 获取键盘输入的内容，并且转换成 int 类型
    num = int(input(" 请输入数字 :"))
    # 判断输入的数字是否为 1，如果是则结束循环
    if num == 1:
        break
print(' 输入结束 !')
```

当程序执行到 input() 函数的时候，程序就会停下来，等待用户输入并且以回车结束，然后才会继续向下执行。

2.3　Python异常

在学习 Python 的过程中，编写的代码经常出现报错信息。本小节将详细讲解如何捕获异常，以及如何处理异常的信息。

Python 的异常继承树如图 2-3 所示。

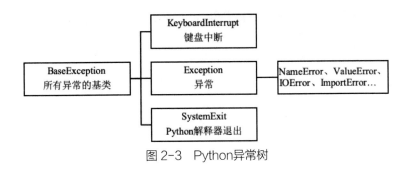

图 2-3　Python异常树

2.3.1　异常捕获

在项目开发过程中，程序经常会因为异常而中断，为了让程序完整执行，就要用到以下语法去捕捉并处理异常。

语法如下。

```
try...except...
try...except...finally...
try...except...else...finally...
```

特点如下。

（1）无论是否发生异常，只要提供了 finally 语句，最后一步总是会执行 finally 所对应的代码块。

（2）一个 try 语句中可能包含多个 except 语句，分别用于接收不同的异常类型，可以使用一个 except 语句同时处理多个异常，即将这些异常定义成元组即可。

```
try...except (StopIteration, ZeroDivisionError, IOError, IndexError)...
```

【示例 2-48】通过 try...except... 语法，使用 input() 函数，接收用户从控制台中输入的信息，并将其转化为整型。

```
num = input('请输入整型:')
num = int(num)
print('输入的整型:%d' % num)
```

输入结果：

输入的整型：w

Traceback (most recent call last):

　File "C:\Users\Administrator\Desktop\test.py", line 4, in <module>

　　num = int(num)

ValueError: invalid literal for int() with base 10: 'w'

input() 函数要求用户从控制台输入整型数据，如果用户输入的不是整型数据，而是字符串 w，那么在第 2 行 int(num) 转换 num 变量类型的时候一定会出错，因为 num='w' 是一个字符串，而字符串无法转化为整型。如果用户输入的为整型数据，那么 int(num) 就可以正常运行。

在程序开发过程中代码可能会出现异常，因此需要把可能发生错误的语句放在 try 模块中。

异常可以使用 except 进行捕获，except 可以处理一个专门的异常，也可以处理一组圆括号中的异常，如果 except 后没有指定异常，则默认处理所有的异常。每一个 try 都必须有至少一个 except。

【示例 2-49】使用 try...except... 对示例 2-48 进行优化。

```
num = input(' 请输入整型 :')
try:
    num = int(num)
    print(' 输入的整型是 :%d' % num)
except ValueError as e:
    print(e)
    print(' 输入的参数 %s 不是整型，无法转为 int 类型 '% num)
```

从控制台接收参数，输出结果：

输入的整型：w

invalid literal for int() with base 10: 'w'

输入的参数 w 不是整型，无法转为 int 类型

把可能出现错误的代码块放在 try 中，在 except 中捕获异常类型为 ValueError 的错误，其中的 e 代表异常的实例。使用修改后的代码，无论用户输入何种类型的参数，代码都不再发生错误。

【示例 2-50】try...except...finally... 语法。

```
a = 10
b = 0
try:
    print(a/b)
except:
    print("0 不能作为被除数 ")
finally:
    print(" 不管如何，finally 中的代码都要执行 ")
```

输出结果：

0 不能作为被除数

不管如何，finally 中的代码都要执行

从运行结果可以看得出,虽然代码有异常发生,但是 finally 模块中的内容都会被执行。

【示例 2-51】利用 try...except...else... finally... 语法修改示例 2-50。

```
a = 10
b = 0
try:
    print(b/a)
except:
    print("0 不能作为被除数 ")
else:
    print("try 模块中程序不报异常,则执行 else 中的内容 ")
finally:
    print(" 不管如何,finally 中的代码都要执行 ")
```

输出结果:

0.0

try 模块中程序不报异常,则执行 else 中的内容

不管如何,finally 中的代码都要执行

在 try 代码块中的代码无异常的情况下,才会执行 else 中的内容。当然,finally 中的代码块是必须执行的。

2.3.2 抛出异常 raise

在 Python 中,当程序出现不可预知的错误时,Python 会自动触发异常,也可以通过关键字 raise 抛出异常。

【示例 2-52】判断 name 变量是否为 None,如果为 None,则使用 raise 抛出异常。

```
try:
    name = None
    if name is None:
        print('name 为空 ')
        raise NameError
    print(len(s))

except Exception as e:
    print('None 对象没有长度 ')
```

输出结果:

name 为空

None 对象没有长度

55

在 try 语句中，需要判断 name 是否为 None，如果 name 为 None 则主动触发异常。异常的触发使用关键字 raise，一旦执行了 raise 语句，那么 raise 之后的语句就不必执行了。当 raise 抛出异常后，外层的 except 就会捕获到异常，并执行相关的输出。

2.3.3　自定义异常

在程序开发过程中，不同的业务场景，需要抛出各种不同的异常。但是 Python 中并没有提供对应的异常类，这时就需要自定义异常。

【示例 2-53】自定义异常。

```
class MyException(Exception):
    def __init__(self, *args):
        self.args = args

try:
    name = None
    if name is None:
        print('name 为空 ')
        raise MyException(' 抛出自定义异常类 ')
    print(len(s))

except MyException as e:
    print(e)
```

输出结果：

name 为空

抛出自定义异常类

在程序中，如果需要自定义异常类，那么自定义的异常类必须是 Exception 的子类。

2.4　面向对象编程

面向对象编程（Object Oriented Programming，OOP）是一种程序设计规范，是最有效的程序编码方法之一。在 Python 语言中，一切皆对象，Python 就是一门面向对象的语言。

面向对象编程中有两个重要的概念：类和对象。

（1）类。类用于定义现实生活中具有相同属性或相同功能的实体。例如，狞猫、老虎等都是猫科动物，那么就可以抽取它们共有的特性或行为来定义一个类，这个类定义了它们共有的属性，例如毛发颜色、吃肉还是吃素等。类是一个抽象的概念。

（2）对象。对象就是类的实例，是具体的。例如，猫科动物的类中定义了毛发颜色、吃肉还是吃素等属性，那么当一个类被实例化时，类的属性就有了具体的值。例如，对象狞猫就有毛发颜色属性，其值为灰色；对象狮子的毛发颜色属性为棕色。

2.4.1　创建类和对象

类的创建需要注意以下几点。

（1）通过关键字 class 定义。

（2）定义类名的变量首字母大写。

（3）类名要简单易懂，即见名知义。

（4）定义类名后，需要紧跟一个冒号，冒号下一行需要缩进（即 4 个空格）。

创建类的语法如下。

```
class 类名：
    定义属性
    定义方法
```

【示例 2-54】创建 Person 类，并定义跑（run()）和睡觉（sleep()）的方法。

```
class Person:
    def run(self):
        print(' 跑起来 ')
    def sleep(self):
        print(' 吃饭 ')
```

温馨提示：

在示例 2-54 中，我们声明了一个抽象的 Person 类，并定义了 run() 方法和 sleep() 方法。run() 方法和 sleep() 方法是带有默认 self 参数的对象方法，在方法中直接输出。

对象方法有以下特点。

（1）对象方法都有一个默认的参数 self。

（2）直接在类中声明的函数，都是对象方法。

（3）对象方法必须通过类的实例化对象去调用。

在创建的 Person 类中定义一个对象方法 run()，则对象方法 run() 只能通过类的实例化对象去调用。

声明对象的语法如下。

```
类的对象 = 类名 ( 参数 1，参数 2，参数 3，…)
```

在类的对象的声明中，参数 1，参数 2，参数 3，……都是可选的，用于类在调用 __init__() 方法时初始化对象属性（__init__() 方法在下一节中讲到）。

【示例 2-55】创建对象，并运行 run() 方法。

```
# 使用示例 2-54 中创建的 Person 类
# 类的实例化
p1 = Person()
print(p1.run())
```

输出结果：

跑起来

通过类实例化对象后，可以通过"对象 . 方法"来访问对象的属性。

2.4.2 类属性与方法

在类中，可以定义属性，也可以定义函数方法，其中有两个比较特殊的函数：构造函数、析构函数。

1.__init__()方法

__init__(参数) 方法是类实例化对象以后，对对象进行初始化的操作，也就是当通过类实例化对象以后，就会执行该函数，这样就可以把初始化的属性放在 __init__(参数) 方法中。

【示例 2-56】__init__() 方法的使用。实例化类对象，并输出对象的属性。

```
class Person:
    def __init__(self, name='', age='', height''):
        # 声明一个对象属性姓名 name，初始值为空字符串
        self.name = name
        # 声明一个对象属性年龄 age，初始值为空字符串
        self.age = age
        # 声明一个对象属性高度 height，初始值为 175cm，类型为字符串
        self.height = '175cm'
# 通过类实例化对象的时候，要通过给类名后面的括号里传参保证 __init__() 方法里面的每一个参数
都有值
p1 = Person(' 张三 ','17')
p2 = Person(' 王五 ','19')
# 通过"对象 . 方法"访问对象属性
print(p1.name)
print(p1.height)
print(p2.age)
print(p2.height)
```

输出结果：

张三

175cm

19

175cm

2.__new__()方法

__new__(参数) 方法在构建实例对象之前就会被调用，至少接收一个参数 cls，cls 代表要实例化的类，此参数在实例化时由 Python 解释器提供。__new__() 方法必须有一个返回值，该值为实例化对象。

实例化类对象一般分为两个步骤。

步骤 1： 执行 __new__() 方法。该方法是在实例对象被创建之前调用，用于创建实例对象，然后返回实例对象。

步骤 2： 执行 __init__() 方法。该方法是在实例对象被创建之后调用，用于设置对象属性的一些初始值。

也就是说，__new__() 方法在 __init__() 方法之前被调用，__new__() 方法返回的值将传递给 __init__() 方法，然后 __init__() 方法再给这个实例的属性字段赋初始值。

【示例 2-57】__new__() 方法的使用。

```python
class NewClass:
    def __init__(self):
        print(' 这是 init 方法 ')
    def __new__(cls):
        print(' 这是 new 方法 ')
        return super().__new__(cls)
a = NewClass()
```

输出结果：

这是 new 方法

这是 init 方法

3.__del__()方法

在实例化类的对象时，一定会调用初始化函数 __init__() 来初始化对象的属性，那么在销毁对象时，也一定会调用析构函数 __del__() 来销毁对象。

【示例 2-58】析构函数的使用。

```python
class Student:
    # 构造函数创建对象后，在初始化对象的属性时调用
    def __init__(self, name = '', number = ''):
        self.name = name
        self.number = number
        print(' 调用构造 ')
    # 析构函数被 Python 的垃圾回收器销毁的时候调用
    def __del__(self):
        print(' 调用析构 ')


if __name__ == '__main__':
    stu = Student(' 作者 ', '18')
    del stu
```

输出结果：

调用构造

调用析构

温馨提示：

当对象被创建并赋值给变量的时候，该对象的引用计数被设置为 1，那么减少引用计数就是显式调用 del 变量名。当变量的引用计数为 0 的时候，变量就会被垃圾回收器自动回收，此时将调用析构函数。

2.4.3　继承与多态

继承是创建新的类的一种方式，被继承的类称为父类（超类），而创建的新类称为子类。多态性则会根据不同类对象而表现出不同的行为方法。

1.继承

当定义一个 A 类的时候，发现这个 A 类中的部分属性和方法在 B 类中已经定义了，这个时候就无须在 A 类中再去声明这些属性和方法，只需直接从 B 类中继承过来即可。

继承需要了解 3 个概念：继承、子类和父类（超类）。

继承：让子类拥有父类的属性和方法。

子类：继承者。

父类（超类）：被继承者。

继承的语法如下。

```python
class 子类 ( 父类 ):
```

子类的内容

【示例 2-59】定义人作为父类，并定义 __init__() 构造函数。使用继承，创建学生子类对象。

```python
class Person:
    def __init__(self, name = '张三', age=10):
        self.name = name
        self.age = age

class Student(Person):
    pass

stu1 = Student()
print(stu1.name)
```

输出结果：

张三

温馨提示：

读者可以从以下几点去理解示例 2-59。

（1）定义两个类，对于学生 Student 类来说，Person 类就是它的父类，对于 Person 类来说，学生 Student 类就是它的子类。

（2）继承的最大好处就是子类获得了父类的全部功能。

（3）在学生 Student 类中没有定义任何的属性和方法，只是用 pass 占位符占位，当学生类继承了父类以后，就具有了父类所有的属性和方法。在获取学生类的对象时，学生类对象已经具有 name 和 age 属性，并且初始值 name 为张三，age 为 10。

2.多态

多态其实就是多种表现形式。

多态可以在类的继承中实现，也可在类的方法调用中体现，意味着要根据不同类对象表现出不同的行为方法。

（1）类的定义。为便于读者理解多态，需要对数据类型进行详细说明。

【示例 2-60】使用 type() 函数分别输出父类对象和子类对象的类型。

```python
class Animal:
    def shout(self):
        print('嗷嗷叫！')
class Cat(Animal):
    def shout(self):
        print('喵喵叫！')
class Dog(Animal):
    def shout(self):
        print('汪汪叫！')

animal = Animal()
```

```
    print(type(animal))

    cat = Cat()
    print(type(cat))

    dog = Dog()
    print(type(dog))
```

输出结果：

<class '__main__.Animal'>

<class '__main__.Cat'>

<class '__main__.Dog'>

示例 2-60 中定义了父类 Animal、子类 Cat 和子类 Dog，通过输出对象的类型可以发现，在定义类的时候，实际上就定义了一种数据类型。

（2）类的类型判断。在 Python 中可以使用 isinstance(变量名，数据类型) 来判断变量是否为某个数据类型。如果变量是某个类型，则返回 True，反之返回 False。

【示例 2-61】验证示例 2-60 中子类对象 cat 和 dog 的类型。

```
    print(isinstance(animal, Animal))
    print(isinstance(animal, Cat))
    print(isinstance(animal, Dog))

    print(isinstance(cat, Cat))
    print(isinstance(cat, Animal))

    print(isinstance(dog, Dog))
    print(isinstance(dog, Animal))
```

输出结果：

True

False

False

True

True

True

True

温馨提示：

从示例 2-61 的结果可以发现 cat 的类型可以是 Cat，也可以是 Animal；dog 的类型可以是 Dog，也可以是 Animal；而 animal 的类型只能是 Animal。

（3）多态体现。清楚了类对象的数据类型后，就可以更好地理解多态。示例 2-62 通过调用不同类对象的同一类方法，体现了不同的行为。

【示例 2-62】多态体现。

```
def run_poly(a):
    if isinstance(a, Animal):
        a.shout()

run_poly(animal)
run_poly(cat)
run_poly(dog)
```

输出结果：

嗷嗷叫！

喵喵叫！

汪汪叫！

温馨提示：

多态的好处就在于只需要传入参数为 Animal 类型的对象即可，只要是 Animal 类或子类，就会自动调用实际类型的 shout() 方法。这就是多态的体现。

2.4.4　staticmethod和classmethod

在类中定义的所有函数都是对象的绑定方法，对象在调用绑定方法时会将自己作为参数传递给方法的第一个参数（即 self）。

在类中还可以定义基于类名访问的函数：静态函数和类函数。静态函数使用装饰器 @staticmethod 定义，类函数使用 @classmethod 定义。两者在使用方法上非常相似，只存在一些细微的差别：@classmethod 装饰的函数必须使用类对象作为第一个参数，一般命名为 cls；而 @staticmethod 装饰的函数则可以不传递任何参数。

静态方法和类方法是为类定制设计的，在使用的时候，可以直接通过类名或类实例对象去访问。

【示例 2-63】静态方法和类方法的使用。

```
class Download:
    """ 下载类 """
    @staticmethod
    def download_image(image_file):
        print(' 下载 %s 下的图片 ' % (image_file))

    @classmethod
    def dowload_movie(cls, movie_file):
        print(' 下载电影 :%s' % (movie_file))
```

```
    def download(self):
        print(' 下载方法 ')

Download.download_image('aa/123.png')
Download.dowload_movie('aa/abc.mp4')
download = Download()
download.download()
```

输出结果：

下载 aa/123.png 下的图片

下载电影：aa/abc.mp4

下载方法

温馨提示：

　　在示例 2-63 中分别定义可以通过类名访问的静态方法 download_image() 和类方法 dowload_movie()，在类方法中需要显式地传递 cls 参数，cls 参数表示传递的是类本身。同时还定义了对象方法 download()，对象函数中的 self 参数表示实例化对象本身。

新手问答

问题1：Python的基础数据类型有哪些？

　　答：Python 的基础数据类型有数字（Number）类型、字符串（String）类型、列表（List）类型、元组（Tuple）类型、集合（Set）类型、字典（Dict）类型。

问题2：classmethod和staticmethod的区别？

　　答：classmethod：无须实例化，可以调用类属性和类方法；staticmethod：无论是类调用还是类的实例化对象调用，都无法获取到类内部的属性和方法。

实战演练：计算三角形的周长和面积

【案例任务】

通过面向对象编程的思路，定义三角形类，实现计算三角形的周长和面积。

【技术解析】

第 1 步，定义一个"三角形"类，通过传入 3 条边长来构造三角形，并提供计算周长和面积的方法。由于传入的 3 条边长未必能构造出三角形对象，因此可以先创建一个方法来验证 3 条边长是否可以构成三角形，这个方法显然不是对象方法，因为在调用这个方法时三角形对象尚未创建出来（因为还不知道这 3 条边能不能构成三角形）。第 2 步，使用静态方法来解决三角形周长和面积的计算问题。

计算三角形的周长：周长 s =（边 a + 边 b + 边 c）/ 2。

计算三角形的面积：math.sqrt(周长 s ×（周长 s – 边 a）×（周长 s – 边 b）×（周长 s – 边 c)），其中 math.sqrt 方法为开平方根。

【实现方法】

根据以上思路，完整代码如下所示。

```python
from math import sqrt

class Triangle(object):

    def __init__(self, a, b, c):
        self._a = a
        self._b = b
        self._c = c

    @staticmethod
    def is_valid(a, b, c):
        return a + b > c and b + c > a and a + c > b
    # 计算周长
    def perimeter(self):
        return self._a + self._b + self._c
    # 计算面积
    def area(self):
        half = self.perimeter() / 2
        return sqrt(half * (half - self._a) *
                    (half - self._b) * (half - self._c))

def main():
    a, b, c = 3, 4, 5
    # 静态方法和类方法都是通过给类发消息来调用的
    if Triangle.is_valid(a, b, c):
```

```
        t = Triangle(a, b, c)
        print(t.perimeter())
        print(t.area())
    else:
        print('无法构成三角形.')


if __name__ == '__main__':
    main()
```

本章小结

 本章主要介绍了 Python 基础数据类型、Python 逻辑控制语法、Python 异常处理及面向对象编程，其中面向对象编程尤其重要，它是一种程序设计规范，是最有效的程序编码方法之一。掌握了本章的 Python 基础知识对后面学习 Python Web 开发有极大的帮助。为了更好地理解本章知识，读者可以通过计算实战演练中的计算三角形周长和面积问题来运用本章知识。

第 3 章
MySQL 关系型数据库

数据库（DATABASE）在 Web 开发中是必不可少的组成部分，Web 开发中的办公系统、客户关系管理系统、商城系统等都需要使用数据库来存储和管理数据。

MySQL 是一种开源的关系型数据库系统（Relational Database Management System，RDBMS）。在 Web 开发中，MySQL 关系型数据库是模型层中必用的数据库之一。本章除对 MySQL 关系型数据库的知识进行讲解外，还将通过实战演练调用 PyMySQL 库实现访问数据库、查询数据等操作。

通过本章内容的学习，读者将掌握以下知识。

- 掌握 RDBMS 数据库的概念与数据表的概念
- 掌握数据插入、数据查询、更新数据、删除数据等数据库语法
- 掌握关系型数据库中的 E-R 模型概念
- 掌握关系型数据库中的一对一、一对多、多对多关联关系

3.1 MySQL数据库基础

MySQL 是一个关系型数据库系统，主要用于以某种有组织的方式来存储、维护和检索数据。其中涉及如下概念。

（1）数据库：数据库是数据表的集合。

（2）数据表：按照特定结构进行数据存储的文件。

（3）关系：对实体对象之间关系的约定。例如一对一关系、一对多关系、多对多关系。

思考：

为什么选择使用数据库存储数据，而不使用文件系统来保存数据？其实将数据存储在文件系统中也是一种可行的方案，但是在文件系统中对文件进行数据读取时的效率非常低，为了提升数据的读取效率，才使用数据库来存储数据。数据库的选择非常广泛，在本章中将使用 MySQL 关系型数据库进行数据的管理。

3.1.1 MySQL命令行

MySQL 可以通过官网进行安装，官网地址为 https://dev.mysql.com/downloads/mysql/，本章默认读者已安装 MySQL。

MySQL 安装成功后，可通过命令行进入 MySQL 数据库，详细操作步骤如下。

步骤 1：按下键盘上的【Win+R】快捷键，弹出【运行】对话框，在【打开】文本框中输入 cmd 并按【Enter】键即可打开一个命令窗口。

步骤 2：在弹出的控制台中输入"mysql –u root –p"命令并按【Enter】键，输入密码后即可进入 MySQL，如图 3-1 所示。

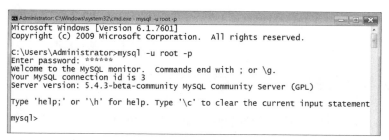

图3-1 MySQL窗口

在控制台中有如下快捷命令以供使用。

（1）退出：使用 quit 或 exit 退出。

（2）帮助：使用 help 或 \h 查看帮助命令。

（3）查看 show 命令：使 help show 命令，可以查看到相关 show 命令。

每次都通过命令行进入程序非常不便，为了方便数据库的使用，可以借助可视化工具，如 navicat、sqlyog、workbench 等操作数据库。

3.1.2　数据库选择

在控制台输入"mysql –u root –p"命令进入 MySQL 后，默认当前没有使用任何数据库，因此需要先选择一个数据库。

选择数据库的语法如下：

```
use 数据库名；
```

选择使用 MySQL 数据库，如示例 3-1 所示。

【示例 3-1】选择使用 MySQL 数据库。

```
# 在控制台中输入以下内容
use mysql;
```

输出结果如图 3-2 所示。

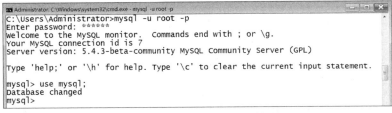

图3-2　选择使用MySQL数据库

在控制台中输入使用 MySQL 数据库命令时，必须在命令行后加分号（;）。

3.1.3　数据库操作

数据库是数据表的集合，在程序开发中首先需要创建项目所使用的数据库，并设置数据库的编码格式。同时还要创建数据库中的表，以便存储大量的数据。

语法如下。

```
查看数据库：show databases;
删除数据库：drop database 数据库名;
创建数据库：create database 数据库名 default charset utf8;
```

数据库、表、用户、权限等信息都被存储在数据库和表中，不过数据库内部提供的表一般不进行任何操作（如示例 3-2 中的 information_schema 和 mysql 为内部提供的表）。示例 3-2 执行查看

数据库的命令 "show databases;" 将返回当前所有数据库的列表，包含 MySQL 自带的数据库和自定义创建的数据库。

【示例 3-2】进入数据库后，使用命令查看数据库。

```
mysql> show databases;                          # 查看当前有哪些数据库
+--------------------+
| Database           |
+--------------------+
| information_schema |
| mysql              |
+--------------------+
23 rows in set (0.01 sec)
```

MySQL 中除自带的数据库外，还有用户自定义的数据库，以及在数据库中创建的数据表。创建自定义数据库时需指定存储数据的字符集格式，一般设置字符集为 utf8。示例 3-3 中所示为自定义数据库和删除数据库的方法。

【示例 3-3】创建和删除数据库 test_mysql。

```
mysql> create database test_mysql charset=utf8;    # 创建指定字符集为 utf8 的数据库
test_mysql
Query OK, 1 row affected (0.00 sec)
mysql> show databases;                          # 查看当前有哪些数据库
+--------------------+
| Database           |
+--------------------+
| information_schema |
| mysql              |
| test_mysql         |
+--------------------+
23 rows in set (0.01 sec)

mysql> drop database test_mysql;                # 删除 test_mysql 数据库
Query OK, 0 rows affected (0.07 sec)

mysql> use test_mysql;                          # 使用 test_mysql 数据库
Database changed
```

在示例 3-3 中需要注意以下两点。

（1）创建数据库时，不能创建已存在的数据库，否则会报 "ERROR 1007 (HY000): Can't create database 'test_mysql'; database exists" 的错误，即提示数据库已经存在，无法进行创建。

（2）删除数据库时，不能删除不存在的数据库，否则会报 "ERROR 1008 (HY000): Can't drop database 'test_mysql'; database doesn't exists" 的错误，即提示数据库不存在，无法进行删除。

如果需要改进以上代码，可以使用以下两种方式。

（1）判断出数据库不存在，则创建。创建数据库命令：create database if not exists test_mysql;

（2）判断出数据库存在，则删除。删除数据库命令： drop database if exists test_mysql;

if not exists 和 if exists 是语句的可选子句，在创建或删除数据库时可以提示数据库是否存在。

3.1.4 数据表操作

数据表是按照一定组织结构来存储数据的。以下介绍数据表中的几个重要概念。

（1）行：数据表中的数据是按照行记录的，一行数据记录了很多列的数据。类似于 excel 中的行概念。

（2）列：数据表中的列表示一个字段，用于存储相同列下不同行的数据。类似于 excel 中的列概念。

（3）主键：数据表中唯一可以从表中获取到行数据的标识符。一张数据表中只能有一个主键，且不能为空。

（4）外键：一张数据表中存在的另外一个表的主键。

（5）索引：数据库的索引是数据库管理系统中对数据表中一列或多列的值进行排序的数据结构，用来快速查询、更新数据库中的数据。索引类似于书的目录，可以通过目录快速检索到需要查询的内容。

（6）冗余：冗余是指数据之间的重复，将数据进行双倍备份。冗余虽然降低了数据库的性能，但是提高了数据的安全性。

数据表操作的语法如下。

```
创建表: create table 表名 ( 字段 );
查询表: show tables;
删除表: drop table 表名 ;
查询表字段: show columns from 表名 ;
```

示例 3-4 在数据库 test_mysql 中创建表 student，表中定义 3 个字段：自增的主键 id 字段、长度为 10 的字符串类型 name 字段、长度为 3 的整型 age 字段（默认值为 18），并设置存储引擎 InnoDB。

【示例 3-4】在数据库 test_mysql 中创建 student 表。

```
mysql> use test_mysql;
Database changed
mysql> create table student(
    -> id int auto_increment comment '主键',
    -> name varchar(10) not null comment '姓名',
    -> age int(3) default 18 comment '年龄',
    -> primary key(id)
    -> ) engine=InnoDB;
```

```
Query OK, 0 rows affected (0.21 sec)

mysql> show tables;
+---------------------+
| mysql> show tables; |
+---------------------+
| student             |
+---------------------+
1 row in set (0.02 sec)
```

温馨提示：

在关系型数据库中，数据表是用于存储和组织信息的数据结构，也可以将其理解为行和列的表格。在实际开发中，不同的表存储不同的数据类型，因此在数据的处理上也存在差异。不同数据存储引擎的作用如下。

（1）MyISAM：不支持事务，也不支持外键，但数据的访问速度极快。它对事务的完整性没有要求，以select、insert 为主的应用都可以采用该引擎来创建表。

（2）InnoDB：它是一个健壮的事务型存储引擎，应用广泛，因此 InnoDB 也作为默认的存储引擎使用。

（3）MEMORY：使用该引擎目的就是快速得到数据的响应，因为其采用的存储介质是系统内存。但追求快速响应的同时，也必然会存在一些缺陷，例如，它要求存储在数据表里的数据要使用长度不变的格式。

在创建数据表时，如果需支持事务、外键等要求，一般情况下默认使用 InnoDB 即可。

查看 student 表中定义的字段，如示例 3-5 所示。

【示例 3-5】查看 student 表中定义的字段。

```
mysql> show columns from student;
+-------+-------------+------+-----+---------+----------------+
| Field | Type        | Null | Key | Default | Extra          |
+-------+-------------+------+-----+---------+----------------+
| id    | int(11)     | NO   | PRI | NULL    | auto_increment |
| name  | varchar(10) | NO   |     | NULL    |                |
| age   | int(3)      | YES  |     | 18      |                |
+-------+-------------+------+-----+---------+----------------+
3 rows in set (0.01 sec)
```

从结果中可以看出 student 表的字段属性，以及定义字段的类型 Type、是否为空 Null、是否子键 Key、默认值 Default、额外信息 Extra 等信息。具体的字段类型见表 3-1。

表3-1　数据类型

类型	大小	描述
int	4字节	大整型值
tinyint	1字节	小整型值

续表

类型	大小	描述
bigint	8字节	极大整型值
smallint	2字节	大整型值
float	4字节	单精度，浮点数值
double	8字节	双精度，浮点数值
date	3字节	日期值，格式为YYYY-MM-DD
datatime	8字节	日期值，格式为YYYY-MM-DD HH:MM:SS
timestamp	4字节	时间戳
char	0~255字节	定长字符串
varchar	0~65535字节	变长字符串
text	0~65535字节	长文本数据
longtext	0~4294967295字节	极大文本数据
longblob	0~4294967295字节	二进制形式的极大文本数据
blob	0~65535字节	二进制形式的长文本数据

3.2 MySQL数据库语法

本节将讲解如何实现数据的结构化存储。结构化查询语言（Structured Query Language，SQL）是操作和检索关系型数据库的标准语言，标准的 SQL 有以下几种类型。

（1）数据操作语言（Data Munipulation Language，DML）。

（2）数据定义语言（Data Definition Language，DDL）。

（3）数据控制语言（Data Control Language，DCL）。

（4）数据查询语言（Data Query Language，DQL）。

（5）事务控制语言（Transactional Control Language，TCL）。

（6）指针控制语言（Cursor Control Language，CCL）。

每个 SQL 语句都是由一个或多个关键字构成，下面将分别讲解不同查询方式的使用方法。

3.2.1　insert语句

数据插入使用 insert 关键字。insert 语句可以指定向表中插入数据。如果需要一次性插入非常多的数据，可以使用批量插入语句。

语法如下。

```
插入数据: insert into 表名 values(值1, 值2, 值3, …)
批量插入数据: insert into 表名 (值1, 值2, 值3, …), (值1, 值2, 值3, …), (值1, 值2, 值3, …),…;
指定字段插入数据: insert into 表名 (字段1, 字段2, 字段3, …) values(值1, 值2, 值3, …);
指定字段批量插入数据: insert into 表名 (字段1, 字段2, 字段3, …) values(值1, 值2, 值3, …), (值1, 值2, 值3, …), (值1, 值2, 值3, …),…;
```

向 student 表中插入数据，如示例 3-6 所示。

【示例 3-6】向 student 表中插入数据。

```
mysql> insert into student values(1, 'tom', 23);    # 插入数据
Query OK, 1 row affected (0.06 sec)

mysql> insert into student(name, age) values('jack', 17);    # 指定字段插入
Query OK, 1 row affected (0.06 sec)

mysql> insert into student(name, age) values('timi ', 21),('joo ', 17);  # 指定字段的批量插入
Query OK, 2 rows affected (0.07 sec)
Records: 2  Duplicates: 0  Warnings: 0
```

示例 3-6 的 insert 语句中，列名必须和数据表 student 中定义的字段一致，而 values 中定义的值和插入列名必须一一对应。示例中语句实现功能如下。

第 1 条语句的实现功能：向 student 表中每一个字段插入数据。

第 2 条语句的实现功能：向 student 表中指定的 name 和 age 字段插入数据。

第 3 条语句的实现功能：向 student 表中指定的 name 和 age 字段批量插入两条数据。

3.2.2　select语句

查询语句使用 select 关键字。select 语句可以检索所有的列，也可以指定检索某些列。如果需要检索所有的列数据，可以使用通配符（*）；如果只需要检索某些列数据，明确地列出所需的列即可。

语法如下。

```
查询指定字段的数据: select 字段1, 字段2, 字段3, … from 表名 where 条件表达式 ;
查询所有数据: select * from 表名 where 表达式 ;
```

示例 3-7 使用 select 关键字进行数据查询，查询 student 表中的指定字段和所有的字段。

【示例 3-7】使用 select 语法，查询 student 表中的数据。

```
mysql> select name from student;      # 只查询 student 表中的姓名字段
+------+
| name |
+------+
| tom  |
| jack |
| timi |
| joo  |
+------+
4 rows in set (0.00 sec)

mysql> select * from student;      # 查询 student 表中所有的数据
+----+------+------+
| id | name | age  |
+----+------+------+
|  1 | tom  |   23 |
|  2 | jack |   17 |
|  3 | timi |   21 |
|  4 | joo  |   17 |
+----+------+------+
4 rows in set (0.00 sec)

mysql> select * from student where id=1;   # 查询 id 等于 1 的数据
+----+------+------+
| id | name | age  |
+----+------+------+
|  1 | tom  |   23 |
+----+------+------+
1 row in set (0.00 sec)

mysql> select distinct(age) from student;          # 去重
+------+
| age  |
+------+
|   23 |
|   17 |
|   21 |
+------+
3 rows in set (0.00 sec)
```

温馨提示：

示例中使用 distinct 字段对查询的结果集进行去重处理。

3.2.3 update语句

修改数据库中的数据，使用 update 关键字。

语法如下。

修改单列数据：update 表名 set 字段1=赋予新的值1 where 条件表达式；
修改多列数据：update 表名 set 字段1=赋予新的值1，字段2=赋予新的值2，… where 条件表达
式；

如示例 3-8 所示更新数据。

【示例 3-8】更新数据。

```
mysql> update student set age=26 where name='jack';
Query OK, 1 row affected (0.07 sec)
Rows matched: 1  Changed: 1  Warnings: 0

mysql> update student set age=26, name='jack qing' where name='jack';
Query OK, 1 row affected (0.08 sec)
Rows matched: 1  Changed: 1  Warnings: 0
```

示例 3-8 中使用 update 语句更新学生表数据，实现的操作如下。

第 1 个 SQL 语句更新姓名为 jack 的年龄，修改为 26。

第 2 个 SQL 语句更新姓名为 jack 的年龄和姓名，分别修改为 26 和 jack qing。

3.2.4 delete语句

删除数据表中数据，使用 delete 关键字。

语法如下。

删除满足条件的数据：delete from 表名 where 条件表达式；
删除全部数据：delete from 表名；

如示例 3-9 所示，删除数据表中数据。

【示例 3-9】删除 student 表中 id=1 的数据、删除 student 表中的所有数据。

```
mysql> delete from student where id=1;    # 删除 id=1 的数据
Query OK, 1 row affected (0.07 sec)

mysql> delete from student;               # 删除所有数据
Query OK, 3 rows affected (0.08 sec)

mysql> select * from student;             # 查询表中数据
Empty set (0.00 sec)
```

3.2.5　like语句

模糊查询表中的数据，可以使用 like 关键字。like 语句中可以使用 % 匹配任意字符，而单下划线（_）用于占位，表示匹配一个字符。

语法如下。

> 查询字段包含某个字符的数据：select 字段 1, 字段 2… from 表名 where name like '%k%';
> 查询字段第 2 位是某个字符的数据：select 字段 1, 字段 2… from 表名 where name like '_k%';

如示例 3-10 所示，模糊查询表中的数据。

【示例 3-10】模糊查询姓名中包含 k 字符的数据。

```
mysql> select * from student where name like '%k%';     # 查询 name 字段中包含 k 字符的
数据
+----+------+------+
| id | name | age  |
+----+------+------+
| 11 | jack |  17  |
+----+------+------+
1 row in set (0.00 sec)

mysql> select * from student where name like '_k%';     # 查询 name 字段中第 2 位字符为
k 的数据
Empty set (0.00 sec)
```

温馨提示：

在开发中，使用 like 进行模糊搜索时，% 和 _ 是配合使用的，以下罗列的是二者配合使用的语法。

（1）%k，表示查询以 k 结束的数据。

（2）%k%，表示查询包含 k 的数据。

（3）k%，表示查询以 k 开头的数据。

（4）k_，表示查询字段数据长度只能为 3 位，且第 2 位字符为 k 的数据。

（5）k，表示查询字段数据长度只能为 3 位，且最后一位字符为 k 的数据。

3.2.6　group by语句

将数据按照某一个字段进行分组，可以使用 group by 关键字。group by 语句会对结果按照某一列或多列进行分组，分组的列可以使用求个数和 count 函数、求平均值 avg 函数、计算累积总和 sum 函数等。

语法如下。

> 按照字段进行分组：select * from student group by 字段；
> 按照字段进行分组，并统计字段：select 字段, function(字段) from student group by 字段；

按照字段进行分组，并对分组后的数据使用 having 进行过滤。如示例 3-11 使用 group by 关键字对 student 表中 age 字段进行分组，如果 age 字段相同，则对应的数据将分为一组。通过 group by 关键字分组后的数据里，age 字段将不会出现重复的情况。

【示例 3-11】按照 age 字段将所有数据进行分组。

```
mysql> select * from student;                # 查询所有的数据
+----+------+------+
| id | name | age  |
+----+------+------+
|  1 | tom  |  23  |
| 11 | jack |  17  |
| 12 | timi |  21  |
| 13 | joo  |  17  |
+----+------+------+
4 rows in set (0.00 sec)

mysql> select * from student group by age;   # 查询所有数据，并按照 age 进行分组
+----+------+------+
| id | name | age  |
+----+------+------+
| 11 | jack |  17  |
| 12 | timi |  21  |
|  1 | tom  |  23  |
+----+------+------+
3 rows in set (0.00 sec)
```

数据查询是 MySQL 数据库管理最重要的一个功能。进行数据查询时，有时并不需要返回数据本身而只需要对数据进行统计计算总结即可，有时则需要用到聚合函数进行查询，如求平均值 avg 函数、求和 sum 函数、求总行数 count 函数、求字段的最大值 max 函数、求字段的最小值 min 函数等，都可以用 group by 进行函数计算。

3.2.7　order by 语句

对数据进行排序，可以使用 order by 关键字。如果需要对结果进行升序排列，可以使用 asc 关键字；需要对结果进行降序排列，可以使用 desc 关键字。

语法如下。

```
升序: select * from student order by 字段 asc;
降序: select * from student order by 字段 desc;
```

对数据进行排序如示例 3-12 所示。

【示例 3-12】对 id 字段进行升降序排列。

```
mysql> select * from student order by id desc;
```

```
+----+------+------+
| id | name | age  |
+----+------+------+
| 13 | joo  |  17  |
| 12 | timi |  21  |
| 11 | jack |  17  |
|  1 | tom  |  23  |
+----+------+------+
4 rows in set (0.00 sec)

mysql> select * from student order by id asc;
+----+------+------+
| id | name | age  |
+----+------+------+
|  1 | tom  |  23  |
| 11 | jack |  17  |
| 12 | timi |  21  |
| 13 | joo  |  17  |
+----+------+------+
4 rows in set (0.00 sec)
```

温馨提示：

如果想要获取字段的降序结果集，可以使用 order by 字段 desc 语句；如果想要获取字段的升序结果集，可以使用 order by 字段 asc 语句，因 order by 语句默认按照升序排序，所以此时 asc 语句等价于 order by 字段。默认情况下 asc 关键字可以忽略。

3.2.8 limit语句

数据的截取可以使用 limit 关键字。最常见的案例就是通过 limit 实现分页功能。

语法如下。

截取数据 1：select * from student limit m;，表示截取前 m 条数据
截取数据 2：select * from student limit m, n;，其中 m 是指记录的开始下标，默认从 0 开始，表示第一条记录。n 表示从 m+1 条数据开始，截取 n 条数据

如示例 3-13 对数据进行截取。

【示例 3-13】截取数据。

```
mysql> select * from student;                    # 获取所有数据
+----+------+------+
| id | name | age  |
+----+------+------+
|  1 | tom  |  23  |
| 11 | jack |  17  |
| 12 | timi |  21  |
```

```
| 13 | joo   | 17   |
+----+-------+------+
4 rows in set (0.00 sec)

mysql> select * from student limit 2;          # 截取前两条数据
+----+-------+------+
| id | name  | age  |
+----+-------+------+
|  1 | tom   | 23   |
| 11 | jack  | 17   |
+----+-------+------+
2 rows in set (0.00 sec)

mysql> select * from student limit 2, 2;        # 截取第 3 条和第 4 条数据
+----+-------+------+
| id | name  | age  |
+----+-------+------+
| 12 | timi  | 21   |
| 13 | joo   | 17   |
+----+-------+------+
2 rows in set (0.02 sec)
```

温馨提示:

limit 关键字的使用实现了对查询数据行数的限制，约束了结果集中的行数。

3.3 关联关系

在设计数据库时，最为重要的步骤就是进行数据库建模（Database Modeling）。数据库建模就是抽取现实世界中的实体对象，对实体对象之间的关系、属性等进行分析，找出其内在的关联关系，从而确定数据库的结构。

3.3.1 E-R模型

在数据库中被广泛用于数据库建模的工具为 E-R 模型（实体 - 联系模型），E-R 模型涉及如下几个概念。

（1）实体：现实世界中的一个现实对象。如学生是一个实体对象，班级也是一个实体对象。

（2）属性：实体对象的行为和特有性质。如学生的属性有学号、姓名、年龄、年级等。

（3）联系：多个实体对象之间的关联关系。如学生和班级之间的关系，一个班级有多个学生，

即班级和学生之间存在一对多的关联关系，可以用 1:N 表示；如学生和课程之间的关系，一个学生能够选择多门课程，且一门课程也可以被多个学生所选择，即课程和学生之间存在多对多的关联关系，可以用 N:M 表示；如学生和学生扩展信息之间的关系，一个学生只能对应自己的扩展表信息，即学生和学生扩展表之间是一对一关联关系，可以用 1:1 表示。

E-R 模型的构成分别为实体、属性、联系，它们的表示方式如下。

（1）使用矩形表示实体，并在矩形框中定义实体名。

（2）使用椭圆框表示属性，在椭圆框内定义属性名，并用无向连线连接实体矩形框和属性椭圆框。

（3）使用菱形表示实体之间的关系，用无向连线连接实体矩形框，并在连线上标注实体之间的关联关系，即 1:1、1:N、N:M。

如图 3-3 所示，绘制 E-R 图表示学生 - 班级 - 选修课程 - 学生扩展模型之间的关系。

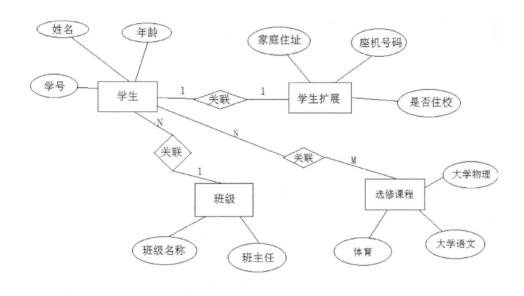

图3-3　E-R图

E-R 模型图中定义了 4 个实体对象：学生、学生扩展、班级、选修课程。完成 E-R 模型图设计后可以设计表，并定义表与表的关联关系。

3.3.2　一对一关系

在 E-R 图中，学生实体和学生扩展实体之间是一对一的关联关系。可以通过以下语法进行多表联查。

语法 1：

```
select 字段 1, 字段 2, … from 表 1, 表 2 where 表 1 主键 = 表 2 外键 where 条件表达式;
```

语法 2：

select 字段 1，字段 2，… from 表 1 join 表 2 on 表 1 主键 = 表 2 外键 where 条件表达式；

设置学生扩展表和学生表的一对一关联关系，如示例 3-14 所示。

【示例 3-14】创建学生扩展表，设置学生扩展表和学生表的一对一关联关系。

```
create table student_info(
    id int auto_increment comment '主键',
    address varchar(100) not null comment '家庭住址',
    phone varchar(11) null comment '电话号码',
    leave_school tinyint(1) default 1 comment '是否留校',
    stu_id int not null unique,
    primary key(id),
    foreign key(stu_id) references student(id)
)engine=InnoDB charset=utf8;
```

示例 3-14 中定义的 student_info 学生扩展表，有以下几点需要注意。

（1）表中需要定义 int 类型的自增主键字段、定义最大长度为 100 字符的不为空的家庭住址字段、定义最大长度为 11 的可为空的电话号码字段、定义 tiny int 类型且长度为 1 的是否留校字段、定义外键 stu_id。

（2）主键的定义使用关键词 primary key 指定，外键的定义使用关键词 foreign key 指定。

（3）外键（forgien key）和主键（primary key）的类型和长度都必须一致。

思考：

student_info 表中外键 stu_id 字段和 student 表中主键 id 字段，是通过语句 'foreign key(stu_id) references student(id)' 进行关联的。如果定义 student_info 表中外键 stu_id 字段的类型为 tinyint 类型，而 student 表中主键 id 字段的类型为 int 类型，那么在进行一对一关联时是否报错？如果报错，原因是什么？

关联查询 student 表和 student_info 表中所有数据，如示例 3-15 所示。

【示例 3-15】关联查询 student 表和 student_info 表中所有数据。

```
mysql> select * from student as s, student_info as si
    -> where s.id = si.stu_id;
+----+------+------+----+------------+-------------+--------------+--------+
| id | name | age  | id | address    | phone       | leave_school | stu_id |
+----+------+------+----+------------+-------------+--------------+--------+
|  1 | tom  |  23  |  1 | 金牛区 xxx 路 | 13661355432 |      1       |    1   |
| 11 | jack |  17  |  4 | 琉璃街 xxx 路 | 18665433121 |      1       |   11   |
| 12 | timi |  21  |  5 | 天府新区 xxx 路| 18676544231 |      0       |   12   |
+----+------+------+----+------------+-------------+--------------+--------+
3 rows in set (0.00 sec)
```

示例 3-15 中执行 SQL 语句查询两个表的总信息，SQL 格式：select * from 表 1, 表 2 where 表 1 的主键 = 表 2 的外键；也可以使用 inner join 进行关联查询，SQL 格式：select * from 表 1 inner join

表 2 on 表 1 的主键 = 表 2 的外键。

定义关联查询 join 关键字的语法如表 3-2 所示。

表3-2　join语法

join语法	描述
inner join（内连接）	获取两个表中满足 on 条件的数据
left join（左连接）	在 inner join 结果的基础上，再返回左表中未被关联查询出的数据
right join（右连接）	在 inner join 结果的基础上，再返回右表中未被关联查询出的数据
cross join（交叉连接）	获取两个表数据的乘积，即笛卡尔积

温馨提示：

join 关键字可以连接两个表，可以同时使用多个 join 关键字以达到连接多个表的目的。

3.3.3　一对多关系

在 E-R 图中，定义的班级和学生是一对多的关联关系，学生表中需要创建外键字段并关联到班级表的主键，如示例 3-16 所示的新增班级表和示例 3-17 所示建立学生表和班级表的一对多关联关系。

【示例 3-16】创建班级表。

```
create table grades(
    id int auto_increment comment ' 主键 ',
    name varchar(10) not null comment ' 班级名称 ',
    teacher varchar(11) null comment ' 班主任 ',
    primary key(id)
)engine=InnoDB charset=utf8;
```

示例 3-16 中定义班级表：定义自增的 int 类型主键字段、定义不能为空的班级名称字段、定义可以为空的班主任字段。

【示例 3-17】新增学生表外键字段，并关联到班级表的主键。

```
alter table student add g_id int;                        # 新增 g_id 字段
alter table student add foreign key(g_id) references grades (id); # 建立关联关系
```

示例 3-17 中定义了学生表和班级表的关联关系，示例 3-18 使用 inner join 查询班级和学生的信息。

【示例 3-18】使用 inner join 关键字查询数据。

```
mysql> select * from student as s
    -> inner join grades as g on s.g_id=g.id
```

```
   -> group by s.name;
+----+------+------+------+----+------------+----------+
| id | name | age  | g_id | id | name       | teacher  |
+----+------+------+------+----+------------+----------+
| 11 | jack |  17  |   1  |  1 | Python 班级 | NULL     |
| 12 | timi |  21  |   2  |  2 | Java 班级   | 张老师    |
|  1 | tom  |  23  |   1  |  1 | Python 班级 | NULL     |
+----+------+------+------+----+------------+----------+
3 rows in set (0.00 sec)
```

温馨提示:

join on 语句可以将两个或多个表进行关联，实现从多个表中读取数据。

3.3.4 多对多关系

在 E-R 图中，定义的学生和课程之间的关系为多对多关联关系。一个学生可以选择多门课程，一门课程可以被多个学生所选择，由此可见多对多其实就是两个一对多的关联关系。设计多对多的关联表，需要创建一个中间表。中间表中定义两个外键，分别关联学生表的主键和课程表的主键，如示例 3-19 所示。

【示例 3-19】定义学生和课程之间的多对多关联关系。

```
create table course(
    id int auto_increment comment ' 主键 ',
    name varchar(10) not null comment ' 课程名称 ',
    primary key(id)
)engine=InnoDB charset=utf8;

create table s_c(
    c_id int not null comment 'c_id 关联课程主键 ',
    s_id int not null comment 's_id 关联学生主键 ',
    foreign key(c_id) references course(id),
    foreign key(s_id) references student(id)
)engine=InnoDB charset=utf8;
```

新手问答

问题1：MySQL中关联查询left join、right join、inner join的区别是什么？

答：join 表示关联，用于连接两张表，大致分为 inner join、left join、right join，其区别如下。

inner join：查询同时满足 A 表和 B 表的数据，即求两个表的交集。

left join：查询的结果为 A 表和 B 表的交集外加左表余下的数据。

right join：查询的结果为 A 表和 B 表的交集外加右表余下的数据。

问题2：关系型数据库中的一对一关系、一对多关系、多对多关系的区别是什么？

答：一对一关系表示一张表的一条记录只能对应另外一张表中的一条记录，一对多关系表示一张表中的一条记录可以对应另外一张表中的多条记录，多对多关系表示一张表中的一条记录可以对应另外一张表中的多条记录且另一张表中的一条记录也可以对应该表中的多条记录。

实战演练：使用PyMySQL连接并操作MySQL数据库

【案例任务】

在 Python Web 开发中 MySQL 关系型数据库是必用的数据库之一，本案例将使用 PyMySQL 进行 MySQL 数据库的访问，并实现对数据库中数据的增、删、改、查操作。

【技术解析】

Python 3.x 中使用 PyMySQL 实现 MySQL 数据库的连接以及数据库的操作，首先需要安装 Py-MySQL 库，安装命令如下。

pip install pymysql

【实现方法】

本实战演练主要演示如何通过 PyMySQL 连接数据库，如何获取数据库连接对象，以及如何执行 SQL 语句。代码如示例 3-20 和示例 3-21 所示。

【示例 3-20】创建 execute_mysql_sql.py 文件，定义数据库访问对象。

```
import pymysql
```

```python
class MySQLDel:
    # 获取连接
    conn = ''
    # 游标
    cursor = ''

    def __init__(self):
        """          获取数据库连接
        :return: 返回游标
        """
        conn = pymysql.connect(host='127.0.0.1', port=3306, database='test_mysql',
user='root', password='123456')
        self.conn = conn
        self.cursor = conn.cursor()

    def execute_sql(self, sql):
        # 实现查询方法
        # 执行 SQL 语句
        self.cursor.execute(sql)
        # 获取执行后数据
        result = self.cursor.fetchall()
        return result

    def insert_update_delete_sql(self, sql):
        # 实现插入方法
        try:
            self.cursor.execute(sql)
            self.conn.commit()
        except Exception as e:
            # 如果发生异常，则回滚
            self.conn.rollback()

    def close(self):
        # 关闭连接
        self.conn.close()
```

示例 3-20 中定义了类以及类属性和类方法，分析如下。

（1）类属性 conn 和 cursor：定义数据库连接对象 conn 和数据库游标 cursor，在初始化时进行初始赋值。

（2）类方法 __init__()：初始化方法，在获取类 MySQLDel 对象时会主动调用。初始化方法中通过 pymysql.connect() 方法进行数据库的连接，其中 host 参数表示访问 MySQL 数据库的 IP 地址，port 参数表示访问 MySQL 数据库的端口，database 参数表示访问数据库的名称，user 参数表示访问数据库的账号，password 参数表示访问数据库的密码。__init__() 方法可以给类属性 conn 和 cursor 进行初始赋值。

（3）类方法 execute_sql()：执行 SQL 语句，实现查询功能。

（4）类方法 insert_update_delete_sql()：执行 SQL 语句，实现增、删、改功能。

（5）类方法 close()：关闭数据库连接对象。

【示例 3-21】实现查询数据功能。

```
if __name__ == '__main__'

    db = MysqlDel()

    # 查询所有学生信息对应的班级信息
    sql = 'select * from student join grades on student.g_id=grades.id;'
    result = db.execute_sql(sql=sql)
    print(result)

    # 查询所有学生对应的课程信息
    sql2 = """select * from student
    join s_c on s_c.s_id=student.id
    join course on s_c.c_id=course.id;"""
    result2 = db.execute_sql(sql2)
    print(result2)
    db.close()
```

示例 3-21 实现了查询数据、关联查询数据、关闭连接功能，分析如下。

（1）获取类对象 db：在获取类对象 db 时，默认调用初始化 __init__() 方法，该方法实现了给类属性 conn 和 cursor 初始化赋值。

（2）执行 SQL：示例中分别定义了执行的 SQL 语句，并通过调用 execute_sql(sql) 方法实现结果集的获取。

（3）关闭连接：在执行方法结束后，必须调用 close() 方法关闭数据库的连接。

本章小结

本章讲解了 MySQL 关系型数据库的基础知识，包括创建、删除和查看数据表以及数据表关联关系的定义与查询。这些知识点对接下来的 Web 开发的学习至关重要。读者需要注意，数据表的设计需要对现实世界中的实体对象进行抽象化的理解，才能对实体对象之间的关系进行区分定义。

第 4 章

MongoDB 文档型数据库

本章是非关系型数据库 MongoDB 的入门章节。MongoDB 是一个分布式文件存储的数据库，主要由 C++ 语言编写。MongoDB 为 Web 开发提供了可扩展、高性能、易使用的数据存储方案，是介于关系型数据库和非关系型数据库之间的产品。MongoDB 作为面向文档的数据库，查询语言非常强大，支持存储比较复杂的数据类型，并支持动态查询、索引、复制和故障恢复，存储的文件格式为 BSON（JSON 的扩展）。

通过本章内容的学习，读者将掌握以下知识。

- ◆ 掌握 MongoDB 的安装
- ◆ 掌握 MongoDB 的启动
- ◆ 掌握 MongoDB 中文档、集合、数据库等概念
- ◆ 掌握数据库的查询、创建、删除等操作
- ◆ 掌握文档的数据插入、删除、更新、修改等操作
- ◆ 掌握索引的创建与检索
- ◆ 掌握 MongoEngine 的使用

4.1 MongoDB的下载、安装与启动

MongoDB 支持众多系统，具体可以访问 https://www.mongodb.com/download-center 查询与下载对应系统的版本。本节以 Windows 系统为例，讲解 MongoDB 的下载、安装与启动。

4.1.1 MongoDB下载

以 Windows 系统为例，MongoDB 下载的详细操作步骤如下。

步骤 1：打开浏览器，在地址栏输入 "https://www.mongodb.com/download-center"，进入 MongoDB 官网，找到页面上的【Server】按钮，如图 4-1 所示。

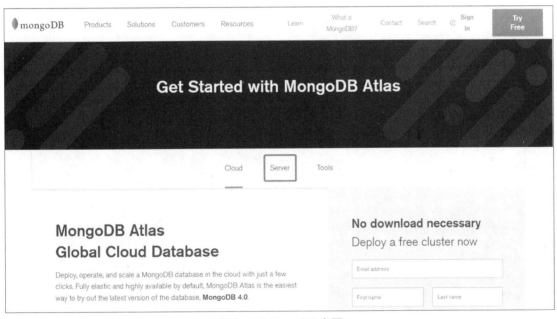

图4-1　MongoDB官网

步骤 2：单击【Server】按钮，进入下载版本选择界面。选择 MongoDB 的版本号（这里选择 4.0.6 版本）和 Windows 操作系统，如图 4-2 所示。

步骤 3：单击【Download】按钮后实现 MongoDB 的安装程序下载，如图 4-3 所示。

按照以上步骤即可完成 MongoDB 的下载。

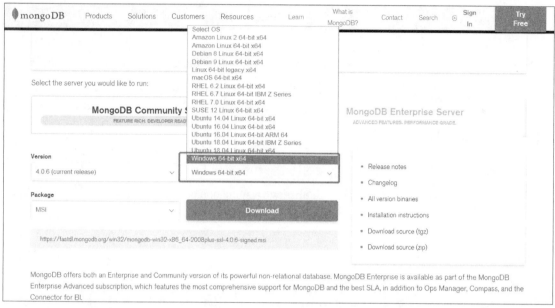

图4-2　下载版本及系统选择

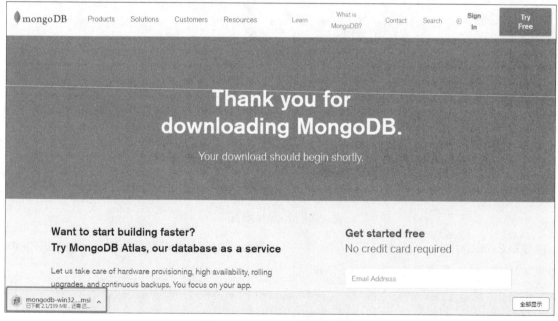

图4-3　MongoDB下载界面

4.1.2　MongoDB的安装与启动

MongoDB 4.0.6 版本的安装程序下载完成后就可以开始安装并设置运行环境，详细操作步骤如下。

步骤 1：双击已下载完成的 MongoDB 4.0.6 安装程序，如图 4-4 所示。

步骤 2：MongoDB 安装程序显示如图 4-5 所示的安装界面，单击【Next】按钮。

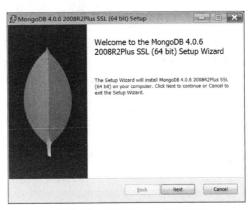

mongodb-win32-x86_64-2008plus-ssl-4.0.6-signed.msi

图4-4　双击运行MongoDB 4.0.6安装程序　　　　　图4-5　安装MongoDB界面

　　步骤 3：进入选择协议界面，如图 4-6 所示。选中【I accept the terms in the License Agreement】复选框，并单击【Next】按钮。

　　步骤 4：进入安装路径可选选项界面，如图 4-7 所示。界面中提供【Complete】和【Custom】选项，【Complete】选项表示默认安装路径，而【Custom】选项表示自定义安装路径。此处选择自定义安装路径，即单击【Custom】选项。

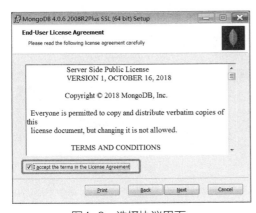

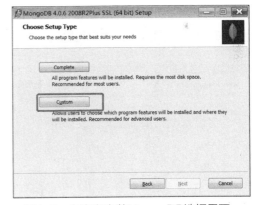

图4-6　选择协议界面　　　　　　　　　图4-7　自定义安装MongoDB选择界面

　　步骤 5：进入路径选择界面，如图 4-8 所示。单击【Browse】选项，选择安装 MongoDB 的路径。选择完毕后单击【Next】。

　　步骤 6：进入配置 Data 和 Log 选项界面，如图 4-9 所示。默认不做任何修改，直接单击【Next】按钮即可。

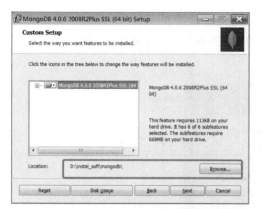

图4-8　MongoDB安装路径界面

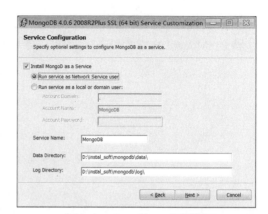

图4-9　Data和Log配置界面

温馨提示：

Data Directory 文件路径表示存储数据的目录地址，Log Directory 文件路径表示日志文件的目录地址，安装 MongoDB 时，该选项默认即可。

若是 MongoDB 3.x 版本，安装时默认不会主动创建 Data 和 Log 所对应的文件夹，因此数据的存储路径 Data Diretory 和日志存储路径 Log Directory 需在安装成功后自行创建，否则无法启动 MongoDB。

步骤 7：进入安装 MongoDB Compass 可视化软件界面，如图 4-10 所示。这一步可以取消选中【Install MongoDB Compass】复选框，表示不安装可视化软件，如若不取消该选项，则需耐心等待安装 MongoDB Compass。单击【Next】按钮进行下一步操作。

步骤 8：进入安装 MongoDB 程序确认界面，如图 4-11 所示。单击【Install】按钮进行安装。

图4-10　选择可视化软件安装界面

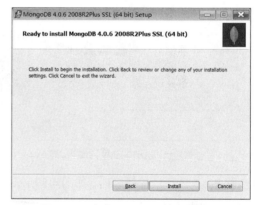

图4-11　安装MongoDB确认界面

步骤 9：等待 MongoDB 安装程序自动安装，如图 4-12 所示。

步骤 10：当显示如图 4-13 所示界面时即表示 MongoDB 已经成功安装，可单击【Finish】按钮关闭安装程序。

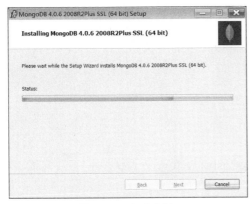
图4-12　自动安装

图4-13　安装成功界面

步骤 11：验证 MongoDB 4.0.6 是否安装成功。按下键盘上的【Win+R】键后在弹出的【运行】窗口中输入 cmd 命令，按下【Enter】键，如图 4-14 所示。在 MongoDB 安装路径的 bin 文件夹中执行 mongo 命令，即可进入 mongo 命令模式。

```
Microsoft Windows [Version 6.1.7601]
Copyright (c) 2009 Microsoft Corporation.  All rights reserved.

C:\Users\Administrator>D:

D:\>cd instal_soft\mongodb\bin

D:\instal_soft\mongodb\bin>mongo
MongoDB shell version v4.0.6
connecting to: mongodb://127.0.0.1:27017/?gssapiServiceName=mongodb
Implicit session: session { "id" : UUID("cdb25bbe-9009-46aa-83f9-fd0b7f7a9b4f") }
MongoDB server version: 4.0.6
Server has startup warnings:
2019-02-28T12:27:27.224+0800 I CONTROL  [initandlisten]
2019-02-28T12:27:27.224+0800 I CONTROL  [initandlisten] ** WARNING: Access control is not enabled fo
2019-02-28T12:27:27.224+0800 I CONTROL  [initandlisten] **          Read and write access to data an
2019-02-28T12:27:27.224+0800 I CONTROL  [initandlisten]
2019-02-28T12:27:27.225+0800 I CONTROL  [initandlisten] Hotfix KB2731284 or later update is not inst
2019-02-28T12:27:27.225+0800 I CONTROL  [initandlisten]
---
Enable MongoDB's free cloud-based monitoring service, which will then receive and display
metrics about your deployment (disk utilization, CPU, operation statistics, etc).

The monitoring data will be available on a MongoDB website with a unique URL accessible to you
and anyone you share the URL with. MongoDB may use this information to make product
improvements and to suggest MongoDB products and deployment options to you.

To enable free monitoring, run the following command: db.enableFreeMonitoring()
To permanently disable this reminder, run the following command: db.disableFreeMonitoring()
---
>
```

图4-14　进入MongoDB数据库

4.2　MongoDB基础知识

MongoDB 是 NoSQL 数据库产品中最热门的、面向文档的数据库，它介于关系型数据库和非关系型数据库之间，是非关系型数据库中功能最丰富也最近似关系数据库的产品。

本节将讲解 MongoDB 的基础概念：文档、集合、数据库。

4.2.1　文档

文档（document）是 MongoDB 中存储数据的基本单元，类似于关系型数据库中的行，主要以键值对的形式存在。

1.文档的定义

文档的定义需要注意以下几点。

（1）MongoDB 区分类型、区分大小写。

（2）文档中可以包含多种不同的数据类型，但键值中不能包含 \0（空字符），不能包含特殊意义的字符（. 和 $）。

（3）文档中的键值不能重复。

（4）文档中的键值对是有序的。

【示例 4-1】由于 MongoDB 区分大小写，因此如下定义的两个文档不同。

```
{'name': 'zhangsan'}
{'Name': 'zhangsan'}
```

温馨提示：

示例 4-1 中，定义的文档的键分别为 'name' 和 'Name'，由于在 MongoDB 中键值是区分大小的，因此示例 4-1 中定义的是两个不同的文档。

【示例 4-2】定义包含不同数据类型的文档。

```
{'name': 'zhangsan', 'age': 10, 'grades':{'chinese': 100, 'english': 99, 'physics': 99}}
```

温馨提示：

示例 4-2 中定义的文档，包含了多个键值对，甚至还内嵌了一个完整的文档。

【示例 4-3】定义顺序不一致的文档。

```
{'first': 'hello Python', 'last': 'hello MongoDB'}
{'last': 'hello MongoDB', 'first': 'hello Python'}
```

温馨提示：

由于文档中的键值对是有序的，而示例 4-3 中定义的键值对的顺序不同，因此示例 4-3 中定义的两个文档为不同的文档。

2.数据类型

MongoDB 中支持的常用数据类型有 null、布尔类型、数值、字符串、数组、对象 id、日期、正则表达式。

（1）null：用于表示空值。

【示例 4-4】定义存储 null 值的文档。

```
{'scores': null}
```

（2）布尔类型：用于存储布尔值（True、False）。

【示例 4-5】定义存储布尔值的文档。

```
{'gender': True}
{'gender': False}
```

（3）数值：用于存储整型值、浮点值。

【示例 4-6】定义存储数值的文档。

```
{'scores': 100}
{'scores': 99.5}
```

（4）字符串：用于存储字符串类型的文档，在 MongoDB 中字符必须为 UTF-8 编码。

【示例 4-7】定义存储字符串的文档。

```
{'name': 'xiaoming'}
{'name': 'xiaoming', 'gender': 'man', 'phone': '13441233432'}
```

（5）数组：用于存储数据或列表，或将多个值存储在一个键中。

【示例 4-8】定义存储数组的文档，记录 Python 班级下的所有学生姓名。

```
{'names': {'xiaoming','xiaozhang','xiaowang'}, 'grade':'Python'}
```

（6）对象 id：用于嵌入一个文档，该文档中保存另一个文档的 id 值。

【示例 4-9】定义存储对象 id 的文档。

```
{'name': 'zhangsan', 'age': 18, 'id': ObjectId()}
```

温馨提示：

如果在定义文档时没有自定义 _id 字段，则 MongoDB 会为每个文档自动生成一个 _id 字段，且 _id 字段是文档中的唯一标识，默认的 _id 字段是 ObjectId 对象。

（7）日期：用于存储时间。

在 MongoDB 中存储时间通常有 3 种方式：存储时间戳、存储日期的字符串、存储 MongoDB 的时间类型 UTCDateTime。

【示例 4-10】定义存储 Date 类型的日期文档。

```
{'create_time': new Date()}
```

温馨提示：

在 MongoDB 中，日期类型可以用 Date 类表示，创建日期对象时，应使用 new Date()。

（8）正则表达式：用于存储正则表达式。

【示例 4-11】定义存储正则表达式的文档。

```
{'name': /ming/i}
```

4.2.2 集合

MongoDB 中的集合（collection）是由一组文档组成的，如果把文档看作关系型数据库中的行数据，则集合类似关系型数据库中表的概念。

集合的使用需要注意以下两点。

（1）集合是动态模式。动态模式意味着文档中存储的结构可以是各式各样的。

（2）集合的命名不能包含 \0 字符（空字符）、不能以 'system.' 开头、不能包含保留字符（$）。

【示例 4-12】定义一个集合，集合中包含两个不同的文档。

```
{'last': 'hello MongoDB', 'first': 'hello Python'}
{'name': 'zhangsan'}
```

温馨提示：

集合中可以放置任何文档，文档中的键值对可以各不相同。

4.2.3 数据库

在 MongoDB 中，多个文档组成集合，多个集合组成数据库（database）。一个 MongoDB 实例中可以承载多个数据库，每个数据库中可以拥有 0 个或多个集合，每一个数据库都可以设置独立的权限。

数据库的使用需要注意以下 3 点。

（1）数据库的命名基本上只能使用 ASCII 中的数字和字母，数据库名区分大小写且最多为 64 字节。

（2）MongoDB 中有默认的 admin、local、config 数据库。

（3）将数据库名加在集合名前，就可得到命名空间（namespace）。

图 4-15 描述了数据库、集合、文档的层次关系。

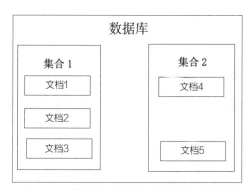

图4-15　数据库、集合、文档的层次关系

从图 4-15 中可以看出，一个 MongoDB 数据库可以包含多个集合，而一个集合又可包含多个

文档。

读者需要注意以下 3 点。

（1）文档是 MongoDB 中数据库的基本单元，是 MongoDB 的核心概念，类似关系型数据库 MySQL 中的行的概念。

（2）集合就是一组文档，类似关系型数据库 MySQL 中的表的概念。

（3）数据库由多个集合组成，类似关系型数据库 MySQL 中的数据库的概念。

4.3　MongoDB数据库语法

本节将讲解 MongoDB 数据库以及集合、文档、索引等相关语法。

4.3.1　查看/创建/删除数据库

数据库是 MongoDB 核心概念之一。本节将具体讲解 MongoDB 中数据库的查看、创建和删除，语法如下。

```
查看当前使用的数据库。db
查看已创建的数据库。show dbs
创建数据库并切换到指定的数据库。use DATABASE_NAME
删除数据库。db.dropDatabase()
```

1.查看数据库

在启动 MongoDB 的客户端后可以通过 db 命令查看当前所在数据库。

【示例 4-13】查看当前所在数据库。

```
> db
test
```

MongoDB 中默认的数据库为 test，如果在没有新建数据库的情况下创建集合，则集合默认被存放在 test 数据库中。

【示例 4-14】查看所有的数据库。

```
> show dbs;
admin        0.000GB
config       0.000GB
local        0.000GB
```

如果新建数据库成功，但是没有在数据库中写入信息，则新创建的数据库并不在 show dbs 命令展示的数据库列表中。

2.创建数据库

创建并切换数据库的命令为 use DATABASE_NAME。

【示例 4-15】创建并切换数据库。

```
> use test_mongo
switched to db test_mongo
> db
test_mongo
```

use 命令表示切换到指定的数据库，如果指定的数据库不存在，则会创建数据库并切换到新数据库。

3.删除数据库

MongoDB 中删除当前数据库的命令为 db.dropDatabase()。

【示例 4-16】删除当前数据库。

```
> show dbs                         # 查看所有数据库
admin          0.000GB
config         0.000GB
local          0.000GB
test_mongo     0.000GB
> use test_mongo                   # 切换到 test_mongo 数据库
switched to db test_mongo
> db.dropDatabase()                # 删除当前数据库
{ "dropped" : "test_mongo", "ok" : 1 }
> show dbs                         # 查看所有数据库
admin          0.000GB
config         0.000GB
local          0.000GB
```

4.3.2 查看/创建/删除集合

集合是 MongoDB 核心概念之一。本节将具体讲解 MongoDB 中集合的查看、创建和删除语法。语法如下。

查看集合。show collections
创建集合。db.createCollection(name, options)。name 表示集合的名称， options 表示可选参数

options 参数用于指定有关内存大小和索引选项，参数如表 4-1 所示。

表4-1　创建集合的可选参数

可选参数	描述
capped	设置为True表示创建固定大小的集合，如果数据量超过设置的范围，则数据将覆盖最早的文档
aotuIndexId	设置为True，MongoDB会自动创建_id字段的索引，默认为False
max	设置固定集合中包含文档的最大数量
size	设置固定集合的最大值

删除集合命令：db.COLLECTION_NAME.drop()。

温馨提示：

在 MongoDB 中可以不用手动创建集合，当向集合中插入文档时，MongoDB 会自动创建集合。

【示例 4-17】创建、删除、查看集合。

```
> db                                        # 查看当前数据库
test_mongo
> db.createCollection('student')            # 创建名为 student 的集合
{ "ok" : 1 }
> show collections                          # 查看所有的集合
student
> db.grade.insert({'name': 'Python 班级 '})   # 向集合 grade 中插入文档
WriteResult({ "nInserted" : 1 })
> show collections                          # 查看所有的集合
grade
student
> db.student.drop()                         # 删除 student 集合
True
> show collections                          # 查看所有的集合
grade
```

示例 4-17 中分别使用了以下两种方式创建集合。

（1）通过 db.createCollection() 形式创建集合。

（2）通过向集合中写入文档信息，让 MongoDB 自动创建集合。

4.3.3　插入/查询/删除/修改文档

文档是 MongoDB 核心概念之一。本节将具体讲解 MongoDB 中文档的插入、查询、删除、修改，语法如下。

插入文档：db.COLLECTION_NAME.insert(document)

```
批量插入文档: db.COLLECTION_NAME.batchInsert()
查询文档: db.COLLECTION_NAME.find()/db.COLLECTION_NAME.findOne()
删除文档: db.COLLECTION_NAME.remove()
更新文档: db.COLLECTION_NAME.update()
```

1.插入文档

向集合中插入文档可以使用 insert() 方法，如示例 4-18 所示。

【示例 4-18】插入单条文档。

```
> show collections                              # 查看当前数据库中的集合

> db.student.insert({'name': ' 小明 ', 'age': 18, 'gender': 'man'})    # 向集合
student 中插入文档
WriteResult({ "nInserted" : 1 })
> show collections                              # 查看当前数据库中的集合
student
```

温馨提示:

示例 4-18 中通过 insert() 方法向 student 集合中插入一个文档，如果集合不存在，则在插入文档时会默认创建 student 集合。在插入文档时，如果没有自定义 _id 字段，则 MongoDB 会自动增加一个 _id 字段。

2.查询文档

查询集合中的文档可以使用 find() 方法或 findOne() 方法。find() 方法返回一个集合中文档的子集，子集的范围是从 0 个文档到整个集合，而 findOne() 方法则返回符合查询条件的第一个结果。我们将从以下几个方面来学习文档的查询。

（1）查看所有的文档。查询 student 集合下所有的文档，可以使用 find() 方法，它又被称为 find({}) 方法，默认 {} 可以省略。

【示例 4-19】查看 student 集合中的所有文档信息。

```
> db.student.find()                                    # 查询所有的文档
{ "_id" : ObjectId("5bc82eff9768cbda9cf76904"), "name" : " 小明 ", "age" : 18,
"gender" : "man" }
{ "_id" : ObjectId("5bc861369768cbda9cf76905"), "name" : " 小李 ", "address" : "xxx
路 xx 号 " }
```

温馨提示:

find() 方法和 find({}) 方法都用于查询所有的文档。find() 方法中可以添加查询条件，如果不指定查询条件或不使用 {}，则表示查询集合中的全部内容。默认情况下 {} 可以不写。

（2）查询满足条件的文档。find() 方法可以接收参数，参数表示指定查询的条件。

【示例 4-20】指定查询条件，返回满足条件的文档信息。

```
> db.student.find({'age':18})                          # 查询 age 为 18 的所有文档信息
{ "_id" : ObjectId("5bc82eff9768cbda9cf76904"), "name" : " 小明 ", "age" : 18,
```

```
"gender" : "man" }

> db.student.find({'age':18, 'gender':'man'})    # 查询 age 为 18 和 gender 为 man 的所有文
档信息
{ "_id" : ObjectId("5bc82eff9768cbda9cf76904"), "name" : " 小明 ", "age" : 18,
"gender" : "man" }
```

温馨提示:

示例 4-20 中使用 find(查询条件) 查询文档时，查询条件以键值对的形式存在。查询条件可以是多个键
值对组合在一起，表示查询的条件为并列条件，如 db.student.find({'age':18, 'gender':'man'}) 解释为查询 "age 为
18" 且 "gender" 为 "man" 的文档信息。

（3）查看指定键值对的文档。find() 方法接收 2 个参数，第 1 个参数表示过滤的条件，第 2
个参数表示展示的字段。如示例 4-21 所示，查询所有的文档，但只展示文档中必要的几个参数。

【示例 4-21】指定返回文档的键。

```
> db.student.find()                                    # 查询所有的文档
{ "_id" : ObjectId("5bc82eff9768cbda9cf76904"), "name" : " 小明 ", "age" : 18,
"gender" : "man" }
{ "_id" : ObjectId("5bc861369768cbda9cf76905"), "name" : " 小李 ", "address" : "xxx
路 xx 号 " }
{ "_id" : ObjectId("5bc7e0886c732a26ec338ecd"), "name" : " 小李 ", "address" : "xxx
路 xx 号 " }

> db.student.find({}, {'name':1})        # 查询所有的文档，返回文档中只包含 _id 字段和 name
字段
{ "_id" : ObjectId("5bc82eff9768cbda9cf76904"), "name" : " 小明 " }
{ "_id" : ObjectId("5bc861369768cbda9cf76905"), "name" : " 小李 " }
{ "_id" : ObjectId("5bc7e0886c732a26ec338ecd"), "name" : " 小李 " }

> db.student.find({}, {'name':0})            # 查询所有的文档，返回文档中不包含 name 字段
{ "_id" : ObjectId("5bc82eff9768cbda9cf76904"), "age" : 18, "gender" : "man" }
{ "_id" : ObjectId("5bc861369768cbda9cf76905"), "address" : "xxx 路 xx 号 " }
{ "_id" : ObjectId("5bc7e0886c732a26ec338ecd"), "address" : "xxx 路 xx 号 " }
```

温馨提示:

示例 4-21 中 find() 方法用于查询文档时可以接收 2 个参数，第 2 个参数表示是否展示键。如果不需要展示
name 键，则 find() 方法中的第 2 个参数设置为 {'name':0}；如果需要展示 name 键，则 find() 方法中第 2 个参数
设置为 {'name':1}。

3.删除文档

删除集合中的文档使用 remove() 方法，如示例 4-22 所示。

【示例 4-22】删除文档。

```
> db.student.remove({'name':' 小李 '})        # 删除满足条件的文档
WriteResult({ "nRemoved" : 2 })
```

```
> db.student.find({})                         # 查询 student 集合中所有的文档
{ "_id" : ObjectId("5bc82eff9768cbda9cf76904"), "name" : " 小明 ", "age" : 18,
"gender" : "man" }

> db.student.remove({})                       # 删除所有的文档
WriteResult({ "nRemoved" : 1 })

> db.student.find({})                         # 查看所有的文档，结果为空
```

温馨提示：

示例 4-22 中使用 remove() 方法进行文档删除时，具体分析如下。

（1）如果需要删除所有的文档，可以使用 remove({}) 方法，该命令只删除集合中的所有文档信息，并不会删除集合本身。

（2）如果需要删除满足条件的文档，可以用 remove() 方法接收删除条件。如要删除 age 为 18 的文档，删除语句为 db.student.remove({'age':18})

4.修改文档

修改集合中的文档使用 update() 方法，该方法接收 2 个参数，第 1 个参数为查询条件，第 2 个参数为修改器。

本节将讲解几个常用修改器的使用。

（1）$set。$set 可以用于修改文档中指定字段的值，如果这个字段不存在，则创建该字段；如果这个字段存在，则修改其值。$set 也可以用于修改字段值的类型，如示例 4-23 中，把文档中 name 为小张的键值对修改成 name 为小童。

【示例 4-23】使用修改器 $set 更新文档。

```
> db.student.find({})                         # 查询所有的文档
{ "_id" : ObjectId("5bc8a5556c732a26ec338ed2"), "name" : " 小张 " }

> db.student.update({'name': ' 小张 ' },{$set: {'name': ' 小童 '}})    # 更新文档
WriteResult({ "nMatched" : 1, "nUpserted" : 0, "nModified" : 1 })

> db.student.find({})                         # 查询所有的文档
{ "_id" : ObjectId("5bc8a5556c732a26ec338ed2"), "name" : " 小童 " }
```

温馨提示：

示例 4-23 中如果使用 $set 修改一个不存在的 age 字段，如 db.student.update({'name': ' 小童 '},{$set: {'name': ' 小张 ', 'age': 19}})，则结果是 name 为小童的文档被修改的同时文档中新增了一个 age 为 19 的键值对。可见，$set 修改器可以指定一个字段的值，如果该字段不存在，则创建它。

（2）$unset。$unset 可以指定文档中需要删除的键值对，如果字段不存在，则不进行任何处理；

如果字段存在，则删除该键值对。示例 4-24 实现了删除 name 为小张的文档中的 age 字段。

【示例 4-24】使用修改器 $unset 删除文档中的键值对。

```
> db.student.find()                          # 查询所有的文档
{ "_id" : ObjectId("5bc8a5556c732a26ec338ed2"), "name" : " 小张 ", "age" : 19 }

> db.student.update({'name': ' 小张 ' },{$unset: {'age': ''}})  # 删除文档中的键值对
WriteResult({ "nMatched" : 1, "nUpserted" : 0, "nModified" : 1 })

> db.student.find()                          # 查询所有的文档
{ "_id" : ObjectId("5bc8a5556c732a26ec338ed2"), "name" : " 小张 " }
```

温馨提示：

示例 4-24 中使用修改器 $unset 来删除已有的键值时需要注意，删除的键对应的值可以是任何一个数（整数、布尔值、字符串等）。

（3）$inc。$inc 用于增加已有键的值，如果该键不存在则自动创建。示例 4-25 实现了增加 age 字段对应的值。

【示例 4-25】使用修改器 $inc 实现增加已有键的值。

```
> db.student.find()                              # 查询所有的文档
{ "_id" : ObjectId("5bc8a5556c732a26ec338ed2"), "name" : " 小张 " }

> db.student.update({'name': ' 小张 '},{$inc:{'age':1}})      # 文档中新增 age 字段
WriteResult({ "nMatched" : 1, "nUpserted" : 0, "nModified" : 1 })

> db.student.find()
{ "_id" : ObjectId("5bc8a5556c732a26ec338ed2"), "name" : " 小张 ", "age" : 1 }

> db.student.update({'name': ' 小张 '},{$inc:{'age':10}})          # 文档中 age 字段加 10
WriteResult({ "nMatched" : 1, "nUpserted" : 0, "nModified" : 1 })

> db.student.find()
{ "_id" : ObjectId("5bc8a5556c732a26ec338ed2"), "name" : " 小张 ", "age" : 11 }
```

从示例 4-25 中可以发现使用修改器 $inc 修改已有字段时，如果 age 字段不存在，则会自动创建，并把值设置为增加值；如果 age 字段存在，则给键值加上 10。

温馨提示：

修改器 $inc 只能用于修改键值为数字的值，不能用于修改字符串、数组等其他非数字的值。如果要修改其他类型的值，应使用 $set 修改器。

（4）$push。$push 用于向数组尾部追加一个元素，如果数组不存在，则新建数组；如果数组存在，则追加元素。示例 4-26 实现了向文档中加入新的键值对。

【示例 4-26】使用修改器 $push 实现向数组末尾添加一个元素。

```
> db.student.find()                    # 查询所有的文档
{ "_id" : ObjectId("5bc8a5556c732a26ec338ed2"), "name" : " 小张 ", "age" : 13.22 }

> db.student.update({'name':' 小张 '},{$push:{'scores':{'yuwen': 88, 'shuxue':
90}}})  # 向文档中内嵌文档, 如果键 scores 不存在, 则创建
WriteResult({ "nMatched" : 1, "nUpserted" : 0, "nModified" : 1 })

> db.student.find()                    # 查询所有的文档
{ "_id" : ObjectId("5bc8a5556c732a26ec338ed2"), "name" : " 小张 ", "age" : 13.22,
"scores" : [ { "yuwen" : 88, "shuxue" : 90 } ] }

> db.student.update({'name':' 小张 '},{$push:{'scores':{'tiyu': 85}}})    # 向文档中追
加元素
WriteResult({ "nMatched" : 1, "nUpserted" : 0, "nModified" : 1 })

> db.student.find()                    # 查询所有的文档
{ "_id" : ObjectId("5bc8a5556c732a26ec338ed2"), "name" : " 小张 ", "age" : 13.22,
"scores" : [ { "yuwen" : 88, "shuxue" : 90 }, { "tiyu" : 85 } ] }
```

温馨提示:

使用修改器 $push 向文档中添加保存数组的 scores 键, 如果 scores 键不存在, 则新建; 如果 scores 键存在,
则向键对应的值中追加新的元素。

4.3.4 索引

索引类似于书籍的目录, 查询书中的内容时不必去翻书的每一页, 只需要先查询目录, 从目录
定位到书籍中内容的位置即可。使用索引能够提高数据库查询数据的效率。创建索引的语法如下。

创建索引: db.COLLECTION_NAME.createIndex({key: value})

其中, key 为创建索引的字段, value 为 1 表示按照升序创建索引、为-1 表示按照降序创建
索引。

本节将讲解在添加索引和不添加索引的情况下, 查询数据效率的区别。在此之前, 需要了解两
种数据的查询方式。第 1 种为不添加任何索引, 即采用全表检索; 第 2 种为添加索引。在添加索引
和不添加索引的情况下, 使用 explain() 函数都可以查询计划信息和计划的执行统计信息。

1.全表检索

在不添加任何索引的情况下, 如果想查询数据库中某张表中的内容, 就需要查找完整的表, 犹
如在一本没有目录的书籍中查询想要的信息, 因此不使用索引的查询方式称为全表检索 (也可称为
全表扫描)。

如示例 4-27, 以全表检索的方式查询集合 student 下所有的文档, 再通过 explain() 函数查看数
据检索的效率。

【示例 4-27】全表检索，查看执行情况，详细操作步骤如下。

步骤 1：查询集合 student 下所有的文档。

```
> db.student.find()                                    # 查询数据库中所有的文档
{ "_id" : ObjectId("5bc8a5496c732a26ec338ed0"), "name" : " 小李 ", "address" : "xxx
路 xx 号 " }
{ "_id" : ObjectId("5bc8a54e6c732a26ec338ed1"), "name" : " 小王 ", "age" : 19 }
{ "_id" : ObjectId("5bc8a5556c732a26ec338ed2"), "name" : " 小张 ", "age" : 13.22,
"scores" : [ { "yuwen" : 88, "shuxue" : 90 }, { "tiyu" : 85 } ] }
```

步骤 2：集合 student 下只有 3 条文档信息，只查询 name 为小王的文档信息，并使用 explain('executionStats') 分析执行查询的结果。

```
> db.student.find({'name':' 小王 '}).explain("executionStats")
{
        ......
        "executionStats" : {
                "executionSuccess" : True,
                "nReturned" : 1,
                "executionTimeMillis" : 0,
                "totalKeysExamined" : 0,
                "totalDocsExamined" : 3,
                "executionStages" : {
                        "stage" : "COLLSCAN",
                        "filter" : {
                                "name" : {
                                        "$eq" : " 小王 "
                                }
                        },
                        "nReturned" : 1,
                        "executionTimeMillisEstimate" : 0,
                        "works" : 5,
                        "advanced" : 1,
                        "needTime" : 3,
                        "needYield" : 0,
                        "saveState" : 0,
                        "restoreState" : 0,
                        "isEOF" : 1,
                        "invalidates" : 0,
                        "direction" : "forward",
                        "docsExamined" : 3
                }
        },
        ......
}
```

下面从示例 4-27 执行的结果中摘取 3 个重要的参数加以解释。

（1）COLLSCAN 参数：表示当前查询数据方式是全表检索。

（2）nReturned 参数：表示查询返回的数据个数。

（3）docsExamined 参数：表示搜索的文档个数。当前 student 集合中只有 3 个文档，所以全表检索 docsExamined 值为 3。

2.创建索引

从示例 4-27 中可以知道，在不建立索引的情况下数据查询的效率是最低的，因此可以通过对 name 字段建立索引的方式来提高查询效率。

如示例 4-28 对集合 student 中的 name 字段创建索引，再通过 explain() 函数查看数据检索的效率。

【示例 4-28】创建索引，查看执行情况，详细操作步骤如下。

步骤 1：使用 createIndex() 方法对 name 字段按照升序创建索引。

```
> db.student.createIndex({'name': 1})
{
        "createdCollectionAutomatically" : False,
        "numIndexesBefore" : 1,
        "numIndexesAfter" : 2,
        "ok" : 1
}
```

步骤 2：查询 name 为小王的文档，并使用 explain() 函数查看执行情况。

```
> db.student.find({'name':' 小王 '}).explain("executionStats")
{
        ...
        "executionStats" : {
                "executionSuccess" : True,
                "nReturned" : 1,
                "executionTimeMillis" : 63,
                "totalKeysExamined" : 1,
                "totalDocsExamined" : 1,
                "executionStages" : {
                        "stage" : "FETCH",
                        "nReturned" : 1,
                        ...
                        "inputStage" : {
                                "stage" : "IXSCAN",
                                "nReturned" : 1,
                                ...
                        }
                }
        },
        ...
}
```

下面从示例 4-28 返回的结果中摘取 4 个重要的参数加以解释。

（1）FETCH 参数：表示根据索引检索文档。

（2）IXSCAN 参数：表示索引扫描。

（3）nReturned 参数：表示查询返回的数据个数。

（4）totalDocsExamined 参数：表示搜索的文档个数。从返回结果可以看到搜索文档个数为 1。

温馨提示：

从示例 4-28 可看出，通过建立索引可以大幅度提升查询的效率。MongoDB 的索引几乎和关系型数据库的索引一模一样，虽然建立索引能够优化查询的效率，但索引并不是越多越好，合理建立索引才是优化查询性能的关键。

新手问答

问题1：非关系型数据库MongoDB和关系型数据库MySQL的区别是什么？

答：在关系型数据库 MySQL 中，数据是以表的形式存储的，每个表均由纵向的列和横向的行组成，表与表之间又有关联关系；非关系型数据库 MongoDB 以文档的形式来存储数据，储存结构为 BSON 格式。

在项目初期如果业务需求还不太明确且字段定义不清时，可以使用非关系型数据库 MongoDB 进行数据存储，而且非关系型数据库 MongoDB 的扩展性能非常好。

问题2：非关系型数据库MongoDB如何处理一对一、一对多、多对多的关联关系？

答：非关系型数据库 MongoDB 以文档的形式来存储数据，在 MongoDB 中也可以建立文档与文档的关联关系，这种关联关系类似于关系型数据库 MySQL 中的一对一、一对多、多对多的关系。在 MongoDB 中可以通过内嵌文档的形式或引用文档的 _id 字段建立关系，如示例 4-29 所示。

【示例 4-29】建立 MongoDB 的引用关系，步骤如下。

步骤 1：创建课程集合，并插入文档。

```
> db.course.insert({'name':'Python 课程 '})
WriteResult({ "nInserted" : 1 })
```

```
> db.course.insert({'name':'Java 课程 '})
WriteResult({ "nInserted" : 1 })

> db.course.insert({'name':'Php 课程 '})
WriteResult({ "nInserted" : 1 })

> db.course.find()                    # 查询课程集合中所有文档
{ "_id" : ObjectId("5bcac0e46604e36dfbd2bb48"), "name" : "Python 课程 " }
{ "_id" : ObjectId("5bcac0ea6604e36dfbd2bb49"), "name" : "Java 课程 " }
{ "_id" : ObjectId("5bcac0f16604e36dfbd2bb4a"), "name" : "Php 课程 " }
```

如上所示，向集合 course 中插入了 3 条课程信息，并通过 find() 方法查询文档。从结果中可以发现，文档中创建了一个 _id 字段，该 _id 字段为 ObjectId 类型。

步骤 2：指定集合 student 中文档和集合 course 中文档的引用关系。这里可以使用修改器 $set 向 name 为小王的文档中新增 couses 字段，该字段定义的是课程文档的 _id 字段。以下是为 name 为小王的学生添加对应的课程信息。

```
>db.student.update({'name': ' 小王 '},
{$set:{'courses':[ObjectId("5bcac0e46604e36dfbd2bb48"),
ObjectId("5bcac0ea6604e36dfbd2bb49")]}})
WriteResult({ "nMatched" : 1, "nUpserted" : 0, "nModified" : 1 })

>db.student.find({'name': ' 小王 '}).pretty()          # 查询数据
{
        "_id" : ObjectId("5bc8a54e6c732a26ec338ed1"),
        "name" : " 小王 ",
        "age" : 19,
        "courses" : [
                ObjectId("5bcac0e46604e36dfbd2bb48"),
                ObjectId("5bcac0ea6604e36dfbd2bb49")
        ]
}
```

步骤 3：查询文档中 name 为小王的学生的课程信息。

```
> var courses_ids =db.student.findOne({'name': ' 小王 '}, {'courses':1})     # 查询符合
条件的第一个文档
> var course = db.course.find({'_id': {'$in': courses_ids['courses']}})          # 通过
文档中的关联关系查询课程
> course
{ "_id" : ObjectId("5bcac0e46604e36dfbd2bb48"), "name" : "Python 课程 " }
{ "_id" : ObjectId("5bcac0ea6604e36dfbd2bb49"), "name" : "Java 课程 " }
```

通过 findOne() 方法返回符合条件的第一个文档，使用 $in 查询课程文档信息。从上面的实例中可以发现，虽然 MongoDB 是非关系型数据库，不支持事务，但可以通过内嵌对象 _id 设置文档之间的引用关系。

实战演练：MongoEngine库的使用

【案例任务】

在 Python Web 开发中，非关系型数据库 MongoDB 是必用的数据库之一。本案例将使用 MongoEngine 操作 MongoDB 数据库，并实现数据库中数据的增、删、改、查操作。

【技术解析】

MongoEngine 是一个对象文档映射器（Object Document Mapper，ODM），它提供了操作 MongoDB 数据库的语法。可以使用以下命令安装 MongoEngine。

```
pip install MongoEngine
```

【实现方法】

本实战演练主要演示如何通过 MongoEngine 连接 MongoDB 数据库，如何定义模型，以及如何查询数据库中的数据。

使用 MongoEngine 操作 MongoDB 数据库的步骤如下。

步骤 1：安装 MongoEngine。通过 pip 包管理工具进行安装，命令为 pip install mongoengine。

步骤 2：连接本地的 MongoDB 数据库。代码如下。

```python
# 导入连接数据库的 connect() 方法
from mongoengine import connect

# 定义数据库连接，db 参数指定连接 MongoDB 中的数据库
connect(db='test_mongo', host='127.0.0.1', port=27017)
```

温馨提示：

MongoDB 数据库默认开启的是 27017 端口。

步骤 3：定义数据模型。数据模型就是对现实世界中的实体对象进行的抽象化的提取，如学生对象包括学生的姓名、年龄、成绩、住址、课程等信息。抽象化定义模型类，可以使用如下代码。

```python
from mongoengine import Document, StringField, IntField, ListField

class Student(Document):
    """
    定义学生模型
    """
    name = StringField(required=True)
    age = IntField(required=False)
    address = StringField(required=False)
    scores = StringField(required=False)
    courses = ListField(required=False)


class Course(Document):
```

```
"""
定义课程模型
"""
name = StringField(required=True)
```

定义继承 Document 的学生类 Student 和课程类 Course，定义字段可以设置为字符串类型（StringField）、整型（IntField）、列表型（ListField）。除此定义的字段类型，还可以使用其他字段类型及约束条件，具体如表 4-2 和表 4-3 所示。

表4-2　字段类型

字段类型	描述
BooleanField	布尔型，存储1或0
DateTimeField	时间类型，存储时间格式为 YY-MM-DD HH:MM:SS
DecimalField	浮点型，用于存储指定位数的小数。接收最大值max_value参数和最小值min_value参数，指定小数位位数precision参数
DictField	字典类型，用于存储键值对
FloatField	浮点类型，接收最大值max_value参数和最小值min_value参数
ListField	列表，用于存储列表类型的数据
IntField	整型，用于存储int类型的数据。接受最大值max_value参数和最小值min_value参数
EmailField	字符串类型，用于存储邮箱格式数据
DynamicField	动态字段类型，用于处理不同类型的数据
SortedListField	列表，用于在写入数据库之前对其列表的内容进行排序
ImageField	图像文件存储字段
UUIDField	将UUID数据存储在数据库中

表4-3　约束条件

约束参数	描述
default	设置默认值
unique	设置是否唯一，如果设置为True，那么同一个collection里面不能有文档的内容与它相同
unique_with	将一个字段与该字段一同设置为unique

约束参数	描述
choices	限制该字段的值只能从一个可迭代的list或tuple中选取一个
required	设置是否必填,如果设置为True,那么在存储数据时,该字段是必填项
null	设置是否为空,如果设置为True,那么该字段可以不填,默认为空

步骤 4:MongoDB 数据库中 student 集合中的数据,可以通过定义抽象类 Student 来获取。模型类有查询集管理器 objects 属性,通过该属性可以查询所有文档的信息。代码如下。

```
# 获取所有查询对象
students = Student.objects.all()
# 输出学生的姓名
for stu in students:
    print(stu.name)
```

代码中使用查询集管理器 objects 属性的 all() 方法,查询的结果为数据库 test_mongo 中 student 集合的所有文档信息,查询结果集 students 为列表类型。

以下罗列出查询集管理器 objects 属性的几种方法。

(1)count():统计文档的数量。

(2)create():将文档保存到数据库中。

(3)delete():从数据库中删除嵌入的文档。

(4)exclude():通过使用给定的关键字参数排除嵌入的文档来过滤列表。

(5)filter():通过筛选包含给定关键字参数的嵌入文档来过滤列表。

(6)first():返回列表中第一个嵌入文档,如果为空则返回 None。

(7)get():返回给定关键字参数的确定的嵌入文档,如果文档不存在,则报 DoesNotExist 错误;如果返回参数过多,则报 MultipleObjectsReturned 错误。

(8)save():保存文档。

(9)update():使用给定的替换值更新嵌入的文档。

本章小结

本章主要讲解了非关系型数据库 MongoDB 的基础知识,其中文档、集合、数据库的操作对学习 Python Web 开发有重要的帮助,是必须掌握的基础知识。本章实战演练对 MongoEngine 库的操作进行了详细讲解,读者需要反复练习才能熟练地掌握 MongoEngine 库的操作。

第5章
Web 前端编程技术

　　本章主要讲解 Web 前端的超文本标记语言（Hyper Text Markup Language，HTML）。超文本标记语言是前端编程开发的基础，只有掌握了它才能更好地进行 Web 开发。通过运用 HTML 中的标签、CSS 属性、JS 动画效果、DIV 布局等知识，可以制作出不同风格的网页。

通过本章内容的学习，读者将掌握以下知识。

- ◆ 掌握 HTML 中标签的定义与使用
- ◆ 掌握 CSS 的基础知识
- ◆ 掌握页面中 DIV 布局
- ◆ 掌握块级元素定义、行级元素定义
- ◆ 掌握 JavaScript 语法，如 for、while、break 等语法
- ◆ 了解 JavaScript 的链入方式

5.1 HTML基础知识

网页的本质就是超文本标记语言，使用 HTML 再结合其他的编程技术（如 JavaScript）就可以制作出酷炫的网页。HTML 是前端编程开发的基础。

本节将讲解 HTML 的基础知识，包括 HTML 中的标签、HTML 基础结构及运用这些基础知识编写网页。

5.1.1 HTML中的标签

HTML 中最基础的单位是标签。在编辑 HTML 文件时，需要使用标签来描述功能，例如定义表单的 table 标签、定义行的 p 标签、定义输入框的 input 标签、定义标题的 h1~h6 标签等。

HTML 中标签由尖括号（"< >"）组成，如 p 标签的定义为 <p> 学习 Web 技术 </p>。当浏览器在渲染页面时，将会对标签进行解析，将 p 标签解析为段落。

标签分为单标签和双标签。

1.单标签

HTML 中的单标签的定义只需要在尖括号中输入标签名即可，如表示插入图片则输入 img 标签、表示换行则输入 br 标签等。单标签只是用于表示一种功能，因此只需要定义一个尖括号即可。

语法如下：

```
<标签/>
```

单标签的个数并不多，具体如表 5-1 所示。

表5-1　HTML中的单标签

单标签	描述
br	换行
hr	在页面中创建一条水平线
input	根据定义的type属性，展示为输入框、复选框或单选按钮等
meta	提供有关页面的元信息的标签，例如，定义描述词和关键词
link	定义文档与外部资源的关系，例如，引入样式CSS文件
img	向网页中嵌入一幅图
param	向网页中添加一个对象

2.双标签

HTML 中的双标签需同时定义起始标签（如 < 标签 >）和结束标签（如 </ 标签 >）。在双标签中，结束标签前一定要有斜线，并且结束标签和起始标签需要保持一致。如定义 \<p> 内容 \</p> 行标签，内容是被标签修改的部分，表示当前内容是一个段落。

语法如下:

< 标签 > 内容 </ 标签 >

在 HTML 中双标签非常多，且双标签比单标签使用的频率更高，常用的双标签如表 5-2 所示。

表5-2　HTML中的双标签

双标签	描述
a	定义超链接或锚，用于从页面中链接到另外一个页面
b	标记粗体文本
big	呈现大号字体样式
body	定义文档的主体，包含文档的所有内容，例如文本、超链接、图片等
em	把文本定义为强调的内容
strong	把文本定义为语气更强的强调内容
i	定义斜体文本效果样式
u	定义下划线文本
del	定义被删除的文本样式
sub	定义下标文本
sup	定义上标文本
h1~h6	定义标题，其中\<h1>定义为最大的标签，\<h6>定义为最小的标签
ul	定义无序列表
ol	定义有序列表
li	定义列表项目，既可用在有序列表ol中，也可用于无序列表ul中
p	定义段落
table	定义HTML表格
div	将文档分割为独立的部分，用以定义文档中的分区
form	定义HTML表单

5.1.2　HTML基础结构

本小节将使用 HTML 创建最简单的网页，以便学习 HTML 的基础结构，网页文件的扩展名定义为 .htm 或 .html。编写 HTML 的编辑器可以使用系统自带的文本编辑器或 Notepad++、Sublime 等编辑器。

本书采用 Sublime 编辑器进行网页开发，最基础的 HTML 结构代码如下。

【示例 5-1】HTML 最基础的结构。

```
<!DOCTYPE html>
<html lang="en">
<head>
    <meta charset="UTF-8">
    <title> </title>
</head>
<body>

</body>
</html>
```

示例 5-1 中代码的具体分析如下。

（1）第 1 行 <!DOCTYPE html> 用于声明 HTML 文档。

（2）第 2 行 <html lang="en"> 表明浏览器双标签中的内容为 HTML，并且通过设置 lang="en" 来告诉浏览器本网页是英文站，如果需要定义为中文站，则设置 lang="zh"。

（3）第 3 行的 <head> 表明这是 HTML 文件的头部，在 head 标签中可以通过 charset="UTF-8" 定义网页的编码格式。

（4）第 5 行的 <title> 用于设置网站的标题信息。

（5）第 7 行的 <body> 表示 HTML 文件的主体内容，这里需要将展示在页面中的内容全部定义在 body 标签中。

温馨提示：

　　在 HTML 基础结构文档中，<html></html> 表示 HTML，在 html 双标签中包含头部 (<head></head>) 和网站标题（<title></title>），在内容体（<body></body>）中定义网页展示的内容。

5.1.3　第一张网页

本小节将使用文本编辑器 Sublime 编写网页源码并在浏览器中显示出来。我们需要创建 index.html 文件，并定义 HTML 基础结构，如 html 标签、body 标签等；还需在 body 标签中定义网页展示内容，如 h3 标签、ul 标签、ol 标签等。

【示例 5-2】创建 index.html 文件，并在 body 标签中定义网页展示的内容。

```html
<!DOCTYPE html>
<html lang="en">
<head>
    <meta charset="UTF-8">
    <title>
        index 页面
    </title>
</head>
<body>
<!-- 定义有序的列表 -->
<h3> 欢迎学习超文本标记语言 </h3>

<!-- 定义有序的列表 -->
    <ol>
        <h3>HTML 基础 </h3>
        <li> 单标签 </li>
        <li> 双标签 </li>
        <li> 创建第一张网页 </li>
        </ol>

<!-- 定义无序的列表 -->
    <ul>
        <h3>CSS</h3>
        <li>css 基础 </li>
        <li> 选择器 </li>
    </ul>
</body>
</html>
```

创建 index.html 页面，并使用 Chrome 浏览器打开网页，效果如图 5-1 所示。

图5-1　第一张网页效果

在示例 5-2 代码中使用 <!– 内容 –> 作为注解符，被注解的内容不会在页面中显示，但会出现在页面的源码中。

5.2 CSS基础知识

层叠样式表（Cascading Style Sheets，CSS）是一种分离网页内容和网页样式的标记语言，为 HTML 提供了样式描述，通过定义 CSS 可以让网页变得非常美观。本节将讲解 CSS 的概念、语法特点，以及如何定义与引入 CSS 文件。

5.2.1 CSS文件链接

在开发中通过定义 CSS 文件，能够使开发过程变得更简单。CSS 文件的定义与链接有以下 3 种方式。

（1）内联样式：将样式表写在标签内部作为标签的属性值（style 属性中的值就是 CSS 代码）。

（2）链入内部 CSS：将样式表写在 style 标签中。

（3）链接外部 CSS：将样式表写在 CSS 文件中（后缀是 .css 的文件），在 HTML 中通过 link 标签去引入。

1.内联样式

内联样式是将样式表写在标签内的 style 属性中，通过定义标签的 style 属性来给标签设置特定的样式。如示例 5-3 中设置 p 标签中字体的颜色和大小。

【示例 5-3】定义内联样式。

```
<!DOCTYPE html>
<html lang="en">
<head>
    <meta charset="UTF-8">
    <title>
            CSS 基础 -- 内联样式定义
    </title>
</head>
<body>
    <!-- 设置 p 标签中的字体为红色 -->
    <p style="color: red;">CSS 基础 </p>

    <!-- 设置 p 标签中的字体大小为 20 像素 -->
    <p style="font-size: 20px">CSS 内联样式定义 </p>
```

```
    </body>
    </html>
```

内联样式定义的好处是可以非常灵活地设置样式，但缺点是扩展性太差。如果多个 p 标签都要将字体展示为红色，那么就需要给每一个 p 标签分别新增 style 属性，并且指定 color:red。

2.链入内部CSS

CSS 内链接是在 <head></head> 标签中定义 <style></style> 标签，在 style 标签中定义 type="text/css" 属性，表示该标签定义为 CSS 文本。链入内部 CSS 样式所覆盖的范围是整个页面，因此最为常用。

【示例 5-4】定义链入 CSS 样式的 style 标签。

```
<!DOCTYPE html>
<html lang="en">
<head>
    <meta charset="UTF-8">
    <title>
        CSS 基础 -- 链入内部 CSS 样式
    </title>
    <style type="text/css">
    /* 定义 p 标签中的文字颜色，颜色设置为红色 */
    p {
            color: red;
    }
        /* 定义 id 为 h5id 的标签字体粗细，字体设置粗体 */
        # h5id {
            font-weight: bold;
    }
    /* 定义 class 属性为 divclass 的标签的高度、宽度，以及边框样式 */
        .divclass {
            width: 100px;
            height: 100px;
            border: 1px solid #000000;
    }
    </style>
</head>
<body>
    <h5 id="h5id">CSS 基础 </h5>

    <p> 链入内部 CSS 样式 </p>

    <div class="divclass">
        定义 class 样式
    </div>
```

```
    </body>
    </html>
```

示例代码在 <head></head> 标签中嵌入了 <style></style> 标签，并定义了整个网页的样式。如在 h5 标签中定义 id 属性和在 div 标签中定义 class 属性。那如何在 CSS 中定义标签的样式呢？具体分析如下。

（1）在 h5 标签中定义 id 属性，可以在 <style> 中使用"#"加 id 名和一对大括号，在大括号中定义样式表的内容。

（2）在 div 标签中定义 class 属性，可以在 <style> 中使用"."加 class 名和一对大括号，在大括号中定义样式表的内容。

（3）单独定义 p 标签中字体的样式，可以直接在 <style> 中使用 p 标签再加大括号，并在大括号中定义样式表的内容。

示例 5-4 的运行页面如图 5-2 所示。

图5-2　链入内部CSS样式

3.链接外部CSS

CSS 文件的引入就是将 CSS 文件存放在网页之外，利用页面中链接外部的 CSS 文件更改本网页的样式。使用 link 标签可以把外部定义的样式文件引入网页中，从而实现了样式表和网页的分离，这样，当需要修改网页样式时，只需修改样式表即可。

使用 link 标签引入外部定义的 CSS 文件的语法如下。

```
<link type="text/css" rel="stylesheet" src="style.css">
```

link 标签中定义了以下 3 个参数。

（1）type="text/css" 表示 CSS 文本。

（2）rel="stylesheet" 表示样式。

（3）src="style.css" 表示引入外部的 style.css 文件且 style.css 文件和当前页面处于同一目录。

【示例 5-5】定义样式表 style.css 文件。

```
p {
color: red;
}
# h5id {
font-weight: bold;
}
.divclass {
width: 100px;
height: 100px;
border: 1px solid #000000;
}
```

温馨提示：

在定义样式时，如果标签中定义了 id 属性，则在样式表中定义 id 对应样式时，名前用 "#" 表示，class 对应样式名前用 "." 表示。

【示例 5-6】定义外链 CSS 的网页。

```
<!DOCTYPE html>
<html lang="en">
<head>
    <meta charset="UTF-8">
    <title>
            CSS 基础 -- 链入外部 CSS 样式
    </title>
    <!-- 引入外部 CSS 文件 -->
    <link rel="stylesheet" type="text/css" href="style.css">
</head>
<body>
    <h5 id="h5id">CSS 基础 </h5>

    <p> 外部 CSS 样式 </p>

    <div class="divclass">
        定义 class 样式
    </div>
</body>
</html>
```

示例 5-6 中通过使用 link 标签来引入外部定义的 style.css 文件，其页面效果和链入内部 CSS 样式的效果相同。链接外部 CSS 文件是开发中最常见的方式，这样可以使开发的页面更简洁，开发效率更高。

同一个属性在不同类型的样式表中设置值时，其内联样式的优先级最高。在内部样式和外部样式中，如果内部样式定义在外部样式之后，那么页面最终渲染的是内部样式中定义的样式。

5.2.2　伪类选择符

在标签中设置的 id 或 class 称为 id 选择符或 class 选择符。用于设置样式的 p 标签、div 标签、h5 标签等，称为类型选择符。在 CSS 中除类型选择符、id 选择符、class 选择符以外，还有伪类选择符。

伪类选择符是预先定义了性质的选择符，且只有 4 种：link、visited、hover 和 active。

伪类选择符用于标记不同状态的标签，一般用于 a 标签和按钮（button）标签。定义如下 a 标签。

（1）a:link{}：初始状态（一次都没访问过的状态，或从来没有访问成功过的状态）。

（2）a:visited{}：访问后的状态。

（3）a:hover{}：鼠标悬停时的状态。

（4）a:active{}：鼠标按住不放时的状态。

【示例 5-7】使用链入内部 CSS 样式方法，定义伪类选择符。

```
<!DOCTYPE html>
<html>
<head>
    <title> 伪类选择符 </title>
    <style type="text/css">
        /* 可以通过直接获取到 a 标签来设置普通状态的样式 */
        a{
            color: blue;
            /* 去掉下划线 */
            text-decoration: None;
        }
        /* 设置 a 标签的默认颜色为灰色 */
        a:link{
            color: gray;
        }
        /* 当单击 a 标签以后字体颜色变为红色，并跳转 */
        a:visited{
            color: red;
        }
        /* 当鼠标放在 a 标签上，字体颜色变为绿色 */
        a:hover{
            color: green;
        }
        /* 当鼠标按在 a 标签上不放，字体颜色变为黄色 */
```

```
            a:active{
                color: yellow;
            }
    </style>
</head>
<body>

<a href="https://www.baidu.com">百度一下 </a>
</body>
</html>
```

温馨提示:

伪类选择符需要"遵守爱恨原则 (LoVe HAte)",同时设置多个状态的样式时,设置的先后顺序要按照 "LVHA"的顺序来,即 a:link、a:visited、a:hover、a:active,LVHA 为 4 个伪类的首字母。

5.2.3 注解

CSS 样式注解有两种方式,一种是单行注解,另一种是多行注解。注解代码后,浏览器在刷新该页面时,并不会执行注解中的代码。语法如下。

（1）单行注解。

```
/* 注解内容 */
```

（2）多行注解。

```
/*
注解内容第 1 行
注解内容第 2 行
注解内容第 3 行
    ...
*/
```

温馨提示:

单行注解和多行注解都使用斜线与星号。先使用斜线和星号表示注解开始,然后是定义的注解内容,最后使用星号和斜线表示注解结束。

5.3 DIV基础知识

div 标签是对整个页面进行布局,结合 CSS 即可设计出酷炫完美的网页。页面中可以包含多个

div 标签，其作用是作为容器对整个页面进行分块渲染。每个 div 标签中都可包含其他对象，如文本信息、图像信息、表格信息等。由于 div 标签是双标签，因此需要有一个结束标记符（</div>）与之匹配。

5.3.1　DIV布局

div 标签作为容器可以对网页进行分块渲染，属性非常多，例如高度、宽度、背景色、边框、内边距、外边距等。

【示例 5-8】定义 DIV 布局。

```
<!DOCTYPE html>
<html>
<head>
  <title></title>
  <style type="text/css">
        .div1{
                /*设置背景色为绿色 */
                background-color: green;

                /*设置 div 的宽高 */
                width: 100%;
                height: 200px;

                /*设置边框 */
                border: 1px solid #000000;
        }

        .div2 {
                /*设置背景颜色为黄色 */
                background-color: yellow;

                /*设置字体居中 */
                text-align: center;

                /*设置字体大小为30 像素 */
                font-size: 30px;

                /*设置字体为微软雅黑 */
                font-family: '微软雅黑 ';
        }
  </style>
</head>
<body>
  <div class="div1">
```

```
        <p>div1</p>
            <div class="div2">
            <p>div2</p>
                </div>
        </div>
    </body>
</html>
```

从示例 5-8 可以发现，代码在内容体 <body></body> 标签中定义了 DIV 层容器，包含着另一个 DIV 子层，并对 div 标签定义了 class 选择符，通过链入内部 CSS 的形式定义了 CSS 样式。具体分析如下。

（1）background-color：设置背景色。

（2）width：设置宽度，如 100% 表示填充满整个浏览器宽度。

（3）height：设置高度，如 200px 表示高度设置为 200 像素。

（4）border：设置边框，接收 3 个参数：边框的宽度、边框为实线、边框的颜色。

（5）text-align：设置字体的展示方式，如 center 表示字体居中，right 表示字体最右展示，left 表示字体最左展示。

（6）font-size：设置字体的大小，如 30px 表示字体大小为 30 像素。

（7）font-family：设置字体的格式，如微软雅黑、宋体等。

在浏览器中访问该示例页面，如图 5-3 所示。

图5-3　DIV布局

5.3.2　标准流

HTML 中通过 DIV 布局可以构建出完美的网页。使用 DIV 布局，可以发现文本是从上向下显示的，这是最传统的布局方式。标准流是标签的布局方式，在标准流中，定义块级标签独占一行（无论块级标签的宽度是否为浏览器的宽度），从上向下依次排列；而行级标签则是在水平方向上一个接一个排列（设置行级标签的宽高有效）。

div 标签定义的容器就是块级元素，而 a 标签是行级元素。在 DIV 布局中，如果想要打破块级元素的布局，就需要使用浮动定位（float）来重新定位 div 标签的位置。浮动定位 float 属性如下。

float 属性：定义元素在哪个方向浮动，right 表示向右浮动，left 表示向左浮动，None 表示默认值，元素不浮动。

【示例 5-9】调整页面 DIV 布局，使用浮动定位修改块级元素的定位位置。

```html
<!DOCTYPE html>
<html>
<head>
    <title></title>
    <style type="text/css">
        .header{
                /*定义div的宽度占整个浏览器*/
                width: 100%;
                height: 100px;
                /*定义div的背景色为蓝色*/
                background-color: blue;
                /*定义浮动方式为向左浮动*/
                float: left;
        }

        .middle_left{
                /*定义div的宽度仅占浏览器宽度的20%*/
                width: 20%;
                height: 400px;
                /*定义div的背景色为橘色*/
                background-color: orange;
                /*定义浮动方式为向左浮动*/
                float: left;
        }

        .middle_content{
                /*定义div的宽度仅占浏览器宽度的60%*/
                width: 60%;
                height: 400px;
                /*定义div的背景色为黄色*/
                background-color: yellow;
                /*定义浮动方式为向左浮动*/
                float: left;
        }
        .middle_right{
                /*定义div的宽度仅占浏览器宽度的20%*/
                width: 20%;
                height: 400px;
                /*定义div的背景色为亮绿色*/
```

```
                  background-color: lightgreen;
                  /* 定义浮动方式为向左浮动 */
                  float: left;
            }

            .footer{
                  /* 定义 div 的宽度占整个浏览器 */
                  width: 100%;
                  height: 100px;
                  /* 定义 div 的背景色为桃红色 */
                  background-color: pink;
                  /* 定义浮动方式为向左浮动 */
                  float: left;
            }
      </style>
</head>
<body>
      <div class="header"></div>
      <div class="middle_left"></div>
      <div class="middle_content"></div>
      <div class="middle_right"></div>
      <div class="footer"></div>
</body>
</html>
```

示例 5-9 中采用 float 进行浮动定位，向左浮动设置为 float:left，向右浮动设置为 float:right，最终页面的展示效果如图 5-4 所示。

图5-4　浮动定位

5.3.3　行元素与块元素

HTML 的标签元素大体分为块级元素和行级元素。块级元素与行级元素的区别如表 5-3 所示。

表5-3　块级元素与行级元素的区别

对比选项	块级元素	行级元素
行数	块级元素独占一行，多个块级元素无法并列展示，而是从上到下依次排列（使用float属性除外）	多个行级元素可以排列在一行
高度	块级元素宽度可设置默认值为100%，即填充满整个浏览器	行级元素不可以设置宽高，其宽高就是内容的宽高
包含	块级元素中可包含其他块级元素或行内元素	行级元素一般不可以包含块级元素
display属性	块级元素的display属性默认值为block	行级元素的display属性默认值为inline

HTML 中常用的块级元素：标题一级 h1 标签、标题二级 h2 标签、标题三级 h3 标签、标题四级 h4 标签、标题五级 h5 标签、标题六级 h6 标签、分隔符 hr 标签、段落 p 标签、滚动文字 marquee 标签、无序列表 ul 标签、有序列表 ol 标签、表格 table 标签、表单 form 标签、块 div 标签等。

HTML 中常用的行级元素：链接 a 标签、换行 br 标签、加粗 b/strong 标签、图片 img 标签、上标 sup 标签、下标 sub 标签、斜体 i 标签、删除线 del 标签、文本框 input 标签、下拉列表 select 标签、多行文本 textarea 标签等。

温馨提示：

块级元素和行级元素也可以使用 display 属性进行相互转换，转换语法如下。

display:inline：将一个块级元素转化为行级元素。

display:block：将一个行级元素转化为块级元素。

display:inline-block：设置了 inline-block 属性的元素具有块级元素的宽高属性，又保持了行级元素不换行的特性。

示例 5-10 实现了行级元素和块级元素的相互转换。

【示例 5-10】定义行级元素和块级元素相互的转化。

```
<!DOCTYPE html>
 <html>
 <head>
   <title></title>
   <style type="text/css">
        p{
                /*将当前元素设置为行内元素 */
```

```
                display: inline;
            }
            .div1{
                width: 40%;
                border: 1px solid #000000;
            }
            a {
                /* 将当前行级元素设置为块内元素 */
                display: block;
            }
            i {
                /* 将当前行级元素设置为块内元素 */
                display: block;
            }
            input {
                /* 将当前行级元素设置为块内元素 */
                display: block;
            }
    </style>
 </head>
 <body>
 <div class="div1">
    <!-- 演示块级元素转化为行级元素 -->
    <p style="color:red;"> 块级元素 p 标签 </p>

    <p style="color:green;"> 块级元素 p 标签转换为行级元素 </p>
 </div>


 <a href=""> 行级元素 a 标签 </a>

 <i> 行级元素 i 标签 </i>

 <input type="" name="" value=" 行级元素 input 标签 ">

 </body>
 </html>
```

从示例 5-10 可以发现在块级元素 div 标签中定义了两个行级元素 p 标签，p 标签是行级标签，因此独占一行进行展示；如果给 p 标签定义 display:inline 属性，将行级元素 p 标签转换为块级元素，可以从图 5-5 中发现 p 标签：<p style="color:red;"> 块级元素 p 标签 </p> 和 <p style="color:green;"> 块级元素 p 标签转换为行级元素 </p> 在同一行中展示。行级元素 a 标签、i 标签、input 标签将 display 属性修改为 block，可以发现行级元素转化为块级元素并从上往下依次排列。

图5-5　行级元素与块级元素的相互转换

5.4　JavaScript基础知识

JavaScript（简称 JS）是一种直译式脚本语言，是一种弱类型、动态类型语言。作为专为网页交互设计的脚本语言，JavaScript 广泛地应用于客户端的脚本语言中。在 HTML 开发中，JavaScript 脚本语言的使用可以给网页增加动态功能。

5.4.1　JavaScript链接方式

JS 是 Web 标准中的行为标准，是专门用来控制网页的脚本语言。JS 的使用有如下 3 种方式。

（1）内联：将 JS 代码定义在标签中。

（2）内部嵌入：在页面中嵌入 script 标签，并设置 type 属性为 "text/javascript"。通常将嵌入的 script 标签定义在 <head></head> 中，也可以将其定义在代码中。

（3）外部链接：在 <script> 标签中还可以定义 src 属性，src 属性表示引入 JS 文件的路径。

温馨提示：

　　JavaScript 区分大小写，每条语句以分号（";"）结束。虽然在语句后不写分号也不会提示错误，但在开发中编写符合 JavaScript 规范的代码非常重要，因此每条语句必须以分号结束。

1.内部嵌入

定义输出当前时间的页面，如示例 5-11 所示。

【示例 5-11】采用内联嵌入 JS 代码的形式实现输出当前时间页面。

```
<!DOCTYPE html>
<html>
<head>
    <title>输出时间</title>
    <style type="text/css">
        .date1{
            float: right;
```

```
                width: 280px;
                height: 30px;
                font:16px/30px Arial," 黑体 ";
                font-weight: 10px;
                background-color: pink;
                color: white;
                text-align: center;
            }
    </style>
</head>
<body>
        <div id="dateTime1" class="date1"></div>
        <script type="text/javascript">
                function showDateTime(){
                        var date = new Date();// 创建对象的方法 new 加构造器
                        var array = [" 日 "," 一 "," 二 "," 三 "," 四 "," 五 "," 六 "];
                        var str = "";

                        // 获取字符串，表示 xx 年 xx 月 xx 日   星期 xx
                        str += date.getFullYear()+" 年 "+date.getMonth()+" 月
"+date.getDate()+" 日 "+"  ";
                        str += " 星期 " + array[date.getDay()] + "  ";
                        // 获取当前日期的时、分、秒
                        var hour = date.getHours();
                        var min = date.getMinutes();
                        var sec = date.getSeconds();
                        // var c = a > b ? a : b; //这个叫三元条件运算符( 三元运算符),
如果条件成立则运行问号后冒号前的内容，不成立则运行冒号后的内容。
                        str += hour < 10 ? "0" + hour : hour;
                        str += ":";
                        str += min < 10 ? "0" + min : min;
                        str += ":";
                        str += sec < 10 ? "0" + sec : sec;
                        // 获取 id 为 dateTime1 的元素，并插入新的文本值
                        var div = document.getElementById("dateTime1");
                        div.innerHTML = str;
                }
        // 调用函数
        showDateTime();
        // 每隔 1 秒调用一次 showDateTime 函数
        window.setInterval(showDateTime,1000);
        </script>
</body>
</html>
```

示例 5-11 中定义了 div 标签，并通过 class 选择符设置了 div 的字体颜色、背景等样式，在

script 标签中定义 JS 代码，分析如下。

（1）创建日期：使用创建对象的方法 new 加构造器来创建日期对象。

（2）获取年份：使用日期对象 date.getFullYear() 方法获取当前年的年份。

（3）获取月份：使用日期对象 date.getMonth() 方法获取当前年的月份。

（4）获取日期：使用日期对象 date.getDate() 方法获取当前月份的日期。

（5）获取星期：使用日期对象 date.getDay() 方法获取星期几。

（6）将获取时间的代码封装为 showDateTime() 函数，在页面中通过 setInterval() 方法设置调用
showDateTime() 函数的间隔为 1 秒，实现时钟时间的刷新。

代码执行的效果如图5-6所示。

2020 年 7 月 30 日 星期二 18:02:55

图5-6　输出当前时间

2.外部链接

对示例 5-11 进行代码优化，将 script 标签内的内容保存在 datejs.js 文件中，引入该文件即可。

【示例 5-12】外部链接 JS 文件。

定义 datejs.js 文件，代码如下。

```
function showDateTime(){
        var date = new Date();// 创建对象的方法 new 加构造器
        var array = [" 日 "," 一 "," 二 "," 三 "," 四 "," 五 "," 六 "];
        var str = "";

        // 获取字符串，表示 xx 年 xx 月 xx 日　星期 xx
        str += date.getFullYear()+" 年 "+date.getMonth()+" 月 "+date.getDate()+" 日
"+"  ";
        str += " 星期 " + array[date.getDay()] + "  ";
        // 获取当前日期的时、分、秒
        var hour = date.getHours();
        var min = date.getMinutes();
        var sec = date.getSeconds();
        // var c = a > b ? a : b; //这个叫三元条件运算符（三元运算符），如果条件成立
则运行问号后冒号前的内容，不成立则运行冒号后的内容

        str += hour < 10 ? "0" + hour : hour;
        str += ":";
        str += min < 10 ? "0" + min : min;
        str += ":";
        str += sec < 10 ? "0" + sec : sec;
        // 获取 id 为 dateTime1 的元素，并插入新的文本值
        var div = document.getElementById("dateTime1");
```

```
                div.innerHTML = str;
    }

    // 调用函数
    showDateTime();
    // 每隔 1 秒调用一次 showDateTime 函数
    window.setInterval(showDateTime,1000);
```

页面中通过定义 script 标签来引入 JS 文件，在 script 标签中定义 src 属性表示引入文件的路径。修改代码如下。

```
<!DOCTYPE html>
<html>
<head>
    <title>输出时间 </title>
    <style type="text/css">
        .date1{
                float: right;
                width: 280px;
                height: 30px;
                font:16px/30px Arial," 黑体 ";
                font-weight: 10px;
                background-color: pink;
                color: white;
                text-align: center;
        }
    </style>
</head>
<body>
        <div id="dateTime1" class="date1"></div>
        <script type="text/javascript" src='datejs.js'></script>

</body>
</html>
```

温馨提示：

在 script 标签中定义 src 属性，用于表示引入 JS 文件的路径。

5.4.2 文档对象模型DOM

JS 最重要的组成部件为 DOM，DOM 将整个页面规划成由节点层级构成的文档，描述了一个层次化的节点树，通过 DOM 可以访问 HTML 文档中的所有元素，通过 DOM 访问 HTML 元素的方法如下。

（1）getElementById() 方法：获取指定 id 的元素。

（2）getElementsByTagName() 方法：获取含有指定标签名称的所有元素的节点列表。

（3）getElementsByClassName() 方法：获取包含指定类名的所有元素的列表。

【示例 5-13】定义内联 JS，通过 DOM 操作修改 p 标签中的内容。

```html
<!DOCTYPE html>
<html>
<head>
    <title>JS 基础 </title>
    <script type="text/javascript"></script>
</head>
<body>
    <p id="p1"> 你好 </p>
    <!-- 内联 -->
    <!-- onclick 属性后写 JS 代码 -->
    <button onclick="document.getElementById('p1').innerHTML='Hello JS'"> 点我一下 </
button>
</body>
</html>
```

浏览器访问示例 5-13 中代码页面时，可以发现页面中有一个按钮，当单击该按钮时，p 标签中的"你好"就会被修改为"Hello JS"，具体分析如下。

（1）单击【点我一下】按钮，将调用 onclick 方法。

（2）通过 document.getElementById('p1') 获取 id='p1' 的标签元素，通过给 innerHTML 属性赋值来修改元素的文本值。

DOM 中的一些常用的方法和属性如表 5-4 和表 5-5 所示。

表5-4　DOM中的常用方法

方法	描述
getElementById(id)	获取带有指定id的节点（元素）
appendChild(node)	插入新的子节点（元素）
removeChild(node)	删除子节点（元素）
getAttribute()	获取指定的属性值
setAttribute()	指定属性设置或修改为指定的值

表5-5　DOM中的常用属性

属性	描述
inerHTML	设置或返回表格行的开始和结束之间的HTML
prentNode	获取节点（元素）的父节点
cildNodes	获取节点（元素）的子节点
attributes	获取元素属性的集合

5.4.3　JavaScript语法

由于 JavaScript 是动态数据类型，因此变量被声明以后，可以保存任意类型的值。JavaScript 中基本类型变量主要包括空（Null）、未定义（Undefined）、数字（Number）、字符串（String）、布尔（Boolean）。

1.变量

变量名可以由字母、数字、下划线等组成，使用 var 操作符来定义变量。如果在全局中定义变量，则该变量为全局变量；如果在函数内定义变量，则该变量为局部变量，局部变量在函数执行完毕后会被销毁。

【示例 5-14】定义变量及数据类型。

```
/*定义 Undefined*/
var x;

/*定义整型 */
var a = 1;

/*定义布尔型 */
var b = True;

/*定义浮点型 */
var c = 3.1415926;

/*定义字符串类型 */
var d = 'hello js';

/*定义数组 */
var e = new Array('mongodb', 'redis', 'python', 'js');

/*清空变量 e 的值 */
```

```
e = null
```

示例 5-14 中通过关键字 var 来声明变量，并设置变量分别为 Undefined、整型、布尔型、浮点型、字符串类型、数组及 null。需要注意以下几点。

（1）Undefined 表示变量不含有值，如示例中定义变量 x，只是声明了变量 x，但并没有赋予其具体的值。

（2）Null 表示将清空变量的值，如示例中的数组变量 e，通过设置 e 的值为 null 来清空变量。

（3）定义字符串可以使用单引号声明，也可以使用双引号声明。

（4）数组的取值，可以通过下标的形式获取，如使用 e[0] 来获取数组 e 中的第一个元素。

2.算数运算符

算数运算符用于执行变量与变量之间的运算，常用的运算符有：加（+）、减（−）、乘（*）、除（/）、求余（%）、自增 1（++）、自减 1（--）。与 Python 相比，JS 没有幂运算和整除运算，但是有自增和自减。对这几种运算符的分析如下。

（1）加（+）：表示两个数据相加（除两个都是数字的情况外）都会变成字符串拼接（包括数字与字符串相加、字符串相加、数组相加等）。

（2）乘（*）：乘的操作只能作用于两个数据都是数字的情况，如果其他数据相乘，就会变成非法数字 NaN。

（3）++：自增 1 操作。相当于 num1+=1 或 num1=num1+1，++ 的位置可以随意摆放（++num1 或 num1++ 都可以进行计算）。

（4）--：自减 1 操作。相当于 num1-=1 或 num1=num1-1。

【示例 5-15】算数运算符。

```
var x = 5;
/* 自减操作，相当于x=x-1 */
x--;

/* 乘操作， y 的结果为 25 */
var y = (x * 5)
```

3.比较运算符

比较运算符主要在逻辑语句中使用，用于比较变量与变量之间的关系。常用的比较运算符有大于（>）、小于（<）、等于（==）、大于等于（>=）、小于等于（<=）、不等于（!=）和全等（===）。具体分析如下。

（1）==：两个数据的值相等，结果为 True，否则为 False。例如，5=='5' 是 True。

（2）===：只有两个数据的值相等，数据类型也相同时，结果才是 True，否则是 False。例如，5==='5' 就是 False。

（3）>，<，>=，<=：只比较值的大小，与数据类型无关。

比较大小的时候，一般数字与数字进行比较，字符串与字符串进行比较。

【示例 5-16】比较运算符。

```
var x = 5;
/* 判断 ==, m 的结果为 True */
var m = (x == 5)

/* 比较大小，y 的结果为 False, z 的结果为 True */
var y = x > 6
var z = x >=5
```

4.逻辑运算符

逻辑运算符用于测定变量或值之间的逻辑，逻辑运算符主要分为 3 种：&&（与）、||（或）、!（非）。具体分析如下。

（1）&&：表示逻辑"与"。如表达式 1 && 表达式 2 中，若表达式 1 或表达式 2 为 False，则返回 False；如果表达式 1 和表达式 2 都为 True，则返回 True。

（2）||：表示逻辑"或"。如表达式 1|| 表达式 2 中，若表达式 1 或表达式 2 为 True，则返回 True。

（3）!：表示逻辑"非"。如 ! 表达式 1，若表达式 1 为 True，则返回 False；如果表达式 1 为 False，则返回 True。

【示例 5-17】逻辑运算符。

```
/* 逻辑运算符 */
var x = 5;
var y = 6;
/* 与操作 */
var z = (x < 10 && y > 3)
/* 或操作 */
var n = (x==5 || y==5)
/* 非操作 */
var m = !(x==y)
```

示例 5-17 中变量 z 的结果为 True，变量 n 的结果为 False，变量 m 的结果为 True。

5.4.4　for循环

在 JS 中支持的循环方式主要有 for 循环、for/in 循环。for 循环语法如下。

for 循环：for(语句 1; 语句 2; 语句 3){ 执行的语句 }

其中语句 1 表示在循环开始前执行，语句 2 表示定义循环的条件，语句 3 表示 for 循环的大括号内的语句被执行后才执行的语句。

for/in 循环：for(变量 in 变量对象){ 执行的语句 }

【示例 5-18】使用 for 循环，循环 4 次，并计算 1+2+3+4 的结果。

```
var x = 0;
for (var i=1; i<5; i++){
    x += i;
}
```

示例代码中使用 for 循环进行计数。其具体步骤如下。

步骤 1：在循环开始之前，先执行 var i=1 语句，相当于给 i 变量设置一个为 1 的初始值。

步骤 2：判断循环条件 i<5，如果条件成立，则执行循环体语句 x += i。

步骤 3：在执行一次循环体内容后，将执行 i++ 操作，变量 i 的值只增 1。

【示例 5-19】使用 for/in 循环变量对象的属性。通过代码实现当单击按钮时，在 p 标签中输出对象的属性。

```
<!DOCTYPE html>
<html>
<body>
<button onclick="myFunction()">点击这里，遍历对象的属性 </button>
<p id="demo"></p>
<script>
function myFunction(){
    var x;
    var txt="";
    var student={name:"Tom", age: 18, gender: ' 男 '};
        /* 使用 for/in 循环结构，遍历对象的属性 */
    for (x in student){
        txt += student[x] + ' ';
    }
    document.getElementById("demo").innerHTML=txt;
}
</script>
</body>
</html>
```

5.4.5　while循环

JS 支持的循环方式除 for 循环、for/in 循环外，还有 while 循环、do/while 循环，语法如下。

```
while 循环：while( 条件 ){ 执行的语句 }
do/while 循环：do{ 执行的语句 }while( 条件 )
```

【示例 5-20】使用 while 循环，计算 1+2+3+4。

```
<!DOCTYPE html>
```

```
<html>
<body>

<button onclick="myFunction()">点击按钮，输出 1+2+3+4 的结果 </button>
<p id="demo"></p>

<script>
    function myFunction(){
            var x=0,i=1;
            /* 使用 while 循环进行叠加操作 */
            while (i<5){
                    x += i;
                    i++;
            }
            document.getElementById("demo").innerHTML=x;
    }
</script>

</body>
</html>
```

示例 5-20 中使用 while 循环，判断循环条件为 i<5，如果条件成立则执行循环体中内容。循环体代码实现的是变量 x 从 0 一直加到 4，当 i=5 时，循环条件 i<5 不成立，则跳出循环，变量 x 的值为 0+1+2+3+4。

【示例 5-21】使用 do/while 循环，计算 1+2+3+4。

```
<!DOCTYPE html>
<html>
<body>

<button onclick="myFunction()">点击按钮，输出 1+2+3+4 的结果 </button>
<p id="demo"></p>

<script>
    function myFunction(){
            var x=0,i=0;
            /* 使用 do/while 循环，对变量 x 进行叠加操作 */
            do{
                x += i;
                i++;
            }
            while (i<5)
            document.getElementById("demo").innerHTML=x;
    }
</script>
```

```
</body>
</html>
```

思考:

do/while 循环和 while 循环的区别是什么？ while 循环会判断循环条件，如果循环条件为 True，则执行循环体中的代码，而 do/while 循环会先执行一次循环体中的代码，再去判断 while 中的循环条件是否为 True，如果循环条件为 True，则会重复执行这个循环体中的代码。因此如果使用 do/while 循环，则循环体中的代码至少要执行一次。

5.4.6　switch语句

在 JS 中可以使用 switch 语句来选择要执行的代码块。

语法如下。

```
switch( 表达式 ){
case 值 1:
        语句块 1
        break;
case 值 2:
        语句块 2
        break;
...
defult:
        语句块 3
}
```

执行过程：依次比较 case 语句后的值和表达式的值，对比结果有如下两种情况。

（1）如果某个 case 后面的值和表达式的值相等，那么就将该 case 作为入口，依次执行后面所有的语句块或遇到 break 后退出。

（2）如果所有 case 后面的值和表达式的值都不相等，那么就会执行 defult 后的语句块。

温馨提示:

每个 case 后面的值不能一样。

【示例 5-22】使用 switch 语句实现获取今天是周几。

```
<!DOCTYPE html>
<html>
<body>

<button onclick="func()">点击按钮，显示今天是周几 </button>

<p id="day"></p>
```

```
<script>
function func(){
    var x;
    // 获取当前天数
    var d=new Date().getDay();
    switch (d)
      {
      case 0:
        x=" 星期天 ";
        break;
      case 1:
        x=" 星期一 ";
        break;
      case 2:
        x=" 星期二 ";
        break;
      case 3:
        x=" 星期三 ";
        break;
      case 4:
        x=" 星期四 ";
        break;
      case 5:
        x=" 星期五 ";
        break;
      case 6:
        x=" 星期六 ";
        break;
      }
    document.getElementById("day").innerHTML=x;
    }
</script>

</body>
</html>
```

在示例 5-22 中，代码使用 switch 语句基于不同的条件来执行不同的代码块。通过点击按钮调用 func() 函数，在 func() 函数中使用 Date 对象来获取当前的时间。在 switch 语句中只需判断当前表达式 d 和 case 后的值是否相等，如果相等，则执行对应 case 中的代码块。代码块执行完毕后，需要使用 break 来阻止代码继续自动向下执行。

5.4.7 break语句和continue语句

在 JS 的循环语句中有两个关键字：break 和 continue。break 语句用于跳出循环体，而 continue 语句用于中断当前循环，继续执行下一个循环。

示例 5-23 使用 break 语句执行跳出循环操作。

【示例 5-23】使用 break 语句跳出当前循环。

```html
<!DOCTYPE html>
<html>
<body>

<button onclick="myFunction()">点击测试 break 语句 </button>
<p id="test"></p>

<script>
    function myFunction(){
        var i=0;
        var x='';
        do {
          if (i==3){
                // 如果 i 的值为 3，则跳出 do/while 循环
            break;
            }
          i++
          x += ' 循环第 ' + i + ' 次 <br>'
          }
        while(i<10)
        document.getElementById("test").innerHTML=x;
    }
</script>

</body>
</html>
```

示例 5-23 中使用 do/while 循环，在 do/while 循环体中判断变量 i，如果 i 等于 3，则使用 break 语句跳出当前 do/while 循环；如果变量 i 不等于 3，则变量 x 进行字符串拼接，最后使用 DOM 向 p 标签中加入变量 x 的值。执行效果如图 5-7 所示。

图5-7 break语句

141

示例 5-24 在 for 循环中执行 continue 语句。

【示例 5-24】continue 语句。

```
<!DOCTYPE html>
<html>
<body>

<button onclick="myFunction()">点击测试 continue 语句 </button>
<p id="test"></p>

<script>
    function myFunction(){
         var x="",i=0;
         for(var i = 1 ; i <= 10 ; i++){
             if(i == 5){
                   // 当 i 为 5 的时候，立即终止执行后面的语句，直接令 i 为 6
                   continue;
              }
         x += i;
         }
         document.getElementById("test").innerHTML=x;
    }
</script>

</body>
</html>
```

示例 5-24 中通过定义 if 来判断条件，如果变量 i 等于 5 则执行 continue 语句，continue 表示中断当前循环，即 x+=i 将不再执行，而继续执行 for 循环。因此页面中的 p 标签中输出变量 x 的值将为 1234678910。

5.4.8 制作淘宝搜索框

通过对前面的知识的学习，读者可以将网页 HTML 或 XML 文档看成一个由多层节点构成的结构，从而将所有页面理解为一个以特定节点为根节点的树形结构。本节我们将采用 DOM 操作来修改页面中的节点元素，制作淘宝搜索框。具体操作步骤如下。

步骤 1：定义淘宝搜索框页面 taobaosearch.html。

```
<!DOCTYPE html>
<html lang="en">
    <head>
        <meta charset="UTF-8">
        <title>淘宝搜索框 </title>
    </head>
```

```
<body>
    <div class="wrapper">
        <ul>
            <li class="active"><a href="#">宝贝 </a></li>
            <li><a href="#">天猫 </a></li>
            <li><a href="#">店铺 </a></li>
        </ul>
        <div class="search">
            <input type="text" id="txt">
            <label for="txt" id="lab">请输入要购买的商品 </label>
        </div>
    </div>
</body>
</html>
```

这里定义了淘宝搜索框的基本框架结构，其中，在 body 标签内定义了 ul 标签、input 标签、
label 标签等。

步骤 2：在 head 标签中通过链入内部 CSS 的形式定义标签样式。

```
<style type="text/css">
    *{
        padding: 0;
        margin: 0;
    }
    .wrapper{
        width: 800px;
        margin: 30px auto;
    }
    ul{
        list-style: None;
        overflow: hidden;
    }
    ul li{
        float: left;
        width: 150px;
        height: 50px;
        line-height: 50px;
        text-align: center;
        background-color: #fff;
    }
    li a{
        text-decoration: None;
        color: red;
    }
    li.active{
        background-color: red;
```

```
    }
    li.active a{
        color: #ffffff;
    }

    .search{
        margin: 20px 0;
        position: relative;
    }
    #txt{
        display: block;
        outline: None;
        width: 800px;
        height: 50px;
        position: absolute;
        border:3px solid orange;
        border-radius: 10px;
    }
    #lab{
        display: block;
        position: absolute;
        top:15px;
        left:30px;
        font-size: 20px;
        color: rgba(0,0,0,.5);
    }
</style>
```

步骤 3：在 body 标签中嵌入内部 JS。

```
<script type="text/javascript">
    var lis = document.getElementsByTagName('li');
    for(var i = 0;i < lis.length;i++){
        lis[i].onclick = function () {
            for(var j = 0;j < lis.length;j++){
                lis[j].className = '';
            }
            this.className = 'active';
        }
    }

    var txt = document.getElementById('txt');
    var lab = document.getElementById('lab');
    //oninput 是当点击输入框时触发的事件
    txt.oninput = function () {
        if(this.value == ''){   // 这里 this 指代的是 txt
            lab.style.display = 'block';
```

```
        }
        else
        {
            lab.style.display = 'None';
        }
    }
</script>
```

通过 DOM 操作 document.getElementsByTagName('li') 获取 li 标签、操作 document.getElement-ById('txt') 获取 input 标签、操作 document.getElementById('lab') 获取 label 标签，并监听 li 标签的点击事件 onclick，修改 className 参数，监听 input 事件的输入，触发事件修改 label 标签的展示状态。

温馨提示：

步骤 3 中定义的 <script></script> 内容需放在 DIV 块之后，即在 <div class="wrapper"></div> 之后嵌入 <script></script> 内容，否则 JS 内容不会生效。

步骤 4： 在浏览器中访问 taobaosearch.html 页面，可看到如图 5-8 所示的淘宝搜索框界面。

图5-8　淘宝搜索框界面

新手问答

问题1：单标签与双标签的区别是什么？

答：单标签与双标签的区别不大。单标签用 < 标签 /> 表示，而双标签用 < 标签 > 和 </ 标签 > 表示。双标签可以替换所有的单标签，单标签是 HTML 的历史产物，一直保留至今。

问题2：JS的链接方式推荐哪一种？

答：JS 是专门用来控制网页的脚本语言，链接方式分为内联、内部嵌入、外部链接三种。由于一个网页中需要引入多个 JS 文件，因此外部链接是开发中最常用的方式，只需在 script 标签中的 src 属性中引入外部的 JS 文件地址即可。

实战演练：制作九九乘法表

【案例任务】

九九乘法表是前端编程学习中的一个较为经典的案例，本实战演练将实现在页面中输出九九乘法表的信息。

【技术解析】

案例中使用 table 标签定义一个 HTML 表格，简单的 HTML 表格由 table 标签及一个或多个 tr 标签、th 标签或 td 标签组成，其中 tr 标签定义表格行，th 标签定义表头，td 标签定义表格单元。本案例将使用 table 标签实现制作九九乘法表。

【实现方法】

根据技术解析，完整代码如示例 5-25 所示。

【示例 5-25】制作九九乘法表。

```html
<!DOCTYPE html>
<html>
    <head>
        <meta charset="utf-8" />
        <title> 九九乘法表 </title>
        <style>
            .table1{
                border-collapse: collapse;
            }
            .table1 .td1{
                border: 1px solid black;
                padding: 0 10px;
            }
        </style>
        <script>
            function createTable(){
                document.write('<table class="table1">');
                for(var i = 1; i <= 9; i += 1){
                    document.write("<tr>");
                    for(var j = 1; j <= i;j += 1){
                        document.write('<td class="td1">');
                        document.write(j + "*" + i + "=" + i*j);
                        document.write("</td>");
                    }
                    document.write("</tr>");
                }
                document.write("</table>");
            }
            // 调用 createTable() 函数
```

```
                    createTable();
        </script>
    </head>
    <body>

    </body>
</html>
```

示例 5-25 中定义 script 标签，通过 document.write() 方法向 body 内容体中写入 table 标签等内容，具体分析如下。

（1）table 标签定义一个表格、tr 标签定义表行、td 标签定义表元。

（2）在 createTable() 函数中定义 for 循环，通过两层 for 循环来生成九九乘法表。

使用浏览器访问页面，可以看到如图 5-9 所示的九九乘法表。

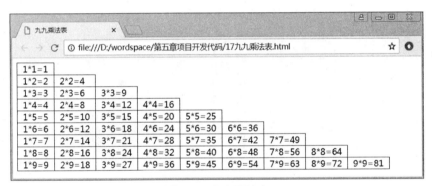

图5-9　九九乘法表

本章小结

本章主要介绍了前端编程技术中的 HTML 基础语法、CSS 语法、JS 语法等。HTML 在编程学习中格外重要，它是前端编程技术的必学内容，也是 Python Web 开发中的常用技术。同时，学习 CSS 语法、JS 语法也利于对前端编程的理解，因此读者要重点掌握本章内容。

第 2 篇

进阶篇

Web 开发主流框架 Django

如果 Web 开发语言选择 Python 3，那么从众多的 Python Web 框架中选择一个可以快速开发、安全性能出众、可伸缩性优秀的框架，将有利于 Web 的前期开发和后期扩展，故首选应用广泛的 Django 框架。

Django 自 2005 年 7 月发布到现在已经历了十多年的发展，是当前 Python 世界里最成熟且最有名的网络框架。其最初是用于管理以新闻内容为主的网站，是内容管理系统，自 Django 开源后，它的成长势不可挡，在 Web 开发市场中的占有比例逐日攀升。

Django 框架采用 MVT 模式，即模型 M、视图 V 和模板 T。其核心的组件有对象关系映射（Object Relational Mapping，ORM）（用于映射模型和数据库中表的关联关系）、完美的管理后台、简洁的模板语法、性能优秀的缓存系统及优秀的 URL 路由解析配置。

第 6 章

搭建 Web 开发虚拟环境

在开始使用 Django 之前，需要进行一个非常重要的操作，那就是搭建环境。虚拟环境常用两种方式进行创建，一种是在交互式环境中采用命令行的形式进行虚拟环境的搭建，另一种是在开发工具 PyCharm 中进行虚拟环境的创建。

本章将分别介绍在不同的操作系统中如何安装虚拟环境与在 PyCharm 中如何配置虚拟环境，此外还将演示最常见的虚拟环境的搭建方式，即在交互式环境中通过命令行的形式进行虚拟环境的创建。

通过本章内容的学习，读者将掌握以下知识。

- 掌握不同 Python 版本下虚拟环境的构建方法
- 掌握虚拟环境中包的安装
- 掌握在不同系统（Linux/Windows/Mac）中虚拟环境的安装方法
- 掌握 PyCharm 中虚拟环境的配置与调试
- 掌握 PyCharm 中自带虚拟环境的 Django 项目的创建

6.1　虚拟环境

在 Web 开发中，通常不会使用标准库内最新版本的软件包或模块，而是依赖特定版本的软件包或模块，这就意味着在同一个环境中，安装指定版本的第三方依赖库时，有可能会引发冲突。为了避免项目的依赖库出现问题，通常会分割项目所依赖的第三方库，即创建虚拟环境（env）。

Python 的虚拟环境将项目所需要的依赖包和环境变量都打包成一个文件系统，因此，不同的项目可以安装该项目所需依赖的虚拟环境。虚拟环境的安装将采用 virtualenv 命令。除此之外，还有其他技术方案可隔离不同环境，而且上线流程简单，可大大降低运维人员的出错率，例如，每一个项目使用一个 docker 镜像，在镜像中安装项目所需的环境、库版本等。

用于创建与管理虚拟环境的模块为 virtualenv，通常需要开发人员自行安装后方可使用。

virtualenv 需要使用包管理工具 pip 进行安装，安装命令：pip install virtualenv。

6.2　pip的使用

pip 是一个 Python 包管理工具，该工具可以对 Python 包进行安装、卸载、查询等操作。

Python 2.7.9 之前的版本需要通过 easy_install 来安装 pip，但是之后的版本中已经自带了该工具，可以直接使用 pip 来管理 Python 的包。

温馨提示：
pip 官网地址为 https://pypi.org/project/pip/。

6.2.1　pip的基本操作

包管理工具 pip 可以对第三方的包进行管理操作，例如安装、卸载、检查更新、查看包信息等。pip 有许多子命令，如 install、uninstall、freeze、list 等。

包管理工具 pip 可以通过指定包的名称来安装最新版本的包，或通过包名称后输入"=="和版本号来安装特定版本的包，使用如下 pip 命令可安装及卸载 Django 2.0.7。

（1）安装命令：pip install Django==2.0.7。

（2）卸载命令：pip uninstall Django==2.0.7。

温馨提示：
通过包管理工具 pip 的 pip install Django 命令，可安装最新版本的 Django。

pip 还有如下几个重要的命令。

（1）查看已经安装的软件包：pip list。

（2）查看通过 pip 安装的软件包：pip freeze。

（3）查看软件包的详情信息：pip show Django。

（4）更新软件包：pip install--upgrade Django。

6.2.2 Windows系统中pip多版本的操作

在 Python 从 Python 2.x 到 Python 3.x 的版本迁移过渡阶段，不同的项目极有可能分别使用 Python 2.x 和 Python 3.x 来开发。如果操作系统中已分别安装了 Python 2.x 和 Python 3.x 版本，此时使用 Django 安装命令 pip install Django， 只会将 Django 安装在环境变量配置的 pip 所属的 Python 版本中。

例如，Windows 操作系统中已安装 Python 2.7 版本和 Python 3.7 版本，为了在不同的 Python 版本中都安装 Django，可以通过指定 pip 的绝对路径来解决安装包的问题，安装命令如下。

```
>> D:\python3\Scripts\pip3.exe install Django==2.0.7
>> D:\python2\Scripts\pip.exe install Django==2.0.7
```

温馨提示：

若按上述代码安装，Python 2.7 版本将安装于 D 盘的 python 2 文件中，而 Python 3.7 版本安装于 D 盘的 python 3 文件中，此时 Python 2 文件中包管理工具 pip 就有 3 个版本，分别为 pip、pip 2、pip 2.7；Python 3 文件中包管理工具 pip 也有 3 个版本，分别为 pip、pip 3、pip 3.7。

6.3 虚拟环境搭建：virtualenv库

本节将介绍如何在不同的操作系统（Windows 操作系统、Linux 操作系统）中搭建虚拟环境。由于 Mac OS 系统和 Linux 系统中的虚拟环境创建方式相同，因此可参考 Linux 系统中的虚拟环境创建方式，读者也需注意它们和 Windows 操作系统中虚拟环境的创建与使用的区别。

6.3.1 Windows下的虚拟环境搭建

虚拟环境的搭建将使用模块 virtualenv 和包管理工具 pip 3。安装与使用的详细操作如下。

步骤 1：按下键盘上的【Win+R】快捷键；在弹出的【运行】对话框中输入 "cmd" 并按【Enter】键即可打开一个命令窗口，在弹出的命令窗口中输入安装 virtualenv 的命令 "pip3 install virtualenv"，如图 6-1 所示。

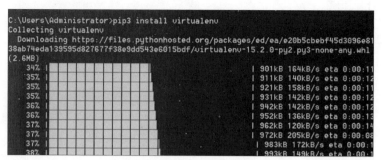

图6-1　安装virtualenv

步骤 2：查看 virtualenv 的帮助文档。在窗口中输入 "virtualenv--help"，即可看到 virtualenv 提供的参数，其中需要重点掌握 -p 参数和 --no-site-packages 参数，如图 6-2 所示。

```
C:\Users\Administrator>virtualenv --help
Usage: virtualenv [OPTIONS] DEST_DIR

Options:
  --version                  show program's version number and exit
  -h, --help                 show this help message and exit
  -v, --verbose              Increase verbosity.
  -q, --quiet                Decrease verbosity.
  -p PYTHON_EXE, --python=PYTHON_EXE
                             The Python interpreter to use, e.g.,
                             --python=python3.5 will use the python3.5 interpreter
                             to create the new environment. The default is the
                             interpreter that virtualenv was installed with
                             (d:\python3\python.exe)
  --clear                    Clear out the non-root install and start from scratch.
  --no-site-packages         DEPRECATED. Retained only for backward compatibility.
                             Not having access to global site-packages is now the
                             default behavior.
  --system-site-packages
                             Give the virtual environment access to the global
                             site-packages.
```

图6-2　virtualenv 参数

思考：

-p 参数和 --no-site-packages 参数的含义是什么？ -p 参数用来指定安装的虚拟环境中的 Python 版本，--no-site-packages 参数则是用来确保安装的虚拟环境不会有已经安装过的包文件。

步骤 3：使用 virtualenv 命令进行虚拟环境的创建。在 E 盘下创建纯净的虚拟环境 env 且在虚拟环境中安装 Python 3.7 版本，安装命令为 virtualenv --no-site-packages –p D:\python3\python.exe env，如图 6-3 所示。

```
E:\>virtualenv --no-site-package -p D:\python3\python.exe env
Running virtualenv with interpreter D:\python3\python.exe
Using base prefix 'D:\\python3'
New python executable in E:\env\Scripts\python.exe
Installing setuptools, pip, wheel....done.
```

图 6-3　使用 virtualenv 创建 env 的虚拟环境

步骤 4：虚拟环境的激活与退出。进入虚拟环境 "env/Scripts" 文件夹并执行【activate】命令，即可激活当前虚拟环境 env，且在激活状态中使用 pip 安装的库都将安装在当前激活的虚拟环境中。

步骤 5: 退出虚拟环境。在 env/Scripts 文件夹中执行【deactivate】命令,即可退出当前虚拟环境。

6.3.2 Linux下的虚拟环境搭建

Linux 系统有众多版本,本书中选择最常用的 CentOS 7 系统进行 Python 虚拟环境的搭建。详细操作步骤如下。

步骤 1: 安装 virtualenv。

安装命令: yum install python-virtualenv。

步骤 2: 创建指定 python3 版本的纯净的虚拟环境。

安装命令: virtualenv --no-site-package -p /usr/local/python3/bin/python3 env。

其中,--no-site-packages 参数表示创建的虚拟环境 env 为纯净环境,-p 表示虚拟环境中 python 的版本,env 为虚拟环境的名称。

> **温馨提示:**
>
> -p 参数用来指定安装的虚拟环境中的 python 版本。我们已在 CentOS 7 中安装了 Python 3.7 的版本,安装路径为 /usr/local/python3,因此 -p 参数指定 Python 3 的执行文件路径为 /usr/local/python3/bin/python3。

步骤 3: 进入和退出 env 虚拟环境。

```
进入命令: source env/bin/activate
退出命令: deactivate
```

> **温馨提示:**
>
> 激活环境:Windows 操作系统中激活虚拟环境是直接执行 activate 命令,而 Linux 操作系统中激活虚拟环境是执行 source 命令。
>
> 退出环境:Windows 操作系统和 Linux 操作系统中退出环境都是直接执行 deactivate 命令。

6.4 虚拟环境搭建:venv模块

在 6.3 节中已讲解了虚拟环境工具 virtualenv 和包管理工具 pip 的使用,Python 3.4 以后的版本默认自带了创建和管理虚拟环境的模块 venv,使用 venv 模块也可以很方便地创建和管理虚拟环境。

本节将讲解如何使用 venv 模块进行虚拟环境的创建,详细操作步骤如下。

步骤 1: 创建虚拟环境之前,先确认放置虚拟环境的位置,如在【命令提示符】窗口中进入放置虚拟环境的目录(E:\env)。

步骤 2: 创建虚拟环境。

在 Windows、Linux、Mac 操作系统中创建虚拟环境的命令:python -m venv testenv。

> **思考:**
>
> 创建虚拟环境命令中的 python 表示什么含义？在 Windows 操作系统中，如果在环境变量中配置了 Python 3.7 的环境参数，则在"命令操作符"窗口输入 python 并回车，将会直接进入 Python 3.7 的解释器。因此在创建虚拟环境的命令中，python 表示虚拟环境中将安装 Python 3.7 的解释器，testenv 表示虚拟环境的名称。

步骤 3：激活环境。

（1）Windows 操作系统中激活虚拟环境命令：testenv\Scripts\activate。

（2）Linux 中激活虚拟环境命令：source testenv\Scripts\activate。

（3）Mac 中激活虚拟环境命令：source testenv\Scripts\activate。

步骤 4：退出虚拟环境。

Windows、Linux、Mac 操作系统中退出环境执行 deactivate 命令。

> **思考:**
>
> 使用 virtualenv 命令和 python -m 命令搭建的虚拟环境是否有区别？通过 virtualenv 命令和 python -m 命令搭建的虚拟环境并没有任何的区别，只是使用 python -m 命令进行虚拟环境的搭建仅限于 Python 3 版本，而使用 virtualenv 命令进行虚拟环境的搭建则不限版本。

6.5 PyCharm IDE中虚拟环境的配置

开发工具 PyCharm IDE 和虚拟环境 env 已搭建，以下讲解 PyCharm 中的环境变量的配置，详细操作步骤如下。

步骤 1：启动 PyCharm 社区版。打开 PyCharm，在导航栏中选择【File】并单击【Settings】按钮，如图 6-4 所示。

步骤 2：单击【Settings】按钮后，在弹出框中找到菜单栏中的【Project Interpreter】选项，该选项用于配置当前项目所依赖的虚拟环境。在右侧窗口中选择已安装的虚拟环境，如图 6-5 所示，选择已创建的虚拟环境 env1 即可。

步骤 3：检验虚拟环境是否配置成功。单击 PyCharm 底部的【Terminal】按钮，若弹出框中出现提示：（虚拟环境名称）路径，即为虚拟环境指定成功，如图 6-6 所示。

图6-4 PyCharm中
设置项目的虚拟环境

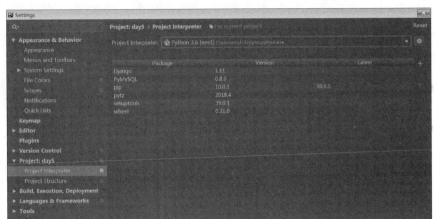

图 6-5 PyCharm中虚拟环境的配置

图 6-6 虚拟环境配置成功

新手问答

问题1：虚拟环境中安装的包的版本如何更新？

答：使用包管理工具 pip 进行包的安装时，如果安装命令为"pip install 包名"，表示将安装最新版本的包。如果需要对老版本的包进行升级，可以使用"pip install --upgrade"命令来更新指定包的版本。

问题2：虚拟环境有哪些创建方式？

答：虚拟环境常用两种方式进行创建，一种方式是在交互式环境中采用命令行的形式进行虚拟环境的搭建，另一种方式是在开发工具 PyCharm 中进行虚拟环境的创建。

实战演练：在PyCharm中安装Django

【案例任务】

在 Python Web 开发中，虚拟环境是必用的技能之一。前文已讲解了使用 virtualenv 库与 venv 模块来进行虚拟环境的创建，以及使用相关命令进行虚拟环境的激活与 Django 库的安装，本实战演练将演示在开发工具 PyCharm 中安装 Django 库。

【技术解析】

案例中需使用开发工具 PyCharm，以及包管理工具 pip。

【实现方法】

在开发工具 PyCharm 中配置好虚拟环境以后，就可安装 Django 2.0.7。下面将演示安装 Django 的两种方式。

第 1 种：在虚拟环境中安装 Django，要把 Django 交给包管理工具 pip 进行安装，如图 6-7 所示。

图6-7　安装Django 2.0.7

第 2 种：使用 PyCharm 中的配置直接在虚拟环境中安装 Django，详细安装步骤如下。

步骤 1：在打开的 PyCharm 中找到导航栏，选择【File】并单击【Settings】选项，结果如图 6-8 所示，图中展示了当前项目使用的是 env1 的虚拟环境。

图6-8　Python Interpreter配置

步骤 2：单击图 6-8 中右侧的【＋】按钮，在弹出窗口的搜索框中输入 "Django" 并单击左下角的【Install Package】按钮，等待几分钟，Django 安装成功后会在下方提示 "Package 'Django' installed successfully"，如图 6-9 所示。

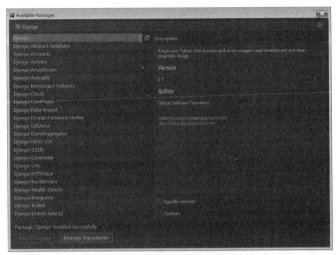

图6-9　安装包管理界面

本章小结

学完本章读者将对虚拟环境的运用场景有一定的了解，对于不同环境下虚拟环境的创建和包的安装也有一定的掌握，这些只是 Python Web 框架学习的入门基础。掌握本章知识是学习 Django 的前提，读者需要多加练习才能更加熟练地运用这些知识。

第 7 章
Django demo 项目搭建

在本章，我们将首先介绍 Django 的基础知识，然后介绍 Django 框架如何体现 MVC 模式的概念及 Django 中的 MVT 模式。

本章还将创建简单的 Django 项目，阐释每一个文件的含义，以及实现在浏览器中访问地址 http://127.0.0.1:8000/hello/ 并在浏览器中输出 'Hello Python!' 字符串。

通过本章内容的学习，读者将掌握以下知识。

- 了解 MVC/MVT 模式
- 了解 Django 的高集成、低耦合等特点
- 掌握指定 Django 版本的安装，以及项目的创建与启动运行
- 了解 Django 项目中各个文件的含义，以及数据库的配置等信息
- 掌握 Django demo 项目的启动运行及调试配置

7.1 认识Django

Django 是一个大而全的重量级框架，也是最具代表性的框架之一，许多网站的后端都是基于 Django 框架进行开发的，Django 框架在快速开发中有着绝对的优势。

7.1.1 Django的特点及结构

Django 采用了最经典的 MVC 模式（MVC 模式在下一节中会有详细讲解）。自 2005 年 Django 开源以来，吸引了大批开发者使用 Django 框架进行开发。Django 虽然是一个可以快速开发、快速上手的成熟框架，但是它也有不可避免的缺点。下面分别介绍其优点和缺点。

Django 框架的优点如下。

（1）自带管理后台，让用户几乎不用自己写任何代码就可以拥有一个完整的管理后台。Django 的管理后台有很好的拓展性，例如，可以使用 Xadmin 进行管理后台的拓展，使用户可以快速地搭建网站。

（2）Django 的 ORM 可以实现数据模型与数据库的解耦，即数据库的设计不再依赖于特定的数据库。

（3）Django 的 URL 设计非常简单。URL 中可以使用正则表达式，虽然在难度上提升了不少，但是地址的表达式更简洁、优美。

（4）Django 提供模板系统，可以将代码、样式表、静态页面完美地分隔开，无论是开发还是修改优化都将更加容易。

（5）Django 的 app 应用理念很好。app 采用可插拔设计，当用户不需要时，直接将其删除即可，app 对系统的其他代码影响几乎可以忽略不计。

（6）Django 有 debug 错误提示页面，使开发者可以很直观地了解到自己代码的出错位置，使开发更加方便。

Django 也有如下的缺点。

（1）Django 提供了很好的 ORM、Template，但是如果想使用第三方库进行替代会比较困难。

（2）Django 的 auth 模块高度耦合了很多模块，例如权限、Session 等，在使用 auth 模块拓展用户 User 模型时非常麻烦。

7.1.2 框架的MVC/MVT模式简介

Django 框架基于 MVC 模式，MVC 的全名是 Model View Controller，是模型（model）–视图（view）–控制器（controller）的缩写。它是一种软件设计典范，用业务逻辑、数据和界面显示分离的方法来组织代码，将业务逻辑聚集到一个部件里面，在改进和个性化定制界面及用户交互时，不需要再重新编写业务逻辑。

MVC 多用于映射传统的输入、处理和输出功能，让其在一个逻辑的图形化用户界面的结构中呈现。通俗来讲就是强制性地使应用程序的输入、处理和输出分开。

MVC 的核心思想就是解耦，减低各个模块之间的耦合性。

MVC（Model View Controller）各单词代表的意思和功能如下。

（1）M 即 Model：数据存取层，用于封装与应用程序的业务逻辑相关的数据，并对数据进行处理，即模型对象负责在数据库中存取数据。

（2）V 即 View：表现层，负责数据的显示和呈现，将渲染的 HTML 页面展示给用户，或者返回 API 数据给用户。

（3）C 即 Controller：业务逻辑层，负责从用户端收集用户的输入，进行业务逻辑的处理，包括调用模型进行 CRUD 操作。

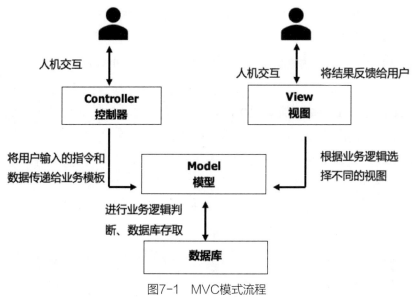

图7-1　MVC模式流程

图 7-1 详细地阐述了 MVC 模式的流程。详细步骤如下。

步骤 1： 当用户从浏览器中输入需访问的 URL 地址后，服务器程序需校验用户访问的 URL 地址是否有效，如果请求的 URL 地址有效，则会调用对应的视图函数进行逻辑处理，即调用 Controller 控制器所代表的模块。

步骤 2： Controller 控制器在处理业务逻辑时，会对数据库中数据进行增、删、查、改等操作，此时将调用 Model 模型层对数据进行持久化操作。

步骤 3： 根据业务的逻辑，浏览器将展示不同的页面。

MVC 模式是每一个框架都必须遵守的，但不同的框架对 MVC 模式会有少许的优化和修改，因此 Django 框架的 MVC 模式也可被称为 MVT 或 MTV 模式。其实 MVT 本质上和 MVC 是没什么区别的,各组件之间都保存了松耦合关系,只是定义有些许的不同。

MVT 各组件代表的模块含义如下。

(1)M 即 Model:模型层,负责处理业务与数据对象。等同于 MVC 中的 M。

(2)V 即 View:业务逻辑层,负责业务逻辑并根据业务需求调用模型层和对应需要渲染的 Template 模板,并将最终渲染的模板展示给用户。等同于 MVC 中的 C。

(3)T 即 Template:表现层,负责将渲染页面展示给用户。等同于 MVC 中的 V。

7.1.3 安装Django 2.x版本

在应用程序开发中,分别创建 env 文件夹和 wordspace 文件夹。env 文件夹用于存放创建的虚拟环境,wordspace 用于存放项目代码,至此实现虚拟环境和应用程序代码的分隔。

以下为实现虚拟环境的搭建与 Django 2.0.7 版本的安装。详细操作步骤如下。

步骤 1:在 D 盘目录中创建文件夹,创建命令为 mkdir env wordspace。

步骤 2:切换到 env 文件夹并执行创建虚拟环境的命令,创建命令为 virtualenv --no-site-packages -p D:\python37\python.exe study_env,如图 7-2 所示。

```
D:\env>virtualenv --no-site-packages -p D:\python37\python.exe study_env
Running virtualenv with interpreter D:\python37\python.exe
Using base prefix 'D:\\python37'
d:\python37\lib\site-packages\virtualenv.py:1041: DeprecationWarning: the imp mo
dule is deprecated in favour of importlib; see the module's documentation for al
ternative uses
  import imp
New python executable in D:\env\study_env\Scripts\python.exe
Installing setuptools, pip, wheel...done.
```

图7-2　创建虚拟环境

温馨提示:

创建虚拟环境的命令中有两个参数:--no-site-packages 参数和 -p 参数。

(1)--no-site-packages 参数:用来指定安装的虚拟环境不会有全局中已经安装过的包文件。

(2)-p 参数:用来指定安装的虚拟环境中的 python 版本。

步骤 3:激活虚拟环境。进入虚拟环境"study_env/Scripts"文件夹并执行 activate 命令,即可激活当前虚拟环境 study_env。

步骤 4:安装 Django。

安装命令为 pip install django==2.0.7。

如果出现如图 7-3 所示的情况,即表示安装成功。

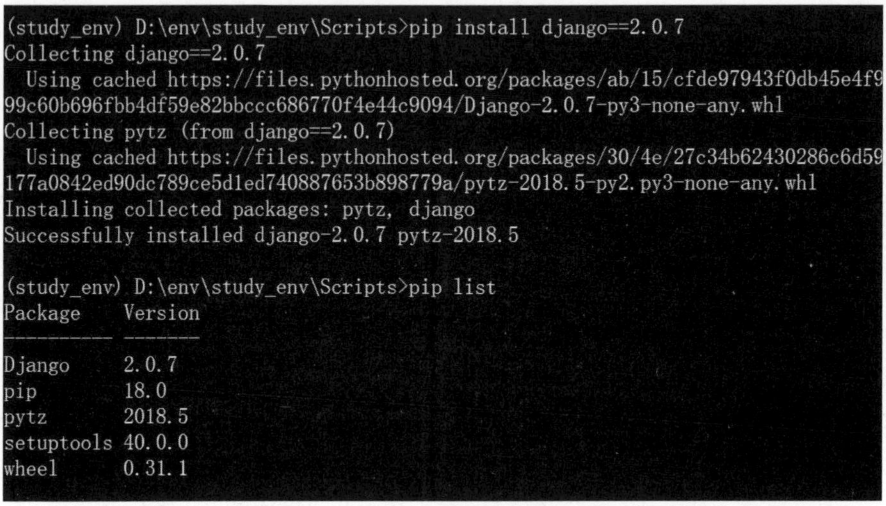

```
(study_env) D:\env\study_env\Scripts>pip install django==2.0.7
Collecting django==2.0.7
  Using cached https://files.pythonhosted.org/packages/ab/15/cfde97943f0db45e4f9
99c60b696fbb4df59e82bbccc686770f4e44c9094/Django-2.0.7-py3-none-any.whl
Collecting pytz (from django==2.0.7)
  Using cached https://files.pythonhosted.org/packages/30/4e/27c34b62430286c6d59
177a0842ed90dc789ce5d1ed740887653b898779a/pytz-2018.5-py2.py3-none-any.whl
Installing collected packages: pytz, django
Successfully installed django-2.0.7 pytz-2018.5

(study_env) D:\env\study_env\Scripts>pip list
Package    Version
---------- -------
Django     2.0.7
pip        18.0
pytz       2018.5
setuptools 40.0.0
wheel      0.31.1
```

图7-3　安装Django 2.0.7版本

步骤 5：检查 Django 是否能正常使用。在虚拟环境中进入 Python 解释器并手动导入 Django 和查看版本信息（django.VERSION）命令，如图 7-4 所示即表示 Django 安装成功，并能正常使用。

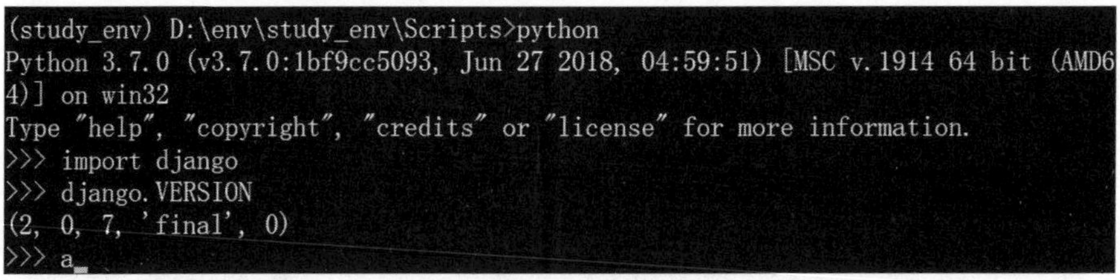

```
(study_env) D:\env\study_env\Scripts>python
Python 3.7.0 (v3.7.0:1bf9cc5093, Jun 27 2018, 04:59:51) [MSC v.1914 64 bit (AMD6
4)] on win32
Type "help", "copyright", "credits" or "license" for more information.
>>> import django
>>> django.VERSION
(2, 0, 7, 'final', 0)
>>> a
```

图7-4　查看Django版本

7.2　第一个Django项目

Django 项目的构建有两种方式，一种是使用 IDE 进行构建（使用 PyCharm 进行 Django 项目的创建），另一种是使用 django-admin 命令构建（使用创建命令进行创建）。

7.2.1　创建项目及各文件作用的解读

Django 提供的 django-admin 命令可以帮助我们快速构建项目。项目构建的详细操作如下。

步骤 1：激活虚拟环境 study_env。

步骤 2：进入代码存放文件夹 wordspace，并创建名为“hello”的 Django 项目，命令为 django-admin startproject hello，操作命令如图 7-5 所示。

```
(study_env) D:\>cd wordspace

(study_env) D:\wordspace>django-admin startproject hello
```

图7-5　创建hello项目

步骤 3：使用开发工具 PyCharm 打开 hello 项目，并查看目录结构，图 7-6 展示了 hello 项目中具体有哪些文件。

图7-6　工程目录的文件结构

从图 7-6 可以看到，项目中包含了 __init__.py、settings.py、urls.py、wsgi.py、manage.py 文件，各文件所代表的含义如下。

（1）__init__.py：表示该目录结构是一个 Python 包，可进行数据库的初始化操作。

（2）settings.py：表示 Django 项目的配置文件，可配置项目所使用的数据库、静态资源、调试模式、域名限制等配置信息。

（3）urls.py：表示项目的 URL 路由映射文件。

（4）wsgi.py：表示定义的 WSGI 接口信息。

（5）manage.py：表示管理集工具文件，用于启动整个 Django 项目的文件。

温馨提示：

项目中的 wsgi.py 文件和 manage.py 文件不需进行任何修改，切记不要修改该文件中的任何内容。

7.2.2　创建应用及各文件作用的解读

7.2.1 小节中使用 django-admin 命令进行项目的创建，本小节将使用相关命令创建应用 app。应用 app 主要用于处理业务逻辑，如模型、视图、路由等功能的实现。

执行命令实现应用 app 的创建，详细操作如下。

步骤 1：进入 hello 项目文件夹，并执行应用创建命令，命令为 python manage.py startapp app_name，如图 7-7 所示。

```
(study_env) D:\wordspace\hello>python manage.py startapp app

(study_env) D:\wordspace\hello>_
```

图7-7　在工程目录下创建应用

创建应用命令为 python manage.py startapp app_name，其中 app_name 表示创建的应用名称，在 Django 项目中应用至少一个。

步骤 2：查看 PyCharm 中的项目目录结构，如图 7-8 所示。

图7-8　工程目录和应用app目录

从图 7-8 可以看到，应用 app 中包含了 migrations 目录、__init__.py、admin.py、apps.py、models.py、tests.py、views.py。各文件所代表的含义如下。

（1）migrations 目录：表示用于存储执行迁移命令时数据库变化的中间文件。

（2）admin.py：表示用于配置管理后台中管理模型的文件。

（3）apps.py：用于在工程目录 settings.py 中加入 INSTALLED_APPS。

（4）models.py：表示用于定义数据库表模型的文件，该文件是 MVT 中 M 体现的模块。

（5）tests.py：表示用于写单元测试的文件。

（6）views.py：表示用于定义视图函数的代码文件，该文件是 MVT 中 V 体现的模块。

7.2.3　启动项目

Django 项目的启动非常简单，详细操作如下。

步骤 1：使用 PyCharm 打开项目，单击并编辑 "settings.py" 文件，并在 INSTALLED_APPS 中加入应用 app 的名称。

```
INSTALLED_APPS = [
    ......
    'app',   # 新增此行
]
```

步骤 2：在 PyCharm 的控制台输入启动 Django 项目命令，命令为 python manage.py runserver 0.0.0.0:8080，启动服务器。

温馨提示：

0.0.0.0 和 8080 分别表示什么含义？ 启动命令中 0.0.0.0 代表该项目可以被同一局域网内的电脑访问，而 8080 代表端口号。如果不说明端口，启动命令为 python manage.py runserver 时，则表示默认开启 8000 端口。

需要注意：启动命令中 IP 和端口两个参数可以都写，如命令：python manage.py runserver IP: 端口；也可只写端口，如命令：python manage.py runserver 端口，表示默认启动本地 IP 地址即 127.0.0.1。

步骤 3：在浏览器中输入 IP 地址及端口号，如 http://127.0.0.1:8000。若页面如图 7-9 所示，则表示 Django 项目启动成功。

图7-9　Django启动界面

7.3　路由配置和视图的使用

Django 中视图层主要用于处理 HTTP 请求并进行业务逻辑处理，最后响应相关的 HTML 模板。视图层接收 HTTP 请求，并映射到视图层中对应的业务逻辑函数中，这就需要用到 URL 映射机制。URL 映射机制需要注意路由配置和视图定义。

7.3.1　路由配置

Django 中 URL 映射机制主要体现在 urls.py 文件中，因此需要编辑 hello/hello/urls.py 文件。如代码所示，在 urlpatterns 变量中配置路由地址 'hello/'，当读者在浏览器中访问该地址时，程序将调用 app/views.py 中定义的 hello() 视图函数进行视图处理。

```python
from django.urls import path
from django.contrib import admin

from app import views

urlpatterns = [
    path(r'admin/', admin.site.urls),
    path(r'hello/', views.hello),
]
```

7.3.2 视图定义

在 app/views.py 文件中定义函数 hello()，需要注意以下两点。

（1）将请求 request 作为第一个参数。请求 request 中有很多方法，例如判断当前 HTTP 请求方式，可以使用 request.method 获取。

（2）视图函数必须有返回值，返回 HTTP 内容使用 HttpResponse，渲染页面使用 render，重定向使用 redirect 或 HttpResponseRedirect。

在应用 app 的 views.py 中定义 hello() 函数，代码如下。

```python
from django.http import HttpResponse

def hello(request):
    if request.method == 'GET':
        return HttpResponse('Hello Python!')
```

URL 映射和对应的视图函数已经配置成功，在浏览器中访问地址 http://127.0.0.1:8000/hello/，显示如图 7-10 所示页面。

图7-10　访问URL地址并响应

新手问答

问题1：在Web开发时，如需修改启动项目的默认8000端口，该如何处理？

答：在工程目录中可以使用命令启动 Django 项目：python manage.py runserver，该启动方式默认开启的 IP 地址为 127.0.0.1，默认开启端口为 8000；如果想修改启动的 IP，让 Django 项目在公网上可以被其他人访问，则启动项目需要指定 IP 为 0.0.0.0。在公网上项目默认是以 80 端口启动，所以启动命令可以修改为 python manage.py runserver 0.0.0.0:80，如图 7-11 所示。

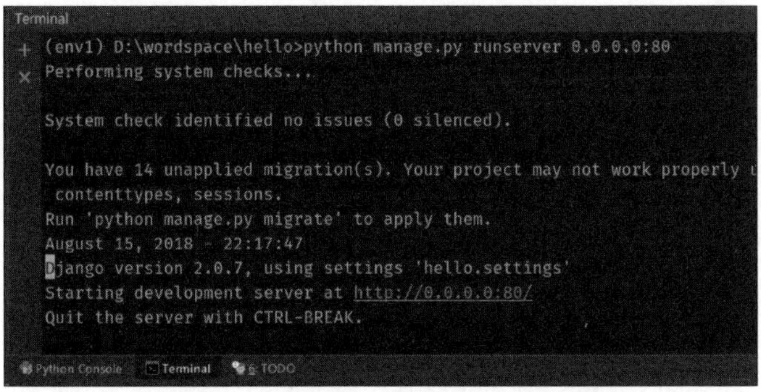

图7-11　启动Django项目并指定IP和端口

问题2：在本节的Django项目中，如何体现MVT模式？

答：在本节的简单案例中，并没有体现 M（model）模型和 T（templates）模板，只体现了 V（view）视图。V 是业务逻辑层，所有的业务逻辑都在 views.py 中定义，并且可以通过路由的 URL 映射指定 URL 和视图函数之间的关系。

实战演练：利用Web开发实现九九乘法表的输出

【案例任务】

本章主要讲解如何搭建 Django 项目，因此本实战演练目标为熟练地快速搭建 Web 应用，并在浏览器中访问 URL 地址，实现九九乘法表的输出。

【技术解析】

案例中涉及开发工具 PyCharm 和虚拟环境的使用，以及 Web 项目的创建与运用。

【实现方法】

本实战演练主要演示使用 virtualenv 进行虚拟环境的创建、使用 django-amdin 命令进行 Web 项目的创建，以及定义相关业务代码处理逻辑实现九九乘法表输出。

根据以上思路，具体步骤及完整代码如下所示。

步骤 1： 创建名为 project1_env 的虚拟环境。

```
D:\>cd D:
D:\env>virtualenv --no-site-packages -p D:\python37\python.exe project1_env
```

步骤 2： 激活虚拟环境，并安装 Django 2.0.7。创建 Django 项目，并创建应用 app。将虚拟环境文件夹 env 和工作代码文件夹 wordspace 存放在 D 盘，虚拟环境创建在 env 中，Django 项目创建在 wordspace 中。

```
D:\env>cd project1_env
D:\env\project1_env>cd Scripts
D:\env\project1_env\Scripts>activate
(project1_env) D:\env\project1_env\Scripts> pip install Django==2.0.7
(project1_env) D:\env\project1_env\Scripts>cd ../../../
(project1_env) D:\>cd wordspace
(project1_env) D:\wordspace>cd 第七章实战案例
(project1_env) D:\wordspace\ 第七章实战案例 >django-admin startproject project1
(project1_env) D:\wordspace\ 第七章实战案例 \project1>python manage.py startapp app
```

步骤 3： 配置 Django 的 settings.py 文件，编写路由 URL 映射。

使用 PyCharm 打开创建在 wordspace 中名为 project1 的工程项目，并在工具栏 File 中配置 Settings 中的项目解释器（Project Interpreter）。在 Project Interpreter 中指定 project1_env 虚拟环境，并修改 settings.py 文件和 urls.py 文件，代码如下。

（1）单击并编辑 project1/settings.py 文件，在 INSTALLED_APPS 中加入创建的应用 app。

```
INSTALLED_APPS = [
    'django.contrib.admin',
    'django.contrib.auth',
    'django.contrib.contenttypes',
    'django.contrib.sessions',
    'django.contrib.messages',
    'django.contrib.staticfiles',
    'app',
]
```

（2）单击并编辑 project1/urls.py 文件，编写 URL 映射规则。

```
from django.urls import path
from django.contrib import admin

from app import views
```

```
urlpatterns = [
    path(r'^admin/', admin.site.urls),
    path(r'app/', views.multiplication_table),
]
```

步骤 4：单击并编辑 app/views.py 文件，编写视图函数。

```
from django.http import HttpResponse


def multiplication_table(request):
    if request.method == 'GET':
        table = ''
        for i in range(1, 10):
            for j in range(1, i + 1):
                table += '{}x{}={}\t'.format(i, j, i * j)
            table += '\n'
        return HttpResponse(table, content_type="text/plain")
```

步骤 5：在浏览器中访问 URL 地址 http://127.0.0.1:8000/app/，结果如图 7-12 所示。

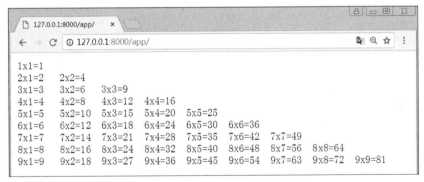

图7-12　访问URL，返回九九乘法表

本章小结

本章详细地讲解了 Python 的 Web 开发框架 Django，介绍了 Django 的优缺点及 MVC/MVT 模式。掌握 Django 框架项目中的每一个文件对编程学习格外重要。为了帮助读者更好地理解本章知识，本章实战演练通过案例讲解了如何使用 Django 框架快速地搭建项目，介绍了路由配置、视图使用、项目启动等内容。本章知识的掌握对读者深入学习 Django 有重要的帮助。

第 8 章
深入学习 Django 的语法

在前面的章节中讲解了虚拟环境和 Django 项目的创建，并通过简单的案例实现了 Django 的项目启动与路由访问。本章将系统讲解 Django 的视图模板、表单、admin 管理后台等知识点。在实战演练中，通过实现闭包、Django 注册和登录认证，以及用户角色权限等功能来巩固所学的知识要点。

本章的案例沿用第 7 章中的 hello 项目，并使用 PyCharm 进行代码编写，所有操作命令都在 PyCharm 的控制台窗口中执行。

通过本章内容的学习，读者将掌握以下知识。

- 掌握 Django 模型层的内容
- 掌握 ORM
- 掌握 Django 视图层中的 URL 映射规则、中间件等知识
- 掌握 Django 模板引擎、静态资源加载、模板中数据渲染、URL 地址的反向解析、模板的继承等知识
- 掌握 Django 表单的使用、表单字段校验、错误字段信息返回等知识
- 了解 Django 管理后台 admin 的使用，使用管理后台快速建立管理后台界面

8.1 模型层

模型层用于和数据库进行交互。在实际项目中，可以通过使用模型实现持久化的操作，而关系型数据库是操作持久化的首选。在 Django 开发中主要以 MySQL 作为数据持久化的首选数据库，同时使用非关系型数据库 MongoDB 存储日志、记录历史信息等数据。

8.1.1 配置数据库MySQL

数据库的配置可在 settings.py 文件中进行，Django 中默认使用 SQLite 数据库，在开发中如果需要使用 MySQL 关系型数据库，就需要进行额外的配置。详细配置步骤如下。

步骤 1：修改 settings.py 中 DATABASES 的参数，在配置中添加如下参数。

（1）'NAME' 参数：表示访问 MySQL 中的数据库的名称。

（2）'USER' 参数：表示访问 MySQL 的用户名。

（3）'PASSWORD' 参数：表示访问 MySQL 的密码。

（4）'HOST' 参数：表示访问 IP 数据库的地址（如果访问本地数据库，可以写为 localhost 或 127.0.0.1）。

（5）'PORT' 参数：表示数据库的端口（端口是 3306）。

（6）'ENGINE' 参数：表示数据库的引擎（使用 MySQL 数据库时，修改该参数为 'django.db.backends.mysql'）。

在工程目录 hello 文件夹中打开 hello/settings.py 文件，进行如下数据库访问配置。

```
DATABASES = {
    <default>: {
        'ENGINE': 'django.db.backends.mysql',
        'NAME': 'hello',
        'USER':'root',
        'PASSWORD': '123456',
        'HOST': '127.0.0.1',
        'PORT': 3306,
    }
}
```

步骤 2：配置数据库驱动。

由于 Django 在链接 MySQL 数据库时，默认使用的是 MySQLdb 驱动，但是 Python 3 并不支持 MySQLdb 驱动，因此只能安装 PyMySQL 驱动，Django 将通过 PyMySQL 链接 MySQL 数据库。

PyMySQL 的安装需要使用包管理工具 pip，安装命令：pip install pymysql，如图 8-1 所示。

图8-1　安装PyMySQL

步骤 3： PyMySQL 的初始化配置。

在工程目录 hello 文件夹中打开 __init__.py 文件，并添加如下代码。

```
import pymysql

pymysql.install_as_MySQLdb()
```

8.1.2　创建模型，字段类型约束说明

打开工程目录中的 hello/app/models.py 文件，在该文件中定义一个模型类 Student，代码如示例 8-1 所示。

【示例 8-1】 定义 Student 模型类，并定义数据表名 student。

```
from django.db import models

class Student(models.Model):

    s_name = models.CharField(max_length=10, unique=True)
    s_age = models.IntegerField(default=16)
    s_sex = models.BooleanField(default=1)
    operator_time = models.DateTimeField(auto_now=True)
    create_time = models.DateTimeField(auto_now_add=True)

    class Meta:
        db_table = 'student'
```

在示例 8-1 中，第 1 行导入 from django.db import models，第 2 行表示模型类 Student 继承于 models.Model。由于 models 类中定义了自增的 id，因此在 Student 模型中相当于定义了 6 个字段：id 自增的主键，学生的姓名 s_name 字段，学生的年龄 s_age 字段，学生的性别 s_sex 字段，操作时间 operator_time 字段，创建时间 create_time 字段。

在模型中还定义了嵌套类 Meta，用于向 Django 说明关于这个模型的各种元数据信息，例如，可以定义数据表的名称，可以定义查询数据表时默认的排序规则等。

模型类必须继承于 models.Model。

在定义 Student 模型类时也定义了字段对应的类型，例如，字段为字符串类型、布尔类型或整型，以下为 Django 中模型的字段定义说明。

（1）AutoField：一个根据实际 id 自动增长的 IntegerField，通常不指定。如果不指定，一个主键字段将自动添加到模型中。

（2）CharField(max_length=字符长度)：字符串。

（3）TextField：大文本字段，一般超过 4000 字符时使用，默认的表单控件是 Textarea。

（4）IntegerField：整数。

（5）DecimalField(max_digits=None, decimal_places=None)：使用 Python 的 Decimal 实例表示的十进制浮点数。参数说明：max_digits 表示位数总数，decimal_places 表示小数点后的数字位数。

（6）FloatField：用 Python 的 float 实例来表示的浮点数。

（7）BooleanField：True/False 字段，此字段的默认表单控制是 CheckboxInput。

（8）NullBooleanField：支持 null、True、False 这 3 种值。

（9）DateField([auto_now=False, auto_now_add=False])，使用 Python 的 datetime.date 实例表示的日期。参数说明：auto_now 表示每次保存对象时，自动设置该字段为当前时间；auto_now_add 表示当对象第一次被创建时自动设置当前时间。auto_now_add、auto_now 这两个参数设置是相互排斥的。

（10）TimeField：使用 Python 的 datetime.time 实例表示的时间，参数同 DateField。

（11）DateTimeField：使用 Python 的 datetime.datetime 实例表示的日期和时间，参数同 Date-Field。

（12）FileField：一个上传文件的字段。

（13）ImageField：继承了 FileField 的所有属性和方法，但对上传的对象会进行校验，确保它是有效的 image。

在定义 Student 模型类中除了定义字段的类型，还定义了字段的约束条件，以下为 Django 中模型的字段约束说明。

（1）null：如果为 True，则该字段在数据库中是空数据，默认值是 False。

（2）blank：如果为 True，则该字段允许为空白，默认值是 False。

（3）db_column：字段的名称，如果未指定，则使用该字段属性的名称。

（4）db_index：若为 True，则在表中为此字段创建索引。

（5）default：默认值。

（6）primary_key：若为 True，则该字段会成为模型的主键字段。

（7）unique：如果为 True，则这个字段在表中必须有唯一值。

8.1.3 数据库迁移

在 Django 中可以使用数据库迁移命令将 models.py 中定义的数据模型映射到数据库中，并生成对应的数据表。

迁移命令分为 makemigrations 和 migrate，其具体说明如下。

（1）makemigrations 命令是将 models 中定义的数据模型转换为数据库脚本。

（2）migrate 命令是执行该数据库脚本。

数据库迁移可以分成两步，迁移命令通过 manage.py 执行，详细迁移步骤如下。

步骤 1：执行 makemigrations 命令生成迁移数据库脚本文件，在 PyCharm 的 Terminal 控制台中输入以下 mikemigtaions 迁移命令。

```
(env1) D:\wordspace\hello>python manage.py makemigrations
Migrations for 'app':
  app\migrations\0001_initial.py
    - Create model Student
```

执行 python manage.py makemigrations 命令后在应用 app 下的 migrations 文件夹中自动创建了一个 0001_initial.py 文件。在执行 makemigrations 命令的过程中，Django 会将 models.py 中的模型和已有数据库进行对比，如果有差异，则会再次生成类似 0001_initial.py 的迁移文件；如果没有差异，则不会进行任何操作。代码如下。

```
(env1) D:\wordspace\hello>python manage.py makemigrations
No changes detected
```

温馨提示：

如果 models.py 中定义的模型字段或约束条件发生了变化，执行 makemigrations 命令时出现 No changes detected 的提示，则需要明确指定迁移的应用 app，将执行迁移的命令修改为 python manage.py makemigrations 应用 app 名。

步骤 2：执行迁移命令。

执行 migrate 命令，将 makemigrations 命令生成的迁移数据库脚本同步到数据库中，在 PyCharm 的 Terminal 控制台中执行如下迁移命令。

```
(env1) D:\wordspace\hello>python manage.py migrate
Operations to perform:
  Apply all migrations: admin, app, auth, contenttypes, sessions
Running migrations:
  Applying contenttypes.0001_initial... OK
  Applying auth.0001_initial... OK
  Applying admin.0001_initial... OK
  Applying admin.0002_logentry_remove_auto_add... OK
  Applying app.0001_initial... OK
  Applying contenttypes.0002_remove_content_type_name... OK
```

```
Applying auth.0002_alter_permission_name_max_length... OK
Applying auth.0003_alter_user_email_max_length... OK
Applying auth.0004_alter_user_username_opts... OK
Applying auth.0005_alter_user_last_login_null... OK
Applying auth.0006_require_contenttypes_0002... OK
Applying auth.0007_alter_validators_add_error_messages... OK
Applying auth.0008_alter_user_username_max_length... OK
Applying auth.0009_alter_user_last_name_max_length... OK
Applying sessions.0001_initial... OK
```

温馨提示：

在第一次使用 python manage.py migrate 命令的时候，数据库会自动创建 Django 中使用的默认数据表，例如，用户表（auth_user）、权限表（auth_permission）等。

在每次修改 models.py 中的模型类以后，都需要先执行 makemigrations 命令生成迁移文件，再执行 migrate 命令使迁移文件生效。

8.1.4 ORM编程

ORM 可以将对象模型所表示的对象映射到关系型数据库中。在 Web 开发中，如果要实现数据库中表内数据的添加、删除、修改、查询等操作，不用写 SQL 语句，只需要操作对象模型的属性和方法即可。

在 Python 中最成熟的框架是 SQLAlchemy，几乎大多数的 Python Web 框架都对 SQLAlchemy 有很好的支持，唯独 Django 只能使用自带的 ORM 框架。

使用 ORM 的优点如下。

（1）开发者不需要写 SQL 语句，提高了开发效率。

（2）要实现模型对象中字段的增、删、改操作，可以使用数据库迁移命令，实现模型对象到关系型数据库中的映射。

在 models.py 中定义的模型类都会有一个 objects 属性，它使这个模型在数据库中可以进行查询、创建、修改、删除等操作。

1.查询语法

查询学生模型中的数据，有如下几种方法。

（1）all()：查询模型中的所有数据，并返回查询集的 QuerySet 结果集。

（2）filter()：返回一个符合查询条件的 QuerySet 结果集。

（3）get()：返回一个符合条件的 Student Object 结果集。注意，如果没有满足条件的结果集会抛出异常；如果查询的结果超过一个也会抛出异常。

（4）exclude()：返回不符合条件的 QuerySet 结果集，和 filter() 相反。

（5）first()：查询 QuerySet 结果集中的第一个对象。

（6）last()：查询 QuerySet 结果集中的最后一个对象。

（7）order_by()：按照某个字段升序或降序进行排序。

这几种方法的具体代码如示例 8-2 所示。

【示例 8-2】查询学生表 student 中的信息。

```
# 查询学生表中所有的数据，all() 的使用
stus = Student.objects.all()
# 查询年龄等于 15 的学生，filter() 的使用
stus = Student.objects.filter(s_age=15)
# 查询年龄不等于 15 的学生，exclude() 的使用
stus = Student.objects.exclude(s_age=15)
# 获取 id 为 1 的学生信息
stus = Student.objects.filter(id=1)
stus = Student.objects.get(id=1)
stus = Student.objects.get(pk=1)
# 获取所有学生（按照 id 降序）中第一个学生信息
stus = Student.objects.all().order_by('-id')[0]
stus = Student.objects.all().order_by('-id').first()
# 获取所有学生（按照 id 降序）中最后一个学生信息
stus = Student.objects.all().order_by('-id').last()
```

获取 id=1 的学生信息的时候，过滤条件 get() 中的参数定义为 id=1 或 pk=1，在模型的查询方法中主键 id 可以用 pk 代替。

排序 order_by() 的使用：过滤结果如果是按照 id 递增查询，那么过滤条件为 order_by('id')；如果是按照 id 递减查询，那么过滤条件为 order_by('-id')。

2.新增语法

创建学生模型中的数据，有如下 3 种方法。

（1）通过获取学生模型类的对象，给对象的属性赋值，并使用 save() 方法保存。

（2）在学生模型类中定义 __init__(self, s_name, s_age, yuwen, shuxue) 方法，获取学生模型类的对象的同时可以直接初始化对象，并使用 save() 方法保存。

（3）create() 方法。

这 3 种方法的具体代码如示例 8-3 所示。

【示例 8-3】新增学生表数据的 3 种方式，代码如下。

```
# 第 1 种
stu = Student()
stu.s_name = ' 王海飞 '
stu.s_age = '28'
stu.yuwen = 80
stu.shuxue = 90
stu.save()
# 第 2 种
```

```
stu = Student(' 王海飞 ', 28, 80, 90)
stu.save()
# 第 3 种
Student.objects.create(s_name=' 王海飞 ', s_age=28, yuwen=80, shuxue=90)
```

3.修改语法

修改学生模型中的数据，有如下两种方法。

（1）通过获取学生模型类的对象，给对象的属性进行赋值，并使用 save() 方法保存。

（2）update() 方法。

这两种方法的具体代码如示例 8-4 所示。

【示例 8-4】修改学生表中 id=2 的学生信息。

```
# 修改方法 1
stu = Student.objects.filter(id=2).first()
stu.s_name = ' 小明明 '
stu.save()
# 修改方法 2
Student.objects.filter(id=2).update(s_name=' 小明明 ')
```

4.删除语法

删除数据库中学生的信息，可以直接使用 delete() 方法，具体代码如示例 8-5 所示。

【示例 8-5】删除学生表中 id=3 的学生信息。

```
# 删除数据
Student.objects.filter(id=3).delete()
```

8.1.5 模型关联

定义模型之间的关联关系是关系型数据库的卖点之一。主外键关联关系在数据层确保了事务的一致性，而不是在应用层来控制事务的一致性。

在 Django 的模型中有 3 种模型关联关系，分别为一对一关系、一对多关系和多对多关系。

1.一对一关系

一对一，顾名思义就是将两个模型进行关联，模型只能有一个关联对象。在模型中可以使用 OneToOneField 来定义关联关系，它会接收一个参数，这个参数即要关联的模型类。

定义学生模型和学生拓展信息模型，其关联关系为一对一。代码如示例 8-6 所示。

【示例 8-6】定义学生模型 Student 和学生拓展信息模型 StudentInfo，并指定两模型为一对一关联关系。

```
class Student(models.Model):

    s_name = models.CharField(max_length=10, unique=True)
    s_age = models.IntegerField(default=16)
```

```
        s_sex = models.BooleanField(default=1)
        operator_time = models.DateTimeField(auto_now=True)
        create_time = models.DateTimeField(auto_now_add=True, null=True)

        class Meta:
            db_table = 'student'

class StudentInfo(models.Model):
    address = models.CharField(max_length=20, null=True)
    phone = models.IntegerField()
    stu = models.OneToOneField(Student)

        class Meta:
            db_table = 'student_info'
```

在这个例子中，如果想通过 id=1 的学生对象查找学生拓展表中该对象对应的电话号码，代码如示例 8-7 所示。

【示例 8-7】一对一关联查询，通过学生对象查找学生拓展表数据。

```
# 通过学生对象找一对一关联的表信息
stu = Student.objects.get(pk=1)
stuinfo = stu.studentinfo
# 查找电话
phone = stuinfo.phone
```

如果已知电话号码，想通过电话号码查找学生的姓名等信息，代码如示例 8-8 所示。

【示例 8-8】一对一关联查询，通过电话查找学生对象的姓名等信息。

```
# 通过拓展表找学生信息，知道电话号码 123455678 找学生
stuinfo = StudentInfo.objects.get(phone='123455678')
stu = stuinfo.stu
# 查找学生姓名
name = stu.s_name
```

2.一对多关系

在学生和班级的模型关系中，一个班级有多个学生，那么班级就是"一"的对象，而学生就是"多"的对象，班级和学生就是一对多的关联关系。一对多使用 ForeignKey 来定义关联关系。定义学生和班级的关联关系如示例 8-9 所示。

【示例 8-9】定义学生模型 Student 和班级模型 Grade 的一对多关联关系。

```
# 定义班级模型
class Grade(models.Model):
    g_name = models.CharField(max_length=10)

    class Meta:
        db_table = 'grade'
```

```
# 定义学生模型
class Student(models.Model):

    s_name = models.CharField(max_length=10, unique=True)
    s_age = models.IntegerField(default=16)
    s_sex = models.BooleanField(default=1)
    operator_time = models.DateTimeField(auto_now=True)
    create_time = models.DateTimeField(auto_now_add=True, null=True)
    g = models.ForeignKey(Grade)

    class Meta:
        db_table = 'student'
```

温馨提示：

定义一对多关联关系时，使用 ForeignKey() 来定义外键，ForeignKey 定义的字段在"多"的一方。

现已有班级和学生模型，如何通过班级查找学生及通过学生查找班级呢？具体代码如示例 8-10 和示例 8-11 所示。

【示例 8-10】一对多查询，已知学生 id=4，查询该学生的班级信息。

```
# 查询 id=4 的学生的班级名称
stu = Student.objects.get(id=4)
grade = stu.g
# 班级名称
name = grade.g_name
```

【示例 8-11】一对多查询，已知班级 id=1，查询该班级下所有的学生信息。

```
# 查询 id=1 的班级的所有学生
grade = Grade.objects.filter(id=1).first()
stus = grade.student_set.all()
```

温馨提示：

查找班级下的所有学生信息时，示例 8-11 中使用了 student_set 属性，该属性字段是 Django 设定的通过"一"找"多"的属性字段，返回的是一个 QuerySet 结果集。

如果在外键中设置 related_name 参数，则需修改模型外键定义为 g = models.ForeignKey(Grade, related_name='students')，那么通过班级查找学生就可以按照示例 8-12 所示方法进行查询。

【示例 8-12】使用 related_name 查询班级对应的学生信息。

```
# 查询 id = 1 的班级的所有学生
grade = Grade.objects.filter(id=1).first()
stus = grade.students.all()
```

3.多对多关系

在一对多的模型中定义了学生和班级的关联关系，那么多对多的关联关系可以理解为一个学生能选择多门课程，一门课程可以被多个学生选择。在这种情况下，一对一关系和一对多关系就不能满足需求了，此时可以在 Django 中定义 ManyToManyField 字段来表示多对多的关联关系。如示例8-13 所示，定义学生和课程之间的多对多关联关系。

【示例 8-13】使用 ManyToManyField 定义学生和课程之间的关联关系。

```python
# 学生模型
class Student(models.Model):

    s_name = models.CharField(max_length=10, unique=True)
    s_age = models.IntegerField(default=16)
    s_sex = models.BooleanField(default=1)
    operator_time = models.DateTimeField(auto_now=True)
    create_time = models.DateTimeField(auto_now_add=True, null=True)
    g = models.ForeignKey(Grade)

    class Meta:
        db_table = 'student'

# 课程模型
class Course(models.Model):
    c_name = models.CharField(max_length=10)
    stu = models.ManyToManyField(Student)

    class Meta:
        db_table = 'course'
```

示例 8-13 显示了在课程模型中定义字段 ManyToManyField。由 ManyToManyField 的特性可知，在两种模型的任一个模型中都可以定义字段，因为多对多的关联关系是对称的。在使用数据库迁移命令以后，会发现数据库中创建了一张 student 学生表、一张 course 课程表，以及一张课程和学生对应的中间表，该中间表中的两个外键分别关联到学生表主键和课程表主键。

这张中间表在 Django ORM 的使用过程中通常处于隐藏状态，不可以直接对中间表进行查询，只能通过多对多关系的一端来进行查询、删除、添加、创建等操作。关于学生查找、添加和删除课程的操作，具体代码如示例 8-14、示例 8-15 和示例 8-16 所示。

【示例 8-14】给 id=4 的学生添加两门课程，课程 id 分别为 1 和 2。

```python
# id = 4 的学生添加两门课程 (id = 1,2)
stu = Student.objects.get(id = 4)
c1 = Course.objects.get(id = 1)
c2 = Course.objects.get(id = 2)
stu.course_set.add(c1)
stu.course_set.add(c2)
```

【示例 8-15】删除某个学生的某个课程。

```python
# 删除 id = 4 的学生的课程中 id = 1 的课程
```

```
stu = Student.objects.get(id=4)
stu.course_set.remove(c1)
```

【示例 8-16】查询某个学生的所有课程。

```
stu = Student.objects.get(id=4)
# 查询学生的所有课程
courses = stu.course_set.all()
```

8.2 视图层

Django 具有"视图"的概念，主要用于处理用户的请求并返回响应。本节将重点讲解视图层中的基本概念和开发流程。

8.2.1 URL映射

Django 遵从 MVT 模式，模型的核心其实是通过用户从浏览器中访问某个 URL 地址，来告诉 Django 项目需要使用哪个函数进行业务逻辑处理，而函数处理完对应的业务逻辑后再返回对应的结果并渲染到浏览器中。URL 的配置非常重要。

1.include()函数

hello 项目中的 settings.py 文件有一个参数 ROOT_URLCONF='hello.urls'，该参数指定了 hello 项目中的 urls.py 为 URL 的根模块，该根模块用于维护 URL 调度器，ROOT_URLCONF 参数可根据实际情况修改。/hello/urls.py 文件代码如示例 8-17 所示。

【示例 8-17】工程目录中 urls.py 文件内容及 include() 的使用。

```
urlpatterns = [
    path('admin/', admin.site.urls),
    path('app/', include('app.urls'))
]
```

在 Django 项目中，一个项目很可能包含多个 Django 应用 app，而每个应用 app 都有自己的 URL 映射规则，这时候如果将所有的 URL 映射都写在 URL 根模块中会非常不利于网站的开发和维护，所以在 Django 中可以使用 include 等其他 URLconf 模块，从而使不同应用 app 可以维护自己的 URL 映射规则。

2.URL匹配规则

当用户访问以 app/ 开头的 URL 的时候，请求的 URL 会被转到 hello/app/urls.py 中，在 hello/app/urls.py 中可以找到 URL 映射规则对应的视图函数，如示例 8-18 所示。

【示例 8-18】在 /hello/app/urls.py 文件中定义如下内容。

```
from django.urls import path, re_path

from app import views

urlpatterns = [
    path(r'student/1801/', views.student_1801),
    path(r'student/<int:year>/', views.year_student),
    path(r'student/<int:year>/<int:month>/', views.month_student),
    re_path(r'^student/(?P<year>\d+)/(?P<month>\d+)/(?P<day>\d+)/$', views.detail_
student),
]
```

对以上根 URL 映射和应用 app 下的 URL 映射结果进行具体分析。

（1）Django 在匹配 URL 规则的时候，会查询 urlpatterns 参数，该参数是一个包含 django.urls. path() 函数或 django.urls.re_path() 函数的实例对象列表。

（2）django.urls.path() 函数是 Django 2.0 新增的函数，它可以使用一种更加简洁的、可读的路由语法，该语法和 flask 中定义路由的语法类似。

（3）django.urls.re_path() 函数替换了 Django 2.0 之前版本中的 django.conf.urls.url() 函数，在定义的正则表达式中，命名式分组语法为 (?P<name>pattern)，其中 name 为名称，pattern 为待匹配的模式。

（4）Django 会按照正则匹配的方式，依次匹配每个 URL 模式，并在第一个与请求的 URL 匹配的地方停下来，即便后面还有符合匹配规则的 URL 也会被直接忽略。如果没有匹配到 URL 规则，则直接抛出异常，Django 会返回一个错误页面。

（5）每个正则表达式前面的 "r" 是可选的，建议加上，它向 Python 解释器说明这个字符串不需要转移。

（6）在每个正则表达式中 "^" 和 "$" 分别为匹配开始和匹配结束的标识。

（7）当请求地址为 http://127.0.0.1:8000/app/student/1801/ 时，Django 会匹配 URL 规则中的路由地址，并调用函数 student_1801(request, '1801')。

（8）当请求地址为 http://127.0.0.1:8000/app/student/2018/ 时，Django 会匹配列表中的第 2 个匹配规则，并调用函数 views.year_student(request, '2018')。

（9）当请求地址为 http://127.0.0.1:8000/app/student/2018/10/ 时，Django 会匹配列表中的第 3 个匹配规则，并调用函数 views.month_student(request, '2018', '10')。

（10）当请求地址为 http://127.0.0.1:8000/app/student/2018/10/1/ 时，Django 会匹配列表中的第 4 个匹配规则，在匹配规则中会对参数进行命名，接收的第 1 个参数为 "2018"，可以通过 year 变量来获取；接收的第 2 个参数为 "10"，可以通过 month 变量来获取；接收的第 3 个参数为 "1"，可以通过 day 变量来获取。调用的函数为 views.detail_student(request, year, month, day)。

3.正则表达式

在 URL 匹配规则中讲到了正则表达式，正则表达式是一种特殊的字符序列，它能很方便地检查出一个字符串是否符合某种匹配规则。Python 中的 re 模块提供了正则表达式模式。表 8-1 罗列了正则表达式模式。

表8-1　正则表达式模式

模式	描述
^	匹配字符串的开头
$	匹配字符串的末尾
.	匹配任意字符，除了换行符，当re.DOTALL标记被指定时，则可以匹配包括换行符在内的任意字符
[…]	用来表示一组字符，单独列出：[amk] 匹配"a"、"m"或"k"
[^…]	不在[]中的字符：[^abc] 匹配除了a、b、c之外的字符
re*	匹配0个或多个的表达式
re+	匹配1个或多个的表达式
re?	匹配0个或1个由前面的正则表达式定义的片段，非贪婪方式
re{n}	精确匹配 n 个前面表达式。例如，o{2} 不能匹配"Bob"中的"o"，但是能匹配"food" 中的两个o
re{n,}	匹配 n 个前面表达式。例如，o{2,} 不能匹配"Bob"中的"o"，但能匹配"fooooood"中的所有o。"o{1,}"等价于"o+"。"o{0,}"则等价于"o*"
re{n, m}	匹配 n 到 m 次由前面的正则表达式定义的片段，贪婪方式
a|b	匹配a或b
(re)	匹配括号内的表达式，也表示一个组
(?imx)	正则表达式包含3种可选标志：i、m或 x，只影响括号中的区域
(?-imx)	正则表达式关闭 i、m或 x 可选标志，只影响括号中的区域
(?: re)	类似（…），但是不表示一个组
(?imx: re)	在括号中使用i、m或 x 可选标志
(?-imx: re)	在括号中不使用i、m或 x 可选标志
\w	匹配字母、数字及下划线

续表

模式	描述
\W	匹配非字母、数字及下划线
\s	匹配任意空白字符，等价于 [\t\n\r\f]
\S	匹配任意非空字符
\d	匹配任意数字，等价于 [0-9]
\D	匹配任意非数字
\A	匹配字符串开始
\Z	匹配字符串结束，如果存在换行，则只匹配到换行前的结束字符串
\z	匹配字符串结束
\G	匹配最后匹配完成的位置
\b	匹配一个单词边界，也就是指单词和空格间的位置。例如，'er\b'可以配 "never" 中的 "er"，但不能匹配 "verb" 中的 "er"
\B	匹配非单词边界。'er\B'能匹配 "verb" 中的 "er"，但不能匹配 "never" 中的 "er"
\n, \t, 等	匹配一个换行符，匹配一个制表符等
\1···\9	匹配第n个分组的内容
\10	匹配第n个分组的内容，如果匹配不成功，则表示八进制字符码的表达式

4.正则匹配失败的错误页面信息

当请求地址为 http://127.0.0.1:8000/app/student/ 时，在匹配列表中并不会匹配到任何的 URL 规则，这时候 Django 会返回一个错误的提示页，如图 8-2 所示。

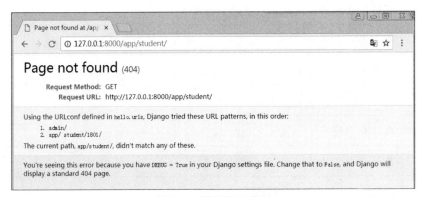

图8-2　错误提示页面

8.2.2　视图函数定义

视图函数简称为视图，是 MVT 模式中最核心的 V 所代表的模块。视图其实就是 Python 函数，并且统一在应用 app 的 views.py 文件中定义。不管视图函数的业务逻辑是什么，都必须接受一个 HttpRequest 对象并且返回 HttpResponse 对象，响应对象可以是网页 HTML 源码、重定向、图片、文档等，如示例 8-19 所示。

【示例 8-19】定义 URL 匹配规则和视图函数。

在 hello/app/urls.py 中定义 URL 匹配规则。

```
re_path(r'^student/(?P<year>\d+)/(?P<month>\d+)/(?P<day>\d+)/$', views.detail_
student),
或者
path(r'student/<int:year>/<int:month>/<int:day>/', views.detail_student),
```

在 hello/app/views.py 中定义视图函数。

```
def detail_student(request, year, month, day):
    if request.method == 'GET':
      return HttpResponse('学生入校的时间为年份：%s 月份：%s 日期：%s' % (year, month,
day))
```

在上述示例中，定义了一个正则表达式来匹配 /app/student/2018/1/1/ 这样的 URL，在视图函数中，year 变量的值为 2018，month 的值为 1，day 的值为 1。通过 URL 提供参数，在后面处理业务逻辑的时候非常方便。detail_student() 函数中通过 reques.method 来判断 HTTP 的请求方式，并返回 HttpResponse() 响应，响应是字符串，也可以是用 render() 渲染一个页面。

8.2.3　请求Request与响应Response

当 Web 服务器接收到来自页面的一个 HTTP 请求的时候，Django 会把 Web 服务器传过来的请求转化为一个请求对象。在视图函数中，可以从请求 Request 中获取参数，随后视图会创建并返回一个响应对象 Response，Django 会将这个响应对象 Response 转化为 Web 服务器可以接收的格式，并将响应发送给客户端。

1.请求Request

在程序中可以通过 request.GET 和 request.POST 来判断当前 HTTP 的请求方式。request.GET 和 request.POST 的结果为 QueryDict 类型，这和 Python 中的基础数据类型 Dict 非常类似，二者都是以键值对的形式存储数据，存取数据的语法和字典的语法也是一样的，但是在 QueryDict 类型中键值对的键可以重复，而在 Dict 类型中键值对的键不能重复。在 QueryDict 类型中可以使用 getlist 方法来获取这些重复的键所对应的值，如示例 8-20 所示。

【示例 8-20】QueryDict 取值，并返回响应对象。

```
# 在urls.py 文件中配置路由
```

```
path(r'student/', views.student)

# 在 views.py 文件中, 定义视图函数 student()
def student(request):
    if request.method == 'GET':
        names = request.GET.getlist('name')
            print(type(request.GET))
            print(type(names))
        return HttpResponse(names)
```

在浏览器中输入启动的 IP: 端口 /app/student/ ?name= 张三 &name= 小明 &name= 小花,在 Py-Charm 的控制台中可以看到如下输出。

```
<class 'django.http.request.QueryDict'>
[' 张三 ', ' 小明 ', ' 小花 ']
```

当浏览器发送了该 URL 请求以后,可以看到如图 8-3 所示的结果。

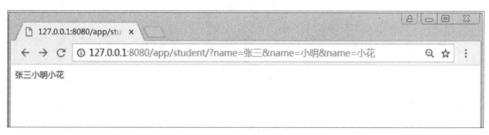

图8-3　请求与响应

当浏览器发送请求地址后,对应的处理视图函数中会接收一个请求参数 request,对于请求 request 的使用,可以按照以下 4 个步骤进行分析。

步骤 1: 判断 HTTP 的请求方式,请求 request 中有一个属性 method,可以通过该属性判断用户发送的 HTTP 请求是 GET 请求还是 POST 请求。

步骤 2: request.GET 的结果为 QueryDict 类型,可以使用字典来获取其中的键值对,但使用字典 get() 方法会更好。例如,要获取一个 URL 中传递的 page 参数,可以使用 request.GET['page'] 和 request.GET.get('page') 两种方式,但是如果要查找的参数并没有在 URL 中指定,使用 request. GET['page'] 方法会报错,而使用 request.GET.get('page') 方法不会报错,只会返回一个 None 值。

步骤 3: 如果使用 request.GET.get('name') 方式获取 URL 中传递的 name 参数,只能获取到一个,这时候必须使用 getlist 方法,即 request.GET.getlist('name') 来获取。

步骤 4: 在获取到 URL 中传递的 name 参数以后,将变量 names 作为响应的数据传递给客户端。

2.响应Response

在示例 8-20 中已经读入了传递给视图函数的信息,并进行了对应的响应处理。在案例中,响应只返回了 name 参数,此外,响应也可以返回 HTML 字符串、Json、重定向及文档等,如示例 8-21 所示。

【示例 8-21】响应 response，返回 HTML 页面。

```
# 在 urls.py 文件中定义路由
path(r'response_html/', views.response_html)

# 在 views.py 文件中定义视图函数
def response_html(request):
    if request.method == 'GET':
        res = HttpResponse()
        res.write('<html>')
        res.write('<head></head>')
        res.write('<body>')
        res.write('<h2> 人生苦短，我用 Python</h2>')
        res.write('</body>')
        res.write('</html>')
        return res
```

在视图函数中，判断 HTTP 请求为 GET 方式的时候，自定义一个响应 HttpResponse() 对象，它可以返回给客户端一个 HTML 的字符串，展示效果如图 8-4 所示。在构建返回给客户端的 HTML 字符串时，可以使用 write() 方法一点一点地构建响应内容。响应对象里还可以设置 Cookie、删除 Cookie，以及设置请求头等信息。

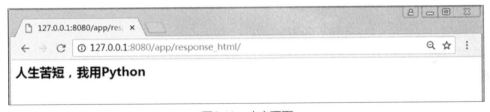

图8-4 响应页面

请求 request 与响应 response 的属性与方法介绍如下。

（1）请求 request 的属性与方法。

属性（注：请求 request 的属性需严格按照以下罗列的方式定义）如下。

① path：字符串类型，表示请求页面的完整路径，不包含域名。

② method：字符串类型，表示请求使用的 HTTP 方法，常用值包括 GET、POST。

③ ncoding：字符串类型，表示提交的数据的编码方式。

④ GET：类字典 QueryDict 对象，包含 GET 请求方式的所有参数。

⑤ POST：类字典 QueryDict 对象，包含 POST 请求方式的所有参数。

⑥ FILES：类字典 MultiValueDict 对象，包含所有的上传文件。

⑦ COOKIES：一个标准的 Python 字典，包含所有的 Cookie，键和值都为字符串。

⑧ Session：可读可写、类似于字典的对象，表示当前的会话，只有当 Django 启用会话时才可用。

⑨ user：默认为 AnonymousUser 对象，是 Django 的认证用户。在重构用户的登录功能时用于获取当前登录用户信息，中间件会使用到该属性。

方法如下。

is_ajax()：如果请求是通过 XMLHttpRequest 发起的，则返回 True。

温馨提示：

request 对象的属性 GET 和 POST 都是 QueryDict 类型的对象。QueryDict 和 Dict 的不同点在于，QueryDict 类型的对象可以用于处理重复键值的问题。QueryDict 类型对象获取键值对有两种方法，get() 方法和 getlist() 方法。

（1）get() 方法。使用 get() 方法会出现以下 3 种情况。

①如果一个键对应多个值，使用 get() 方法获取时，只能获取到最后一个值。

②如果要获取一个不存在的键，使用 get() 方法则会返回 None。

③ get() 方法获取值也可以简写为 dict[' 键 ']，但是如果获取的键不存在，使用 dict[' 键 '] 则会抛出异常。

（2）getlist() 方法。如果一个键对应多个值，使用 getlist() 方法获取一个键对应的多个值，获取的结果以列表返回。

（2）响应 response 的属性与方法。

属性如下。

① content：字符串类型，表示返回的内容。

② charset：字符串类型，表示 response 采用的编码字符集。

③ status_code：表示 HTTP 响应状态码。

方法如下。

① write(content)：以文件的方式写。

② flush()：以文件的方式输出缓存区。

③ set_cookie(key, value='', max_age=None, expires=None)：设置 Cookie、key、value 都是字符串类型。max_age 是一个整数，表示在指定秒数后过期；expires 是一个 datetime 或 timedelta 对象，表示会话将在这个指定的日期 / 时间过期；max_age 与 expires 二选一，如果不指定过期时间，则关闭浏览器时失效。

④ delete_cookie(key)：删除指定的 key 的 Cookie，如果 key 不存在则什么也不发生。

8.2.4　重定向redirect

在视图函数中会接收一个请求 request，并返回一个响应 response，这个响应对象可以不是常用的 HttpResponse 对象，可以为 HttpResponseRedirect 对象，该对象只接收一个参数，即用户将要重定向的 URL 地址。HttpResponseRedirect 的构造函数中可以使用 reverse() 函数，这个函数可以避免我们在视图函数中硬编码 URL，reverse() 函数只需要我们提供跳转的 namespace 命名空间和该视图函数对应的 URL 模式中的 name 参数。

语法如下：

```
HttpResponseRedirect()
```

简化语法：

```
redirect()
```

常用的重定向函数可以传递的参数有相对地址和绝对地址，还可以通过反查得到 URL，即 reverse('namespace:name')。重定向的使用，分为以下 4 个步骤。

步骤 1：在工程目录 /hello/urls.py 文件中定义 namespace 命令空间。

```
path('app/', include(('app.urls', 'app'), namespace='app/'))
```

步骤 2：在 /hello/app/urls.py 文件中定义 name 参数。

```
path(r'redirect_stu/(?P<g_id>\d+)/', views.redirect_stu, name='red_tu'),
re_path(r'student/(\d+)/', views.sel_one_student),
```

步骤 3：在 /hello/app/views.py 文件中定义视图函数。

```
def sel_one_student(request, g_id):
    return HttpResponseRedirect(
        reverse('app:red_tu', kwargs={'g_id':g_id})
    )


def redirect_stu(request, g_id):
    if request.method == 'GET':
        stus = Student.objects.filter(g_id=g_id)
        return HttpResponse('查询所有学生信息')
```

步骤 4：在浏览器中访问地址 http://127.0.0.1:8080/app/student/1/，即可看到输出的信息：查询所有学生信息。

在代码中使用硬编码 URL，即直接写为 HttpResponseRedirect (/app/student/) 时，'/app/student/' 这种硬编码和强耦合的链接地址，对于一个包含很多应用的项目来说修改起来十分困难。为了解决这个问题，可以使用 namespace 和 name 参数，其中 name 参数是为 URL 定义的名字，现在跳转的地址就可以更改为 HttpResponseRedirect(reverse('app:red_tu', kwargs={'g_id':g_id}))，且将返回一个 URL 地址 '/app/redirect_stu/'。在 reverse() 函数中还有一个字典参数 kwargs，使用 reverse('app:red_tu', kwargs={'g_id':g_id}) 将会返回字符串 '/app/redirect_stu/[g_id]/'，其中 [g_id] 为整型参数，并且指定了该整型参数的变量名为 g_id。

为了解决硬编码和强耦合的问题，在下一章中我们会使用反向解析（namespace 和 name）来定义 URL。

8.2.5　Cookie和Session

在请求 request 中，最常用的就是 request.COOKIES，它是一个字典类型的数据，存储着请求 HTTP 中的 Cookie 信息。由于 Cookie 存储在客户端，其中的持久化的数据很容易被篡改，所以存储在 Cookie 中的数据很不安全，因此引入了更安全的 Session。

1.Cookie

Cookie 用于在客户端持久化数据信息，当客户端向服务端发送请求后，服务器可以从 request. COOKIES 中获取到客户端 Cookie 中的信息，并在 Cookie 中记录某些信息再返回给客户端。

Cookie 语法如下。

```
Cookie: set_cookie(key, value, max_age='', expires=''): Cookie 是以字典形式存储数据的，
参数中的 key 和 value 分别表示键值对，而 max_age 表示 Cookie 的生效时间（单位为秒），expires
表示过期日期。max_age 和 expires 参数二者选一
删除 Cookie: delete_cookie(key)
```

Cookie 的语法格式如示例 8-22 所示。

【示例 8-22】Cookies 的使用。

```
# 定义 res 为 HttpResponse 对象
# 设置 Cookie
res.set_cookie('login_status', '1', max_age=100)
res.set_cookie('name', ' 海飞 ', expires= 时间 )

# 删除 Cookie
res.delete_cookie('name')

# 从请求 request 获取 Cookies
request.COOKIES.get('name')
```

2.Session

Session 是将数据保存在服务端的数据库中，并在客户端的 Cookies 中加入一个随机字符串 Sessionid 值。至此 Cookie 和 Session 的配合使用可以解决 HTTP 无状态的问题，例如，网站的用户认证系统。

Session 的语法如下。

```
设置 Session 中数据：request.session['name']=value
删除 Session 中数据：del request.session['name']、request.session.pop('name')
获取 Session 中数据：request.session['name']、request.session.get('name')
获取 Session 中的随机字符串：request.session.session_key
删除当前的会话数据，并删除会话的 Cookies：request.session.flush()
删除当前 Session 中的所有数据：request.session.delete(request.session.session_key)
设置 Session 过期时间：request.session.set_expiry(value)，value 值可以是秒数，也可以是
datetime 类型的日期
```

用户认证系统的 Cookie 和 Session 的应用步骤如下。

步骤 1：用户使用用户名和密码进行登录认证，如果认证成功，则返回一个 response 响应，并绑定 Cookie。Cookie 中需设置一个键值对，键为 Sessionid，值为随机字符串。

步骤 2：服务端以发送给客户端 Cookie 中的随机字符串为键，以用户的基本信息为值，将数据保存起来。

步骤 3：当用户下次发送 URL 请求时，服务端可以通过 Cookie 中的随机字符串，找到在服务端中保存的用户信息。

具体代码如示例 8-23 所示。

【**示例 8-23**】用户认证系统的工作流程，实现代码如下。

```python
# 在 urls.py 文件中定义路由
path(r'login/', views.login)

# 在 views.py 文件中定义视图函数
def login(request):
    if request.method == 'GET':
        request.session['username'] = ' 小明 '
        return HttpResponse(' 设置 Session')
```

以上案例实现用户认证的过程可分为以下 3 个步骤。

步骤 1：当用户第一次访问地址 http://127.0.0.1:8080/app/login/ 时，服务端把唯一随机字符串 Sessionid 加到 Cookie 中，并返回给客户端。如图 8-5 所示，可以在浏览器的开发者工具（按【F12】键）中查看 Cookies 的信息。

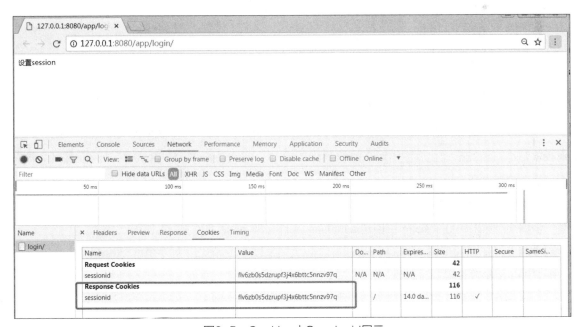

图8-5　Cookies中Sessionid展示

步骤 2：服务端保存相关数据。服务端将数据保存在 django_session 表，该表会在第一次执行迁移命令时创建。如图 8-6 所示，session_key 为 Cookies 中的 Sessionid 值，session_data 为存储的数据（数据经过加密处理），expire_date 为 Session 的过期时间，默认两周后过期。

图8-6　服务端Session数据存储

步骤 3：当用户再次访问时，仍可以通过 request.session['username'] 获取到存储在服务端的信息，即 request.session 默认通过 Cookies 中的 Sessionid 值在服务端查询相关数据信息。

温馨提示：

　　HTTP 协议是无状态的，即每一次的请求与响应都是单独的，当前的请求并不会影响后续的请求。大多数网站都需要记录用户的认证状态，由于 HTTP 是无状态的，无法对用户的认证信息进行保存，所以记录用户的认证信息就可以使用 Session，这样 Web 应用就可以绕过这个限制。

8.3　模板

Django 遵从 MVC 模式，其特色化为 MVT 模式，前文中讲解了 M（models）模型和 V（views）视图，在本节中会讲解 T 所代表的 templates 模板。

8.3.1　静态资源配置与加载

绝大多数 Django 网站都会使用模板语言来渲染 HTML 页面，并将该页面展示给客户端。其实模板就是经过特殊格式化后输出动态值的 HTML 文本，它支持简单的逻辑结构，如 for 循环、if 或 ifequal 条件判断等。

在 Django 项目中要使用模板，需要通过如下 3 个步骤进行配置。

步骤 1：在工程目录 hello 中创建 templates 文件夹和 static 文件夹。

步骤 2：打开并编辑 /hello/hello/settings.py 文件，在 settings.py 文件中找到变量 TEMPLATES 并配置 DIRS 参数，配置代码如下。

```
TEMPLATES = [
    {
        'BACKEND': 'django.template.backends.django.DjangoTemplates',
        'DIRS': [os.path.join(BASE_DIR, 'templates')],
```

```
        'APP_DIRS': True,
        'OPTIONS': {
            'context_processors': [
                'django.template.context_processors.debug',
                'django.template.context_processors.request',
                'django.contrib.auth.context_processors.auth',
                'django.contrib.messages.context_processors.messages',
            ],
        },
    },
]
```

步骤 3：打开并编辑 /hello/hello/settings.py 文件，在 settings.py 文件最后一行添加 STATIC-FILES_DIRS 参数，配置代码如下。

```
STATICFILES_DIRS = [
    os.path.join(BASE_DIR, 'static')
]
```

按照上述步骤完成配置后，定义视图函数并返回 index.html 页面，可以查询并展示所有学生信息。

【示例 8-24】查询并展示所有学生信息。

```
# 在 urls.py 文件中定义路由
path(r'all_student/', views.all_student)

# 在 views.py 文件中定义视图函数
from django.shortcuts import render
def all_student(request):
    if request.method == 'GET':
        stus = Student.objects.all()
        return render(request, 'stus.html', {'stus': stus})
```

在 urls.py 文件中定义路由地址，直接访问地址 http://127.0.0.1:8080/app/all_student/ 会调用 all_student() 方法，在 all_student() 方法中使用 Student 模型进行数据查询，并调用 render() 方法返回 stus.html 页面和查询的学生数据。在 stus.html 页面解析 stus 参数，渲染出动态的效果（页面中的 {% for %} 结构在后文中讲解）。stus.html 页面中代码如下。

```
<!DOCTYPE html>
<html lang="en">
<head>
    <meta charset="UTF-8">
    <title> 所有学生信息 </title>
</head>
<body>
{% for stu in stus %}
    <p>
```

```
        学生 id: {{ stu.id }}        学生姓名: {{ stu.s_name }}
    </p>
{% endfor %}
</body>
</html>
```

在浏览器中访问地址 http://127.0.0.1:8080/app/all_student/，可以在客户端看到渲染的页面信息，如图 8-7 所示。

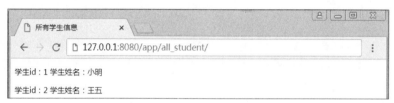

图8-7　查询学生信息

8.3.2　模板继承

模板继承和 Python 中类的继承非常相似，可以通过继承的方式获取父模板中的所有元素。模板继承需要事先创建一个基本的"骨架"父模板，该基础模板中包含了网站的所有元素，并定义了可以被子模板覆盖的 block。子模板通过继承事先定义的父模板，并拓展父模板文件中定义的 block，形成子模板自身的特有内容。

语法如下。

```
继承模板: {% extends 'base.html' %}
定义名为 title 的 block: {% block title %} {% endblock %}
包含 footer.html 模板: {% include 'footer.html' %}
继承父模板 block 块中的内容: {{ block.super }}
```

具体代码如示例 8-25 所示。

【示例 8-25】定义父模板 base.html。

```
<!DOCTYPE html>
<html lang="en">
<head>
    <meta charset="UTF-8">
    <title>
        {% block title %}
        {% endblock %}
    </title>
    {% block extCss %}
    <link href="/static/css/index.css" rel="stylesheet">
    {% endblock %}
</head>
```

```
<body>
    {% block content %}
    {% endblock %}
</body>
</html>
```

父模板一般命名为 base.html，它定义了整个网站的"骨架"，而子模板的功能是通过继承父模板并动态地填充父模板中的 block，从而形式自己特有的页面内容。

在示例 8-26 中，父模板中定义了 3 个可以被子模板填充的 block，并且在块 extCss 中引入了 static 文件夹下的 index.css 文件。示例 8-26 为定义子模板的代码。

【示例 8-26】定义子模板 index.html。

```
{% extends 'base.html' %}

{% block title %}
    首页
{% endblock %}

{% block content %}
    <p> 子模板填充父模板中的 block</p>
{% endblock %}
```

在子模板中可以使用 {% extends %} 标签来继承某个父模板，当继承了父模板后，就可以选择性地定义父模板中的 block。

如果在子模板中想覆盖父模板的块 extCss，并引入新的 CSS 文件，但是并不想将父模板的块 extCss 中的内容覆盖掉，则可以使用 {{ block.super }}。具体代码如示例 8-27 所示。

【示例 8-27】修改示例 8-26 中定义的子模板 index.hmtl 页面，并修改块 extCss 中的内容。

```
{% extends 'base.html' %}

{% block title %}
    首页
{% endblock %}

{% block extCss %}
    {{ block.super }}
<link href="/static/css/main.css" rel="stylesheet">
{% endblock %}

{% block content %}
    <p> 子模板填充父模板中的 block</p>
{% endblock %}
```

通过以上示例可以得出如下结论。

（1）子模板可以定义父模板中定义的 block，并进行块内容的填充。

（2）子模板可以选择性地覆盖父模板的 block，如果没有覆盖父模板中的 block，则子模板默认填充父模板 block 中的内容。

（3）子模板可以使用 {{ block.super }} 将父模板块中的内容直接继承过来。

8.3.3 模板中的逻辑表达式

Django 的模板语言中定义了各种用于规范文档显示的模板标签，常用的逻辑命令有 if、for 等。在模板中可以使用 {{ 变量 }} 或 {% 标签 %} 来解析参数。

常用逻辑命令有以下几种。

（1）{% for %}：类似于 Python 中的 for 循环语句，用于循环变量。

语法如下。

for 语法 1：

```
{% for 变量 in 列表 / 元组 / 字典 / 字符串 %}{% endfor %}
```

for 语法 2：如果列表 / 元组 / 字典 / 字符串参数为空，则执行 empty 语句。

```
{% for 变量 in 列表 / 元组 / 字典 / 字符串 %}{% empty %}{% endfor %}
```

（2）{% if %}：类似于 Python 中的 if 判断语句，用于判断 True 还是 False。

语法如下。

if 语法 1：

```
{% if 表达式 %}{% else %} {% endif %}
```

if 语法 2：

```
{% if 表达式 %}{% endif %}
```

if 语法 3：

```
{% if 表达式 %}{% elif 表达式 %} {% endif %}
```

（3）{{ forloop }}：用于循环输出当前循环的次数，一般会嵌套在 {% for %} 中使用。

语法如下。

```
{{ forloop.counter }}：表示当前是第几次循环，从 1 开始
{{ forloop.counter0 }}：表示当前是第几次循环，从 0 开始
{{ forloop.revcounter }}：表示当前是第几次循环，倒数开始，到 1 停
{{ forloop.revcounter0 }}：表示当前是第几次循环，倒数开始，到 0 停
{{ forloop.first }}：表示是否是第一次循环，如果是第一次循环，则输出为 True
{{ forloop.last }}：表示是否是最后一次循环，如果是最后一次循环，则输出为 True
```

这些逻辑命令的具体代码如示例 8-28 所示。

【示例 8-28】在 stus.html 中解析所有学生信息。

```
{% extends 'base.html' %}
```

```
{% block title %}
    学生信息页面
{% endblock %}

{% block content %}

    {% for stu in stus %}
        ID: {{ stu.id }}
        {% if forloop.counter == 1 %}
            <span style="color:red;"> 学生:
                          {{ stu.s_name }}
        </span>
        {% else %}
            <span style="color:yellow;"> 姓名:
                          {{ stu.s_name }}
            </span>
        {% endif %}

        {% if stu.s_sex %}
            性别: 男
        {% else %}
            性别: 女
        {% endif %}
        <br/>
    {% endfor %}

{% endblock %}
```

该 stus.html 页面使用了模板继承,继承于 base.html,并自定义了 block 需要动态展示的内容。该模板中使用了变量、模板标签、过滤器,如图 8-8 所示,具体分析如下。

(1)用两个大括号括起来的参数,称为变量。

(2)被大括号和百分号括起来的参数,称为模板标签。在示例代码中包含了 if 标签、ifequal 标签、forloop 标签。if 标签类似于 Python 中的 if 判断,for 标签类似于 Python 中的 for 循环语句,forloop 标签用于循环计数。

图 8-8　学生信息页面

197

8.3.4 注解

当模板中某行代码或某几行代码需要被屏蔽不执行的时候，应在模板中对代码进行注解。注解方式有以下 3 种。

（1）HTML 注解：<!-- 注解内容 -->。

（2）模板中单行注解：{# 注解内容 #}。

（3）模板中多行注解：{% comment %} 多行注解内容 {% endcomment %}。

具体代码如示例 8-29 所示。

【示例 8-29】HTML 注解、单行注解、多行注解的使用。

```
{% extends 'base.html' %}

{% block title %}
    学生信息页面
{% endblock %}

{% block content %}
<!-- 我是页面内容，我在页面中要展示出来 -->

{# 我是隐藏部分，在页面中不允许而且不展示出来 #}

{% comment %}
    我是隐藏部分，我不会在页面中展示出来，也不会运行的
{% endcomment %}

{% endblock %}
```

定义模板，在模板中定义注解的 3 种方式，这 3 种方式注解会产生不同的效果。查看如下源码能发现，使用 {# 注解内容 #} 和 {% comment %} 注解内容 {% endcomment %} 方式进行注解的内容并不会在源码中展示，而使用 <!-- 注解内容 --> 注解的内容会在页面的源码中展示出来。

```
<!DOCTYPE html>
<html lang="en">
<head>
<meta charset="UTF-8">
<title>
  学生信息页面
</title>
    <link href="/static/css/index.css" rel="stylesheet">
</head>
<body>
  <!-- 我是页面内容，我在页面中要展示出来 -->
</body>
</html>
```

温馨提示：

在使用 <!-- 注解内容 --> 进行内容注解的时候，不能注解模板标签，否则会报模板标签相关的错误提示。而 {# 注解内容 #} 和 {% comment %} 注解内容 {% endcomment %} 可以注解模板标签。

以下代码中使用 {# 注解内容 #} 和 {% comment %} 注解内容 {% endcomment %} 进行代码注解。

```
{% extends 'base.html' %}

{% block title %}
    学生信息页面
{% endblock %}

{% block content %}
<!-- 我是页面内容，我在页面中要展示出来 {% for %}-->

{# 我是隐藏部分，在页面中不允许而且不展示出来 {% if %} #}

{% comment %}    我是隐藏部分，我不会在页面中展示出来，也不会运行的
    {% for %}
{% endcomment %}

{% endblock %}
```

错误提示如图 8-9 所示。

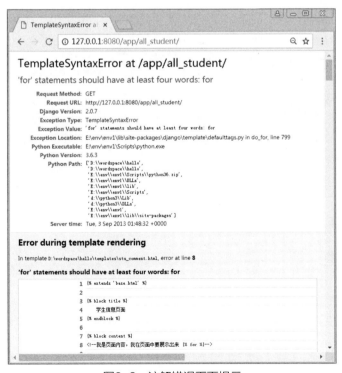

图8-9　注解错误页面提示

8.3.5　过滤器

在模板中虽然可以通过变量的输出来实现动态网页的效果，但是这样的操作不灵活，可以使用过滤器来控制变量显示的格式，使用管道符号"|"连接变量和过滤器符号。

语法如下：

变量 | 过滤器

Django 提供了各种各样有用的过滤器来封装 Web 开发中常见的文本处理工作。例如，字符串大小写变换、字符串首字母大写、格式化日期、列表截取、字符串长度等，具体代码如示例 8-30 所示。

【示例 8-30】常见过滤器的使用。

```
<!--1. 字符串 'Python' 转化为大写，输出结果: PYTHON-->
{{ 'Python'|upper }}

<!--2. 字符串 'PYTHON' 转化为小写，输出结果: python-->
{{ 'PYTHON'|lower }}

<!--3. 变量 3 增加 4，输出结果: 7-->
{{ 3|add:'4' }}

<!--4. 第一个字符转化成大写形式，输出结果: Python-->
{{ 'python'|capfirst }}

<!--5. 删除指定符号的值，输出结果: studypythonisveryhappy -->
{{ 'study python is very happy'|cut:' ' }}

<!--6. 输出缺省值，输出结果: nothing-->
{{ ''|default:'nothing' }}

<!--7. 返回第一个元素，输出结果: p-->
{{ 'python'|first }}

<!--8. 返回最后一个元素，输出结果: n-->
{{ 'python'|last }}

<!--9. 计算长度，输出结果: 6-->
{{ 'python'|length }}

<!--10. 随机一个元素，输出随机结果: y-->
{{ 'python'|random }}
```

Django 的内建过滤器介绍如下。

（1）add：将 value 的值增加 2。使用形式为 {{ value | add: '2'}}。

（2）addslashes：在 value 中的引号前增加反斜线。使用形式为 {{ value | addslashes }}。

（3）capfirst：将 value 的第一个字符转化成大写形式。使用形式为 {{ value | capfirst }}。

（4）cut：从给定 value 中删除所有 arg 的值。使用形式为 {{ value | cut:arg}}。

（5）date：格式化时间格式。使用形式为 {{ value | date:"Y-m-d H:M:S" }}。

（6）default：如果 value 是 False，那么输出使用缺省值。使用形式为 {{ value | default: "nothing" }}。例如，value 是 ""，那么输出将是 nothing。

（7）default_if_none：如果 value 是 None，那么输出将使用缺省值。使用形式为 {{ value | default_if_none:"nothing" }}。例如，value 是 None，那么输出将是 nothing。

（8）dictsort：如果 value 的值是一个字典，那么返回值是按照关键字排序的结果。使用形式为 {{ value | dictsort:"name"}}。例如，value 是 [{'name': 'python'},{'name': 'java'},{'name': 'c++'},]，那么输出是 [{'name': 'c++'},{'name': 'java'},{'name': 'python'},]。

（9）dictsortreversed：如果 value 的值是一个字典，那么返回值是按照关键字排序的结果的反序。使用形式与 dictsort 过滤器相同。

（10）divisibleby：如果 value 能够被 arg 整除，那么返回值将是 True。使用形式为 {{ value | divisibleby:arg}}。例如，value 是 9，arg 是 3，那么输出将是 True。

（11）escape：替换 value 中的某些字符，以适应 HTML 格式。使用形式为 {{ value | escape}}。例如，< 转化为 <> 转化为 >' 转化为 '" 转化为 "。

（12）filesizeformat：格式化 value，使其成为易读的文件大小。使用形式为 {{ value | filesizeformat }}。例如，13KB、4.1MB 等。

（13）first：返回列表 / 字符串中的第一个元素。使用形式为 {{ value | first }}。

（14）iriencode：如果 value 中有非 ASCII 字符，那么将其转化成适合 URL 的编码，如果 value 已经进行过 URL 编码，则该操作不会再起作用。使用形式为 {{value | iriencode}}。

（15）join：使用指定的字符串连接一个 list，作用如同 Python 中的 str.join(list)。使用形式为 {{ value | join:"arg"}}。例如，value 是 ['a','b','c']，arg 是 '//'，那么输出将是 a//b//c。

（16）last：返回列表 / 字符串中的最后一个元素。使用形式为 {{ value | last }}。

（17）length：返回 value 的长度。使用形式为 {{ value | length }}。

（18）length_is：如果 value 的长度等于 arg，那么将返回 True。使用形式为 {{ value | length_is:"arg"}}。例如，value 是 ['a','b','c']，arg 是 3，那么返回 True。

（19）linebreaks：value 中的 "\n" 将被
 替代，并且整个 value 使用 </p> 包围起来。使用形式为 {{value | linebreaks}}。

（20）linebreaksbr：value 中的 "\n" 将被
 替代。使用形式为 {{value | linebreaksbr}}。

（21）linenumbers：显示的文本，带有行数。使用形式为 {{value | linenumbers}}。

（22）ljust：在一个给定宽度的字段中，左对齐显示 value。使用形式为 {{value | ljust}}。

（23）center：在一个给定宽度的字段中，中心对齐显示 value。使用形式为 {{value | center}}。

（24）rjust：在一个给定宽度的字段中，右对齐显示 value。使用形式为 {{value | rjust}}。

（25）lower：将一个字符串转换成小写形式。使用形式为 {{value | lower}}。

（26）random：从给定的 list 中返回一个任意的 Item。使用形式为 {{value | random}}。

（27）removetags：删除 value 中 tag1,tag2,… 的标签。使用形式为 {{value | removetags:"tag1 tag2 tag3..."}}。

（28）safe：当系统设置 autoescaping 打开的时候，该过滤器使输出不进行 escape 转换。使用形式为 {{value | safe}}。

（29）safeseq：与 safe 基本相同，但 safe 是针对字符串，而 safeseq 是针对多个字符串组成的 sequence。

（30）slice：与 Python 语法中的 slice 相同。使用形式为 {{some_list | slice:"2"}}。

（31）striptags：删除 value 中的所有 HTML 标签。使用形式为 {{value | striptags}}。

（32）time：格式化时间输出。使用形式为 {{value | time:"H:i"}} 或 {{value | time}}。

（33）title：将一个字符串转换为 title 格式。

（34）truncatewords：将 value 切成 truncatewords 指定的单词数目。使用形式为 {{value | truncatewords:2}}。例如，value 是 Joel is a slug ，那么输出将是 Joel is。

（35）upper：将一个字符串转换为大写形式。

（36）urlencode：将一个字符串进行 URL 编码。

（37）wordcount：返回字符串中单词的数目。

8.3.6 反向解析

在 8.2.4 重定向 redirect 小节中，我们讲到为了避免在视图函数中出现硬编码 URL，需要使用命名空间 namespace 和视图函数对应的 URL 模式中的 name 参数。在 Django 的模板中定义 URL 反向解析功能与在重定向中定义 URL 反向解析有不同的调用方式，在重定向中定义 URL 反向解析使用 {% url %} 语法，其中参数是可选项。具体如示例 8-31 所示。

语法如下：

```
{% url 'namespace:name' 参数 1 参数 2 参数 3 … %}
```

【示例 8-31】模板中定义 URL 反向解析。

```
# 在 hello/urls.py 中定义总路由
path('app/', include(('app.urls', 'app'), namespace='app/'))
# 在 hello/app/urls.py 中定义路由
path(r'student/<int:id>/', views.one_student, name='stu')
path(r'login/', views.login, name='login'),
```

```
# 在 stus.html 页面中定义 URL 反向解析地址
<a href="{% url 'app:stu' 1 %}">
    查看学生详情地址
</a>

<a href="{% url 'app:login' %}">
    Session 案例中定义的 URL
</a>
```

在模板中定义 URL 反向解析结果如下。

（1）{% url 'app:stu' 1 %}，模板解析后的结果为 /app/student/1/。如果请求的 URL 路径中带有参数，则在 URL 反向解析的时候可以直接在 {% url namespace:name 参数 %} 中添加参数。

（2）{% url 'app:login' %}，模板解析后的结果为 /app/login/。

8.4　Django表单

Django 表单的定义和模型的定义非常类似，表单主要用于验证页面传递参数的正确性，例如在账号注册页面，当用户在填写信息的时候，如果某些参数没有填写，或者填写错误，则这些错误信息都可以通过表单校验展示出来。

Django 提供的表单能够直接校验模型中定义的字段、校验用户输入的信息、展示错误信息及动态渲染 HTML 的表单标签。

8.4.1　表单的定义配置

在 hello/app 文件夹中新建 forms.py，定义需要验证的表单类，如示例 8-32 所示。

【示例 8-32】定义学生字段校验的表单类。

```
# 在 hello/app/forms.py 中定义了学生表单验证 StudentForm 类，该类继承 forms.Form
from django import forms

class StudentForm(forms.Form):
    name = forms.CharField(max_length=10, required=True)
    age = forms.IntegerField(required=True)
    sex = forms.BooleanField(required=True)
```

示例 8-32 中定义的表单类看起来和之前定义的模型类有点相似，不过它们是完全不同的模型，只是验证的字段方式和字段的参数非常类似而已。

在 Django 中允许使用 forms.ModelForm 来定义一个 Form 的子类，但它必须包含一个 Meta 的嵌套类，并且在 Meta 类中定义必填的属性 model。在定义表单继承 forms.ModelForm 后，该表单类会把模型中定义的变量全部"复制"到表单中来,并且字段默认设置为约束条件 required=True。

在表单的 Meta 嵌套类中还可以定义两个可选的属性 fields 和 exclude,这两个参数分别表示包含或排除变量名的列表或元组,并且 fields 和 exclude 只能选择一个来定义。

具体代码如示例 8-33 所示。

【示例 8-33】创建表单,继承 ModelForm。

```
# hello/app/forms.py 中定义了学生表单验证 StudentModelForm 类,继承 ModelForm
class StudentModelForm(forms.ModelForm):

    class Meta:
        model = Student
            fields = ['s_name', 's_age', 's_sex']
```

继承 forms.Form 和继承 forms.ModelForm 表单有一个重要的区别,那就是继承 forms.Model-Form 的表单实例对象中有一个 save() 方法,如果使用表单验证数据成功,则可以调用 save() 方法将信息保存到数据库中,具体代码如示例 8-34 所示。

【示例 8-34】使用表单 StudenModelForm 校验参数,并保存在数据库中。

```
data = {'s_name':'王五', 's_age': 16, 's_sex': 1 }
# 使用表单校验 data 中的参数
form = StudentModelForm(data)
# 使用 save() 方法保存数据
form.save()
```

8.4.2 表单数据的验证

在示例 8-32 中定义了一个由 name、age、sex 字段组成的 StudentForm 表单,如何使用表单验证如示例 8-35 所示。

【示例 8-35】StudentForm 表单的使用。

```
# 在 hello/app/urls.py 中定义创建学生的路由
path(r'create_student/', views.create_student, name='create_student'),

# 在 hello/app/views.py 中定义创建学生的视图函数
from app.forms import StudentForm

def create_student(request):
    if request.method == 'GET':
        return render(request, 'stu_form.html')
    if request.method == 'POST':
        # 使用 StudentForm 表单校验 request.POST 中的参数
        form = StudentForm(request.POST)
        # 判断表单是否校验成功
        if form.is_valid():
```

```
            Student.objects.create(**request.POST)
            return render(request, 'stu_form.html')
    else:
        # 如果表单没有校验成功, 则可以从 form.errors 中获取到错误的信息
        return render(request, 'stu_form.html', {'form': form})
```

在页面 stu_form.html 中定义如下内容。

```html
<!DOCTYPE html>
<html lang="en">
<head>
    <meta charset="UTF-8">
    <title>添加学生页面</title>
</head>
<body>

<form action="" method="post">
    {% csrf_token %}
    <p>姓名: <input type="text" name="name"></p>
    <p>年龄: <input type="text" name="age"></p>
    <p>性别:
    <select name="sex">
        <option value="">请选择性别</option>
        <option value="1">男</option>
        <option value="0">女</option>
    </select></p>
    <p><input type="submit" value="提交"></p>
</form>

</body>
</html>
```

当用户在浏览器中输入地址 http://127.0.0.1:8080/app/create_student/ 时，Django 程序会自动通过路由匹配到对应的视图函数 create_student，在视图函数中，如果请求为 GET 请求，则跳转到添加学生页面 stu_form.html。当用户在添加学生页面中填写学生的姓名、年龄、性别并单击提交后，视图函数将接收 POST 请求，并做相应的处理，我们可以从以下 4 个步骤进行分析。

步骤 1: 在 POST 请求中，通过请求 request 中的 POST 属性可以获取页面中通过表单 form 提交的数据，数据中包括姓名 name、年龄 age、性别 sex。

步骤 2: 使用 StudentForm 表单验证 request.POST 中提交的数据。在表单中定义的 name、age、sex 字段是必填字段，并且姓名的长度不能超过 10 个字符，如果在页面中没有填写其中任何一个参数，或者姓名字段的长度太长，则表单验证不通过。

步骤 3: 判断表单是否验证通过，可以使用 is_valid() 方法。如果表单验证成功，则返回 True，否则返回 False。

步骤 4：如果验证表单成功，则通过 Student 模型进行数据存储；如果验证失败，则返回 stu_form.html 页面，并将 form 参数传递给页面。

8.4.3 表单的错误提示

在示例 8-35 中定义了校验页面中传递参数的 StudentForm 表单类，并且使用 is_valid() 方法判断表单校验是否成功，如果 is_valid() 的结果为 False，则表示表单校验失败。若表单校验失败，可以使用 form.errors 查询验证的错误信息。

如示例 8-36 所示，在添加学生页面中不填写任何的信息，直接单击提交，查看表单验证是否成功，以及验证失败时错误信息如何在页面中进行展示。

【**示例 8-36**】使用 StudentForm 表单验证，并输出错误信息。

```html
<!DOCTYPE html>
<html lang="en">
<head>
    <meta charset="UTF-8">
    <title>添加学生页面</title>
</head>
<body>

<form action="" method="post">
    {% csrf_token %}
    <p>姓名：<input type="text" name="name">{{ form.errors.name }}</p>
    <p>年龄：<input type="text" name="age">{{ form.errors.age }}</p>
    <p>性别：
    <select name="sex">
        <option value="">请选择性别</option>
        <option value="1">男</option>
        <option value="0">女</option>
    </select>
        {{ form.errors.sex }}
    </p>
    <p><input type="submit" value="提交"></p>
</form>

</body>
</html>
```

在页面中不填写任何一个信息，直接单击提交，会出现如图 8-10 所示的页面信息。

在图 8-10 中可以看到，如果表单验证不通过，可以从 form.errors 中获取验证不通过的字段信息。通过 form.errors.name、form.errors.age、form.errors.sex 可以分别获取姓名、年龄、性别的错误提示信息，错误提示信息为英文 "This field is required."。由于页面提示通常为中文信息，因此还需要自定义表单的错误提示信息，如示例 8-37 所示。

【示例 8-37】修改错误提示信息，重新定义 StudentForm 表单。

```
class StudentForm(forms.Form):
    name = forms.CharField(max_length=10, min_length=3, required=True,
                           error_messages={'required': '姓名参数必填',
                                           'max_length': '最大长度为10个字符',
                                           'min_length': '最小长度为3个字符'})
    age = forms.IntegerField(required=True, max_value=80, min_value=0,
                             error_messages={'required': '年龄参数必填',
                                             'max_value': '年龄不超过80岁',
                                             'min_value': '年龄不能小于0'})
    sex = forms.BooleanField(required=True,error_messages={'required': '性别参数必填'})
```

在示例 8-37 中定义了参数 error_messages，该参数定义了验证参数的过滤条件，如果该字段验证不通过，则从 form.errors 中获取的错误信息为 error_messages 中定义的错误信息，具体分析如下。

（1）在创建学生页面中，如果填写的姓名字段超过 10 个字符，则提交表单后页面会提示"最大长度为 10 个字符"；如果填写姓名字段少于 3 个字符，则提交表单后页面会提示"最小长度为 3 个字符"。

（2）如果填写年龄字段大于 80 或小于 0，则提示"年龄不超过 80 岁"或"年龄不能小于 0"。

（3）如果姓名、年龄、性别没有填写，则在提交表单后页面会提示"姓名参数必填"或"年龄参数必填"或"性别参数必填"。

图 8-11 展示部分错误信息。

图8-10　错误信息展示　　　　图8-11　中文错误信息提示

207

8.5　admin管理后台

Django 是一个大而全的框架，当我们创建好 Django 项目以后，就可以直接使用 Django 自带的 admin 管理后台，只需写少量的代码，就可以完成内容管理系统的开发。

8.5.1　管理后台的超级管理员

Django 的管理后台可以快速地对数据库中的表数据进行增删改查操作。管理后台的详细使用步骤如下。

步骤 1：打开 hello/hello/urls.py 文件，可以看到在 urls.py 文件中定义了一个 URL 匹配规则 :path('admin/', admin.site.urls)，如果直接访问地址 http://127.0.0.1:8080/admin/，可以看到如图 8-12 所示的页面。

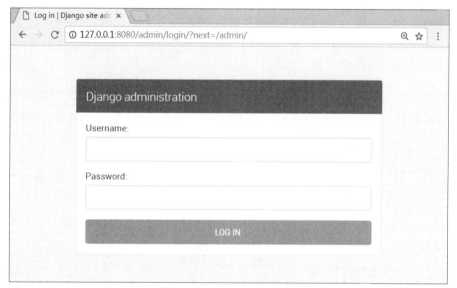

图8-12　Django管理后台

步骤 2：输入 http://IP: 端口 /admin/，跳转到登录页面，在页面中需要输入超级管理员的用户名和密码信息，并单击【LOG IN】才可进入管理后台。登录后台的超级管理员账号可以使用 python manage.py createsuperuser 命令创建，如示例 8-38 所示。

【**示例 8-38**】创建超级管理员账号，在控制台中输入 python manage.py createsuperuser 并按【Enter】键，在弹出的信息中输入对应的用户名、邮箱、密码及确认密码即可。

```
(env1) D:\wordspace\hello>python manage.py createsuperuser
Username (leave blank to use 'administrator'): admin
Email address: xxxx@qq.com
Password:
```

```
Password (again):
Superuser created successfully.
```

步骤 3：用户名和密码创建成功即可登录。登录成功后，可以看到如图 8-13 所示界面。

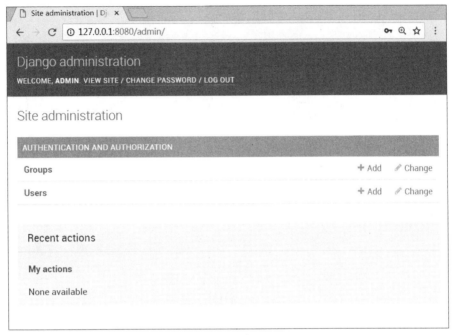

图8-13　后台界面

8.5.2　模型

进入管理后台后，如果想用管理后台来管理学生模型，就需要在 hello/app/admin.py 中注册学生模型和班级模型。模型的注册与使用的详细操作步骤如下。

步骤 1：注册需管理的学生模型和班级模型，如示例 8-39 所示。

【示例 8-39】在 hello/app/admin.py 中注册学生模型、班级模型。

```
from django.contrib import admin

from app.models import Student, Grade

# 注册学生模型和班级模型
admin.site.register(Student)
admin.site.register(Grade)
```

步骤 2：在 admin.py 文件中通过 admin.site.register(模型名) 来注册模型，可以在管理后台中对定义的学生和班级的模型信息进行管理。如图 8-14 所示。

如图 8-14 所示，在界面中可以单击右侧的【Add】按钮来添加对应的学生信息或班级信息，单击【Change】按钮来修改、删除学生信息或班级信息。

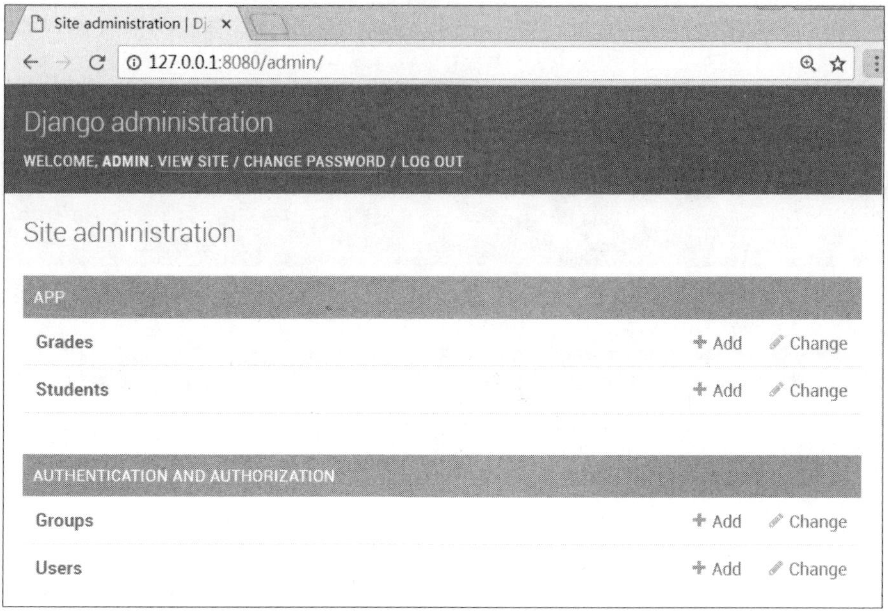

图8-14　管理后台界面

8.5.3　模板自定义

如果觉得 Django 提供的管理后台界面不简洁、功能不完善，可以通过继承 admin.ModelAdmin 来定义查询数据列表、过滤框、搜索框等功能，如示例 8-40 所示。

【示例 8-40】自定义管理后台展示界面。

```
class StudentAdmin(admin.ModelAdmin):
    def set_sex(self):
        if self.s_sex:
            return '男'
        else:
            return '女'
    # 修改性别字段的描述
    set_sex.short_description = '性别'
    # 修改管理后台展示列表的字段
    list_display = ['id', 's_name', 's_age', set_sex]
    # 过滤
    list_filter = ['s_age', 's_name']
    # 搜索
    search_fields = ['s_name']
    # 分页
    list_per_page = 2
admin.site.register(Student, StudentAdmin)
```

在浏览器中单击【Student】按钮，将看到如图 8-15 所示界面。

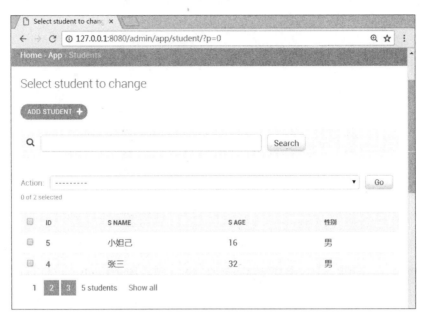

图8-15　自定义展示列表页面

在示例 8-40 中定义了一个学生模型管理类 StudentAdmin，并调用 admin.site.register() 函数指定其为模型 Student 的管理类。通过在 StudentAdmin 中定义属性，可以定制化管理后台界面。常用的管理类属性如下。

（1）short_description：设置字段的列名。

（2）list_display：设置需要展示的字段，指定在列表页面中需要展示的字段。

（3）list_filter：设置过滤字段，即在页面中可以进行过滤操作的列。

（4）search_fields：设置搜索字段，在页面中可以通过搜索框快速地搜索某个字段。

（5）list_per_page：设置每一页展示的数据条数，默认为 100 条。

（6）list_editable：设置编辑字段，指定在页面中可以直接编辑的字段，如果没有定义编辑的字段，在页面中将无法进行编辑。

（7）show_detail_fileds：在列表页快速显示详情信息。

（8）refresh_times：指定列表页的定时刷新。

（9）list_export：控制列表页导出数据的可选格式。

（10）show_bookmarks：控制是否显示书签功能。

（11）data_charts：控制显示图标的样式。

（12）model_icon：控制菜单的图标。

（13）ordering：设置默认排序的字段。

新手问答

问题1：为什么要用namespace和name进行反向解析？

答：在程序代码中使用硬编码 URL，即跳转的时候直接写入 HttpResponseRedirect (/app/student/) 这样的硬编码和强耦合的链接，对于一个包含很多应用的项目来说修改起来十分困难。为了解决这个问题，可以使用 namespace 和 name 参数，其中 name 参数是为 URL 定义的名字，此时跳转的地址就可以更改为 HttpResponseRedirect(reverse('namespace:name'))。在 HTML 页面中，也应尽量避免出现硬编码 URL，可以将 URL 修改为 {% url 'namespace:name' %} 的形式。

问题2：遇到错误提示"'set' object is not reversible"如何解决？

答：在程序开发中如果遇到这种错误提示信息，基本可以确定 urls.py 文件中定义的 urlpatterns 的类型存在问题。urlpatterns 变量应该定义为列表，但很多时候 urlpatterns 都被定义为字典，因此在实现反向解析的时候，会抛出 'set' object is not reversible 的错误提示信息。

问题3：如何查看当前访问URL中执行了哪些SQL语句？

答：在程序开发中经常会涉及 SQL 的性能调优，因为使用 ORM 可以快速实现增删改查的操作，但是通过 ORM 生成的 SQL 语句并不一定最优，所以需要使用调试工具查看执行的 SQL 以及 SQL 性能的调优等。在 Django 中安装 django-debug-toolbar 库并进行简单的配置即可感受 debug-toolbar 带来的方便。

实战演练：使用Django的User模型实现用户的登录、注册与注销

【案例任务】

本章主要讲解了 Django 框架语法，因此本实战演练目的是熟练地使用 Django 的语法实现 Web 应用中最重要的注册、登录、认证功能，并在浏览器中访问 URL 地址，实现登录才可访问、没有登录则不允许访问的功能。

【技术解析】

案例中需使用开发工具 PyCharm、虚拟环境及 Django 框架进行项目的创建与功能的开发。

【实现方法】

用户管理中最基础的功能就是用户的信息管理，例如注册账号、登录账号、注销账号。本实战演练主要讲解如何使用 Django 的 User 模型实现账号的登录、注册与注销。

实现用户管理功能，需要用到 Django 表单、装饰器、User 模型，以及登录页面 login.html 和注册页面 register.html。

根据以上思路，完整代码和操作步骤如下。

步骤 1： 新建应用 users 模块，并配置 settings。

在 Django 项目中，根据不同的功能模块可以创建不同的应用 app。针对用户管理模块可以创建 users 应用，并在 settings.py 文件中配置相关信息，具体如下。

（1）创建 users 应用命令：python manage.py startapp users。

（2）在 settings.py 的 INSTALLED_APPS 中添加应用 users。

（3）在 settings.py 中添加 LOGIN_URL= '/user/login/'，该参数表示用户没有登录时跳转的地址。判断用户是否登录的具体方法见步骤 3 路由的配置。

步骤 2： 在 templates 文件夹中先定义父模板 base.html，然后定义页面 login.html、register.html、index.html。

（1）定义父模板 base.html。

```html
<!DOCTYPE html>
<html lang="en">
<head>
    <meta charset="UTF-8">
    <title>
        {% block title %}
        {% endblock %}
    </title>
    {% block extCss %}
    {% endblock %}

    {% block extJs %}
    {% endblock %}
</head>
<body>
    {% block content %}
    {% endblock %}
</body>
</html>
```

（2）定义子模板注册页面 register.html。

```html
{% extends 'base.html' %}

{% block title %}
```

```
        注册
{% endblock %}


{% block content %}
    <form action="" method="post">
        {{ form.errors.username }}
        <p>姓名: <input type="text" name="username"></p>
        {{ form.errors.password }}
        <p>密码: <input type="password" name="password"></p>
        {{ form.errors.password2 }}
        <p>确认密码: <input type="password" name="password2"></p>
        <input type="submit" value=" 提交 ">
    </form>
{% endblock %}
```

（3）定义子模板登录页面 login.html。

```
{% extends 'base.html' %}

{% block title %}
    登录
{% endblock %}

{% block content %}
    <form action="" method="post">
        {{ form.errors.username }}
        <p>姓名: <input type="text" name="username"></p>
        {{ form.errors.password }}
        <p>密码: <input type="text" name="password"></p>
        <input type="submit" value=" 提交 ">
    </form>
{% endblock %}
```

（4）定义首页 index.html。

```
{% extends 'base.html' %}

{% block title %}
    首页
{% endblock %}

{% block content %}
    <p>我是首页, 我需要登录后才能访问 </p>
    <p><a href="{% url 'user:logout' %}">注销 </a></p>
{% endblock %}
```

步骤 3: 在 hello/hello/urls.py 和 hello/users/urls.py 中定义路由匹配规则。使用 login_required 装饰器, 如果用户没有登录则无法访问对应的视图函数, 而是跳转到登录地址（在步骤 1 中设置的

LOGIN_URL 地址）。

```
from django.conf.urls import url
from django.contrib.auth.decorators import login_required

# 在 hello/hello/urls.py 配置如下路由
path(r'user/', include(('users.urls', 'users'), namespace='user')),

# 在 hello/users/urls.py 配置如下路由
# 定义注册 URL
path(r'register/', views.register, name='register'),
# 定义登录 URL
path(r'login/', views.login, name=login),
# 定义注销 URL
path(r'logout/', login_required(views.logout), name=logout),
# 首页
path(r'index/', login_required(views.index), name='index'),
```

步骤 4：在 hello/app 下新建 forms.py 文件，并定义 UserRegisterForm 表单类和 UserLoginForm 表单类。在表单类中定义校验的字段是否为必填项（required 参数的设置），定义校验字段的长度（max_length、min_length 参数设置），以及校验字段失败后的错误信息（自定义 error_messages 参数的设置）。通过重构 clean() 方法实现用户名的检测等功能。

```
from django import forms
from django.contrib.auth.models import User

class UserRegisterForm(forms.Form):
    """
    校验注册信息
    """
    username = forms.CharField(required=True, max_length=5, min_length=2,
                               error_messages={
                                   'required': '用户名必填',
                                   'max_length': '用户名不能超过 5 个字符',
                                   'min_length': '用户名不能少于 2 个字符'
                               })
    password = forms.CharField(required=True, min_length=6,
                               error_messages={
                                   'required': '密码必填',
                                   'min_length': '密码不能少于 6 个字符'
                               })
    password2 = forms.CharField(required=True, min_length=6,
                                error_messages={
                                    'required': '确认密码必填',
                                    'min_length': '确认密码不能少于 6 个字符'
                                })
```

```
        def clean(self):
            # 校验用户名是否已经注册过
            user = User.objects.filter(username=self.cleaned_data.get('username'))
            if user:
                # 如果已经注册过
                raise forms.ValidationError({'username': '用户名已存在，请直接登录'})
            # 校验密码和确认密码是否相同
            if self.cleaned_data.get('password') != self.cleaned_data.get('password2'):
                raise forms.ValidationError({'password': '两次密码不一致'})
            return self.cleaned_data

class UserLoginForm(forms.Form):
    """
    校验登录信息
    """
    username = forms.CharField(required=True, max_length=5, min_length=2,
                               error_messages={
                                   'required': '用户名必填',
                                   'max_length': '用户名不能超过 5 个字符',
                                   'min_length': '用户名不能少于 2 个字符'
                               })
    password = forms.CharField(required=True, min_length=6,
                               error_messages={
                                   'required': '密码必填',
                                   'min_length': '密码不能少于 6 个字符'
                               })

    def clean(self):
        # 校验用户名是否注册
        username = self.cleaned_data.get('username')
        user = User.objects.filter(username=username).first()
        if not user:
            raise forms.ValidationError({'username': '请先注册再来登录'})
        return self.cleaned_data
```

步骤 5：定义视图函数，在视图函数中分别使用表单校验 POST 提交的参数，表单可以校验字段是否填写、字段是否超过了最大长度或最短长度的限制，或者使用重定义 clean() 方法来校验用户是否注册、密码和确认密码是否相同等信息。如果表单校验成功，则 is_valid() 方法返回 True。在登录方法中，当 UserLoginForm 验证参数成功后，使用 auth.authenticate(username = form.cleaned_data['username'],password = form.cleaned_data['password']) 可以获取到当前用户对象，获取到当前用户对象后可以使用 auth.login(request, user) 进行注册。用户登录后可以使用 auth.logout(request) 注销用户的登录状态。

```python
from django.contrib import auth
from django.contrib.auth.models import User
from django.http import HttpResponseRedirect
from django.shortcuts import render
from django.urls import reverse

from users.forms import UserRegisterForm, UserLoginForm

def register(request):
    """
    定义注册方法
    """
    if request.method == 'GET':
        return render(request, 'register.html')
    if request.method == 'POST':
        # 校验页面中传递的参数，是否填写完整
        form = UserRegisterForm(request.POST)
        # is_valid(): 判断表单是否验证通过
        if form.is_valid():
            # 获取校验后的用户名和密码
            username = form.cleaned_data.get('username')
            password = form.cleaned_data.get('password')
            # 创建普通用户 create_user，创建超级管理员用户 create_superuser
            User.objects.create_user(username=username, password=password)
            # 实现跳转
            return HttpResponseRedirect(reverse('user:login'))
        else:
            return render(request, 'register.html', {'form': form})


def login(request):
    if request.method == 'GET':
        return render(request, 'login.html')
    if request.method == 'POST':
        # 表单验证用户名和密码是否填写，校验用户名是否注册
        form = UserLoginForm(request.POST)
        if form.is_valid():
            # 校验用户名和密码，判断返回的对象是否为空，如果不为空，则为 user 对象
            user = auth.authenticate(username = form.cleaned_data['username'],
                                     password = form.cleaned_data['password'])
            if user:
                # 如果用户名和密码是正确的，则登录
                auth.login(request, user)
                return HttpResponseRedirect(reverse('user:index'))
            else:
                # 密码不正确
                return render(request, 'login.html', {'error': ' 密码错误 '})
```

```
        else:
            return render(request, 'login.html', {'form': form})

def index(request):
    if request.method == 'GET':
        return render(request, 'index.html')

def logout(request):
    if request.method == 'GET':
        # 注销
        auth.logout(request)
        return HttpResponseRedirect(reverse('user:login'))
```

温馨提示：

用户的登录状态是保存在 request.user 中的。如果没有登录，则 request.user 为 AnonymousUser 对象；如果用户登录，则 request.user 为 User 对象。

步骤 6： 在浏览器中访问登录地址，在输入不符合长度限制的用户名且不输入密码的情况下，可看到如图 8-16 所示效果。

在登录页面中输入正确的账号和密码后，单击【提交】按钮后，将看到如图 8-17 所示的首页页面。

图8-16　登录校验失败页面

图8-17　首页页面

本章小结

本章详细地讲解了 Django 框架中的核心知识点，如模型层知识、视图层知识、模板知识、表单知识。其中模型层中的关联关系、表单中的字段校验、视图层中的视图函数等内容是本章的重点。为了使读者更好地掌握本章内容，本章实战演练通过案例讲解了如何实现用户登录、注册、认证功能。仅了解理论知识远远不够，读者还需多加实践，才能做到学以致用。

第 9 章
Django 的中间件、分页与日志功能

　　本章主要对 Django 的功能进行拓展介绍，包括中间件的自定义与使用及分页、日志等功能。本章中的实战演练案例展示了使用会话 Session 及中间件实现用户的登录、注册、注销与认证，有助于读者对 Django 有更加深入的了解。

通过本章内容的学习，读者将掌握以下知识。

- 掌握 Django 中间件的概念及中间件的自定义方法
- 掌握模板中 Paginator 的使用，实现页面中数据的分页
- 掌握日志的使用方法
- 掌握会话技术 Session 与中间件的使用方法，实现用户登录、注册、注销和认证

9.1　中间件

面向切面编程（Aspect Oriented Programming，AOP）主要是对业务处理过程中的某个步骤或某个阶段进行切面提取，使业务逻辑各部分之间的耦合度降低，提升代码的可维护性。

中间件就是面向切面编程的一个好例子。它可以介入 Django 的请求 request 和响应 response 的处理过程，也就是说每一个请求都要先经过中间件的处理，然后才能执行对应的视图函数。

在 Django 项目 DjangoExtSystem/DjangoExtSystem/settigns.py 中可以找到 MIDDLEWARE 列表变量，MIDDLEWARE 列表中定义了中间件参数，如示例 9-1 所示。

【示例 9-1】在工程目录 DjangoExtSystem/DjangoExtSystem/settings.py 中默认定义了中间件配置，配置如下。

```
MIDDLEWARE = [
    'django.middleware.security.SecurityMiddleware',
    'django.contrib.sessions.middleware.SessionMiddleware',
    'django.middleware.common.CommonMiddleware',
    'django.middleware.csrf.CsrfViewMiddleware',
    'django.contrib.auth.middleware.AuthenticationMiddleware',
    'django.contrib.messages.middleware.MessageMiddleware',
    'django.middleware.clickjacking.XFrameOptionsMiddleware',
]
```

MIDDLEWARE 中定义的参数其实都是个类，接下来讲解如何自定义中间件，以及如何重构中间件。

在中间件中可以定义 5 个方法，具体如下。

（1）process_request(self, request)。

（2）process_view(self, view_func, view_args, view_kwargs)。

（3）process_template_response(self, request, response)。

（4）process_exception(self, request, exception)。

（5）process_response(self, request, response)。

温馨提示：

中间件中定义的 5 个方法都可以返回 None 或 HttpResponse 对象，如果返回 None 则继续执行其他中间件中的函数，如果返回 HttpResponse 对象则直接将该对象返回给客户端。

settings.py 文件中默认配置的 MIDDLEWARE 参数中已定义了 7 个中间件，下面将介绍如何自定义中间件，并将其配置到 settings.py 的 MIDDLEWARE 参数中。

1.自定义并配置中间件

自定义并配置中间件的过程并不复杂，可以详细分为以下 3 个操作步骤。

步骤 1：在工程目录 DjangoExtSystem 中新建 utils 文件夹，并创建 _init_.py 和 middleware.py

文件。

步骤 2：在 DjangoExtSystem/utils/middleware.py 文件中编写如示例 9-2 所示代码。

【示例 9-2】定义中间件。

```
from django.utils.deprecation import MiddlewareMixin

class TestMiddlware1(MiddlewareMixin):

    def process_request(self, request):
        print('test1 process_request')


class TestMiddlware2(MiddlewareMixin):

    def process_request(self, request):
        print('test2 process_request')
```

在示例 9-2 中定义类 TestMiddlware1 和类 TestMiddlware2，分别继承 MiddlewareMixin，并在类中定义 process_request 函数（process_request 函数将在后文讲解）。

步骤 3：在 settings.py 中配置新的中间件 TestMiddlware1 和 TestMiddlware2，配置代码如示例 9-3 所示。

【示例 9-3】在 settings.py 中加载中间件。

```
MIDDLEWARE = [
    'django.middleware.security.SecurityMiddleware',
    'django.contrib.sessions.middleware.SessionMiddleware',
    'django.middleware.common.CommonMiddleware',
    'django.middleware.csrf.CsrfViewMiddleware',
    'django.contrib.auth.middleware.AuthenticationMiddleware',
    'django.contrib.messages.middleware.MessageMiddleware',
    'django.middleware.clickjacking.XFrameOptionsMiddleware',

    'utils.middleware.TestMiddlware1',  # 加载中间件 TestMiddlware1
    'utils.middleware.TestMiddlware2',  # 加载中间件 TestMiddlware2
]
```

2.定义URL路由和视图函数index

在工程目录 DjangoExtSystem/DjangoExtSystem/urls.py 和应用 app 目录 DjangoExtSystem/app/urls.py 中定义路由，并在 DjangoExtSystem/app/views.py 中定义 index 视图函数。配置代码如示例 9-4 所示。

【示例 9-4】定义路由和视图函数。

```
# 在工程目录 DjangoExtSystem/DjangoExtSystem/urls.py 中定义路由
path(r'app/', include(('app.urls', 'app'), namespace='app')),
```

```
# 在应用 app 目录 DjangoExtSystem/app/urls.py 中定义路由
path(r'index/', views.index, name='index'),

# 在 DjangoExtSystem/app/views.py 中定义 index 视图函数
def index(request):
    if request.method == 'GET':
        print('index view')
        return HttpResponse(' 我是 index 方法 ')
```

3.中间件的相关函数

中间件中定义的 5 个方法详细介绍如下。

（1）process_request(self, request) 讲解及处理流程。process_request 方法中有一个 request 参数，表示请求。该方法可以返回 None 或不返回任何参数，也可以返回 HttpResponse 对象。如果返回 None 或不返回任何参数则表示继续执行其余中间件；如果返回 HttpResponse 对象则直接返回 Http-Response 对象给客户端，而不再执行视图函数。

访问地址 http://127.0.0.1:8080/app/index/，在 PyCharm 的控制台中可以输出如下内容。

```
test1 process_request
test2 process_request
index views
```

从结果中可以发现，中间件 TestMiddlware1 的 process_request 方法比 TestMiddlware2 的 process_request 方法先执行，视图函数最后执行。

通过以上的输出结果可以知道中间件的 process_request 方法是按照其在 MIDDLEWARE 中定义的先后顺序执行的，而视图函数在 process_request 方法执行之后才执行。

（2）process_response(self, request, response) 讲解及处理流程。process_ response 方法中有两个参数，一个是请求 request 参数，另一个是响应 response 参数，该 response 参数就是视图函数返回的 HttpResponse 对象。

中间件 TestMiddlware1 和 TestMiddlware2 的修改代码如示例 9-5 所示。

【示例 9-5】中间件中重构 process_response 的方法。

```
class TestMiddlware1(MiddlewareMixin):

    def process_request(self, request):
        print('test1 process_request')

    def process_response(self, request, response):
        print('test1 process_response')
        return response

class TestMiddlware2(MiddlewareMixin):

    def process_request(self, request):
```

```
        print('test2 process_request')
    def process_response(self, request, response):
        print('test2 process_response')
        return response
```

访问地址 http://127.0.0.1:8080/app/index/，在 PyCharm 的控制台中可以输出如下内容。

```
test1 process_request
test2 process_request
index views
test2 process_response
test1 process_response
```

从结果中可以得出以下结论。

①多个中间件的 process_request 方法是按照其在 MIDDLEWARE 中定义的先后顺序执行的。

②多个中间件的 process_response 方法是按照其在 MIDDLEWARE 中定义的顺序逆序执行的，也就是说第一个中间件的 process_request 先执行，第一个中间件的 process_response 最后执行。

③视图函数在 process_request 之后执行。

④视图函数在 process_response 之前执行。

⑤ process_response 必须返回响应对象。

（3）process_view(self, view_func, view_args, view_kwargs) 讲解及处理流程。该方法将接收以下 4 个参数。

①请求 request。

② view_func：即将被执行的函数。

③ view_args：传递给视图函数的列表参数。

④ view_kwargs：传递给视图函数的字典参数。

修改中间件 TestMiddlware1 和 TestMiddlware2 并新增 process_view 方法的代码如示例 9-6 所示。

【示例 9-6】修改中间件，添加 process_view 方法，并输出中间件函数执行情况。

```
class TestMiddlware1(MiddlewareMixin):

    def process_request(self, request):
        print('test1 process_request')

    def process_response(self, request, response):
        print('test1 process_response')
        return response

    def process_view(self, request, view_func, view_args, view_kwargs):
        print('test1 process_view')

class TestMiddlware2(MiddlewareMixin):
```

223

```
    def process_request(self, request):
        print('test2 process_request')

    def process_response(self, request, response):
        print('test2 process_response')
        return response

    def process_view(self, request, view_func, view_args, view_kwargs):
        print('test2 process_view')
```

访问地址 http://127.0.0.1:8080/app/index/，在 PyCharm 的控制台中可以输出如下内容。

```
test1 process_request
test2 process_request
test1 process_view
test2 process_view
index views
test2 process_response
test1 process_response
```

从结果中可以得出以下结论。

① process_request 方法执行后才执行 process_view 方法。

②视图函数在 process_view 方法执行后执行。

③ process_view 方法在 process_response 方法之后执行，并且按照 MIDDLEWARE 中定义中间件的顺序执行。

（4）process_template_response(self, request, response) 讲解及处理流程。该方法中共接收两个参数，一个是请求 request，另一个是响应 response，该响应 response 由视图函数产生。process_template_response 方法默认是不执行的，只有在视图函数返回的对象中有一个 render 方法时才会被调用。

重构响应对象 render 方法如示例 9-7 所示。

【示例 9-7】修改 index 视图函数，并修改响应对象的 render 方法。

```
def index(request):
    print('index views')
    def index_render():
        return render(request, 'index.html')

    rep = HttpResponse()
    rep.render = index_render
    return rep
```

修改中间件 TestMiddlware1 和 TestMiddlware2 并新增 process_template_response 方法的代码如示例 9-8 所示。

【示例 9-8】修改中间件，添加 process_template_response 方法并输出中间件函数执行情况。

```python
class TestMiddlware1(MiddlewareMixin):

    def process_request(self, request):
        print('test1 process_request')

    def process_response(self, request, response):
        print('test1 process_response')
        return response

    def process_view(self, request, view_func, view_args, view_kwargs):
        print('test1 process_view')

        def process_template_response(self, request, response):
            print('test1 process_template_response')
            return response

class TestMiddlware2(MiddlewareMixin):

    def process_request(self, request):
        print('test2 process_request')

    def process_response(self, request, response):
        print('test2 process_response')
        return response

    def process_view(self, request, view_func, view_args, view_kwargs):
        print('test2 process_view')

        def process_template_response(self, request, response):
            print('test2 process_template_response')
            return response
```

访问地址 http://127.0.0.1:8080/app/index/，在 PyCharm 的控制台中可以输出如下的内容。

```
test1 process_request
test2 process_request
test1 process_view
test2 process_view
index views
test2 process_template_response
test1 process_template_response
test2 process_response
test1 process_response
```

从结果中可以得出以下结论。

① process_template_response 在访问视图函数之后执行，并且按照 MIDDLEWARE 中定义中间件的顺序逆序执行。

② process_response 方法是最后执行的，并且按照 MIDDLEWARE 中定义中间件的顺序逆序执行。

（5）process_exception(self, request, exception) 讲解及处理流程。该方法会接收两个参数，一个是请求 request，另一个是异常 exception，该 exception 是视图函数产生的异常 Exception 对象。process_exception 方法默认不执行，只有在视图函数出现异常时才会被调用。

修改 index 视图函数，并添加一行一定会执行错误的代码（1/0），使得在浏览器中访问地址 http://127.0.0.1:8080/app/index/ 时，index 方法一定抛出异常，如示例 9-9 所示。

【示例 9-9】修改 index 视图函数，并定义错误代码（1/0）。

```
def index(request):
    if request.method == 'GET':
        print('index views')
        1/0
        return HttpResponse(' 我是 index 方法 ')
```

修改中间件 TestMiddlware1 和 TestMiddlware2 并新增 process_exception 方法的代码如示例 9-10 所示。

【示例 9-10】修改中间件，添加 process_exception 方法，并输出中间件函数执行情况。

```
class TestMiddlware1(MiddlewareMixin):

    def process_request(self, request):
        print('test1 process_request')

    def process_response(self, request, response):
        print('test1 process_response')
        return response

    def process_view(self, request, view_func, view_args, view_kwargs):
        print('test1 process_view')

    def process_exception(self, request, exception):
        print('test1 process_except')

class TestMiddlware2(MiddlewareMixin):

    def process_request(self, request):
        print('test2 process_request')

    def process_response(self, request, response):
        print('test2 process_response')
        return response

    def process_view(self, request, view_func, view_args, view_kwargs):
```

```
        print('test2 process_view')

    def process_exception(self, request, exception):
        print('test2 process_except')
```

访问地址 http://127.0.0.1:8080/app/index/，在 PyCharm 的控制台中可以输出如下的内容。

```
test1 process_request
test2 process_request
test1 process_view
test2 process_view
index views
test2 process_exception
test1 process_exception
test2 process_response
test1 process_response
```

从结果中可以得出以下结论。

① process_request 最先执行，并且按照 MIDDLEWARE 中定义中间件的顺序执行。

② process_view 在访问视图函数之前执行，并且按照 MIDDLEWARE 中定义中间件的顺序执行。

③ 视图函数在 process_view 方法执行后执行，在 process_exception 方法之前执行。

④ process_exception 方法在 process_response 方法之前执行，并且按照 MIDDLEWARE 中定义中间件的顺序逆序执行。

⑤ process_response 方法最后执行，并且按照 MIDDLEWARE 中定义中间件的顺序逆序执行。

9.2　分页

Django 提供了实现分页管理的类——Paginator 类，使用 Paginator 类可以将数据分割为不同的页，并且每页自带"上一页 / 下一页"的标签。

语法如下：

```
Paginator(objects, page_number)
```

其中 objects 为需要进行分页操作的对象，并且按照每一页展示固定条数据进行分页。

Paginator 对象的属性如下。

（1）page_range：获取分页的页码数，返回的是 range 类型。

（2）num_pages：获取当前分页的页数。

（3）count：获取当前数据的条数。

（4）page：获取某一页的数据。

Page 对象的属性如下。

(1) object_list：获取 page 对象中的数据。

(2) has_next：判断是否有下一页。

(3) has_page_number：获取下一页的页码。

(4) has_previous：判断是否有上一页。

(5) previous_page_number：获取上一页的页码。

(6) start_index：获取当前页的第一个对象的下标。

(7) end_index：获取当前页的最后一个对象的下标。

分页 Paginator 类的使用，如示例 9-11 所示。

【示例 9-11】将列表进行分页处理，并获取相关属性（在 Python IDE 中操作）。

```
from django.core.paginator import Paginator
name_objects = ['zhangsan', 'wangwu', 'xiaohong', 'xiaoming', 'xiaotong']
paginator = Paginator(name_objects, 2)   # 将 name_objects 数据分页，每一页两条数据
paginator.page_range              # 获取分页的页码对象
paginator.num_pages               # 获取当前分页的页数
paginator.count                   # 获取当前数据的条数
page = paginator.page(2)          # 获取第 2 页的数据对象
page.object_list                  # 获取第 2 页的数据
page.has_next()                   # 判断是否有下一页
page.next_page_number()           # 如果有下一页，获取下一页的页码
page.has_previous()               # 判断是否有上一页
page.previous_page_number()       # 如果有上一页，获取上一页的页码
page.start_index()                # 获取当前页的第一个数据对象的下标
page.end_index()                  # 获取当前页的最后一个数据对象的下标
```

9.3 日志

在程序开发中，需要记录每一次请求和每一次响应的信息，通过收集和分析这些信息，可以分析出程序是否健康运行。Python 中提供了 logging 模块，用于实现在 Django 程序中记录各种日志信息的功能。

logging 模块有 4 大组件：loggers、filters、handlers、formatters。

(1) logger 是日志系统的入口，可以向它写入需要处理的日志信息。

(2) filter 可以对 logger 传递给 handler 的日志信息进行过滤。

(3) hander 决定了如何处理 logger 中接收的每条信息，包括写入日志的文件地址、日志文件中记录信息的格式等。

(4) formatter 用于设置写入日志文件中的日志信息的格式。

logger 和 handler 都有日志级别限定。

（1）DEBUG：用于记录调试目的信息。

（2）INFO：用于记录普通的系统信息。

（3）WARNING：用于记录一个较小问题的信息。

（4）ERROR：用于记录一个较大问题的信息。

（5）CRITICAL：用于记录一个致命的问题信息。

（6）日志级别等级：CRITICAL>ERROR>WARNING>INFO>DEBUG。

在 Django 中使用 logging 模块，需要在 DjangoExtSystem/DjangoExtSystem/settings.py 文件中配置如示例 9-12 所示参数。

【示例 9-12】在 settings.py 中配置如下日志信息。

```
# 日志文件夹的路径
import os
LOG_PATH = os.path.join(BASE_DIR, 'logs')
# 如果日志文件夹地址不存在，则自动创建
if not LOG_PATH:
    # 创建 logs 文件夹
    os.mkdir(LOG_PATH)


# 配置日志
LOGGING = {
    # 必须是 1
    'version': 1,
    # 默认为 True，禁用日志
    'disable_existing_loggers': False,
    # 定义 formatters 组件，定义存储日志的格式
    'formatters':{
        'default': {
            'format': '%(levelno)s %(name)s %(asctime)s %(message)s '
        }
    },
    # 定义 loggers 组件，用于接收日志信息
    # 将日志信息丢给 handlers 处理
    'loggers':{
        '':{
            'handlers': ['console'],
            'level': 'INFO'
        }
    },
    # 定义 handlers 组件，用户写入日志信息
    'handlers':{
```

```
        'console':{
            'level': 'INFO',              # 定义存储日志的文件
            'filename': '%s/log.txt' % LOG_PATH,
            # 指定写入日志中信息的格式
            'formatter': 'default',
            # 指定日志文件超过 5M 就自动备份
            'class': 'logging.handlers.RotatingFileHandler',
            'maxBytes': 5 * 1024 * 1024,
        }
    }
}
```

在示例 9-12 中用到了 os 模块，os 模块中的 os.path.join() 方法用于拼接路径，表示 logs 文件夹的路径是在项目 DjangoExtSystem 中，如果不存在则可以使用 mkdir 进行创建。需要注意，在 logger 中定义的日志级别不能低于在 handler 中定义的日志级别，否则 handler 会忽略该信息。

定义了日志的配置信息后，就可以在需要输出日志的地方调用 logging 模块进行日志输出，如示例 9-13 所示。

【示例 9-13】修改 index() 视图函数，并添加输出日志信息语句。

```
# 导入 logging 模块
import logging
# 获取 logger
logger = logging.getLogger(__name__)

def index(request):
    if request.method == 'GET':
        logger.info('index 方法 ')
        return HttpResponse(' 我是 index 方法 ')
```

访问地址 http://127.0.0.1:8080/app/index/，在 DjangoExtSystem/logs/log.txt 中可以查看写入的日志时间、调用模块名、日志信息等。

新手问答

问题1：Django中的中间件是什么？在哪些场景中使用中间件？

答：中间件是一个应用于 Django 的请求与响应处理的框架，用于在全局上改变 Django 的输入或输出。官方文档中给出了用于实现修改全局数据输入或输出的方法，如装饰器方法、基于请求与响应的中间件等。在一定程度上中间件和装饰器是可以互通使用的，但在修改全局输入或输

出数据的时候，使用中间件是最方便的。例如，统计某个 URL 地址的访问次数、用户登录状态的判断、访问权限的设置等。

问题2：如果要对每一个请求和响应都进行日志记录，如何操作？

答：对每一个请求和响应进行日志记录，最方便的操作就是自定义中间件，重构 process_request 和 process_response 方法，并在这两个方法中进行日志信息的记录，如示例 9-14 所示。

【**示例 9-14**】利用中间件进行每一个请求和响应的日志记录。

在 DjangoExtSystem/utils/middleware.py 中定义日志中间件 LogMiddleware，并在 settings.py 文件的 MIDDLEWARE 配置中添加 'utils.middleware.LogMiddlware'。

```python
import logging

# 获取 logger
logger = logging.getLogger(__name__)

class LogMiddleware(MiddlewareMixin):

    def process_request(self, request):
        # URL 到服务器的时候，经过中间件最先执行的方法
        request.init_time = time.time()
        request.init_body = request.body

    def process_response(self, request, response):
        try:
            # 经过中间件，最后执行的方法
            # 计算请求到响应的时间
            count_time = time.time() - request.init_time
            # 获取响应的状态码
            code = response.status_code
            # 获取请求的内容
            req_body = request.init_body
            # 获取想要的内容
            res_body = response.content

            msg = '%s %s %s %s' % (count_time, code, req_body, res_body)
            # 写入日志信息
            logger.info(msg)
        except Exception as e:
            logger.critical('log error, Exception:%s' % e)

        return response
```

问题3：不使用Paginator库，如何实现分页功能？

答：分页的原理其实就是对数据进行切片处理，例如，每一页展示 5 条数据，那么第 1 页其实就是展示数据中的前 5 条，第 2 页就是展示数据中的第 6 条到第 10 条。可以通过 sql 实现分页功能，使用 offset 和 limit 两个关键字即可实现分页查询数据，也可以使用切片处理数据，如示例 9-15 所示。

【示例 9-15】切片。

```
users = Users.objects.all()[5*(page_number-1): 5*page_number]
```

page_number 为页码，如果 page_number 为 1，则表示获取前 5 条数据，如果 page_number 为 3，则表示获取获取第 11 条到第 15 条数据。

实战演练：使用Session与中间件实现用户的登录、注册和注销功能

【案例任务】

在上一章实战演练中使用 Django 的 User 模型实现了用户的登录、注册、注销及登录验证功能，本章的实战演练将结合 Session 及中间件实现用户的登录、注册、注销功能。

【技术解析】

案例中需使用会话 Session、中间件、模板、对象关系映射等相关知识，实现用户的登录、注册、注销功能。

【实现方法】

本章实战演练使用 DjangoExtSystem 项目，并创建应用 users。功能实现分为以下几个步骤。

步骤 1：新建应用 users 模块，定义 Users 模型，并配置 settings.py 文件。

（1）创建应用命令：python manage.py startapp users。

（2）在 settings.py 文件中的 INSTALLED_APPS 中添加应用 users。

（3）在 settings.py 文件中添加 LOGIN_URL= '/user/login/'，该参数表示用户没有登录时跳转的地址。

（4）定义 Users 模型，如示例 9-16 所示。

【示例 9-16】在 DjangoExtSystem/users/models.py 文件中定义 Users 模型。

```
class Users(models.Model):
    username = models.CharField(max_length=10, unique=True,verbose_name=' 姓名 ')
    password = models.CharField(max_length=255, verbose_name=' 密码 ')
    icon = models.ImageField(upload_to='upload', null=True, verbose_name=' 头像 ')
    create_time = models.DateTimeField(auto_now_add=True, verbose_name=' 创建时间 ')
```

```
    operate_time = models.DateTimeField(auto_now=True, verbose_name=' 修改时间 ')
    class Meta:
        db_table = 'users'
```

步骤 2： 在 templates 文件夹中先定义父模板 base.html，再定义子模板 login.html、register. html、index.html，如示例 9-17 所示。

【示例 9-17】 定义父模板 base.html 和子模板 login.html、register.html、index.html。

（1）定义父模板 base.html。

```html
<!DOCTYPE html>
<html lang="en">
<head>
    <meta charset="UTF-8">
    <title>
        {% block title %}
        {% endblock %}
    </title>
    {% block extCss %}
    {% endblock %}

    {% block extJs %}
    {% endblock %}
</head>
<body>
    {% block content %}
    {% endblock %}
</body>
</html>
```

（2）定义子模板注册页面 register.html。

```html
{% extends 'base.html' %}

{% block title %}
    注册
{% endblock %}

{% block content %}
    <form action="" method="post">
        {% csrf_token %}
        {{ msg }}
    <p> 姓名：<input type="text" name="username"></p>
    <p> 密码：<input type="password" name="password"></p>
    <p> 确认密码：<input type="password" name="password2"></p>
    <input type="submit" value=" 提交 ">
    </form>
{% endblock %}
```

（3）定义子模板登录页面 login.html。

```
{% extends 'base.html' %}

{% block title %}
    登录
{% endblock %}

{% block content %}
    <form action="" method="post">
        {% csrf_token %}
            {{ msg }}
        <p>姓名: <input type="text" name="username"></p>
        <p>密码: <input type="text" name="password"></p>
        <input type="submit" value=" 提交 ">
    </form>
{% endblock %}
```

（4）定义首页 index.html。

```
{% extends 'base.html' %}

{% block title %}
    首页
{% endblock %}

{% block content %}
    <p> 我是首页, 我需要登录后才能访问 </p>
    <p><a href="{% url 'user:logout' %}"> 注销 </a></p>
{% endblock %}
```

步骤 3: 在 DjangoExtSystem/DjangoExtSystem/urls.py 和 DjangoExtSystem/users/urls.py 中定义路由匹配规则, 如示例 9-18 所示。

【示例 9-18】路由配置。

```
# 在 DjangoExtSystem/DjangoExtSystem/urls.py 中配置路由
path(r'users/', include(('users.urls', 'users'), namespace='users')),

# 在 DjangoExtSystem/users/urls.py 中配置路由
from users import views
# 注册
path(r'register/', views.register, name='register'),
# 登录
path(r'login/', views.login, name='login'),
# 首页
path(r'index/', views.index, name='index'),
# 注销
path(r'logout/', views.logout, name='logout'),
```

步骤 4：在 DjangoExtSystem/users/views.py 中定义登录、注册、注销及访问首页的视图函数，如示例 9-19 所示。

【示例 9-19】登录、注册、注销及访问首页的视图函数定义。

```python
from datetime import timedelta

from django.contrib.auth.hashers import check_password, make_password
from django.shortcuts import render
from django.http import HttpResponseRedirect
from django.urls import reverse

from users.models import Users


def register(request):
    if request.method == 'GET':
        return render(request, 'register.html')
    if request.method == 'POST':
        # 获取表单中上传的用户名和密码及确认密码
        username = request.POST.get('username')
        password = request.POST.get('password')
        password2 = request.POST.get('password2')
        # all() 校验参数，如果列表中元素为空，则返回 False
        if not all([username, password, password2]):
            msg = '请填写完整的参数 '
            return render(request, 'register.html', {'msg': msg})
        if password != password2:
            msg = '密码不一致，请重新填写 '
            return render(request, 'register.html', {'msg': msg})
        Users.objects.create(username=username,
                             password=make_password(password))
        # 注册成功跳转到登录方法
        return HttpResponseRedirect(reverse('users:login'))


def login(request):
    if request.method == 'GET':
        return render(request, 'login.html')
    if request.method == 'POST':
        # 使用 Cookie+Session 形式实现登录
        username = request.POST.get('username')
        password = request.POST.get('password')
        # all() 校验参数，如果列表中元素为空，则返回 False
        if not all([username, password]):
            msg = '请填写完整的参数 '
```

```
            return render(request, 'login.html', {'msg': msg})
        # 校验是否能通过 username 和 pasword 找到 user 对象
        user = Users.objects.filter(username=username).first()
        if user:
            # 校验密码
            if not check_password(password, user.password):
                msg = '密码错误'
                return render(request, 'login.html', {'msg': msg})
            else:
                # 向 Session 中设置 user_id 参数
                request.session['user_id'] = user.id
                # 设置 Session 数据在 4 天后过期过期
                request.session.set_expiry(timedelta(days=4))
                return HttpResponseRedirect(reverse('users:index'))
        else:
            msg = '用户名错误'
            return render(request, 'login.html', {'msg': msg})


def index(request):
    if request.method == 'GET':
        return render(request, 'index.html')


def logout(request):
    if request.method == 'GET':
        # 注销，删除 Session 和 Cookie
        request.session.flush()
        # 获取 session_key 并删除
        # session_key = request.session.session_key
        # request.session.delete(session_key)

    return HttpResponseRedirect(reverse('users:login'))
```

示例 9-19 中的重点功能拆解，分析如下。

（1）使用 all() 方法进行参数校验，all() 方法会接收一个列表，列表中任何一个元素为空，则 all() 方法返回 False。

（2）make_password() 方法和 check_password() 方法分别用于对密码进行加密和校验。

（3）request.session 为 dict 类型，可以以键值对的形式在 Session 中设置值，并且数据保存在 django_session 表中。

（4）向 Session 中存入数据的同时，可以使用 set_expiry() 方法设置 Session 的失效时间。该方法可以接收一个 Int 类型的参数，表示多少秒后 Session 失效，如果接收一个 Date 或 timedelta，就需要对时间进行 PickleSerializer 序列化，在 settings.py 中加入 SESSION_SERIALIZER 参数即可，例如，SESSION_SERIALIZER = 'django.contrib.sessions.serializers.PickleSerializer'。

（5）注销方法中，flush() 方法清空了 Cookies 中的 Sessionid 值，也清空了 django_session 表中的对应数据。

步骤 5：定义登录验证中间件，如示例 9-20 所示。

【**示例 9-20**】登录校验中间件。

```python
from django.utils.deprecation import MiddlewareMixin

class UserAuthMiddleware(MiddlewareMixin):

    def process_request(self, request):
        try:
            # 登录时，向 request.session 中保存 user_id 值
            request.session['user_id']
        except:
            # 如果不能从 request.session 中获取到 user_id 键值对，则跳转到登录
            return HttpResponseRedirect(reverse('users:login'))

        return None
```

登录校验中间件的作用是判断能否从 request.session 中获取到登录时向其中设置的 user_id 键值对，如果能获取到 user_id 对应的 value 值，则表示用户已登录；如果获取不到，则表明 request.session 中没有 user_id 键值对，说明用户没有登录，将直接跳转到登录路由。

步骤 6：在 settings.py 文件中加载登录校验中间件。中间件配置具体如示例 9-21 所示。

【**示例 9-21**】在 settings.py 的 MIDDLEWARE 中添加登录校验中间件。

```python
'utils.middleware.UserAuthMiddleware',  # 加载登录校验中间件
```

通过以上的步骤，可以实现用户的登录、注册和注销功能。本实战演练实例主要结合 Cookie 和 Session、中间件进行演示。

本章小结

本章主要介绍了 Django 框架的拓展功能，包括中间件、分页、日志等知识。其中中间件的知识在编程学习中格外重要，如在中间件中定义访问次数统计、登录状态的校验等功能。学习日志处理、分页处理也对深入学习 Python Web 开发有帮助，读者需要重点掌握本章内容。本章的实战演练案例结合了会话 Session 与中间件等知识进行讲解，读者需要多加练习，以便能更加熟练地掌握这些知识。

第 3 篇

精进篇

Web 开发其他常用框架

　　Python 在 Web 开发中有非常多的优秀框架可以选择，其中 Django 框架是最有名的框架，能够快速地构建出项目。实际开发中还有其他具有代表性的框架也深受开发者喜爱，如 Flask、Tornado、Twisted 等框架。本篇将分别讲解 Python Web 中的 Flask 框架、Tornado 框架、Twisted 框架。

　　Flask 框架是一个轻量级 Web 应用框架，只基于 Werkzeug WSGI 工具箱和 Jinja2 模板引擎，因此 Flask 框架也被称为"微框架（microframework）"。它只有简单的核心功能，可用扩展的方式来增加其他功能。Flask 是轻量级框架，灵活性极高，深受开发者喜爱。

　　Tornado 框架是一个异步非阻塞 IO 的 Web 应用框架，得利于非阻塞的方式，Tornado 每秒可以处理数以千计的连接，因此就性能方面而言，Tornado 框架非常不错。

　　Twisted 框架是一个基于事件驱动的网络框架，支持许多常见的传输及应用层协议，包括 TCP、UDP、IMAP 等。Twisted 核心就是 reactor 事件循环，也可以快速响应事件。

第 10 章

微框架 Flask

在 Python 众多优秀 Web 框架中，Flask 框架非常受欢迎。Flask 是小型框架，也被称作"微框架"。"微"并不意味着 Flask 在功能上有所欠缺，而是表示 Flask 起初被设计为可扩展的框架，旨在保持其简单而易扩展的特点。使用何种数据库、使用何种模板引擎，如何进行 Web 表单验证和用户认证等功能都是由用户掌握的，Flask 支持用扩展的方式给应用添加这些功能，以满足使用需求。选用 Flask 开发项目有很大的灵活性。

通过本章内容的学习，读者将掌握以下知识。

- ♦ 掌握 Flask 的安装与虚拟环境的配置
- ♦ 掌握 Flask Web 项目的搭建与运行
- ♦ 掌握 Jinja2 模板语法，包括静态资源加载、过滤器、逻辑运算符等
- ♦ 掌握蓝图 blueprint 的注册、路由定义与重定向等内容
- ♦ 掌握会话 Session 的使用方法
- ♦ 掌握 SQLALchemy 数据库的配置与使用，以及关联关系的使用

10.1 Flask Web项目

本节将讲解 Flask Web 项目的搭建、项目的启动，以及启动命令的管理等内容。在正式讲解 Flask Web 项目之前，需要配置新的虚拟环境。虚拟环境中允许安装私有包，但必须是不影响系统 全局的包，因此虚拟环境解决了不同环境之间包管理混乱及包版本冲突等问题。本章中的项目所使 用的虚拟环境统一为 flaskenv（如果对虚拟环境搭建还有疑问，可参考第 6 章内容）。虚拟环境的 配置与 Flask 的安装代码如示例 10-1 所示。

【示例 10-1】虚拟环境的配置与 Flask 的安装。

```
# 创建虚拟环境 flaskenv
virtualenv --no-site-packages -p D:\python37\python.exe flaskenv
# Windows 下激活虚拟环境
cd Scripts
activate
# 安装 Flask
pip install Flask
```

10.1.1 最小的Flask Web项目

Flask 项目并不像 Django 项目那样需要使用命令行进行创建，而是直接创建一个名为 HelloW-orld.py 的文件即可，HelloWorld.py 中定义的代码如示例 10-2 所示。

【示例 10-2】最小 Flask 项目。

```
from flask import Flask

# 初始化一个 Flask 对象
app = Flask(__name__)

# 定义路由，绑定视图函数
@app.route('/')
def hello_world():
    return 'Hello World!'


if __name__ == '__main__':
    # 启动
    app.run()
```

如示例 10-2 所示，一个最简单的 Flask 应用只有 7 行代码，对这段代码的具体分析如下。

（1）初始化 Flask 对象。导入 Flask 类，并实例化，Flask 类构造函数唯一需要的参数就是应 用程序的主模块或包的名称。对于大多数应用程序来说，Python 的 __name__ 变量就是那个正确的、 需要传递的值。Flask 使用这个参数来确定应用程序的根目录，这样以后可以通过这个路径来找到资源文件。

（2）客户端向 Web 服务器发送请求，进而将这些请求发送给 Flask 应用程序，而应用程序需要知道 URL 对应运行哪些代码，所以在 Flask 应用程序中要定义路由，让 URL 和视图函数建立联系，即 app.route() 装饰器。

（3）被装饰器装饰的函数称为视图函数，在示例中视图函数返回了 'Hello World!'。

（4）项目启动，注意在此处使用 __name__ == '__main__' 是确为了确保 Web 服务只有在直接运行时才会执行 app.run() 方法，如果当前文件被另外一个文件导入，那当前文件的 app.run() 方法会被跳过。

10.1.2　项目启动

在示例 10-2 中，使用 app.run() 方法启动项目，默认启动的 IP 为 127.0.0.1，默认启动的端口为 5000。启动项目命令为 python HelloWorld.py，启动效果如图 10-1 所示。

```
* Serving Flask app "app" (lazy loading)
* Environment: production
  WARNING: Do not use the development server in a production environment.
  Use a production WSGI server instead.
* Debug mode: off
* Running on http://127.0.0.1:5000/ (Press CTRL+C to quit)
```

直接在浏览器中访问地址 http://127.0.0.1:5000/，可以看到如图 10-1 所示效果。

图10-1　访问视图函数hello_world

在开发中如果需要自定义启动的 IP 地址和端口 PORT，可以向 run() 方法中传入参数 host 和 port。开发期间也可以开启 debug 模式，只需再传入 debug 参数即可，代码如示例 10-3 所示。

【示例 10-3】修改启动命令参数。

```
# port: 端口, host: IP 地址, debug 调试模式
app.run(port=8080, host='0.0.0.0', debug=True)
```

10.1.3　flask-script管理命令

Flask 项目的访问 IP 地址、端口号及 debug 模式都是在 run() 方法中进行配置的，但在开发环境中会使用 flask-script 模块，该模块提供了向 Flask 插入外部脚本的功能，包括运行一个开发用的

服务器，使启动脚本和系统分离，步骤如下。

步骤 1：安装扩展，如示例 10-4 所示。

【示例 10-4】在虚拟环境 flaskenv 中使用 pip 安装 flask-script。

```
pip install flask-script
```

温馨提示：

Flask Script 官方网址为 https://flask-script.readthedocs.io/en/latest/。

步骤 2：修改 HelloWorld.py 文件，实例化一个 Manager 对象，Manager 类将会追踪执行的命令和处理过程中的参数调用情况，如示例 10-5 所示。

【示例 10-5】实例化一个 Manager 对象，并执行启动 Manager 对象的 run() 方法。

```
from flask import Flask
from flask_script import Manager

# 初始化一个 Flask 对象
app = Flask(__name__)

# 使用 Manager 管理 Flask 的对象
manage = Manager(app=app)

# 定义路由，绑定视图函数
@app.route('/')
def hello_world():
    return 'Hello World!'



if __name__ == '__main__':
  # 启动
  manage.run()
```

在示例中，从 Manager 类实例化一个 manage 对象，Manager 类中只接收一个参数，即 Flask 实例。通过调用 manage.run() 方法启动 Manager 实例接收命令行中的参数。

步骤 3：启动命令。使用 Manager 类实例化对象启动项目，启动项目命令修改为 python HelloWorld.py runserver。默认启动的 IP 是 127.0.0.1，默认启动的端口是 5000，如果需要修改启动的 IP 和端口及调试模式，直接在启动命令后面添加如下 3 个参数即可。

（1）-p 参数：表示修改启动的端口。

（2）-h 参数：表示修改启动的 IP。

（3）-d 参数：表示以 debug 模式启动。

在启动命令中指定端口、IP、debug 模式，如示例 10-6 所示。

【示例 10-6】修改启动命令，并指定端口、IP、debug 模式。

```
python HelloWorld.py runserver -p 80 -h 0.0.0.0 -d

* Serving Flask app "app" (lazy loading)
* Environment: production
  WARNING: Do not use the development server in a production environment.
  Use a production WSGI server instead.
* Debug mode: on
* Restarting with stat
* Debugger is active!
* Debugger PIN: 356-733-204
* Running on http://0.0.0.0:80/ (Press CTRL+C to quit)
```

温馨提示:

当项目部署上线以后，启动的 IP 必须修改为 0.0.0.0，表示当前 Flask 项目可以在外网被访问，同时启动的端口也必须修改为 80。

10.2　路由

在项目开发中不同模块的路由维护成本普遍比较高，因此需要引入蓝图。蓝图主要用于实现模块化管理，为 Flask 应用的组件化和扩展提供了很大的便利。通过模块化的管理，简化了构建大型应用的流程，并提高了代码的可维护性。

10.2.1　蓝图

蓝图会对 Flask 应用进行"分割"，以实现模块化管理。可以把蓝图看作存储操作路由映射方法的容器，实现请求与 URL 和视图函数的相互关联。其使用步骤如下。

步骤 1: 安装 flask_blueprint 扩展，如示例 10-7 所示。

【示例 10-7】在虚拟环境 flaskenv 中使用 pip 安装 flask_blueprint。

```
pip install flask_blueprint
```

温馨提示:

蓝图官方网址为 http://flask.pocoo.org/docs/0.12/blueprints/。

步骤 2: 实例化蓝图对象，如示例 10-8 所示。

【示例 10-8】实例化蓝图，并定义两个参数，一个参数为蓝图的名称，另一个参数为蓝图所在的模块。

```
from flask import Blueprint
```

```
# 初始化蓝图, 定义两个参数
blueprint = Blueprint('admin', __name__)
```

步骤 3: 注册蓝图, 如示例 10-9 所示。

【示例 10-9】 使用 Flask 对象注册蓝图, 并设置 url_prefix 参数, 添加路由访问地址前缀。

```
from flask import Flask
app = Flask(__name__)

# 注册蓝图
app.register_blueprint(blueprint=blueprint, url_prefix='/app')
```

步骤 4: 定义蓝图路由, 如示例 10-10 所示。

【示例 10-10】 定义路由, 视图函数返回字符串 'Hello World'。

```
# 定义路由, 绑定视图函数
@blue.route('/')
def hello():
    return 'Hello World'
```

步骤 5: 综合案例, 将以上代码进行整合, 并重新创建 FlaskProject1 项目。具体分为以下 3 个方面。

（1）创建 FlaskProject1 项目文件夹, 在文件夹中创建启动文件 manage.py。manage.py 作为启动项目的脚本文件, 代码如示例 10-11 所示。

【示例 10-11】 manage.py 文件。

```
from flask import Flask
from flask_script import Manager
from app.views import blue

# 初始化一个 Flask 对象
app = Flask(__name__)

# 注册蓝图
app.register_blueprint(blueprint=blue, url_prefix='/app')

# 使用 Manager 管理 Flask 的对象
manage = Manager(app=app)


if __name__ == '__main__':
    manage.run()
```

（2）在 FlaskProject1 项目文件夹下创建 app 文件夹, 并在 app 文件夹下创建 __init__.py 文件和 views.py 文件。在 views.py 中定义蓝图和视图函数, 代码如示例 10-12 所示。

【示例 10-12】 在 views.py 文件中定义蓝图和视图函数。

```
from flask import Blueprint

# 初始化蓝图，定义两个参数
blue = Blueprint('app', __name__)

# 定义路由，绑定视图函数
@blue.route('/')
def hello():
    return 'Hello World'
```

（3）启动 FlaskProject1 项目，启动命令如示例 10-13 所示。

【示例 10-13】启动命令。

```
python manage.py runserver -p 8080 -h 0.0.0.0 -d
```

步骤 4：在浏览器中访问地址 http://127.0.0.1:8080/app，可以看到如图 10-2 所示页面。

图10-2　访问hello视图函数

10.2.2　路由定义

在 Flask 中定义路由，可以使用装饰器 route()，并把一个函数绑在对应的 URL 上。当用户从浏览器中发送一个 URL 请求时，Flask 框架会根据 HTTP 请求的 URL 在路由表中匹配到预定义的 URL 规则，且会找到对应的视图函数，如示例 10-14 所示。

【示例 10-14】在 FlaskProject1/app/views.py 中定义路由和视图函数。

```
@blue.route('/python/')
def hello_python():
    return '人生苦短，我用 Python'
```

在示例 10-14 中定义 route() 装饰器，并把视图函数 hello_python() 和对应的 URL 绑定在一起。访问地址 http://127.0.0.1:8080/app/python/ 可触发 hello_python() 函数。

10.2.3　动态路由

如果请求的 URL 中有动态的部分，可以在 route() 装饰器中定义动态的变量，并使用 <variable_name> 指定变量或使用 <converter:variable_name> 指定一个可选的转换器和变量。

语法如下。

```
route('<variable_name>')
```

245

```
route('<converter:variable_name>')
```

其转换器有如下几种。

（1）int：接收整数类型的参数。

（2）string：接收字符串类型的参数。

（3）float：接收浮点数类型的参数。

（4）uuid：接收 uuid 类型的参数。

（5）path：接收路径，接收的参数为字符串类型，并且 '/' 也被当作字符串中的一个字符。

动态路由的定义与视图函数的定义，如示例 10-15 所示。

【示例 10-15】在 FlaskProject1/app/views.py 中定义动态路由和视图函数。

```
@blue.route('name/<string:s_name>/')
def get_name(s_name):
    return '姓名: %s' % s_name

@blue.route('age/<age>/')
def get_age(age):
    return '年龄: %s' % age

@blue.route('int_age/<int:age>/')
def get_int_age(age):
    return '年龄: %d'% age

@blue.route('float/<float:number>/')
def get_float_number(number):
    return '获取浮点数: %.2f' % number

@blue.route('path/<path:s_path>')
def get_path(s_path):
    return '获取 path 路径 : %s' % s_path

@blue.route('uuid/<uuid:s_uuid>/')
def get_by_uuid(s_uuid):
    return '获取 uuid 值: %s' % s_uuid
```

温馨提示：

注意 <age> 和 <int:age> 的区别，前者在视图函数中获取的 age 参数为字符串类型，后者在视图函数中获取的 age 参数为整型。

10.2.4　HTTP方法

HTTP 方法会告知服务器当前请求的 URL 想要实现的功能。下面列举几个常见的 HTTP 请求方式。

（1）GET：主要用于告知服务端只获取数据并返回。路由中默认使用 GET 请求方式。

（2）POST：主要用于告知服务端提交数据处理请求。通常用于提交表单、上传文件等。

（3）PUT：主要用于告知服务端进行数据修改。主要用于修改某对象的全部属性。

（4）PATCH：主要用于告知服务端进行数据修改。主要用于修改某对象的部分属性。

（5）DELETE：主要用于告知服务端删除指定的数据。

在 route() 装饰器中可以传递 methods 参数，该参数可以指定请求 URL 的 HTTP 方式，默认的 HTTP 请求方式为 GET 请求，如示例 10-16 所示。

【示例 10-16】在 FlaskProject1/app/views.py 中定义路由，并指定 HTTP 请求方式。

```python
from flask import request

@blue.route('request/', methods=['GET', 'POST', 'PUT', 'PATCH', 'DELETE'])
def get_request():
    if request.method == 'GET':
        return 'GET 请求 '
    elif request.method == 'POST':
        return 'POST 请求 '
    elif request.method == 'PUT':
        return 'PUT 请求 '
    elif request.method == 'PATCH':
        return 'PATCH 请求 '
    else:
        return 'DELETE 请求 '
```

在示例 10-16 中，可以在 route() 装饰器中定义 methods 参数，在 methods 参数中定义 HTTP 请求方式。在视图函数中可以通过 request.method 判断当前的 HTTP 请求方式，并执行对应的代码块。

温馨提示：

request 是 Flask 框架中的请求上下文，封装了客户端发出的 HTTP 请求中的信息。

10.2.5 重定向与错误

在 Flask 类中，可以调用 redirect() 函数实现按指定的状态码请求重定向到其他的视图函数中。语法如下：

```python
redirect(location, code=302, Response=None)
```

其中，location 参数表示需要重定向到的 URL 地址；code 参数表示状态码，默认状态码为 302；Response 参数表示初始化响应对象；实现重定向需要将 redirect() 函数和 url_for() 视图函数结合在一起使用，语法如下：

```python
redirect(url_for(' 蓝图的名称 . 跳转的视图函数名 '))
```

redirect 与 url_for 的使用，如示例 10-17 所示。

【示例 10-17】在 FlaskProject1/app/views.py 中定义重定向的视图函数。

```python
from flask import redirect, url_for


@blue.route('hello_world/')
def hello_world():
    return 'Hello World'


@blue.route('redirect/')
def index():
    # 蓝图第1个参数 . 视图名
    return redirect(url_for('app.hello_world'))
```

在示例 10-17 中使用 redirect() 函数实现重定向，并且配合使用 url_for() 视图函数。在 url_for() 函数中定义的重定向的路径：初始化蓝图中定义的蓝图的名称，跳转的视图函数名。

如果程序遇到异常或需要放弃请求并返回错误代码，可以使用 abort() 函数。也可以使用 errorhandler() 装饰器捕捉错误信息，并自定义对应的错误页面或自定义返回的错误信息，如示例 10-18 所示。

【示例 10-18】在 FlaskProject1/app/views.py 中定义错误状态抛出和捕获错误状态的视图函数。

```python
from flask import abort


@blue.route('error/', methods=['GET'])
def error():
    a = 9
    b = 0
    try:
        c = a/b
    except:
        abort(500)
    return '%s/%s=%s' % (a,b,c)


@blue.errorhandler(500)
def handler_500(exception):
    return ' 捕捉的异常信息: %s' % exception
```

示例中代码执行逻辑分析如下。

（1）在执行 error() 视图函数的时候，会执行 a/b 的运算，当分母 b 为 0 时会出现异常情况，此时执行 abort() 函数，并抛出状态码为 500 的错误信息。

（2）使用 errorhandler() 装饰器捕捉状态码为 500 的错误信息，并自定义返回的字符串（通常自定义错误页面）。

10.3 视图层

本节将对从接收客户端请求到给客户端响应的过程进行讲解，主要讲解在视图层中如何处理用户的请求与返回响应，其中涉及请求上下文（Request Context）、应用上下文（Application Context）。请求上下文包括 request 和 Session，应用上下文包括 current_app（当前程序激活实例）和 g（全局对象）。

请求上下文与应用上下文的具体说明，如表 10-1 所示。

表10-1　请求上下文与应用上下文的描述

请求/应用上下文	描述
request	请求对象，封装了客户端发出的HTTP请求中的内容
Session	用户会话，用于记录用户信息
current_app	当前激活程序的实例
g	处理请求时用于作为临时存储的对象，每次请求都会被重设

10.3.1 请求上下文

当客户端发送一个请求到 Flask 中时，应用会生成一个请求上下文对象。请求上下文封装了从客户端提交的数据，包括 method 方法、表单数据、URL 地址等信息。

如示例 10-19，定义接收 URL 中的参数。

【示例 10-19】在 FlaskProject1/app/views.py 中定义 get_url() 方法并输出 URL 中 name 和 age 参数。

```
from flask import request


@blue.route('url/')
def get_url():
    if request.method == 'GET':
        name = request.args.get('name')
        age = request.args.get('age')
        return '姓名 :%s 年龄 :%s' % (name, age)
```

当在浏览器中访问地址 http://127.0.0.1:8080/app/url/?name= 张三 &age=18 时，即可触发执行 get_url() 方法。该方法通过 request.method 属性获取访问 URL 的 HTTP 请求方式，通过 request.args 属性获取 URL 中传递的 name 和 age 参数，然后通过返回字符串的形式将字符串返回给浏览器。

请求上下文 request 中定义了很多属性，可以用于获取客户端的信息，具体如下。

249

（1）url：获取请求的 URL 地址。

（2）from：获取表单中通过 POST、PATCH、PUT、DELETE 方式提交的表单数据。如果表单中有上传图片信息，则只能通过 files 属性获取。

（3）files：获取客户端中上传的文件，例如图片、excel 等。

（4）args：获取通过 GET 方式提交的数据，例如 URL 中的参数。

（5）values：获取数据，能获取 form 或 args 中的数据。

（6）method：获取 HTTP 请求方式，请求方式为 GET、POST、PATCH、PUT、DELETE。

（7）headers：获取请求头（request headers）中的报文头信息。

10.3.2 会话上下文

在实际应用项目中，由于 HTTP 协议的无状态特性无法保持客户端和服务端之间的状态，因此引入会话解决方案，一般 Session 和 Cookie 配合使用，这是一种客户端和服务端之间的状态保持方案。

Session 和 Cookie 的结合使用，一般有以下两种存储方式。

（1）Session 数据存储在客户端。

Flask 采用 "secure cookie" 方式保存 Session，即 Session 数据是通过 base64 编码后保存在客户端的 Cookie 中，也就是说无须依赖第三方数据库保存 Session 数据。

（2）Session 数据存储在服务端，可以分为以下 4 个步骤。

步骤 1：当客户端发送请求到服务端时，服务端会校验请求中 Cookie 里的 Sessionid 值。如果 Cookie 中不存在 Sessionid 值，则认为客户端访问服务端时是发起了一个新的会话。

步骤 2：如果是新的会话，则服务端会传递给客户端一个 Cookie，并在 Cookie 中存储一个新的 Sessionid 值，并将相关数据保存在 Session 中。

步骤 3：客户端下次再发送请求的时候，请求上下文对象会携带 Cookie，通过校验 Cookie 中的 Sessionid 值，即可判断是否为同一会话。

步骤 4：如果会话是同一会话，则可以从 Session 中获取到之前保存的数据。

示例 10-20 采用了将 Session 数据保存在客户端中的方法。

【**示例 10-20**】采用第 1 种方式，实现模拟登录。

在 FlaskProject1/app/views.py 文件中定义登录和注销的方法。

```
from flask import session, request

@blue.route('login/', methods=['GET'])
def login():
    if request.method == 'GET':
        # 获取提交的用户名和密码
```

```
        username = request.args.get('username')
        password = request.args.get('password')        # 模拟判断用户名和密码
        if username == ' 小明 ' and password == '123456':
            # 启动 permanent 修改为 True
            session.permanent = True
            # 在 Session 中记录登录状态
            session['login_status'] = 1
            return ' 登录成功 '
        else:
            return ' 登录失败 '


@blue.route('logout/', methods=['GET'])
def logout():
    if request.method == 'GET':
        # 删除 Session 中的 login_status 键值对
        session.pop('login_status')
        return ' 注销成功 '
```

在 FlaskProject1/manage.py 文件中定义加密方式，并设置 Session 的过期时间。

```
# Session 加密方式
app.secret_key = '123'
# 设置过期时间，5 秒后 Session 失效
app.permanent_session_lifetime = 5
```

在浏览器中访问地址 http://127.0.0.1:8080/app/login/?username= 小明 &password=123456 时，即可调用 login() 方法。示例 10-20 是模拟用户的登录，如果模拟登录成功，则向 Session 中设置键值对并返回字符串信息给客户端。通过浏览器的开发者工具，可以发现 Cookie 中多了一个键值对，键为 Session，值为经过编码加密后的数据。

温馨提示：

读者需要注意以下几点。

（1）设置一个持久化会话的存活时间，必须修改 session.permanent 的属性和 flask 对象 app 的 permanent_session_lifetime 属性。permanent_session_lifetime 属性作为 datetime.timedelta 对象，从 Flask 0.8 版本开始也可以用一个整数表示多少秒后过期。

（2）加密的强度取决于 secret_key 的复杂程度。一般 secret_key 可以通过 os.urandom(24) 随机生成。

10.3.3 钩子函数

在 Web 开发中经常会对所有的请求都进行一些相同的操作，如果将所有相同的代码写入每一个视图函数中，那么程序就会变得非常臃肿。想要避免在每个视图函数中定义相同的代码，可以使用钩子函数。3 个常见的钩子如下。

（1）before_request：被装饰的函数会在每个请求被处理之前调用。

251

（2）after_request：被装饰的函数在每个请求退出时才被调用。只有在程序没有抛出异常的情况下才会被执行。

（3）teardown_request：被装饰的函数在每个请求退出时才被调用。无论程序是否抛出异常都会被执行。

什么是钩子函数？在正常执行的函数前后分别强行插入一段额外的功能代码函数，这种额外的功能代码函数被为钩子函数。钩子函数指在执行函数和目标函数之间挂载的函数。

钩子函数的使用，具体如示例 10-21 所示。

【示例 10-21】在 FlaskProject1/app/views.py 中定义钩子函数。

```python
@blue.before_request
def before_request():
    print('before_request')


@blue.after_request
def after_request(response):
    print('after_request')
    return response


@blue.teardown_request
def teardown_request(exception):
    print('teardown_request')


@blue.route('index/')
def index_requst():
    return 'index_requst'
```

访问地址 http://127.0.0.1:8080/app/index/，在控制台可以看到如下输出。

```
before_request
after_request
teardown_request
```

从控制台的输出中可以看出各函数的执行顺序，被 before_request 装饰的函数会在请求处理之前被调用，而 after_request 和 teardown_request 会在请求处理后被调用。后两者的区别就在于 after_request 只会在请求正常退出的情况下会被调用，且 atfer_request 函数必须接收一个响应对象，并返回一个响应对象，而 teardown_request 函数在任何情况下都能被调用，并且必须传入一个参数来接收异常对象。

当使用 before_request 装饰器定义多个函数时，会从上往下依次执行。当其中某一个被 defore_request 装饰的函数有返回响应 response 时，后面的被 before_request 装饰的函数将不再执行。

10.3.4　全局对象

全局对象 g 是 Flask 为每一个请求自动建立的一个对象。g 的作用范围只有一个请求（也就是一个线程），它不能在多个请求中共享数据，因此确保了线程安全。

在示例 10-22 中，将应用全局对象 g 和上一小节中的知识点，建立数据库的连接后再关闭，需要实现的逻辑如下。

（1）在第一次请求时，创建 MySQL 数据库的连接。

（2）在请求中，实现对数据库的 CRUD 操作。

（3）在请求结束时，关闭 MySQL 数据库的连接。

【示例 10-22】在 FlaskProject1/app/views.py 文件中定义代码，实现如下功能：连接数据库，执行 SQL 语句实现对数据的添加操作，最后释放数据库的连接。

```python
from flask import g
import pymysql


@blue.before_request
def get_mysql_connect():
    # 建立 MySQL 数据库的连接
    conn = pymysql.connect(host='127.0.0.1', port=3306, user='root',
password='123456', database='f_db')
    cursor = conn.cursor()
    # 设置当前请求上下文中的应用全局对象
    g.conn = conn
    g.cursor = cursor


@blue.before_request
def create_student_table():
    # 创建 student 表
    sql = 'drop table if exists student;'
    sql1 = 'create table student(id int auto_increment, s_name varchar(10) not
null, s_age int not null, primary key(id)) engine=InnoDB default charset=utf8;'
    # 执行删除表，如果 student 表存在则删除
    g.cursor.execute(sql)
    # 执行创建 student 表
    g.cursor.execute(sql1)


@blue.route('excute_sql/')
def excute_sql():
    # 定义插入 SQL 语句
    sql = 'insert into student (s_name, s_age) values ("%s", "%s")' % ('xiaoming',
'18')
    # 执行插入语句
```

253

```
        g.cursor.execute(sql)
        # 提交事务
        g.conn.commit()
        return '创建数据'

@blue.teardown_request
def close_mysql_connect(exception):
        # 关闭 MySQL 数据库的连接
        g.conn.close()
```

访问地址 http://127.0.0.1:8080/app/excute_sql/，程序的执行步骤如下。

步骤 1：执行被 before_request 装饰的 get_mysql_connect() 方法，并绑定全局对象 g 的 cursor 属性和 conn 属性。

步骤 2：继续执行被 before_request 装饰的 create_student_table() 方法，并使用全局对象 g 中的 cursor 属性执行创建 student 表的操作。

步骤 3：执行请求 execute_sql() 方法，通过全局对象 g 中的 cursor 属性实现执行插入语句和 commit 命令的事务提交操作。

步骤 4：最后执行被 teardown_request 装饰的 close_mysql_connect() 方法，实现关闭数据库的连接。

10.4 数据库

前文的示例中连接数据库使用的是原生操作，需要通过访问数据库连接、游标、执行语句等操作，达到操作数据库的目的，但在开发中会使用更为便捷的 SQLALchemy 来对数据库进行操作。SQLALchemy 是一个很强大的关系型数据库框架，支持访问多种数据库，并且还提供了高层的 ORM 和执行原生 SQL 的底层功能。

可以使用 pip 安装 SQLALchemy 支持库，安装命令为 pip install flask-sqlalchemy。

温馨提示：

SQLALchemy 官方地址为 http://www.pythondoc.com/flask-sqlalchemy/quickstart.html。

10.4.1 数据库访问与模型定义

示例 10-23 将演示 MySQL 数据库的访问与模型的定义。

【示例 10-23】MySQL 数据库访问及模型定义。

在 FlaskProject1/app 文件夹下新建 models.py 文件，用于模型层的模型定义。在 models.py 文件中定义学生模型类。

```
from flask_sqlalchemy import SQLAlchemy

db = SQLAlchemy()

# 定义学生模型
class Student(db.Model):
    id = db.Column(db.Integer, primary_key=True, autoincrement=True)
    s_name = db.Column(db.String(10), unique=True)
    s_age = db.Column(db.Integer, default=10)

    __tablename__ = 'student'
```

在 FlaskProject1/manage.py 文件中新增定义数据库的访问地址，并初始化 Flask 应用对象。

```
from app.models import db

# 数据库配置
app.config['SQLALCHEMY_DATABASE_URI'] = 'mysql+pymysql://root:123456@127.0.0.1:3306/f_db'

# 绑定 sqlalchemy 和 app
db.init_app(app)
```

对示例 10-23 进行如下分析。

（1）在 models.py 文件中定义 Student 模型，模型中包含 3 个字段（id、s_name、s_age），分别指定字段的类型。通过 __tablename__ 参数指定 Student 模型映射在数据库中的表名。

（2）在 manage.py 文件中定义连接 MySQL 数据库的配置，并定义 SQLALCHEMY_DATA-BASE_URI 参数。连接数据库的语句格式：dialect+driver://username:password@host:port/database，其中 dialect 为数据库、driver 为数据库的驱动、username 为用户名、password 为数据库密码、host 为所访问服务器的数据库、port 为数据库端口（默认为 3306）、database 为访问的数据库。

（3）初始化数据库连接对象 db 和 Flask 对象 app。

10.4.2　数据库模型

在示例 10-23 中实现了初始化 SQLALchemy 对象，并通过 SQLALchemy 对象定义字段以及字段的类型，字段类型定义如表 10-2 所示。

表10-2 字段类型定义

名称	描述
Integer	整型
String(size)	指定长度的字符串类型
Text	长文本
DateTime	时间，datetime类型
Float	浮点数类型
Boolean	布尔类型

列举约束条件参数如表 10-3 所示。

表10-3 字段约束定义

名称	描述
primary_key	主键
unique	是否唯一
nullable	是否为空
default	默认值
autoincrement	是否自增

示例 10-23 中定义的 Student 模型具体分析如下。

（1）字段 id 为整型的自增主键。

（2）s_name 为字符串类型，指定最大长度为 10 个字符，并且是唯一的。

（3）s_age 为整型，并且默认值为 10。

10.4.3 模型映射

在 Flask 项目中可以快速地进行模型的映射，将 Student 模型映射到数据库 student 表中。SQLALchemy 对象语法如下。

```
create_all(): 将 models.py 文件中定义的所有模型映射到数据库中
drop_all(): 删除数据库中所有的表
```

数据库中表的创建与删除的实现，如示例 10-24 所示。

【示例 10-24】在 FlaskProject1/app/views.py 文件中定义创建和删除数据库的方法。

```python
from app.models import db

@blue.route('create_db/')
def create_db():
    # 创建数据中的表
    db.create_all()
    return '创建数据表成功'

@blue.route('drop_db/')
def drop_db():      # 删除数据中的表
    db.drop_all()
    return '删除数据表成功'
```

通过上述示例，我们可以得出以下结论。

（1）在浏览器中访问地址 http://127.0.0.1:8080/app/create_db/。若执行成功，页面中会提示创建数据表成功，并且在数据库 f_db 中新增一张 student 表。

（2）在浏览器中访问地址 http://127.0.0.1:8080/app/drop_db/。若执行成功，页面中会提示删除数据表成功，数据库 f_db 中的表都会被删除。

温馨提示：

如果数据表已经存在于数据库中，那么 db.create_all() 并不会重新创建或更新这个表。如果在修改模型后要把对模型的修改映射到数据库中，只能强行调用 db.drop_all() 删除已有的表，再重新创建表。这样操作有一个很大的问题就是原来数据库中表的数据都被销毁了。

10.4.4 增删改查

在前文中已经定义了 MySQL 数据库的连接与配置和 Student 模型，实现了从模型到数据库表中的映射。在 Flask 中可以通过数据库会话（db.session）来管理对数据库所进行的改动。 接下来将使用 SQLALchemy 的 ORM 对数据表中数据进行增删改查操作。

1.新增数据

语法如下。

```
add()：添加新增的对象
add_all()：批量添加新增的对象
```

【示例 10-25】在 FlaskProject1/app/views.py 文件中定义创建学生的方法，实现新增一条学生信息。

```python
from app.model import db, Student

@blue.route('create_stu/')
def create_stu():
```

```
# 创建学生信息
stu = Student()
stu.s_name = '小明 1'
stu.s_age = 18
db.session.add(stu)
db.session.commit()
return '创建学生信息成功'
```

定义创建学生的方法 create_stu()，并实现数据的保存。过程分析如下。

（1）在视图函数中通过定义 stu=Student() 获取学生类对象 stu。

（2）在学生对象 stu 中进行 s_anme 属性和 s_age 属性的初始化。

（3）通过数据库会话的 add() 方法来管理需要改动的学生对象。

（4）通过调用会话的 commit() 方法提交会话，将学生对象 stu 写入数据库。

温馨提示：

数据库会话管理体现的是数据库的事务，其保证了数据库中数据的一致性。在执行 commit() 方法的时候，确保了会话中的对象全部写入数据库中。如果对象写入的过程中出现异常，则整个会话都将失败。数据库会话保证了事务的原子性（原子性可理解为当前插入数据库的数据要么一起插入成功，要么全部插入失败）。当然事务也可以回滚，即通过调用 db.session.rollback() 方法实现把添加到数据库会话中的所有对象还原到之前的状态。

同时批量添加学生信息的操作方法如示例 10-26 所示。

【示例 10-26】在 FlaskProject1/app/views.py 文件中定义批量创建学生的方法。

```
import random

@blue.route('create_many_stu/', methods=['POST'])
def create_many_stu():
    if request.method == 'POST':
        # 批量添加学生信息
        stus_list = []
        for i in range(10):
            stu = Student()
            stu.s_name = '小花 %s' % random.randrange(10,10000)
            stu.s_age = 16
            stus_list.append(stu)
    # add_all() 添加学生信息，参数为列表，列表中为添加的学生对象
    db.session.add_all(stus_list)
    db.session.commit()
    return '批量创建'
```

示例 10-26 中，通过调用数据库会话的 add_all() 方法，传入学生对象的列表，即可实现批量创建学生的操作。具体分析如下。

（1）导入 random 库，通过 random.randrange(a，b) 方法获取 a~b 中的随机一个整数。

（2）定义列表 stus_list，用于接收每次 for 循环产生的学生对象。

（3）通过数据库会话的 add_all() 方法，记录需要批量操作的学生对象。

（4）提交会话 commit()，将学生对象映射到数据表中。

2.查询数据

数据的查询可以通过模型类的 query 对象实现，如下定义了查询数据的常用过滤器。

常用数据查询语法如下。

```
all()：查询所有数据
filter()：过滤出符合条件的数据，可以多个 filter() 方法一起调用
filter_by()：过滤出符合条件的数据，可以多个 filter_by() 方法一起调用
get()：获取指定主键的行数据
```

数据库中学生表的所有数据查询，如示例 10-27 所示。

【**示例 10-27**】在 FlaskProject1/app/views.py 文件中定义 sel_stu() 方法，查询学生信息。

```
@blue.route('sel_stu/')
def sel_stu():
    # 第 1 种方式：查询所有学生信息
    students = Student.query.all()
    # 第 2 种方式：查询所有学生信息
    sql = 'select * from student;'
    result = db.session.execute(sql)
    students = result.fetchall()
    return ' 查询学生信息成功 '
```

在示例 10-27 中分别演示了查询所有学生信息的两种方式，需要注意以下 3 点。

（1）通过模型类的 query 对象，并且调用 all() 方法，实现获取所有学生信息，返回结果变量 students 为列表，类似结构 [<Student 1>, <Student 2>, …]。若要获取其中的学生信息，可以使用 for 循环进行获取。

（2）SQLALchemy 还提供执行 SQL 语句的功能，通过调用 db.session.execute(sql) 方法来执行 SQL 语句，以实现查询所有学生信息的操作。

（3）执行 sql 的结果变量 result，可以调用 fetcall() 方法获取到具体的学生信息，返回的结构：[(1, ' 小明 1', 18), (2, ' 小明 2', 19)]。

在数据库中查询指定 id 的学生数据，如示例 10-28 所示。

【**示例 10-28**】在 FlaskProject1/app/views.py 文件中定义 sel_ont_stu() 方法，查询指定 id 的学生信息。

```
@blue.route('sel_one_stu/<int:id>/', methods=['GET'])
def sel_one_stu(id):
    # 第 1 种方式：查询指定 id 的学生信息
    students = Student.query.filter(Student.id == id)
```

```
# 第 2 种方式：查询指定 id 的学生信息
students = Student.query.filter_by(id=id)

# 第 3 种方式：查询指定 id 的学生信息
sql = 'select * from student where id=%s;' % id
result = db.session.execute(sql)
students = result.fetchall()

# 第 4 种方式：查询指定 id 的学生信息
students = Student.query.get(id)

return ' 查询学生信息成功 '
```

在示例 10-28 中分别使用了条件过滤方法 filter()、filter_by()、get()。从示例中可以得到如下分析结果。

（1）过滤满足条件的数据，可以使用 filter() 方法和 filter_by() 方法，这两个方法接收的参数略微有不同。filter() 方法中接收的参数为 ' 模型名 . 查询的字段 '，而 filter_by() 方法中接收的参数为查询的字段。

（2）第 3 种方法是执行原生 SQL 语句，调用 fetchall() 方法，获取"查询的结果"。

（3）get() 方法是获取指定主键对应的行信息，查询参数默认为主键。

温馨提示：

使用 filter() 和 filter_by() 方法查询到的结果集对象为 <flask_sqlalchemy.BaseQuery object at 0x0000000005D62860>，如果想要获取查询学生对象的结果集，可以再调用 all() 方法。

示例 10-28 使用了一些常见的过滤器，当然还有很多其他的查询过滤器，如表 10-4 所示。

表10-4　查询过滤器的常见方法及描述

方法	描述
count()	返回查询结果的条数
limit()	返回限制指定条数的结果对象
offset()	偏移查询结果，返回为一个新的查询
order_by()	按照指定条件进行排序，返回为一个新的查询
first()	返回查询的第一个对象，查询结果为空，则返回None
paginate()	返回一个Paginate对象，主要用于分页

3.删除数据

将指定的数据从数据表中删除，可使用数据库会话（db.session）实现，语法如下。

delete()：删除对象

删除数据库中学生表中指定 id 的学生信息，如示例 10-29 所示。

【示例 10-29】在 FlaskProject1/app/views.py 文件中定义删除学生的方法。

```
@blue.route('del_stu/<int:id>/', methods=['GET'])
def del_stu(id):
    # 删除学生
    if request.method == 'GET':
        stu = Student.query.filter(Student.id==id).first()
        db.session.delete(stu)
        db.session.commit()
        return '删除学生成功'
```

在示例代码中定义路由规则，并接收一个整型的 id 值。当在浏览器中访问地址 http://127.0.0.1: 8080/app/del_stu/1/ 时，会触发执行 del_stu() 方法。在视图函数中代码逻辑分析如下。

（1）del_stu() 方法接收 URL 传递的学生的 id 值，并获取学生对象。

（2）调用数据库会话的 delete() 方法，并传入需要删除的学生对象。当提交数据库会话的时候，数据表中 id 为 1 的学生信息将被删除。

4.修改数据

修改数据表中指定的数据，可使用数据库会话进行管理，语法如下。

update()：更新数据。以键值对的形式更新字段参数，如 update({key1:value1, key2:value2})

修改指定 id 的学生信息，如示例 10-30 所示。

【示例 10-30】在 FlaskProject1/app/views.py 文件中定义修改学生信息的方法。

```
@blue.route('edit_stu/<int:id>/', methods=['POST'])
def edit_stu(id):
    if request.method == 'POST':
        # 当 HTTP 为 POST 请求的时候，传递的参数从 request.form 中获取
        username = request.form.get('username')
        age = request.form.get('age')
        # 使用 update() 方法实现数据的更新
        Student.query.filter_by(id=id).update({'s_name': username, 's_age': age})
        db.session.commit()

        return '修改学生信息成功'
```

在示例 10-30 中，需要注意以下 3 点。

（1）如果 HTTP 方式为 GET，则 GET 请求传递的参数可以从 request.args 中获取。

（2）如果 HTTP 方式为 POST、PUT、PATCH、DELETE，则传递的参数可以从 request.form 中获取。

（3）通过调用 update() 方法修改学生对象的信息，为了确保数据库会话的一致性，需要执行

会话提交 commit() 方法。

10.4.5　一对多关联关系

在关系型数据库中，表与表之间的关联关系尤为重要。在本小节中将定义学生和班级模型，并指定学生和班级之间的一对多的关联关系，如示例 10-31 所示。

【示例 10-31】在 FlaskProject1/app/models.py 文件中新增班级模型，并指定学生模型和班级模型之间的关联关系。

```
class Student(db.Model):
    id = db.Column(db.Integer, primary_key=True, autoincrement=True)
    s_name = db.Column(db.String(10), unique=True)
    s_age = db.Column(db.Integer, default=10)

    __tablename__ = 'student'


class Grade(db.Model):
    id = db.Column(db.Integer, autoincrement=True, primary_key=True)
    g_name = db.Column(db.String(10), unique=True)
    student = db.relationship('Student', backref='stu', lazy=True)

    __tablename__ = 'grade'
```

在 models.py 文件中新增 Grade 类，并通过 relationship 字段进行班级和学生模型的关联。具体分析如下。

（1）学生模型中指定了 3 个字段，分别为主键 id 字段、唯一的 s_name 字段、默认值 s_age 字段。

（2）班级模型中指定了 2 个字段，分别为主键 id 字段、唯一的 g_name 字段。

（3）在 Grade 类中通过 relationship 字段建立 Grade 模型和 Student 模型的关联关系，relationship 字段中第 1 个参数表示关联的模型名，第 2 个参数表示建立 Student 模型和 Grade 模型的引用，第 3 个参数表示数据加载方式（默认为 True，第 3 个参数可以不用定义）。

温馨提示：

如果在模型中不定义 __tablename__ 参数，当执行迁移命令后，在数据库中会创建默认表名的表，其表名为模型名称的小写。

定义 Student 模型和 Grade 模型后，下面将分别讲解如何使用一对多关联关系进行查询操作。

（1）通过班级查询学生信息，具体代码如示例 10-32 所示。

【示例 10-32】在 FlaskProject1/app/views.py 文件中新增 sel_stu_by_grade() 方法，实现查询 Python 班级下的所有学生信息。

```
@blue.route('sel_stu_by_grade/', methods=['GET'])
def sel_stu_by_grade():
    if request.method == 'GET':
        # 查询 Python 班级中的学生信息
        grade = Grade.query.filter(Grade.g_name == 'Python').first()
        # 班级对象 .relationship 的字段
        students = grade.student
          for stu in students:
              print(('学生姓名：%s，学生年龄：%s') % (stu.s_name, stu.s_age))
        return '查询成功'
```

在示例代码中需要注意以下两点。

①使用过滤器 filter() 查询的结果为一个新的查询，如需要获取查询的结果集，可以调用 first() 方法。

②通过班级获取学生的结果集，可以通过调用定义的 relationship 字段进行查询，查询的学生结果集为列表。

（2）通过某个学生查询班级，具体代码如示例 10-33 所示。

【示例 10-33】在 FlaskProject1/app/views.py 文件中新增 sel_grade_by_stu() 方法，实现查询 id 为 1 的学生所属的班级信息。

```
@blue.route('sel_grade_by_stu/', methods=['GET'])
def sel_grade_by_stu():
    if request.method == 'GET':
        # 查询 id=1 的学生所对应的班级
        # 获取 id=1 的学生信息
        stu = Student.query.get(1)
        # 使用关联关系中 relationship 字段的 backref 参数去反向查询班级信息
        grade = stu.stu
        return 'id 为 %s 的学生的班级：%s' % (1, grade.g_name)
```

在示例代码中需要注意以下两点。

①使用 get() 方法获取主键为 1 的学生对象。

②通过学生对象 stu 反向查询班级信息。可以调用 relationship 字段中定义的 backref 参数，反向查询班级信息。

10.4.6　多对多关联关系

本小节将指定学生和选课之间的多对多关联关系，示例 10-34 定义了学生和选课的模型关系。

【示例 10-34】在 FlaskProject1/app/models.py 文件中新增课程模型，并指定学生模型和课程模型之间的多对多关联关系。

```
class Student(db.Model):
    id = db.Column(db.Integer, primary_key=True, autoincrement=True)
```

```
    s_name = db.Column(db.String(10), unique=True)
    s_age = db.Column(db.Integer, default=10)

    __tablename__ = 'student'


s_c = db.Table('s_c',
               db.Column('s_id', db.Integer, db.ForeignKey('student.id')),
               db.Column('c_id', db.Integer, db.ForeignKey('course.id'))
               )


class Course(db.Model):
    id = db.Column(db.Integer, autoincrement=True, primary_key=True)
    c_name = db.Column(db.String(10), unique=True)
    student = db.relationship('Student', secondary=s_c, backref='cou')

    __tablename__ = 'course'
```

在 models.py 文件中新增课程 Course 类，并通过 relationship 字段进行学生模型和课程模型的关联，具体分析如下。

（1）在 Course 类中定义了两个字段，分别为主键 id 字段、唯一的 c_name 字段。

（2）在 Course 类中通过 relationship 字段建立 Course 模型和 Student 模型的关联关系，relationship 字段中第 1 个参数表示关联的模型名，第 2 个参数表示关联 Student 模型和 Course 模型的中间表，第 3 个参数表示建立 Student 模型和 Course 模型的引用。

（3）中间表 s_c 中定义两个字段，分别关联到学生表 student 的主键和课程表 course 的主键。中间表 s_c 也可以看作两个一对多的关联表。

Student 模型和 Course 模型定义后，下面将分别讲解如何使用多对多关联关系进行数据的添加、删除、查询操作，具体代码如示例 10-35 所示。

【示例 10-35】在 FlaskProject1/app/views.py 文件中新增 add_stu_course() 方法和 del_stu_course() 方法，分别实现添加和删除学生课程的操作。

```
@blue.route('add_stu_course/', methods=['GET'])
def add_stu_course():
    if request.method == 'GET':
        stu = Student.query.get(4)
        c1 = Course.query.get(1)
        # 添加学生课程关系
        stu.cou.append(c1)
        db.session.add(stu)
        db.session.commit()
        return '添加学生的课程成功'
```

```
@blue.route('del_stu_course/', methods=['GET'])
def del_stu_course():
    if request.method == 'GET':
        stu = Student.query.get(4)
        cou = Course.query.get(1)
        # 删除列表中数据
        stu.cou.remove(cou)
        db.session.add(stu)
        db.session.commit()
        return '删除学生的课程成功'
```

在示例 10-35 中实现了学生和课程之间的关联关系管理，分析如下。

（1）已知学生对象，若想获取已选的课程对象，可以通过 relationship 字段中定义的 backref 引用参数进行查询。如已知学生对象 stu，通过 stu.cou 即可获取该学生已选的课程信息。

（2）通过学生查询课程，并且返回的结果是课程的列表结果集，通过列表添加 append() 方法和删除 remove() 方法就可实现模型之间的关系建立。

（3）使用 commit() 方法将对模型的修改映射到数据库中，以保持数据库事务的一致性。

温馨提示：

从一对多和多对多关联关系的管理中可以得到如下结论。

（1）已知学生 stu 对象，查询班级：stu.stu，结果为一个新的查询。查询课程：stu.cou，结果为一个新的查询。

（2）已知班级 grade 对象，查询学生：grade.student，结果集为列表。

（3）已知课程 course 对象，查询学生：course.student，结果集为列表。

10.5　Jinja2模板

Flask 主要依赖两个外部库：Jinja2 模板引擎和 Werkzeug WSGI 工具集，因此在安装 Flask 时就会自动安装这两个依赖库。在本节中主要讲解 Jinja2 模板的相关知识。

10.5.1　资源加载

在 Flask 项目中，默认情况下，Flask 程序会在程序文件夹中寻找 templates 子文件夹和 static 文件夹，并在 templates 文件夹中寻找解析的模板，在 static 文件夹中寻找样式 CSS 和 JS 等文件。因此，首先在 FlaskProject1 文件夹下新建 templates 子文件夹和 static 文件夹，然后在 tempaltes 文件夹中创建 index.html 页面并在 static 文件夹下创建 style.css 文件，接着渲染页面并在页面加载

CSS 文件，最后在 views.py 文件中定义视图函数，并渲染 index.html 页面，具体代码如示例 10-36 所示。

【示例 10-36】在 FlaskProject1/app/views.py 文件中定义视图函数，并响应 index.html 页面。

定义视图函数 render_index()，并返回 index.html 页面。

```python
@blue.route('render_index/')
def render_index():
    return render_template('index.html')
```

在 FlaskProject1/templates/ 文件夹中定义静态页面 index.html，并引入 static 文件夹下的 style.css 文件。

```html
<!DOCTYPE html>
<html lang="en">
<head>
    <meta charset="UTF-8">
    <title>index 页面 </title>
    <link rel="stylesheet" href="{{ url_for('static', filename='style.css') }}">
</head>
<body>

    <p>hello world</p>

</body>
</html>
```

在 FlaskProject1/static/style.css 文件中定义 p 标签的样式，指定 p 标签的颜色为红色。

```css
p {
    color:red;
}
```

通过示例 10-36，我们可以发现 Flask 中提供的 render_template 函数可以把 Jinja2 模板引擎结合到程序中，并且 render_template() 方法接收的第一个参数是模板的名称。当访问地址 http://127.0.0.1: 8080/app/render_index/ 时，浏览器会渲染 index.html 页面，如图 10-3 所示。

图10-3 渲染index.html页面

此外，还可以发现静态资源引入的模板标签语法：

```
{{ url_for('static', filename=' 相对 static 文件夹的路径 ') }}
```

静态资源 style.css 的引入，可以采用以下两种方式。

（1）<link rel="stylesheet" href="/static/style.css">。

（2）<link rel="stylesheet" href="{{ url_for('static', filename='style.css') }}">。

10.5.2　模板标签，变量解析

模板通常是由静态代码和动态填充代码组成的，其中静态代码指渲染页面时不需要解释的部分，而动态填充代码可以分为以下几部分。

（1）模板标签：在页面进行渲染时进行逻辑控制。如 if、for、loop 等。

（2）模板变量：在页面进行渲染时会被替换成其他的值，起到占位符的作用。

（3）注解：注解页面中不需要渲染的代码。

标签语法如下。

```
{% 逻辑控制符 %}…{% 结束标签符 %}
```

标签用于改变模板的渲染流程。常用的标签有 for、if、loop、macro 等。

变量语法如下 。

```
{{ 占位符 }}
```

变量标签用于告诉模板引擎，在渲染页面时，这个位置的值是动态渲染生成的。

【示例 10-37】查询所有学生的信息，并渲染页面。

在 FlaskProject1/app/views.py 文件中定义视图函数 sel_all_stu()，并调用 render_template() 方法返回学生列表页面 students.html。

```
@blue.route('sel_all_stu/')
def sel_all_stu():
    # 查询所有操作
    students = Student.query.all()
    return render_template('students.html', stus=students)
```

在 templates 文件夹下创建 students.html 页面，用于解析所有学生的信息。

```
<!DOCTYPE html>
<html lang="en">
<head>
    <meta charset="UTF-8">
    <title>Title</title>
</head>
<body>

<table>
```

```
    <thead>
        <th>ID</th>
        <th> 姓名 </th>
        <th> 年龄 </th>
    </thead>
    <tbody>
        {% for stu in stus %}
            <tr>
                <td>{{ stu.id }}</td>
                <td>{{ stu.s_name }}</td>
                <td>{{ stu.s_age }}</td>
            </tr>
        {% endfor %}
    </tbody>
</table>
</body>
</html>
```

从示例 10-37 中可以得出以下结论。

（1）视图函数中 render_template() 方法的用法分析：render_template() 方法接收的第一个参数是模板的名称，随后接收的参数以键值对的形式存在，表示模板中变量的真实的值。如示例中 render_template() 方法返回的键值对，左边定义的 stu 变量表示在模板中使用的占位符，而右边的 students 变量表示当前作用域中的变量。

（2）在 students.html 页面中使用 {{ 占位符 }} 语句进行变量的输出，如输出学生的姓名和年龄等信息，使用 {% 标签 %} 语句进行逻辑控制，如用 for 标签进行循环。

10.5.3　模板继承

模板的继承需要事先创建一个基本的"骨架"——父模板，该基础模板中包含了网站的所有元素，并定义了可以被子模板继承覆盖的 block。子模板只需要通过继承父模板，并拓展父模板中定义的 block，即可形成子模板自身的特有内容。

语法如下。

```
继承模板: {% extends 'base.html' %}
定义名为 title 的 block: {% block title %} {% endblock %}
继承父模板 block 块中的内容: {{ super() }}
```

1.父模板

父模板可以被子模板继承，且在父模板中也可定义 block 内容，如示例 10-38 所示。

【示例 10-38 】在 FlaskProject1/templates 文件夹下创建父模板 base.html。

```
<!DOCTYPE html>
<html lang="en">
```

```
<head>
    <meta charset="UTF-8">
    <title>
        {% block title %}
        {% endblock %}
    </title>
    {% block extCSS %}
    {% endblock %}

    {% block extJS %}
    <script src="https://code.jquery.com/jquery-3.1.1.min.js"></script>
    {% endblock %}
</head>
<body>

{% block content %}
{% endblock %}

</body>
</html>
```

示例 10-38 中定义的父模板 base.html 包含了网站的大体结构，定义了可以被子模板填充的 block 块标签，并在名为 extJS 的 block 块中引入 jquery.js 文件。

2.子模板

子模板只需继承父模板并拓展父模板中定义的 block，即可形成子模板自身的特有内容，如示例 10-39 所示。

【示例 10-39】在 FlaskProject1/templates 文件夹下创建子模板 students.html。

```
{% extends 'base.html' %}

{% block extJS%}
    {{ super() }}
<script src="{{ url_for('static', filename='style.js') }} "></script>
{% endblock %}

{% block content %}
<table>
    <thead>
        <th>ID</th>
        <th> 姓名 </th>
        <th> 年龄 </th>
    </thead>
    <tbody>
        {% for stu in stus %}
            <tr>
```

```
                <td>{{ stu.id }}</td>
                <td>{{ stu.s_name }}</td>
                <td>{{ stu.s_age }}</td>
            </tr>
        {% endfor %}
    </tbody>

{% endblock %}
```

在子模板中使用 {% extends %} 标签来继承父模板 base.html，当继承了父模板后，就可以选择性地定义父模板中的 block 块。若想要父模板的块 extJS 中的内容不被覆盖掉，则可以使用 {{ super() }} 标签。

温馨提示：

在父模板中不能同时定义多个同名的 block 标签。

10.5.4 宏macro

Flask 的模板中，Jinja2 提供了块（block）和宏（macro）功能。块功能实现的是代码块的替换，而宏功能实现的是函数的替换。

宏的定义类似于 Python 中的函数，既然是函数，就一定可以接收参数变量。

语法如下。

```
声明：{% macro 函数 %}  {% endmacro %}
调用：{{ 宏函数 }}
引入：{% from xxx import 宏函数 %} 或 {% import 宏函数 %}
```

1.无参数宏定义

宏定义实现的是函数的替换。如示例 10-40 所示，定义不接收任何参数的宏函数。

【示例 10-40】修改 FlaskProject1/templates/index.html 页面，并定义宏。

```
<!DOCTYPE html>
<html lang="en">
<head>
    <meta charset="UTF-8">
    <title>index 页面 </title>
    <link rel="stylesheet" href="{{ url_for('static', filename='style.css') }}">
</head>
<body>

    <p>hello world</p>

    {% macro hello() %}
        <p> 你好，世界 </p>
```

270

```
    {% endmacro %}

    {{ hello() }}
</body>
</html>
```

示例 10-40 通过定义 macro 标签和名称为 hello 的宏，实现输出"你好，世界"的功能，并通过 {{ 宏定义函数 }} 的形式来调用宏。在浏览器中访问地址 http://127.0.0.1:8080/app/render_index/，Jinja2 模板在解析 index.html 页面时，也会解析定义的宏 hello()。

2.带参数宏定义

宏类似于 Python 中的函数，可以接收参数，如示例 10-41 所示。

【示例 10-41】修改 FlaskProject1/templates/students.html 页面，并定义宏。

```
{% extends 'base.html' %}

{% block content %}

<table>
    <thead>
        <th>ID</th>
        <th> 姓名 </th>
        <th> 年龄 </th>
    </thead>
    <tbody>
        {% macro print_stu_info(id, s_name, s_age) %}
            <tr>
                <td>{{ id }}</td>
                <td>{{ s_name }}</td>
                <td>{{ s_age }}</td>
            </tr>
        {% endmacro %}

        {% for stu in stus %}
            {# <tr>
                        <td>{{ stu.id }}</td>
                        <td>{{ stu.s_name }}</td>
                        <td>{{ stu.s_age }}</td>
                </tr>
                #}
            {{ print_stu_info(stu.id, stu.s_name, stu.s_age) }}
        {% endfor %}
    </tbody>
</table>

{% endblock %}
```

271

示例 10-41 中，定义宏名称为 print_stu_info 的函数会接收 3 个参数，分别为 id、s_name、s_age，调用宏 print_stu_info 可输出学生 id、姓名、年龄。在示例中需要注意以下 3 点。

（1）使用标签 {# … #} 进行代码注释。

（2）使用标签 {% macro 函数 %} 和代码块 {% endmacro %} 定义宏。

（3）使用解析 {{ 宏定义函数 }} 来执行函数体。

3.宏内部变量

宏还提供了两个额外的变量。

（1）varargs：列表。如果调用宏时传入的参数多于宏定义的参数，则多出来的没有指定参数名的参数会保存在这个宏列表中。

（2）kwargs：字典。如果调用宏时传入的参数多于宏定义的参数，则多出来的指定了参数名的参数会保存在这个宏字典中。

在页面中定义宏，使宏函数接收不同类型的参数。具体如示例 10-42 所示。

【**示例 10-42**】修改 FlaskProject1/templates/students.html 页面，在调用 print_stu_info 函数时增加传入其中的参数，并在宏内输出 varargs 和 kwargs 参数。

```
{% macro print_stu_info(id, s_name, s_age) %}
    <tr>
        <td>{{ id }}</td>
        <td>{{ s_name }}</td>
        <td>{{ s_age }}</td>
        <td>{{ varargs }}</td>
        <td>{{ kwargs }}</td>
    </tr>
{% endmacro %}

{% for stu in stus %}
    {{ print_stu_info(stu.id, stu.s_name, stu.s_age, 'info1', 'info2',
address='address info3') }}

{% endfor %}
```

示例 10-42 代码中，定义宏 print_stu_info 函数，并且该函数接收了 3 个参数，但是在调用宏时，传入的参数已多于宏定义的参数，多余的参数使用 varargs 和 kwargs 变量接收。当访问地址 http://127.0.0.1:8080/app/sel_all_stu/ 时，在浏览器中可以看到如图 10-4 所示的页面效果。

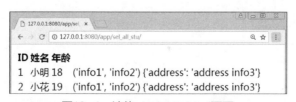

图10-4　渲染students.html页面

4.宏的导入

当一个宏被不同的模板引用时，通常会将宏的声明单独存放在一个模板文件中。其他的模板在有需要时只要使用类似在 Python 中引入包的方法即可引入宏。例如，将宏定义的 print_stu_info 函数存放在 functions.html 模板文件中，students.html 模板只需引入该宏定义的 print_stu_info 函数即可，具体代码如示例 10-43 所示。

【示例 10-43】在 FlaskProject1/templates/ 文件夹下创建 functions.html 模板文件，并调整 students.html 模板代码。

（1）functions.html 模板中代码如下。

```
{% macro print_stu_info(id, s_name, s_age) %}
    <tr>
        <td>{{ id }}</td>
        <td>{{ s_name }}</td>
        <td>{{ s_age }}</td>
        <td>{{ varargs }}</td>
        <td>{{ kwargs }}</td>
    </tr>
{% endmacro %}
```

（2）students.html 模板中代码如下。

```
{% from 'functions.html' import print_stu_info %}

{{ print_stu_info(stu.id, stu.s_name, stu.s_age, 'info1', 'info2', address='address
info3') }}
```

宏的导入方法类似于 Python 中引入包的方法，采用标签 {% from 文件名 import 宏函数 %} 的形式，{% import 宏函数 %} 的形式进行宏的导入。

10.5.5 逻辑控制

Flask 在渲染模板时，会对模板中的标签及变量进行解析。在前文的实例中已经使用到了循环控制语句 for，本节中将讲解其他的控制语句及语法，具体如下。

（1）运算：包括算数运算、比较运算、逻辑运算，如 {{ 3+3 }}、{{ 3/3 }}、{{ 6//3 }}。

（2）过滤器：使用管道符 |，如 {{ a|safe }}。

（3）测试器：使用 is。

（4）赋值：使用 set，如 {% set a=[1,2,3,4] %}。

（5）操作符：使用 in，如 {{ 30 in [1,3,20,40,30] }}。

（6）字符串连接符：使用 ~，如 {{ 'hello' ~ ' world' }}。

（7）条件控制语句：使用 if，如 {% if 条件 %} 代码块 1 {% elif %} 代码块 2 {% else %} 代码块 3 {% endif %}。

（8）循环控制语句：使用 for，如 {% for i in 迭代对象 %} 代码块 1{% else %} 代码块 2 {% endfor %}。

定义视图函数，在渲染页面中渲染数据，并使用逻辑控制实现示例 10-44 中的功能。

【示例 10-44】在 FlaskProject1/app/views.py 文件中定义视图函数 scores()，并返回 scores.html 模板和解析成绩列表参数，实现在模板中循环输出 scores 列表中的元素。如果当前循环中的元素是第一个元素则修改元素的颜色为红色，如果为最后一个则修改元素的颜色为黄色。

（1）在 FlaskProject1/app/views.py 文件中的视图函数定义如下。

```python
@blue.route('scores/', methods=['GET'])
def scores():
    scores = [10, 20, 56, 43, 56, 87, 98, 100]
    content_h2 = '<h2>hello Python</h2>'
    return render_template('scores.html', scores=scores)
```

（2）FlaskProject1/templates/scores.html 模板定义如下。

```html
{% extends 'base.html' %}

{% block content %}
    <table>
        <thead>
            <th> 序号 </th>
            <th> 成绩 </th>
        </thead>
        <tbody>
                {{ content_h2 }}

        {% for i in scores %}
            <tr>
                <td>{{ loop.index }}</td>
                <td>
                    {% if loop.first %}
                        <p style="color:red;"> {{ i }} </p>
                    {% elif loop.last %}
                        <p style="color:yellow;"> {{ i }} </p>
                    {% else %}
                        {{ i }}
                    {% endif %}
                </td>
            </tr>
            {% else %}
                    <p>scores 参数为空 </p>
        {% endfor %}
        </tbody>
    </table>
```

```
{% endblock %}
```

示例 10-44 中，使用了循环控制语句 for-else-endfor、条件判断语句 if-elif-else-endif、Jinja2 循环内置变量 loop.index。从示例中可以得出以下结论。

（1）Jinja2 模板中的标签在使用时，都需要使用结束标签来结束语句。如使用循环控制语句 for，结束循环时需要使用 {% endfor %}；使用判断控制语句 if，结束判断时需要使用 {% endif %}。

（2）循环控制语句 for 支持使用 else 语句。当循环判断 scores 变量为空时，则执行 else 语句。

（3）在 for 循环中可以访问 Jinja2 模板的内置变量。如循环迭代计数 loop.index、判断是否为循环的第一个元素 loop.first、判断是否为循环的最后一个元素 loop.last。

（4）使用条件控制语句 if 可以进行条件的判断，如果判断条件不成立则执行 else 语句。if 语句中的 elif、else 是可选的判断条件。

Jinja2 模板中的主要内置变量如表 10-5 所示。

表10-5　Jinja2模板中的内置变量

方法	描述
loop.index	循环迭代的计数，从1开始
loop.index0	循环迭代的计数，从0开始
loop.revindex	循环迭代的倒序计数，从迭代对象的长度到1结束
loop.revindex0	循环迭代的倒序计数，从迭代对象的长度−1到0结束
loop.first	是否为循环中的第一个元素，返回布尔类型True或False
loop.last	是否为循环中的最后一个元素，返回布尔类型True或False
loop.depth	当前循环在递归中的层级，从1开始
loop.depth0	当前循环在递归中的层级，从0开始

思考：

在 Jinja2 模板 for 循环中内置变量和 Django 中的 forloop.counter 是否存在几分相似？当然相似！因为在 Jinja2 模板中循环内部的 loop 变量和 Django 模板中的 forloop 变量都用于解析循环的次数。

10.5.6　过滤器

在 Flask 的模板中，可以使用过滤器对变量内容进行修改。例如，将变量的值首字母转换为大写、去掉值中所有的 HTML 标签、对值进行加减计算等。此外，过滤器还支持链式调用。

过滤器主要通过管道符 "|" 与变量连接在一起，示例 10-45 列举了常用的一些过滤器。

【示例 10-45】在 FlaskProject1/templates/scores.html 模板中新增如下代码。

```
<br>
    原始字符串 :{{ content_h2 }}
    关闭 HTML 自动转义 :{{ content_h2|safe }}
<br>
<br>
    原始字符串长度 :{{ content_h2|length }}
<br>
    去掉空格后字符串长度: {{ content_h2|trim|length }}
<br>
    首字母大写 : {{ 'hello python'| capitalize  }}
<br>
    字符串小写 : {{ 'HELLO Python' | lower }}
<br>
    字符串大写 : {{ 'hello Python' | upper }}
<br>
    字符串反转 : {{ 'hello Python' | reverse }}
<br>
    绝对值: {{ -1 | abs }}
<br>
    四舍五入取整 : {{ 66.6666 | round }}
<br>
    列表元素求和 : {{ [1,2,3,4] | sum }}
```

在浏览器中访问地址 http://127.0.0.1:8080/app/scores/ 时，可看到如图 10-5 所示页面。

图10-5　过滤器

Jinja2 模板中有非常丰富的过滤器，常用的过滤器如下。

（1）safe：关闭 HTML 自动转义。

（2）upper：将字符串转化为大写形式。如 {{ 'hello Python' | upper }}，结果为 'HELLO PY-THON'。

（3）lower：将字符串转化为小写形式。如 {{ 'hello Python' | lower }}，结果为 'hello python'。

（4）title：将字符串的每个单词首字母大写。如 {{ 'hello Python' | title }}，结果为 'Hello Python'。

（5）length：计算字符串的长度。如 {{ 'hello Python' | length }}，结果为 12。

（6）trim：去掉字符串前后的空格。如 {{ ' hello Python ' | trim }}，结果为 'hello Python'。

（7）round：四舍五入，可以接收两个参数。如向下取整到小数点后 1 位 {{ 16.66 | round (1,'floor') }}，结果为 16.6。

（8）abs：绝对值。如 {{-10 | abs }}，结果为 10。

（9）first：取第一个元素。如 {{ [1,2,3] | first }}，结果为 1。

（10）last：取最后一个元素。如 {{ [1,2,3] | last }}，结果为 3。

（11）sum：求和。如 {{ [1,2,3] | sum }}，结果为 6。

（12）sort：排序，默认为升序。如 {{ [4,3,1,2] | sort }}，结果为 [1,2,3,4]。

（13）capitalize：第一个单词首字母大写。如 {{ 'hello python' | capitalize }}，结果为 'Hello python'。

（14）reverse：将字符串反转。

（15）default：如果解析变量没有定义，则展示 default 中定义的字符串。如 {{ a| default('NOT DEFINED') }}。

10.5.7　分页

在 Flask Web 项目中分页功能是必不可少且非常简单的，如示例 10-46 中列举了 3 种实现分页功能的方式，每一页有 5 条数据信息。

（1）使用 offset 和 limit 方式实现分页功能。

（2）使用切片实现分页功能。

（3）使用 paginate 方式实现分页功能，在模板中有如下几种方法。

① items：获取当前页面中的记录数据。

② page：当前页码。

③ prev_num：上一页的页码。

④ next_num：下一页的页码。

⑤ has_next：如果有下一页返回 True，否则返回 False。

⑥ has_prev：如果有上一页返回 True，否则返回 False。

⑦ pages：查询总页数。

⑧ total：查询返回的总记录数。

⑨ iter_pages：返回可迭代对象，用于循环输出一共有多少页码。

采用 3 种方式实现学生数据的分页处理，如示例 10-46 所示。

【示例 10-46】在 FlaskProject1/app/views.py 文件中新增 stu_paginate() 视图函数，分别以 3 种方式实现分页功能。

```
@blue.route('paginate/', methods=['GET'])
def stu_paginate():
# 实现分页
page = int(request.args.get('page', 1))

# 使用 offset+limit 实现
stus = Student.query.offset((page - 1)*5).limit(5)

# 使用切片实现
stus = Student.query.all()[(page - 1)*5:page*5]

# 使用 paginate 实现
paginate = Student.query.paginate(page, 10)
stus = paginate.items

return render_template('stus.html', stus=stus, paginate=paginate)
```

在浏览器中访问地址 http://127.0.0.1:8080/app/paginate/?page=1 时，将调用视图函数 stu_paginate()，分别以 3 种方式进行分页处理，分析如下。

（1）使用请求上下文 request 获取 URL 中传递的 page 参数，并进行类型转换。

（2）使用 offset 方法和 limit 方法，其中 offset(value) 表示从第 value+1 个数据开始查询，limit(value) 表示截取 value 个数据。

（3）查询所有数据，其结果集为列表类型，通过对列表进行切片处理，即可实现分页功能。

（4）paginate() 方法接收两个参数，一个参数为查询某一页的页码，另一个参数为每一页中数据的条数。

在页面中渲染学生信息，并输出分页相关的页码信息，如示例 10-47 所示。

【示例 10-47】在 FlaskProject1/templates/ 文件夹下创建 stus.html 页面，并实现输出学生信息和展示页码等按钮。

```
<!DOCTYPE html>
<html lang="en">
<head>
    <meta charset="UTF-8">
    <title>学生列表页 </title>
</head>
<body>

<table>
    <thead>
        <th>ID</th>
        <th> 姓名 </th>
        <th> 年龄 </th>
    </thead>
```

```html
    <tbody>
        {% for stu in stus %}
            <tr>
                <td>{{ stu.id }}</td>
                <td>{{ stu.s_name }}</td>
                <td>{{ stu.s_age }}</td>
            </tr>
        {% endfor %}
        <tr>
            <td>
                当前页：{{ paginate.page }}
                当前总页数：{{ paginate.pages }}
            </td>
            <td>
                总条数：{{ paginate.total }}
            </td>
            <td>
                {% for i in paginate.iter_pages() %}
                    <a href="{{ url_for('app.stu_paginate') }}?page={{ i }}">{{ i
}}</a>
                {% endfor %}
            </td>
        </tr>
        <tr>
            <td>
                {% if paginate.has_prev %}
                    <a href="{{ url_for('app.stu_paginate') }}?page={{ paginate.
prev_num }}"> 上一页 </a>
                {% endif %}
                |
                {% if paginate.has_next %}
                    <a href="{{ url_for('app.stu_paginate') }}?page={{ paginate.
next_num }}"> 下一页 </a>
                {% endif %}
            </td>
        </tr>
    </tbody>

</table>


</body>
</html>
```

新手问答

问题1: 如何写出符合MVC模式的Flask项目?

答: 在 Flask 应用项目中，一个最小的应用只需 7 行代码。如果要开发一个小型的 Flask 项目，只需要一个 static 文件夹（用于存放静态资源 CSS、JS、images 等文件）、一个 templates 文件夹（用于存放模板文件）、一个实现代码功能的 py 文件。如果以这种方式构建项目结构，那代码完全不符合 MVC 模式。要开发出符合 MVC 模式的 Flask 项目架构，可借鉴 Django 的项目结构。首先创建启动项目文件 manage.py 和应用文件夹，定义初始化 __init__.py 文件、M（模型层）代表的模型 models.py 文件、V（视图层）代表的和用户交互的界面、C（控制器）代表的业务逻辑 views.py 文件。

问题2: Flask项目中如何加载静态资源和HTML模板?

答: 在 Flask 项目中会创建一个名为 manage.py 的文件，在文件中创建一个 Flask 类的实例，并传入 __name__ 参数，从而使 Flask 知道模板、静态文件等的存储位置。默认 Flask 会识别和当前 manage.py 文件同级别的 static 和 templates 目录。如果需要重新指定 static 和 templates 目录，则应在实例化 Flask 类时指定 static 和 templates 目录地址，具体如示例 10-48 所示。

【示例 10-48】自定义加载静态目录 static 和模板目录 templates。

```
# 基础路径
BASE_DIR = os.path.dirname(os.path.abspath(__file__))
# templates 路径
TEMPLATES_DIR = os.path.join(BASE_DIR, 'templates')
# static 路径
STATIC_DIR = os.path.join(BASE_DIR, 'static')

app = Flask(__name__,
                static_folder=STATIC_DIR,
                template_folder=TEMPLATES_DIR)
```

实战演练：使用flask-login实现用户的登录、注册、注销

【案例任务】

本案例将使用 Flask 框架的第三方 flask-login 库实现用户的登录、注册、注销功能。

【技术解析】

本案例中将使用 flask-login、SQLALchemy、flask_blueprint、flask_script 等第三方库，其中 flask-login 为 Flask 提供会话管理，用于实现用户登录、注销、记住用户等常用功能；SQLALchemy 用于数据库的连接与数据操作；flask_blueprint 用于实现模块化管理应用；flask_script 模块提供向 Flask 插入外部脚本的功能。

【实现方法】

在进行代码配置前需重新搭建名为 FlaskUserSystem 的 Flask 项目。目录代码结构如图 10-6 所示。

图10-6　Flask项目代码结构

目录代码结构分析如下。

（1）manage.py：Flask 项目的启动文件。

（2）templates：存放模板文件的目录，实现 MVC 模式中视图层 V 的代码功能。

（3）user：实现 MVC 模式中模型层 M（models.py）和逻辑控制层 C（views.py）的代码功能。

FlaskUserSystem 项目中功能实现的详细操作步骤如下。

步骤 1：在 manage.py 文件中定义数据库相关配置代码，如示例 10-49 所示。

【示例 10-49】 在 manage.py 文件中定义数据库配置、蓝图配置、登录配置等。

```
Import os

from flask import Flask
from flask_script import Manager

from user.models import db
from user.views import blue, login_manager

app = Flask(__name__)

# 注册蓝图
app.register_blueprint(blueprint=blue, url_prefix='/user')

# 数据库配置
app.config['SQLALCHEMY_DATABASE_URI'] = 'mysql+pymysql://root:123456@127.0.0.1:3306/
```

```
flask_login'
app.config['SQLALCHEMY_TRACK_MODIFICATIONS'] = False
app.config['SECRET_KEY'] = os.urandom(20)

# 登录管理，初始化 app
# 设置安全等级
login_manager.session_protection='strong'
# 登录认证不通过，则跳转到该地址
login_manager.login_view='user.login'
login_manager.init_app(app)

# 数据库 db，初始化 app
db.init_app(app)

# 管理 Flask 对象 app
manage = Manager(app=app)

if __name__ == '__main__':
    manage.run()
```

manage.py 作为启动文件，当执行 Flask Web 项目时，启动命令为 python manage.py runserver -h 127.0.0.1 -p 8080 -d，其中，-h 参数指定启动的 IP 地址，-p 参数指定启动的端口，-d 参数表示启动 debug 模式。

manage.py 文件中的代码结构分析如下。

（1）获取 Flask 对象 app，使用 flask_script 中的 Manager 类管理 app。启动 Flask 项目使用 Manager 类对象的 run() 方法。

（2）通过 Flask 对象 app 的 register_blueprint 方法进行蓝图注册。配置 url_prefix 参数指定访问 URL 规则的前缀地址。

（3）配置数据库。本案例使用 MySQL 数据库，因此连接数据库地址的格式为 dialect+driver:// username:password@host:port/database。

（4）配置登录管理。获取 flask_login 中的 LoginManager 类对象 login_manager，login_manager 对象有设置 Session 安全级别的 session_protection 属性和当登录验证不通过时用于重定向的 login_ view 属性。

（5）初始化 Flask 对象 app。

步骤 2：在 models.py 文件中定义用户模型 User，如示例 10-50 所示。

【示例 10-50】在 models.py 文件中定义用户模型 User，并继承 UserMixin。

```
from flask_login import UserMixin
from flask_sqlalchemy import SQLAlchemy


db = SQLAlchemy()
```

```
class User(UserMixin,db.Model):
    id = db.Column(db.Integer, primary_key=True)
    username = db.Column(db.String(80), unique=True, nullable=False)
    email = db.Column(db.String(120), unique=True, nullable=True)
    password= db.Column(db.String(128))

    def save(self):
        db.session.add(self)
        db.session.commit()
```

在示例 10-50 中 User 类定义了主键 id 字段、唯一标识 username 字段、唯一标识 email 字段、密码 password 字段，以及提交事务 save() 方法。

自定义 User 类必须实现以下的属性和方法，为了更轻松地实现 User 类，可以直接继承 User-Mixin。

（1）is_authenticated：如果用户已通过登录验证，则返回 True。

（2）is_activa：如果用户是一个活跃的用户，则返回 True。

（3）is_anonymous：校验当前用户是否是匿名用户，如果不是匿名用户则返回 False。

（4）get_id()：返回当前登录用户的唯一标识 id。需要注意的是，标识 id 为 unicode 编码。

步骤 3：在 views.py 文件中定义模型映射方法，如示例 10-51 所示。

【**示例 10-51**】在 views.py 文件中定义模型映射方法 create_db()、注册方法 register()、登录方法 login()、首页方法 index() 和注销方法 logout()。

在 views.py 文件中定义模型映射功能。

```
from flask import Blueprint, render_template, request, redirect, url_for
from flask_login import LoginManager, login_required, login_user, logout_user
from werkzeug.security import generate_password_hash, check_password_hash

from user.models import User, db

login_manager = LoginManager()

blue = Blueprint('user', __name__)


@blue.route('/create_db/')
def create_db():
    # 映射模型到数据库中
    db.create_all()
    return '创建表成功'
```

示例 10-51 中定义 create_db() 方法，实现将模型映射到数据库中，数据库中将会创建对应的数据表。SQLALchemy 的对象 db 有如下方法。

（1）create_all() 方法：将定义的模型映射到数据库中。

（2）drop_all() 方法：将数据库中的所有表删除。

步骤 4：在 views.py 文件中定义用户的注册功能，如示例 10-52 所示。

【示例 10-52】在 views.py 文件中定义用户注册功能。

```python
@blue.route('/register/', methods=['GET', 'POST'])
def register():
    if request.method == 'GET':
        return render_template('register.html')

    if request.method == 'POST':
        username = request.form.get('username')
        password = request.form.get('password')
        # 校验用户名和密码是否填写完成
        if not all([username, password]):
            return render_template('register.html')
        user = User()
        user.username = username
        # 密码加密
        user.password = generate_password_hash(password)
        user.save()
        return redirect(url_for('user.login'))
```

示例 10-52 中定义 register() 方法，实现用户的注册功能。具体分析如下。

（1）当用户发送 POST 请求时，从 request.form 中获取用户提交的用户名和密码，进行是否为空的简单验证。

（2）实例化 User 模型对象，并调用 generate_password_hash() 方法对密码进行编码。

（3）将数据库事务提交封装为 User 模型，通过调用 save() 方法实现提交事务。

步骤 5：在 views.py 文件中定义用户的登录功能，如示例 10-53 所示。

【示例 10-53】在 views.py 文件中定义用户登录功能。

```python
@login_manager.user_loader
def load_user(user_id):
    # 从数据库中加载用户
    return User.query.get(user_id)


@blue.route('/login/', methods=['GET', 'POST'])
def login():
    if request.method == 'GET':
        return render_template('login.html')

    if request.method == 'POST':
```

```
        username = request.form.get('username')
        password = request.form.get('password')
        # 校验用户名和密码是否填写完成
        if not all([username, password]):
            return render_template('login.html')
        # 通过用户名获取用户对象
        user = User.query.filter_by(username=username).first()
        # 校验密码是否正确
        if check_password_hash(user.password, password):
            # 实现登陆，将通过 login_user() 方法校验的 user 对象的信息保存在 Session 中
            login_user(user)
            return redirect(url_for('user.index'))
        else:
            return render_template('login.html')

        return redirect(url_for('user.index'))
```

示例 10-53 中代码分析如下。

（1）定义被装饰器 user_loader 装饰的回调函数，回调函数会接收一个存储在会话 Session 中的 user_id 值，并返回该 user_id 对应的 User 对象。如果 user_id 无效，该回调函数返回 None。被 user_loader 装饰的回调函数在调用登录方法 login_user() 和登录验证方法 login_required() 时会被调用。

（2）通过 check_password_hash() 方法实现密码的校验，如果校验成功，将调用 login_user(User 对象) 方法实现登录。

（3）调用 login_user() 方法实现登录。在会话 Session 中创建一个键值对，key 为 user_id，value 值为当前登录用户的 id 值。如果希望应用记住用户的登录状态，只需要为 login_user() 方法的形参 remember 传入 True 实参就可以了。

步骤 6：在 views.py 文件中定义用户登录功能和用户注销功能，如示例 10-54 所示。

【**示例 10-54**】在 views.py 文件中定义用户登录功能。

```
@blue.route('/index/')
@login_required
def index():
    return render_template('index.html')


# 退出
@blue.route('/logout/', methods=['GET'])
@login_required
def logout():
    logout_user()
    return redirect(url_for('user.login'))
```

示例 10-54 中的代码分析如下。

（1）登录校验：使用装饰器 login_required 进行登录校验。如果用户已经登录，则可以访问对应的视图函数；如果用户没有登录，则跳转到 login_manager.login_view 指定的路由地址。

（2）注销：通过调用 logout_user() 方法实现注销功能，核心逻辑就是清除会话 Session 中的 user_id 参数。

步骤 7：在 templates 文件夹中创建父模板与子模板，如示例 10-55 所示。

【示例 10-55】定义父模板 base.html 和子模板 index.html、login.html、register.html。

（1）父模板 base.html 定义如下。

```html
<!DOCTYPE html>
<html lang="en">
<head>
    <meta charset="UTF-8">
    <title>
        {% block title %}
        {% endblock %}
    </title>
    {% block css %}
    {% endblock %}

    {% block js %}
    {% endblock %}
</head>
<body>
    {% block content %}
    {% endblock %}
</body>
</html>
```

（2）子模板 index.html 定义如下。

```html
{% extends 'base.html' %}
{% block title %}
    首页页面
{% endblock %}

{% block content %}
    <p> 我是首页 </p>
    <p> 当前登录系统用户为 {{ current_user.username }}</p>
{% endblock %}
```

（3）子模板 login.html 定义如下。

```html
{% extends 'base.html' %}

{% block title %}
    登录页面
```

```
{% endblock %}

{% block content %}
    <form action="" method="post">
        姓名 :<input type="text" name="username">
        密码 :<input type="text" name="password">
        <input type="submit" value=" 提交 ">
    </form>
{% endblock %}
```

（4）子模板 register.html 定义如下。

```
{% extends 'base.html' %}

{% block title %}
    注册页面
{% endblock %}

{% block content %}
    <form action="" method="post">
        姓名 :<input type="text" name="username">
        密码 :<input type="text" name="password">
        <input type="submit" value=" 提交 ">
    </form>
{% endblock %}
```

示例 10-55 中定义父模板和子模板，通过 {% extends %} 和 {% block %} 将模板进行拆分，提高模板的灵活性和可维护性。

本章小结

本章讲解了 Flask 框架中的核心知识点，如 flask-script、flask-blueprint、flask-session、flask-login、flask-sqlalchemy、Jinja2 模板等。flask-script 可以将启动的脚本和程序分离开，flask-sqlalchemy 可以进行 MySQL 数据库的配置与模型定义。

第 11 章
高并发框架 Tornado

在 Python 众多优秀的 Web 框架中，Tornado 框架主要用于处理日趋严峻的高并发问题，它在创建、扩展及部署中都非常优秀。Tornado 框架在设计之初就考虑到性能问题，旨在解决 C10K 问题。

Tornado 是 Bret Taylor 等人为 FriendFeed 所开发的网络服务框架，得益于其非阻塞的方式和对 epoll 函数的运用，Tornado 可以处理数以千计的连接，是理想的实时通信 Web 框架。如果需要编写一个可扩展的应用、RESTful API 或异步，那么 Tornado 框架是首选。

通过本章内容的学习，读者将掌握以下知识。

- 掌握 Tornado 的安装与虚拟环境的配置
- 掌握路由中 HTTP 请求、路由映射、切入点函数、输入解析、响应输出
- 掌握模板和静态文件的配置、模板继承语法及静态资源加载
- 掌握 SQLALchemy 框架的安装与使用、模型定义、模型映射、ORM 编程
- 了解异步编程，即同步与异步的 Web 服务

11.1 认识Tornado

Tornado 是使用 Python 语言编写的一个 Web 框架，具备异步非阻塞的能力，不但可以支撑上万的并发连接，还支持长连接、WebSockets 和其他要求实时长连接的应用，以及提供网站开发的 API 接口等。

Tornado 的特点如下。

（1）可扩展的、强大的、轻量级的 Web 框架。

（2）旨在解决 C10K 问题，高并发高性能。

（3）异步非阻塞。

（4）内置高性能 HTTP 服务器。

11.1.1 安装Tornado

在前面的章节中有些项目会使用虚拟环境，虚拟环境解决了不同环境之间包管理混乱及包版本的冲突等问题，本节中 Tornado 项目所使用的虚拟环境统一为 tornadoenv（如果对虚拟环境搭建还有疑问，可以参考第 6 章内容。Tornado 的安装如示例 11-1 所示。

【示例 11-1】虚拟环境搭建及 Tornado 的安装

```
# 创建虚拟环境 tornadoenv
virtualenv --no-site-packages -p D:\python3\python.exe tornadoenv
# Windows 下激活虚拟环境
cd Scripts
activate
# 安装 Tornado
pip install tornado
```

使用 virtualenv 命令创建纯净的 tornadoenv 虚拟环境，并指定虚拟环境中的 Python 3 的版本。安装好虚拟环境 tornadoenv 并激活后，直接使用 pip install tornado 命令安装 Tornado 模块即可。除了使用 pip 命令安装 Tornado，还可以使用 easy_install 命令安装或直接从官网 http://www.tornadoweb.org 中下载 Tornado。

11.1.2 最简单的Tornado项目

Tornado 项目的创建和 Flask 项目的创建类似，只需要直接创建一个 FirstTornado.py 文件即可。创建 Tornado 项目代码如示例 11-2 所示。

【示例 11-2】最简单的 Tornado 项目。

```
import tornado.ioloop
import tornado.web
```

```
class MainHandler(tornado.web.RequestHandler):
    def get(self):
        self.write("Hello, world")


def make_app():
    return tornado.web.Application(handlers=[
        (r"/hello", MainHandler),
    ])


if __name__ == "__main__":
    app = make_app()
    app.listen(8888)
    tornado.ioloop.IOLoop.current().start()
```

示例 11-2 中编写的 Tornado 应用没有使用任何 Tornado 的异步功能，只是定义了一个 Main-Handler 类，并继承了 Tornado 的 RequestHandler 类。示例代码分析如下。

（1）MainHandler 类：MainHandler 类是 Tornado 的请求处理函数类，当处理一个请求时，Tornado 会实例化这个类，并调用与 HTTP 请求方法所对应的方法。示例 11-2 中的 MainHandler 类定义了 get 方法，也就是说当 HTTP 请求方式为 GET 时，MainHandler 类中的 get 方法将会被调用并作出响应。

（2）self.write() 方法：以一个字符串作为函数的参数，将字符串写入 HTTP 响应中。

（3）make_app() 方法：返回一个 Tornado 的 Application 类的实例，传递给 Application 类的 __init__ 方法中的最重要的参数就是 handlers，该参数会告知 Tornado 应该调用哪个类来处理响应。例如，本例中想调用 MainHandler 类中的 get 方法，则应该访问地址 http://127.0.0.1:8888/hello。

（4）app.listen(8888)：Application 对象被创建后，可以调用 listen() 方法来监听端口，如本例子中监听的端口为 8888。

（5）tornado.ioloop.IOLoop.current().start() 方法：用于创建一个 Tornado 的 IOLoop 的实例，并一直运行 Tornado 项目，用于接收处理客户端的访问请求。

在虚拟环境 tornadoenv 中运行 FirstTornado.py 文件，然后在浏览器中访问地址 http://127.0.0.1:8888/hello，可以看到如图 11-1 所示效果。

图11-1　最简单的Tornado项目

11.1.3　启动配置

示例 11-2 中创建了一个简单的 Tornado 应用，在给定的 8888 端口监听请求。通过访问地址 http://127.0.0.1:8888/hello 即可调用 MainHandler 类中定义的 get() 方法。此时应用中监听端口是固定的，需要将端口配置修改为动态配置。

Tornado 中包含了一个用于读取命令行的模块 tornado.options，可以使用 tornado.options 模块来指定应用监听 HTTP 请求的端口，如示例 11-3 所示。

【示例 11-3】读取命令行中的配置。

```
from tornado.options import define, options, parse_command_line

# 定义默认的端口
define('port', default=8000, type=int)
```

导入 tornado.options 模块的 define 函数，define 函数中接收了 3 个参数，分析如下。

（1）port：表示定义的 port 参数将成为全局 options 的一个属性。

（2）default：表示 port 属性的默认值。如果在启动命令行中没有指定 port 参数，则项目启动的端口默认为 8000；如果在启动命令行中指定了 port 参数，则使用命令行中的参数作为项目启动的端口。

（3）type：用于对参数类型进行校验，当不适合的参数类型被给予时会抛出异常。示例 11-3 中指定 type 为 int 类型，表示命令行中指定的 port 参数必须为整型。

修改启动命令行中传递的 port 参数，如示例 11-4 所示。

【示例 11-4】修改最简单的 Tornado 项目，并通过命令行启动。

```
import tornado.ioloop
import tornado.web
from tornado.options import define, options, parse_command_line

# 定义默认的端口
define('port', default=8000, type=int)


class MainHandler(tornado.web.RequestHandler):
    def get(self):
        self.write("Hello, world")


def make_app():
    return tornado.web.Application(handlers=[
        (r"/hello", MainHandler),
    ])
```

```
if __name__ == "__main__":
    # 解析命令行
    parse_command_line()
    # 获取 Application 对象
    app = make_app()
    # 监听端口
    app.listen(options.port)
    # 启动 IOLoop 实例
    tornado.ioloop.IOLoop.current().start()
```

在示例 11-4 中定义了 define() 方法，并指定了端口 port 的默认值及参数校验类型。在监听端口时，我们使用 options 模块来解析命令行，如果命令行中配置了 port 参数，则 options.port 模块将从命令行中取 port 参数的值；如果命令行中没有配置 port 参数，则从 define() 方法中取默认的 port 参数的值。

启动命令：python helloTornado2.py --port=8888。

11.2　路由

Tornado 的官网中对路由的定义有这样一句描述："A collection of request handlers that make up a web application." 即一个 Web 应用由请求处理器集合和路由表组成。在 tornado.web.Application 类中接收一个 handlers 参数，该参数由元组组成，每个元组中包含匹配模式 pattern 和处理器 handler。

当 HTTPServer 接收到一个 HTTP 请求时，服务端会从请求中解析出 URL 路由，然后去匹配路由表，如果能匹配到某个 pattern，则将此 HTTP 请求交给 pattern 对应的处理器 handler 处理。

11.2.1　动态路由映射

Tornado 框架是基于正则的动态路由映射，动态路由的定义方式和 Django 类似。动态路由可以定义为带参数形式和不带参数形式两种，可以使用 "(?P< 参数名 >)" 形式来设置请求处理器接收参数的指定名称。

1.带参数的路由

修改示例 11-4 中的 make_app() 函数，新增带参数的动态路由，并使用正则匹配规则 "(?P< 参数名 >)" 来设置接收参数的名称，如示例 11-5 所示。

【示例 11-5】定义指定参数名的动态路由。

```
class IndexHandler(tornado.web.RequestHandler):
```

```
        def get(self, month, year):
            self.write(' 日期 :%s 年 %s 月 ' % (year, month))


    def make_app():
        return tornado.web.Application(handlers=[
            (r"/index/(?P<year>\d{4})/(?P<month>\d{2})/", IndexHandler),
        ])
```

示例 11-5 中定义了接收参数的动态路由 "/index/(?P<year>\d{4})/(?P<month>\d{2})/"，例如，路由匹配规则会匹配 "/index/2018/11" 地址，其中 URL 中的参数 2018 和 11 会以参数的形式传递给 IndexHandler 类的 get() 方法，get() 方法可以通过设定的参数名来获取对应的参数值。如 year 的值为 2018，month 的值为 11。

示例 11-5 演示了设置接收指定参数名的动态路由，示例 11-6 将演示不指定参数名的动态路由。

【示例 11-6】定义接收参数的动态路由。

```
class NewIndexHandler(tornado.web.RequestHandler):
    def get(self, a, b, c):
        self.write('%s %s %s' % (a, b, c))


def make_app():
    return tornado.web.Application(handlers=[
        (r"/index2/(\d+)/(\d+)/(\d+)/", NewIndexHandler),
    ])
```

示例 11-6 中定义了接收 3 个参数的动态路由，如在浏览器中访问地址 "/index2/2018/11/7/"，则 URL 中的参数 2018、11 和 7 会以参数的形式传递给 NewIndexHandler 类的 get() 方法，get(self, a, b, c) 方法中接收了 3 个参数，其中 a 的值为 2018，b 的值为 11，c 的值为 7。

温馨提示：

传递带参数的 URL 需要注意以下两点。

（1）使用 (?P< 参数名 >) 来设置传递的参数名称，在继承 RequestHandler 类中的 get() 方法中接收参数的参数名可以任意排序。

（2）不指定动态路由中传递的参数名称，则在继承 RequestHandler 类中的 get() 方法中的第 1 个参数将取动态路由 URL 中第 1 个参数的值，第 2 个参数将取动态路由 URL 中第 2 个参数的值……依此类推。

2.不带参数的路由

在示例 11-7 中定义匹配根路径 "/" 的路由，并调用 MainHandler 类中的 get() 方法来响应这个请求。

【示例 11-7】定义不带参数的动态路由。

```
class MainHandler(tornado.web.RequestHandler):
```

```
    def get(self):
        self.write("Hello, world")


def make_app():
    return tornado.web.Application(handlers=[
        (r"/", MainHandler),
    ])
```

11.2.2　HTTP行为方法

在 11.2.1 小节的示例中，RequestHandler 类都自定义了一个 HTTP 方法的行为，但是处理同一个 URL 的时候，除了 GET 请求方式，也可能会提交 POST、PATCH 等请求方式，因此在自定义的 RequestHandler 类中还可以自定义 HTTP 请求的行为方法。常用的几种行为方法如下。

（1）RequestHandler.get(∗args, ∗∗kwargs)。

（2）RequestHandler.post(∗args, ∗∗kwargs)。

（3）RequestHandler.delete(∗args, ∗∗kwargs)。

（4）RequestHandler.patch(∗args, ∗∗kwargs)。

（5）RequestHandler.put(∗args, ∗∗kwargs)。

（6）RequestHandler.head(∗args, ∗∗kwargs)。

（7）RequestHandler.options(∗args, ∗∗kwargs)。

HTTP 请求的行为方法如示例 11-8 所示。

【示例 11-8】定义继承 RequestHandler 的子类的 HTTP 请求的行为方法。

```
class MainHandler(tornado.web.RequestHandler):
    def get(self, *args, **kwargs):
        self.write(" 处理 GET 请求 ")

    def post(self, *args, **kwargs):
        self.write(" 处理 POST 请求 ")

    def patch(self, *args, **kwargs):
        self.write(" 处理 PATCH 请求 ")

    def put(self, *args, **kwargs):
        self.write(" 处理 PUT 请求 ")

    def head(self, *args, **kwargs):
        self.write(" 处理 HEAD 请求 ")

    def options(self, *args, **kwargs):
```

```
        self.write(" 处理 OPTIONS 请求 ")

    def delete(self, *args, **kwargs):
        self.write(" 处理 DELETE 请求 ")
```

11.2.3　切入点函数

继承 tornado.web.RequestHandler 的子类中至少定义一个 HTTP 请求的行为方法，如 get() 函数、post() 函数等。这些与 HTTP 请求所对应的行为方法也被叫作切入点函数（Entry points）。

切入点函数除了 11.2.2 小节中定义的方法，还有如下 3 种方法。

（1）RequestHandler.initialize()：用于子类的初始化。

（2）RequestHandler.prepare()：在调用 get() 或 post() 方法之前被调用。

（3）RequestHandler.on_finish()：在请求结束后调用，用于实现清理内存、日志记录等功能。

切入点函数的定义和使用，如示例 11-9 所示。

【示例 11-9】切入点函数的调用。

```
import tornado.ioloop
import tornado.web
import tornado.httpserver
from tornado.options import define, options, parse_command_line

# 定义默认的端口
define('port', default=8000, type=int)


class MainHandler(tornado.web.RequestHandler):
    def initialize(self):
        self.name = 'Python'
        print(' 实例对象的初始化，并给 name 参数赋值 ')

    def prepare(self):
        print(' 在执行 HTTP 行为方法之前被调用 ')

    def get(self):
        print(' 执行 GET 方法 ')
        self.write("name: %s" % self.name)

    def on_finish(self):
        print(' 响应后调用此方法，用于清理内存或日志记录等 ')


def make_app():
    return tornado.web.Application(handlers=[
```

```
        (r"/", MainHandler),
    ])


if __name__ == "__main__":
    parse_command_line()
    app = make_app()
    app.listen(options.port)
    tornado.ioloop.IOLoop.current().start()
```

具体的步骤如下。

步骤 1：tornado.web.Application 根据 URL 寻找一个匹配的 RequestHandler 类，并初始化它。它的 __init__() 方法会调用子类中定义的 initialize() 方法。

步骤 2：根据不同的 HTTP 请求方式寻找该 handler 的 get/post() 等方法，并在执行前运行 pre-pare()。

步骤 3：调用 handler 的 finish() 方法，默认将会调用 on_finish() 方法，用于处理一些善后的事情（如关闭数据库连接）。

在 PyCharm 的控制台中可以看到如图 11-2 所示的输出效果。

实例对象的初始化，并给 name 参数赋值
在执行 HTTP 行为方法之前被调用
执行 GET 方法
[I 181108 23:17:17 web:2162] 200 GET / (127 .0.0.1) 87.00ms
响应后调用此方法，用于实现清理内存或日志记录等

图11-2　切入点函数执行流程

11.2.4　输入

在 Web 应用开发中最重要的是请求与响应，如何获取请求 URL 中传递的参数，以及如何响应都十分重要。前文中讲解了配置动态路由时，可通过定义 URL 传递参数。除此之外，还可以通过 get_argument() 方法获取参数值。

语法如下。

get_argument(name, default, strip=True)：返回具有给定名称 name 的参数的值

参数说明：如果参数 name 出现在 URL 中，则获取最后一个 name 参数对应的值；如果在 URL 中没有定义参数 name，则返回 default 值。strip 参数表示删除字符串两边的空格。

get_arguments(names, strip=True)：返回具有给定名称 name 的参数列表

strip 参数表示删除字符串两边的空格。

获取 GET 请求传递的参数，如示例 11-10 所示。

【示例 11-10】获取 GET 请求传递的参数。

```python
import tornado.ioloop
import tornado.web
from tornado.options import define, options, parse_command_line

# 定义默认的端口
define('port', default=8000, type=int)


class MainHandler(tornado.web.RequestHandler):
    def get(self, *args, **kwargs):
        # 获取请求 URL 中传递的 name 参数
        name = self.get_argument('name', ' 小明 ')
        self.write("Hello, %s" % name)


def make_app():
    return tornado.web.Application(handlers=[
        (r"/hello", MainHandler),
    ])


if __name__ == "__main__":
    parse_command_line()
    app = make_app()
    app.listen(options.port)
    tornado.ioloop.IOLoop.current().start()
```

示例 11-10 中定义 get_argument() 方法用以捕获请求 URL 中传递的参数，分析如下。

（1）self.get_argument('name', default) 方法用于获取请求 URL 中传递的参数，如果获取不到 URL 中传递的 name 参数，则返回默认值。

（2）如果访问地址为 http://127.0.0.1:8000/hello，使用 self.get_argument('name', default) 方法获取不到请求 URL 中的 name 参数，则返回 default 默认值。

（3）如果访问地址为 http://127.0.0.1:8000/hello?name= 小王，则使用 self.get_argument('name', default) 方法获取请求 URL 中的 name 参数，返回值为"小王"。

温馨提示：

使用 get_argument 和 get_arguments 方法获取的是提交 GET 请求时 URL 中传递的参数和 POST 请求提交的参数的集合。

获取请求 URL 中传递的参数还有以下的几种语法。

get_query_argument(name)

和 get_argument 语法相似，但该方法只能从 URL 中获取传递的参数值。

```
get_query_arguments(name)
```

和 get_arguments 语法相似，只能从 URL 中获取传递的参数，返回的结果是列表。

```
get_body_argument(name)
```

和 get_argument 语法相似，但只能从 POST 请求中获取提交的参数。

```
get_body_arguments(name)
```

和 get_arguments 语法相似，只能从 POST 请求中获取提交的参数，返回的结果是列表。

由此我们可以总结出开发中常用的方法是 get_argument 方法和 get_arguments 方法，它们是 get_query_argument、get_query_arguments 和 get_body_argument、get_body_arguments 的合集。

11.2.5 输出

在 Web 开发中如何正确地响应请求并将请求结果返回给浏览器是非常重要的，前文中讲解到如何接收输入的参数信息，本小节将讲解如何做出正确的响应并输出到浏览器中。常用的响应输出语法如下。

```
set_status(status_code, reason=None)
```

设置响应的状态码，如果有描述信息，则赋值给 reason 参数。

```
set_header(name, value)
```

设置给定的 HTTP 响应中的 header 名称和值，如果 header 中已存在设置的名称，则覆盖 header 的值。

```
write()
```

将给定的块写入输出缓冲区，并发送给客户端（浏览器）。如果写入的内容为字典，数据将以 JSON 的格式发送给客户端，并同时将响应的 Content-Type 设置为 application/json。

```
render(template_name, **kwargs)
```

用于渲染模板，template_name 参数表示需要渲染的模板文件的名称。

```
redirect(url, permanent=False, status=None)
```

用于重定向，url 参数表示重定向的 URL 地址。

使用 redirect 方法，实现跳转到指定的地址，如示例 11-11 所示。

【示例 11-11】实现跳转。

```
import tornado.ioloop
import tornado.web
from tornado.options import define, options, parse_command_line

# 定义默认的端口
define('port', default=8000, type=int)
```

```python
class HelloHandler(tornado.web.RequestHandler):
    def get(self, *args, **kwargs):
        self.write("hello tornado")
        self.write('<br/>')
        self.write(" 实现从路由 '/redirect/' 跳转到本方法中 ")


class RedirectHandler(tornado.web.RequestHandler):
    def get(self, *args, **kwargs):
        # 使用 redirect 方法，跳转到根路径 "/" 地址
        self.redirect('/')


def make_app():
    return tornado.web.Application(handlers=[
        (r"/redirect/", RedirectHandler),
        (r"/", HelloHandler),
    ])


if __name__ == "__main__":
    parse_command_line()
    app = make_app()
    app.listen(options.port)
    tornado.ioloop.IOLoop.current().start()
```

在浏览器中访问地址 http://127.0.0.1:8000/redirect/ 时，路由匹配规则会自动匹配 URL 路由表，并调用处理器 RedirectHandler 中的 HTTP 行为方法 get()，在该方法中进行跳转处理，使用 redirect(url) 方法跳转到指定 URL 地址。在 HelloHandler 的 get() 方法中使用 self.write() 方法向缓存中写入数据，当函数结束后才将缓存中的数据渲染到页面中。

输出语法的介绍如表 11-1 所示。

表11-1　输出语法

语法	描述
add_header(name,value)	添加HTTP响应中的header参数
clear_header(name)	清空HTTP响应中header中所有的信息
finish(chunk=None)	告知Tornado响应已经完成，chunk参数表示传递给客户端的 HTTP body。finish()方法适用于异步请求处理
send_error(status_code=500)	将给定的HTTP错误代码发送给浏览器

续表

语法	描述
wirte_error()	自定义错误页面
clear()	清楚写入header和body的内容
flush()	将当前缓冲区数据刷新到网络
set_cookie(name,value)	以键值对的形式设置Cookie值
clear_all_cookies(path="/",do-main=None)	清空本次请求中所有Cookies
cookies	获取所有的Cookies内容
get_cookie(name,default)	返回具有给定名称的Cookie的值，如果获取不到，则返回default参数

11.3　模板与表单

Tornado 框架作为一种 Web 框架，旨在快速地构建一个 Web 应用。Tornado 足够灵活小巧，可以使用几乎所有 Python 支持的模板语言，并且其自身也提供了一个灵活的、轻量级的模板语言。

11.3.1　模板加载

Tornado 在 tornado.templates 模块中提供了一个轻量级的模板语言。当 Tornado 项目需要查找模板文件时，只需向 Application 对象的 __init__ 方法中传递一个 template_path 参数，即 template_path=os.path.join(os.path.dirname(__file__), "templates")，告诉 Tornado 在与当前文件同级的 templates 文件夹中查找模板文件。

模板语法的使用如示例 11-12 所示。

【示例 11-12】模板加载并渲染页面。

```
import os

import tornado.ioloop
import tornado.web
from tornado.options import define, options, parse_command_line

# 定义默认的端口
```

```
define('port', default=8000, type=int)


class IndexHandler(tornado.web.RequestHandler):

    def get(self):
        self.render('index.html')


    def make_app():
        return tornado.web.Application(
            handlers=[(r"/", IndexHandler)],
            template_path=os.path.join(os.path.dirname(__file__), "templates")
        )


if __name__ == "__main__":
    # 解析命令行
    parse_command_line()
    # 获取 Application 对象
    app = make_app()
    # 监听端口
    app.listen(options.port)
    # 启动 IOLoop 实例
    tornado.ioloop.IOLoop.current().start()
```

示例 11-12 中定义了 template_path 参数，用以告知 Tornado 模板文件的位置。在解析切入点 get() 函数中使用 render() 方法来告诉 Tornado 要读取并渲染的模板文件，并将模板文件渲染给浏览器。本示例中，self.render('index.html') 告诉 Tornado 在 templates 文件夹中查找 index.html 页面，并渲染给浏览器。

在 templates 文件夹下定义模板文件 index.html，如示例 11-13 所示。

【示例 11-13】定义 index.html 模板文件。

```
<!DOCTYPE html>
<html lang="en">
<head>
    <meta charset="UTF-8">
    <title>Title</title>
</head>
<body>
    <p> 加载模板页面 </p>
</body>
</html>
```

启动项目并在浏览器中访问地址 http://127.0.0.1:8000，可以看到如图 11-3 所示效果。

图11-3　渲染模板

11.3.2　模板继承

在 Web 开发中为了提高模板的灵活性和重用性，通常会用到模板继承。在 Tornado 中可以使用 extends 和 block 语句块来定义模板继承。Tornado 的模板继承方式和 Django 框架或 Flask 框架的模板继承有相似之处。首先创建一个基本的"骨架"——父模板，在父模板中定义 block 语句，而子模板只需继承父模板，并重写对应的 block 语句即可。

语法如下。

```
block 块定义：{% block name %} {% end %}
继承：{% extends '父模板页面' %}
```

定义父模板 base.html 与子模板 index.html，如示例 11-14 所示。

【示例 11-14】修改示例 11-13 中的 index.html 页面，使用继承的方法继承父模板 base.html 页面。

（1）父模板 base.html 页面的定义代码。

```html
<!DOCTYPE html>
<html lang="en">
<head>
    <meta charset="UTF-8">
    <title>
        {% block title %}
        {% end %}
    </title>

    {% block css %}
    {% end %}

    {% block js %}
    {% end %}
</head>
<body>
    {% block header %}
    {% end %}

    {% block content %}
    {% end %}
</body>
```

```
</html>
```

父模板 base.html 只需要定义网站的大体结构及可以被子模板重写的 block 块标签即可。子模板只需继承 base.html 页面，并自定义父模板 base.html 中的 block。

（2）子模板 index.html 页面的定义代码。

```
<!-- 继承父模板 base.html-->
{% extends 'base.html' %}

<!-- 重写名为 content 的 block 块内容 -->
{% block content %}
    <p>加载模板页面</p>
{% end %}
```

在浏览器中运行示例 11-14 所示代码，可以发现模板在修改为继承之后与修改前的效果没变化。通过继承来修改模板以后，可以给开发带来很大的灵活性，大大提高模板的可维护性。

11.3.3 模板语法

Tornado 的模板语法在一定程度上与 Django 和 Flask 的模板语法是非常相似的。模板中可以使用 Python 表达式和控制语句进行标记和动态的输出信息。在模板中填充 Python 变量的值，可以使用双大括号来渲染；而在模板中使用 Python 表达式和循环语句，则需要使用 {% 表达式 %} 语法。

语法如下。

解析标签：

```
{% 标签 %} {% end %}
```

标签有 if、for、while、try、set 等。

解析变量：

```
{{ 变量 }}
```

注解：

```
{# 注解内容 #}、{% comment 注解内容 %}
```

这两种方式都可以注解内容，且注解的内容在页面源码中不会出现。

1.for 标签

for 标签用于循环解析变量中的数据，语法如下。

```
{% for a in  b %}
 内容体
{% end %}
```

在页面中使用 for 标签动态渲染数据，如示例 11-15 所示。

【示例 11-15】修改示例 11-12 中代码，渲染 temp.html 页面，并动态刷新传递给页面的参数。

```
class TempHandler(tornado.web.RequestHandler):
```

```
    def get(self):
        items = ['Python', 'Html', 'Django', 'Flask', 'Tornado']
        self.render('temp.html', items=items)


def make_app():
    return tornado.web.Application(
        handlers=[(r"/temp/", TempHandler),],
        template_path=os.path.join(os.path.dirname(__file__), "templates")
    )
```

示例 11-15 中使用 self.render() 方法渲染 temp.html 页面，并绑定需在页面中解析的参数 items。
在页面 temp.html 中解析 items 参数，如示例 11-16 所示。

【示例 11-16】temp.html 页面代码。

```
<!-- 继承父模板 base.html-->
{% extends 'base.html' %}


<!-- 重写名为 content 的 block 块内容 -->
{% block content %}
    {% for i in items %}
        <p>{{ i }}</p>
    {% end %}
{% end %}
```

2.if 标签

在 temp.html 页面中判断循环的 items 参数，如果当前 for 循环解析的变量为 'Python'，则添加
展示的样式，将变量修改为红色。判断条件可以使用 if 标签，语法如下。

```
{% if 判断条件 %} 内容体 {% end %}
{% if 判断条件 %} 内容体 {% else %} 内容体 {% end %}
{% if 判断条件 %} 内容体 {% elif 判断条件 %} 内容体 {% else %} 内容体 {% end %}
```

使用 if 标签进行条件判断，如示例 11-17 所示。

【示例 11-17】修改 temp.html 页面代码，使用 if 标签判断执行条件。

```
<!-- 继承父模板 base.html-->
{% extends 'base.html' %}


<!-- 复写名为 content 的 block 块内容 -->
{% block content %}
    长度为 {{ len(items) }}
    <br>
    第一个元素为 {{ items[0] }}
    <br>
    遍历 items 中每一个元素：
    {% for i in items %}
```

```
        {% if i == 'Python' %}
            <p style="color:red;">{{ i }}</p>
        {% elif i == 'Flask' %}
            <p style="color:yellow;">{{ i }}</p>
        {% else %}
            <p>{{ i }}</p>
        {% end %}
    {% end %}
    <!--while 循环 -->
{% end %}
```

温馨提示：

在示例 11-17 的模板中解析 items 参数时，可以使用 Python 语法进行解析，如 len(items) 计算 items 变量的长度，items[0] 通过下标取出 items 列表中的第一个元素等。

3.while 标签

在模板中还可以使用 while 循环判断，语法和在 Python 中的语法相同。while 循环中还可以使用 {% break %} 和 {% continue %} 进行跳出循环的操作。

while 循环语法如下。

```
{% while 循环条件 %} 内容体 {% end %}
```

使用 while 标签进行循环输出变量操作，如示例 11-18 所示。

【示例 11-18】修改 temp.html 页面代码，使用 while 循环依次输出 items 变量中的每一个元素。

```
<!-- 继承父模板 base.html-->
{% extends 'base.html' %}

<!-- 复写名为 content 的 block 块内容 -->
{% block content %}
    <!--while 循环 -->
    while 循环前 items 中元素为 {{ items }}
    <br>
    {% while len(items) %}
        {{ items.pop() }}
        <br>
    {% end %}
    while 循环后 items 中元素为 {{ items }}
{% end %}
```

启动项目并在浏览器中访问地址 http://127.0.0.1:8000/temp/，可以看到如图 11-4 所示效果。

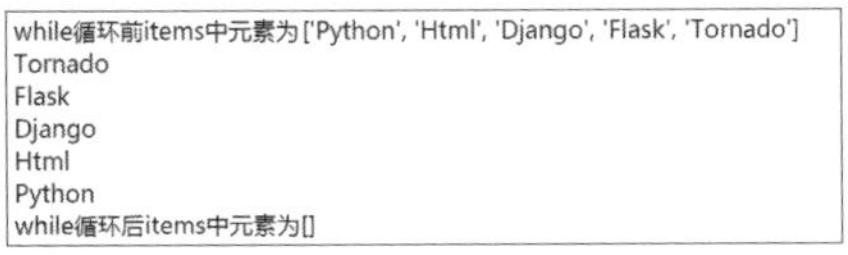

```
while循环前items中元素为 ['Python', 'Html', 'Django', 'Flask', 'Tornado']
Tornado
Flask
Django
Html
Python
while循环后items中元素为[]
```

图11-4　while循环

4.set 标签

在模板中可以设置局部变量，语法如下。

```
{% set a=b %}
```

设置局部变量 a，且 a 的值为 b。

使用 set 标签进行变量的赋值操作，如示例 11-19 所示。

【示例 11-19】修改 temp.html 页面代码，设置变量 n 并赋值为 1。

```
<!-- 继承父模板 base.html-->
{% extends 'base.html' %}

<!-- 复写名为 content 的 block 块内容 -->
{% block content %}
    <!--set 赋值 -->
    {% set n = 1 %}
    {{ n }}
{% end %}
```

5.try 标签

在模板中可以定义异常处理 try 来捕获异常，并进行对应的处理。模板中的异常处理 try 语法和 Python 中的异常捕获 try 语法是一致的。

语法如下。

```
{% try %} 内容体 {% except %} 内容体 {% else %} 内容体 {% finally %} 内容体 {% end %}
```

使用 try 标签进行异常捕获，如示例 11-20 所示。

【示例 11-20】修改 temp.html 页面代码，使用 try 语法捕获异常，并进行相关处理。

```
<!-- 继承父模板 base.html-->
{% extends 'base.html' %}

<!-- 复写名为 content 的 block 块内容 -->
{% block content %}
    <!--try-->
    {{ items }}
    {% try %}
        {{ items[10] }}
    {% except %}
        <p>items 列表取元素异常 </p>
    {% else %}
        <p>items 取值结束 </p>
    {% finally %}
        <p>finally 必须执行 </p>
    {% end %}
{% end %}
```

11.3.4 静态文件

在 Web 开发中，层叠样式的使用令页面变得绚丽多彩，其中层叠样式的加载可以通过外链的形式进行导入。在 Tornado 项目中可以向 Appication 类的构造函数中传递一个 static_path 参数，用以告知 Tornado 从 static_path 参数指定的路径去加载静态文件。修改示例 11-12 中的代码，并配置静态 static_path 路径，如示例 11-21 所示。

【示例 11-21】配置静态文件路径。

```python
def make_app():
    return tornado.web.Application(
        handlers=[
            (r"/", IndexHandler),
            (r"/temp/", TempHandler),
        ],
        template_path=os.path.join(os.path.dirname(__file__), "templates"),
        static_path=os.path.join(os.path.dirname(__file__), 'static')
    )
```

通过设置 static_path 路径参数，将当前应用目录下的 static 子目录作为静态文件。在模板中可通过 Tornado 模板提供的 static_url 函数来生成 static 目录下文件的 URL 地址，在页面中加载静态文件（默认在 static 文件夹下的 style.css 文件）的方法如示例 11-22 所示。

【示例 11-22】修改 index.html 页面代码，并加载 static 文件夹下的样式 style.css 文件。

```html
<!-- 继承父模板 base.html-->
{% extends 'base.html' %}

{% block css %}
    <!-- 第 1 种加载方式：硬编码 -->
    <link rel="stylesheet" href="/static/style.css">

    <!-- 第 2 种加载方式：使用 static_url-->
    <link rel="stylesheet" href="{{ static_url('style.css') }}">

{% end %}

<!-- 重写名为 content 的 block 块内容 -->
{% block content %}
    <p> 加载模板页面 </p>
{% end %}
```

示例 11-22 中分别通过两种方式来加载层叠样式 style.css 文件：硬编码和 static_url。使用这两种方式来加载样式，最终的效果是一样的，但是这并不说明二者没有区别。这两种方法的区别如下。

（1）硬编码：引入固定的 style.css 文件地址。写法固定，如果改变静态文件目录，由 static 修改为 static_file，则需要将每一个页面中引用静态资源文件的硬编码地址都修改一遍。

（2）使用 static_url 生成静态 URL 地址：通过源码可以发现，调用 static_url 生成静态文件的 URL 地址为 <link rel="stylesheet" href="/static/style.css?v=fff729bfd91bc81011839847c8b509f0">，从解析的 href 地址中可以发现在 URL 地址后生成了一个参数 v。参数 v 是 static_url 函数创建的一个基于文件内容的 hash 值，这个 hash 值确保浏览器总是加载这个 style.css 的最新版，而不是加载缓存中的 style.css 文件。

11.4　数据库

在 Web 开发中，数据的存储与读取都离不开数据库的支持，本节将使用 MySQL 作为数据库，并使用 PyMySQL 驱动来连接 MySQL。当然还有很多数据库可以用于 Web 开发的数据存储，例如 Redis，MongoDB 等。开发中常用 ORM 将数据库中的表和面向对象语言中的模型类建立一种对应关系，从而达到操作数据库中表信息的目的。

11.4.1　数据库配置

SQLALchemy 是最成熟、最常用的 ORM 工具之一，本小节将使用 SQLALchemy 连接 MySQL，并讲解 ORM 的操作（SQLALchemy 的使用可以参考本书第 10 章中微框架 Flask 的有关内容）。

1.安装

数据库配置前需要安装 SQLALchemy 和 PyMySQL，可以使用包管理工具 pip 进行安装。SQLALchemy 和 PyMySQL 的安装方法如示例 11-23 所示。

【示例 11-23】安装。

```
pip install sqlalchemy
pip install pymysql
```

2.连接

使用 SQLALchemy 连接不同的数据库需要配置不同的格式，连接不同数据库的格式可以从官网上查询，flask-sqlalchemy 地址为 http://www.pythondoc.com/flask-sqlalchemy/config.html。

本案例中连接的是 MySQL 数据库，连接语法如下。

```
dialect+driver://username:password@host:port/database
```

此语法中，dialect 为数据库类型，driver 为数据库驱动名称，username 为账号，password 为密码，host 为主机 IP 地址，port 为端口，database 为 MySQL 中数据库名称。

使用 SQLALchemy 连接 MySQL 数据库，配置代码如示例 11-24 所示。

【示例 11-24】数据库连接配置。

```
from sqlalchemy import create_engine

# 数据库连接
db_url = 'mysql+pymysql://root:123456@127.0.0.1:3306/tornado_db'

# 创建引擎
engine = create_engine(db_url)
```

示例 11-24 中定义了连接本地 3306 端口的 MySQL 中的 tornado_db 数据库，并通过 create_engine() 方法创建引擎，用以初始化数据库连接。

11.4.2　数据库模型定义与映射

模型的创建是对现实世界中实物的抽象化，如示例 11-25 将创建学生对象的抽象化模型，并定义学生模型中具备的 3 个字段：自增主键 id 字段、唯一姓名 s_name 字段、默认为 19 的年龄字段。

【示例 11-25】学生模型定义。

```
from sqlalchemy.ext.declarative import declarative_base
from sqlalchemy import Column, Integer, String

# 创建对象的基类，用以维持模型类和数据库表中的对应关系
Base = declarative_base()

class Students(Base):
    id = Column(Integer, primary_key=True, autoincrement=True)
    s_name = Column(String(10), unique=False, nullable=False)
    s_age = Column(Integer, default=19)

    __tablename__ = 'students'
```

温馨提示：

模型类的定义必须继承基类 Base。模型中 __tablename__ 参数如果不定义则表示将模型映射到数据库中时，表名称为模型名 Students 的小写，即表名为 students。

Student 模型定义后将模型映射到数据库 tornado_db 中，可以定义如示例 11-26 所示的方法。

【示例 11-26】创建、删除数据表。

```
# 创建数据表
Base.metadata.create_all()

# 删除数据表
Base.metadata.drop_all()
```

Base.metadata.create_all() 方法将找到所有 Base 的子类，并在数据库中创建这些子类对应的表，而 drop_all() 表示删除这些表。

11.4.3　ORM编程

在前两个小节中分别定义了数据库的连接配置、模型 Students、初始化模型映射到数据库中的表。本小节中将使用 SQLALchemy 的 ORM 进行数据表中数据的增删改查操作（由于微框架 Flask 中使用的 ORM 框架也为 SQLALchemy，因此在 Tornado 中使用 SQLALchemy 的 ORM 操作可借鉴 10.4.4 小节的内容）。

使用 SQLALchemy 的 ORM 操作数据库需创建数据库会话对象，创建方式如示例 11-27 所示。

【示例 11-27】创建会话对象。

```
from sqlalchemy.orm import sessionmaker

# 创建和数据库连接的会话
DbSession = sessionmaker(bind=engine)
# 创建会话对象
session = DbSession()
```

示例 11-27 中获取到会话对象 session 后，可以通过会话对象实现对数据库中数据的增删改查操作。

1.增加数据

会话对象 session 可实现数据库中数据的新增操作，操作语法如下。

会话对象 session.add(对象)：添加新增的对象
会话对象 session.add_all(对象列表)：批量添加新增的对象

使用会话对象创建学生表中的信息，如示例 11-28 所示。

【示例 11-28】创建学生信息。

```
# 第 1 种方式添加
stu = Students()
stu.s_name = u' 小四 '
session.add(stu)
session.commit()

# 第 2 种方式批量添加
stu_list = []
for i in range(5):
    stu = Students()
    stu.s_name = ' 小明 _%s' % i
    stu_list.append(stu)
session.add_all(stu_list)
```

```
session.commit()
```

2.查询数据

会话对象 session 可实现数据库中数据的查询操作，操作语法如下。

```
all(): 查询所有数据
filter(): 过滤出符合条件的数据，可以多个 filter() 方法一起调用
filter_by(): 过滤出符合条件的数据，可以多个 filter_by() 方法一起调用
get(): 获取指定主键的行数据
```

使用 all()、filter() 等方法实现数据表中数据的查询操作，如示例 11-29 所示。

【示例 11-29】查询所有学生信息。

```
# 获取所有的学生对象
stu = session.query(Students).all()

# 获取名字为小明的学生对象
stu = session.query(Students).filter(Students.s_name == ' 小明 ').first()
stu = session.query(Students).filter_by(s_name=' 小明 ').first()
```

示例 11-29 中通过 all() 方法、filter() 方法、first() 方法进行结果的筛选获取，分析如下。

（1）获取满足条件的数据，可以使用 filter() 方法和 filter_by() 方法，二者接收的参数略有不同。filter() 方法中接收的参数为 ' 模型名 . 查询的字段 '，而 filter_by() 中接收的参数为查询的字段。

（2）获取所有的学生信息，可以使用 all() 方法，返回结果为列表。

3.删除数据

会话对象 session 可实现数据库中数据的删除操作，操作语法如下。

```
delete(): 删除对象
```

使用 delete() 方法实现数据表中数据的删除操作，如示例 11-30 所示。

【示例 11-30】删除学生对象

```
# 第1种方式
stu = session.query(Students).filter(Students.s_name == ' 小明 ').first()
session.delete(stu)
session.commit()

# 第2种方式
session.query(Students).filter_by(s_name=' 小明 ').delete()
session.commit()
```

4.修改数据

数据表中的数据可使用会话对象 session 进行更新操作，也可调用 update() 方法进行更新操作。操作语法如下。

```
update(): 更新数据，以键值对的形式更新字段参数。如 update({key1:value1, key2:value2})
```

更新学生表中的数据，如示例 11-31 所示。

【示例 11-31】修改学生信息。

```
# 第 1 种方式
stu = session.query(Students).filter(s_name=' 小明 ').first()
stu.s_name = ' 小李 '
session.add(stu)
session.commit()

# 第 2 种方式
session.query(Students).filter(s_name=' 小明 ').update({'s_name': ' 小李 '})
session.commit()
```

温馨提示：

示例 11-31 通过数据库会话对象 session 实现了数据的增删改查操作。在增删改操作中通过修改学生对象，并调用 commit() 方法实现了数据的持久化操作，将会话中的数据提交给数据库进行持久化保存。

11.5   异步Web服务

Tornado 是 Python 编写的 Web 服务，在处理庞大的网络流量时表现得非常强悍，强大、易扩展，通过非阻塞的方式和对 epoll 的运用，可以处理数以千计的连接，是理想的实时通信 Web 框架。在 11.1 小节 ~11.4 小节中构建的 Tornado Web 服务是基于同步的，而本节将编写基于异步的 Web 服务。

11.5.1   同步

大多数 Web 应用都采用了阻塞的方式，当一个耗时的请求被处理时，整个进程将会被阻塞，直到该请求响应。解决阻塞问题，可以通过启动多进程进行处理，也可以使用异步编程来处理。示例 11-32 模拟了同步调用必应浏览器的搜索接口，并显示响应时间。

Tornado Web 的同步功能，如示例 11-32 所示。

【示例 11-32】同步 Tornado Web 服务。

```
import tornado.httpserver
import tornado.ioloop
import tornado.options
import tornado.web
import tornado.httpclient
from tornado.options import parse_command_line
import datetime
```

```
from tornado.options import define, options
define("port", default=8080, help="run on the given port", type=int)


class IndexHandler(tornado.web.RequestHandler):
    def get(self):
        # 获取 URL 中的 q 参数
        query = self.get_argument('q')
        # 获取 HTTPClient 类对象, 并调用 fetch() 方法获取源码
        client = tornado.httpclient.HTTPClient()
        response = client.fetch("https://cn.bing.com/search?q={}".format(query))
        body = response.body
        now = datetime.datetime.utcnow()
        self.write("""
            <div style="text-align: center">
                <div style="font-size: 72px">%s</div>
                <div style="font-size: 144px">%s</div>
            </div>""" % (query, now))


def make_app():
    return tornado.web.Application(handlers=[
        (r"/", IndexHandler),
    ])


if __name__ == "__main__":
    parse_command_line()
    app = make_app()
    http_server = tornado.httpserver.HTTPServer(app)
    http_server.listen(options.port)
    tornado.ioloop.IOLoop.instance().start()
```

示例 11-32 中定义了一个 IndexHandler 类用于处理访问根路径时的请求，在 IndexHandler 类的
get() 方法中通过 self.get_argument('q') 方法获取访问 URL 中的参数 q。通过实例化 HTTPClicent 类
的对象，并调用对象的 fetch() 方法来获取响应 HTTPResponse 对象，其 body 属性包含整个页面的
源码信息。最后返回给浏览器一个简单的 HTML 页面。

示例 11-32 中虽然定义了一个简单的搜索功能，而且当访问根路径时，程序本身响应也足够快，
但如果遇到网络延迟，程序要每隔 2 秒才响应一个请求，这样的设计肯定不能解决 C10K 问题。为
了凸显性能问题，可以使用 apache 的 ab 命令模拟多线程并发请求，测试服务器压力。

启动 Tornado 项目，执行压力测试命令：ab -c 10 -n 1000 http://127.0.0.1:8080/?q=python。其
中，-c 参数表示模型 10 个并发，相当于 10 个人同时访问统一地址；-n 参数表示发出 1000 个请求。
测试结果如图 11-5 所示。

```
Server Software:        TornadoServer/5.1.1
Server Hostname:        127.0.0.1
Server Port:            8090

Document Path:          /?q=python
Document Length:        201 bytes

Concurrency Level:      10
Time taken for tests:   133.512 seconds
Complete requests:      1000
Failed requests:        0
Total transferred:      397000 bytes
HTML transferred:       201000 bytes
Requests per second:    7.49 [#/sec] (mean)
Time per request:       1335.116 [ms] (mean)
Time per request:       133.512 [ms] (mean, across all concurrent requests)
Transfer rate:          2.90 [Kbytes/sec] received

Connection Times (ms)
              min  mean[+/-sd] median   max
Connect:        0    0   0.4      0       1
Processing:   483 1276 2725.8    724   23419
Waiting:      483 1276 2725.8    724   23419
Total:        484 1277 2725.7    725   23419
```

图11-5 同步ab压力测试

对 ab 命令中几个比较重要的性能指标进行分析。

（1）吞吐量 Requests per second：服务器并发处理能力的量化描述，即单位时间内能处理的最大请求数。

（2）用户平均请求等待时间 Time per request：计算公式为处理完所有请求所花费的时间 / 总请求数 / 并发用户数。

（3）请求消耗时间 Time per request mean, across all concurrent requests：请求的平均消耗时间。

（4）完成请求数 Complete requests：正常响应的请求个数。

（5）失败请求数 Failed requests：无法响应的请求个数。

（6）流量 Transfer rate：平均每秒网络上的流量，用于排查是否存在网络流量过大导致网络延迟的问题。

11.5.2 异步

在 Tornado 的异步库中最常用的类对象就是自带的 AsyncHTTPClicen，它可以执行异步非阻塞的 HTTP 请求。AsyncHTTPClicen 类对象的 fetch() 方法不是立即返回调用的结果，而是可以指定一个回调 callback 参数，下面将优化示例 11-32 的同步 Web 服务，将其修改为异步 Web 服务。

Tornado 的异步 Web 服务实现，如示例 11-33 所示。

【示例 11-33】异步 Web 服务。

```
import tornado.httpserver
import tornado.ioloop
import tornado.options
import tornado.web
import tornado.httpclient
```

```
import datetime
from tornado.options import define, options

define("port", default=8090, help="run on the given port", type=int)


class IndexHandler(tornado.web.RequestHandler):
    @tornado.web.asynchronous # 在 get 方法的定义之前
    def get(self):
        query = self.get_argument('q')
        client = tornado.httpclient.AsyncHTTPClient()
        client.fetch("https://cn.bing.com/search?q={}".format(query), callback=self.on_response)

    def on_response(self, response):
        body = response.body
        now = datetime.datetime.utcnow()
        self.write("""
            <div style="text-align: center">
                <div style="font-size: 72px">%s</div>
                <div style="font-size: 144px">%s</div>
            </div>""" % (self.get_argument('q'), now))
        # 回调方法结尾处调用
        self.finish()


def make_app():
    return tornado.web.Application(handlers=[
        (r"/", IndexHandler),
    ])


if __name__ == "__main__":
    tornado.options.parse_command_line()
    app = make_app()
    http_server = tornado.httpserver.HTTPServer(app)
    http_server.listen(options.port)
    tornado.ioloop.IOLoop.instance().start()
```

　　示例 11-33 中使用了 AsyncHTTPClient 类，并调用对象的 fetch() 方法。AsyncHTTPClicent 对象的 fetch() 方法并不直接返回结果，而是指定一个 callback 参数，在 callback 指定的方法中获取 HTTPResponse 响应，最后返回给浏览器一个简单的 HTML 页面。示例中代码需要注意以下几点。

　　（1）装饰器 @tornado.web.asynchronous：Tornado 中会默认在函数处理结束时关闭客户端的连接，但在异步操作时需要等待回调 callback 指定的方法执行结束后才会关闭客户端的连接，因此

Tornado 需要保持开启连接状态直到回调函数执行完毕。装饰器 @tornado.web.asynchronous 用来告诉 Tornado 保持连接开启状态。

（2）self.finish()：由于已经使用装饰器 @tornado.web.asynchronous 来告诉 Tornado 不要关闭连接，因此在回调 callback 方法执行完毕后，要调用 self.finish() 方法告诉 Tornado 关闭连接。

启动 Tornado 项目，执行 ab 压力测试命令：ab -c 10 -n 1000 http://127.0.0.1:8090/?q=python，测试结果如图 11-6 所示。

```
Server Software:        TornadoServer/5.1.1
Server Hostname:        127.0.0.1
Server Port:            8080

Document Path:          /?q=python
Document Length:        93 bytes

Concurrency Level:      10
Time taken for tests:   3.805 seconds
Complete requests:      1000
Failed requests:        0
Non-2xx responses:      1000
Total transferred:      257000 bytes
HTML transferred:       93000 bytes
Requests per second:    262.80 [#/sec] (mean)
Time per request:       38.052 [ms] (mean)
Time per request:       3.805 [ms] (mean, across all concurrent requests)
Transfer rate:          65.96 [Kbytes/sec] received
```

图11-6　异步ab压力测试

从图 11-6 中可以发现吞吐量明显升高，表示网站的并发量大幅度提升。

11.5.3　异步生成器

示例 11-33 中为了将同步的 Web 服务优化为异步 Web 服务，将代码切割成了两个部分，并通过 ab 压力测试，最终发现 Tornado 的 Web 服务在性能上获得了极大程度的扩展，但如果需要处理更多的异步请求，那么程序的维护和编码将变得非常困难。例如，在编写爬虫程序时，如果以深度优先算法进行爬取，则将会在回调函数 a 中调用另外一个回调函数 b，而回调函数 b 中又将调用回调函数 c，如示例 11-34 所示。

【示例 11-34】异步链式回调。

```
def get(self):
    client = AsyncHTTPClient()
    client.fetch("http://example1.com", callback=on_response)

def on_response(self, response):
    client = AsyncHTTPClient()
    client.fetch("http://example2.com/", callback=on_response2)

def on_response2(self, response):
    client = AsyncHTTPClient()
    client.fetch("http://example3.com/", callback=on_response3)
```

```
def on_response3(self, response):
    client = AsyncHTTPClient()
    client.fetch("http:// example4.com/", callback=on_response4)

def on_response3(self, response):
    ……
```

在异步编程中应尽量避免嵌套使用回调函数，否则将会给程序的维护和扩展带来非常大的麻烦。在 Tornado 中可以使用装饰器 @tornado.web.gen.coroutine 简化异步编程，避免使用嵌套的回调函数，以提高代码的灵活性、可读性、可扩展性。如示例 11-35 使用装饰器 @atornado.web.gen. coroutine 进行代码优化。

【示例 11-35】非阻塞 coroutine 的使用。

```
import tornado.httpserver
import tornado.ioloop
import tornado.options
import tornado.web
import tornado.httpclient
import datetime
from tornado.options import define, options

define("port", default=8090, help="run on the given port", type=int)


class IndexHandler(tornado.web.RequestHandler):
    @tornado.web.asynchronous # 在 get 方法的定义之前
    @tornado.web.gen.coroutine
    def get(self):
        query = self.get_argument('q')
        client = tornado.httpclient.AsyncHTTPClient()
        response = yield client.fetch("https://cn.bing.com/search?q={}".
format(query))

        body = response.body
        now = datetime.datetime.utcnow()
        self.write("""
            <div style="text-align: center">
                <div style="font-size: 72px">%s</div>
                <div style="font-size: 144px">%s</div>
            </div>""" % (self.get_argument('q'), now))
        self.finish() # 回调方法结尾处调用


def make_app():
```

```
    return tornado.web.Application(handlers=[
        (r"/", IndexHandler),
    ])


if __name__ == "__main__":
    tornado.options.parse_command_line()
    app = make_app()
    http_server = tornado.httpserver.HTTPServer(app)
    http_server.listen(options.port)
    tornado.ioloop.IOLoop.instance().start()
```

示例 11-35 中使用了装饰器 tornado.web.gen.coroutine 和 Python 的 yield 关键字，yield 关键字允许程序去执行其他任务，而不需要等待响应挂起进程。当 HTTP 响应完成后，RequestHandler 方法在其停止的地方恢复并执行其余代码。

11.6　应用安全

在 Web 开发中，网站会受到各种各样的攻击，其中最常见的攻击就是利用 Cookie 漏洞来获取、篡改或伪造 Cookie 中存储的用户信息。Tornado 的安全 Cookie 使用加密签名来校验 Cookie 中的信息是否被篡改，若有人恶意篡改 Cookie 中的内容，由于对方并不知道安全密钥，因此无法对 Cookie 进行修改，这样就可以保证 Cookie 的安全。

11.6.1　Cookie安全

Cookie 技术的产生起源于 HTTP 协议的快速发展，例如，Cookie 技术最常用于解决 HTTP 无状态协议的问题，但由于 Cookie 是存于浏览器中的，因此很容易受到攻击，Cookie 安全十分重要。以下示例演示如何使用 Cookie。

语法如下。

```
set_cookie(name, value, domain=None,expires=None,path='/',expires_days=None)
```

此语法为设置 Cookie，其中，name 表示 Cookie 的名称，value 表示键 name 所对应的键值对的值，domain 表示提交 Cookie 时匹配的域名，path 表示提交 Cookie 时匹配的路径，expires 表示 Cookie 的有效期（可以是时间戳或 datetime 类型），expires_days 表示有效期天数（优先级低于 expires）。

```
get_cookie(name, default)
```

此语法为获取给定 name 名称的 Cookies，若获取不到，则返回 default 设置的值。

```
clear_cookie(name)
```

清空给定 name 名称的 Cookies。

```
clear_all_cookies()
```

清空当前请求中的所有 Cookies。

对 Cookie 进行设置和获取的操作，如示例 11-36 所示。

【示例 11-36】使用 Cookie。

```python
import tornado.httpserver
import tornado.ioloop
import tornado.options
import tornado.web
import tornado.httpclient
from tornado.options import define, options

define("port", default=8080, help="run on the given port", type=int)


class SetCookieHandler(tornado.web.RequestHandler):
    def get(self):
        # 设置 Cookie
        self.set_cookie('user_id', '1')
        self.write(' 设置 Cookie 成功 ')


class GetCookieHandler(tornado.web.RequestHandler):
    def get(self):
        user_id = self.get_cookie('user_id')
        if user_id:
            self.write(' 获取 Cookie 成功 ')
        else:
            self.write(' 获取 Cookie 失败 ')


def make_app():
    return tornado.web.Application(handlers=[
        (r"/set_cookie/", SetCookieHandler),
        (r"/get_cookie/", GetCookieHandler),
    ])


if __name__ == "__main__":
    tornado.options.parse_command_line()
    app = make_app()
    http_server = tornado.httpserver.HTTPServer(app)
    http_server.listen(options.port)
    tornado.ioloop.IOLoop.instance().start()
```

温馨提示：

执行 clear_cookie(name) 清空给定 name 名称的 Cookie 值时，并不是立即删除浏览器的 Cookie，而是将 Cookie 的值设置为空，过期时间设置为失效，真正删除 Cookie 是由浏览器自己实现的。

由于 Cookie 是保存在客户端（浏览器）中的，因此一定要保证 Cookie 中数据不被篡改、伪造。Tornado 提供了加密 Cookie 信息的方法来防止 Cookie 被恶意篡改。

语法如下。

```
set_secure_cookie(name,value,expires_day=30,version=None)
```

设置一个带有签名的时间戳的 Cookie。

```
get_secure_cookie(name,value=None, max_age_days=31)
```

如果给定 name 名称的 Cookie 存在，且验证通过，则返回 Cookie 值，否则返回 None。max_age_day=31 是过滤安全 Cookie 的时间戳，用于获取 31 天内有效的 Cookie。

使用安全 Cookie 进行数据的保存与获取，如示例 11-37 所示。

【示例 11-37】安全地使用 Cookies。

```python
import tornado.httpserver
import tornado.ioloop
import tornado.options
import tornado.web
import tornado.httpclient
from tornado.options import define, options

define("port", default=8080, help="run on the given port", type=int)


class SetCookieHandler(tornado.web.RequestHandler):
    def get(self):
        # 设置 Cookie
        self.set_secure_cookie('user_id', '2')
        self.write(' 设置 Cookie 成功 ')


class GetCookieHandler(tornado.web.RequestHandler):
    def get(self):
        user_id = self.get_secure_cookie('user_id')
        if user_id:
            self.write(' 获取 Cookie 成功 ')
        else:
            self.write(' 获取 Cookie 失败 ')


def make_app():
    return tornado.web.Application(handlers=[
```

```
        (r"/set_cookie/", SetCookieHandler),
        (r"/get_cookie/", GetCookieHandler),
    ],
        cookie_secret='cqVJzSSjQgWzKtpHMd4NaSeEa6yTy0qRicyeUDIMSjo=')


if __name__ == "__main__":
    tornado.options.parse_command_line()
    app = make_app()
    http_server = tornado.httpserver.HTTPServer(app)
    http_server.listen(options.port)
    tornado.ioloop.IOLoop.instance().start()
```

温馨提示：

使用 Tornado 的加密 Cookie 方法，必须配置加密的秘钥参数 cookie_secret，其值需要使用 base64 和 uuid 生成，生成方法为 base64.b64encode(uuid.uuid4().bytes+uuid.uuid4().bytes)。

11.6.2　XSRF

XSRF 攻击原理如图 11-7 所示。

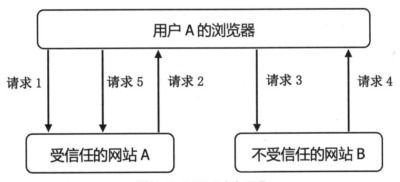

图11-7　XSRF攻击原理

图 11-7 中各请求的含义如下。

（1）请求 1：用户浏览并登录受信任的网站 A。

（2）请求 2：网站 A 验证用户登录成功，在浏览器中保存网站 A 返回的 Cookie。

（3）请求 3：用户在没有退出网站 A 的情况下，访问不受信任的网站 B。

（4）请求 4：不受信任的网站 B 要求访问网站 A 的 URL，这时浏览器会带上网站 A 的 Cookie 发出这个请求（请求 5），因此网站 A 以为当前对 URR 的访问是用户的主动行为，从而使 B 网站达到了跨站请求攻击的目的。

2.跨站请求攻击防御

　　跨站请求攻击的防御方法很多，但基本思想都是一致的，那就是每个请求都必须包含一个存储在 Cookie 中的参数值作为令牌。当一个合法的表单被提交时，服务端将接收表单的信息和已存储在 Cookie 中的令牌值，如果服务端验证该令牌不匹配，则认为请求不合法，不给予响应。通过这种方法可以防止跨站攻击。实现防御请求攻击的配置如示例 11-38 所示。

　　【示例 11-38】定义模拟注册功能，并开启 XSRF 加密以实现 XSRF 防御。

```
import os

import tornado.httpserver
import tornado.ioloop
import tornado.options
import tornado.web
import tornado.httpclient
from tornado.options import define, options

define("port", default=8080, help="run on the given port", type=int)


class RegisterHandler(tornado.web.RequestHandler):
    def get(self, *args, **kwargs):
        self.render('register.html')

    def post(self, *args, **kwargs):
        username = self.get_argument('username')
        password = self.get_argument('password')
        # 忽略验证注册的账号、密码功能，实现账号数据存储在数据库的操作
        self.write('注册成功')


def make_app():
    return tornado.web.Application(handlers=[
        (r"/register/", RegisterHandler),
    ],
        template_path=os.path.join(os.path.dirname(__file__), "templates"),
        # 开启 XSRF 加密
        xsrf_cookies=True,
        cookie_secret='cqVJzSSjQgWzKtpHMd4NaSeEa6yTy0qRicyeUDIMSjo=')


if __name__ == "__main__":
    tornado.options.parse_command_line()
    app = make_app()
    http_server = tornado.httpserver.HTTPServer(app)
```

```
        http_server.listen(options.port)
        tornado.ioloop.IOLoop.instance().start() 模板 register.html 如下所示：
<!DOCTYPE html>
<html lang="en">
<head>
    <meta charset="UTF-8">
    <title> 注册页面 </title>
</head>
<body>
    <form action="" method="post">
        {% module xsrf_form_html() %}
        <p> 账号：<input type="text" name="username"></p>
        <p> 密码 <input type="text" name="password"></p>
        <p><input type="submit" value=" 提交 "></p>
    </form>
</body>
</html>
```

示例 11-38 中需要注意以下两点。

（1）在实例化 Appllication 对象时，传入 xsrf_cookies 参数并设置为 True。

（2）在模板 register.html 中添加 {% module xsrf_from_html() %} 标签，在渲染模板文件时，该标签会解析为 name='_xsrf 的隐藏 input 标签。

当访问地址 http://127.0.0.1:8080/register/ 时，可以发现浏览器的 Cookies 中自动生成了一个名为 _xsrf 的 Cookie。当提交表单时，除了提交表单中的账号和密码参数，还会提交名为 '_xsrf' 的隐藏值，用以防止跨站请求攻击。

新手问答

问题1：同步、异步的区别是什么？

答：同步意味着调用者发出一个耗时请求后，会一直等待响应结果；异步意味着调用者发出一个耗时请求后，不会一直等待响应结果，而是去调用其他的任务，当响应返回后，调用者可以继续执行下面的代码。例如，执行 IO 耗时任务（爬取网页），当使用多线程爬取某个网站的源码时，如果使用同步方式，则爬取一个页面后需要等待返回该页面的响应后才能继续爬取下一个页面，开发的效率非常低；采用异步方式爬取一个页面时，可以不用等待页面响应，线程可继续爬取其他的网页，当前一个页面响应后，继续执行页面响应的分析即可，开发效率可以得到极大的提升。同步和异步是相对结果而言的，即会不会等待操作的响应结果。

问题2：如何执行定时任务？

答：在 Web 开发中经常会遇到要在特定的时间才执行某个功能，或者循环一段时间重复执行某个函数等情况，这时可设置周期性的定时任务，如示例 11-39 所示。

【示例 11-39】周期性定时任务。

```python
from tornado import ioloop, gen


@gen.coroutine
def cron_task():
    print("task")


if __name__ == '__main__':
    # 1秒回调一次 cron_task 方法
    ioloop.PeriodicCallback(cron_task, 1000).start()
    ioloop.IOLoop.current().start()
```

示例 11-39 中的代码通过设置 PeriodcCallback 方法来设定每 1 秒循环执行一次异步回调函数 cron_task。

实战演练：使用Tornado框架开发聊天室功能

【案例任务】

本案例将使用 Tornado 框架编写一个聊天室，实现多人在线聊天的功能。

【技术解析】

WebSocket 协议是基于 TCP 的一种新的网络协议，它实现了浏览器与服务器之间的通信，即允许服务器主动发送信息给客户端而不需要客户端进行请求，两者之间可以创建持久性的链接，并运行数据进行双向传送。

在 HTML5 中内置 API，用于响应应用程序发起的请求，如示例 11-40 中的代码创建了 WebSocket 对象及相关方法。

【示例 11-40】HTML5 WebSocket 内置 API。

```javascript
# 创建对象
var ws = new WebSocket(url,name)
# 发送文本信息
ws.send(msg)
# 接收信息
ws.onmessage = function(){……}
```

```
# 关闭连接
ws.close()
```

创建对象中 url 参数为 WebSocket 服务器的地址，格式为 ws://URL 地址。

Tornado 中也支持 WebSocket，模块名为 tornado.websocket，其中提供了一个 WebSocketHandler 类进行通信处理。WebSocketHandler 类相关方法如下。

（1）open()：表示当一个 WebSocket 连接建立后，将会被主动调用，用于处理连接建立后的一些逻辑，如发送某用户已进入聊天室的提示信息。

（2）on_message(message)：表示接收客户端发送过来的 message 参数。

（3）on_close()：表示关闭 WebSocket 连接后将会被主动调用，用于处理关闭连接后的一些逻辑。如提示某用户已退出聊天室。

（4）write_message(message，binary=False)：表示向客户端发送消息 message，其中，binary 参数为 True 表示发送任何字节码，binary 参数为 False 表示以 UTF-8 编码发送 message。

（5）close()：关闭 WebSocket 连接。

（6）check_origin(origin)：表示判断源 origin，如果源 origin 符合条件则返回 True，如果不符合则返回 403。重写该方法用以解决跨域请求问题时，返回 True 即可。

【实现方法】

根据以上技术解析，Torando 项目目录结构如图 11-8 所示。

图11-8　聊天室代码结构

Tornado 聊天室项目结构图中各模块的用法如下。

（1）views.py 文件：编写业务逻辑的 py 文件。

（2）static 文件夹：用于存放静态文件的文件夹。

（3）templates 文件夹：用于存放模板的文件夹。

（4）settings.py 文件：用于定义配置信息的 py 文件。

（5）manage.py 文件：用于启动项目的 py 文件。

实现聊天室功能的详细操作步骤如下。

步骤 1：定义启动项目的 main.py 文件，如示例 11-41 所示。

【示例 11-41】定义 manage.py 启动文件。

```python
import tornado.web
import tornado.httpserver
import tornado.ioloop

from tornado.options import define, options

from chat.views import IndexHandler, LoginHandler, ChatHandler
from utils.settings import TEMPLATE_PATH, STATIC_PATH

define("port", default=8180, help="run on the given port", type=int)


def make_app():
    return tornado.web.Application(handlers=[
        (r'/', IndexHandler),
        (r'/login', LoginHandler),
        (r'/chat', ChatHandler),
    ],
        template_path=TEMPLATE_PATH,
        static_path=STATIC_PATH,
        debug=True,
        cookie_secret='cqVJzSSjQgWzKtpHMd4NaSeEa6yTy0qRicyeUDIMSjo='
    )


# 程序运行入口
if __name__ == '__main__':
    app=make_app()
    http_server=tornado.httpserver.HTTPServer(app)
    http_server.listen(options.port)
    tornado.ioloop.IOLoop.current().start()
```

步骤 2：定义 settings.py 配置文件，如示例 11-42 所示。

【示例 11-42】定义 settings.py 配置文件。

```python
import os

# 获取项目的绝对路径
BASE_DIR = os.path.dirname(os.path.dirname(os.path.abspath(__file__)))
```

```
# 静态文件
TEMPLATE_PATH = os.path.join(BASE_DIR, 'templates')
STATIC_PATH = os.path.join(BASE_DIR, 'static')
```

步骤 3：定义编写业务逻辑的 views.py 文件，如示例 11-43 所示。

【示例 11-43】定义 views.py 文件。

```
import tornado.web
import tornado.websocket


class IndexHandler(tornado.web.RequestHandler):
    # 定义首页视图处理类，提示用户登录
    def get(self):
        self.render('index.html')


class LoginHandler(tornado.web.RequestHandler):
    # 定义登录视图处理类
    def get(self):
        # 获取用户登录的昵称
        nickname=self.get_argument('nickname')
        # 将用户登录的昵称保存在 Cookie 中，安全 Cookie
        self.set_secure_cookie('nickname',nickname)
        self.render('chat.html',nickname=nickname)


class ChatHandler(tornado.websocket.WebSocketHandler):
    # 定义接收 / 发送聊天消息的视图处理类，继承自 websocket 的 WebSocketHandler

    # 定义一个集合，用来保存在线的所有用户
    online_users = set()
    # 从客户端获取 Cookie 信息

    # 重写 open 方法，当新的聊天用户进入的时候自动触发该函数
    def open(self):
        # 当有新的用户上线，将该用户加入集合中
        self.online_users.add(self)
        # 将新用户加入的信息发送给所有的在线用户
        for user in self.online_users:
            user.write_message('【%s】进入了聊天室' % self.request.remote_ip)

    # 重写 on_message 方法，当聊天消息有更新时自动触发
    def on_message(self, message):
        # 将在线用户发送的消息通过服务器转发给所有的在线用户
```

327

```
        for user in self.online_users:
            user.write_message('%s:%s' % (self.request.remote_ip, message))

    # 重写 on_close 方法，当有用户离开时自动触发
    def on_close(self):
        # 先将用户从列表中移除
        self.online_users.remove(self)
        # 将该用户离开的消息发送给所有在线的用户
        for user in self.online_users:
            user.write_message('【%s】离开了聊天室 ~' % self.request.remote_ip)

    # 重写 check_origin 方法，解决 WebSocket 的跨域请求
    def check_origin(self, origin):
        return True
```

步骤 4：定义首页 index.html 页面和聊天 chat.html 页面，如示例 11-44 所示。

【示例 11-44】定义 index.html 页面和 chat.html 页面。

（1）index.html 模板页面。

```html
<!DOCTYPE html>
<html lang="en">
<head>
    <meta charset="UTF-8">
    <title>聊天室登录首页</title>
    <script src="/static/js/jquery.js"></script>
</head>
<body>
<div>
    <div style="width:60%;">
        <div>
            聊天室个人登录
        </div>
        <div>
            <form method="get" action="/login" style="width:80%">
                <p>昵称 :<input type="text" placeholder=" 请输入昵称 " name="nick
name"></p>
                <button type="submit">登录</button>
            </form>
        </div>
    </div>
</div>
</body>
</html>
```

（2）chat.html 模板页面。

```html
<!DOCTYPE html>
```

```html
<html lang="en">
<head>
    <meta charset="UTF-8">
    <title>Tornado 聊天室 </title>
    <script src="/static/js/jquery.js"></script>
</head>
<body>
<div>
    <div style="font-weight:bold; font-size:2em;">
        聊天室
    </div>
    <div class="content">
        <div class="receive">

        </div>
        <div class="send">
            <textarea id="send_content"> </textarea>
            <br>
            <button  id="btn" >发送 </button>
        </div>
    </div>
</div>
<script>
    // 创建一个 websocket 长连接对象
    var _websocket= new WebSocket('ws://127.0.0.1:8180/chat')
    // 发送消息
    $('#btn').click(function(){
        // 获取消息内容
        $msg=$('#send_content').val();
        // 发送消息
        _websocket.send($msg);
        $("#msg").val('');
    })

    // 接收消息，当消息更新时自动触发
    _websocket.onmessage=function(e){
        console.log(e)
        var $content=e.data;

        // 重构 date 的 Format 属性
        Date.prototype.Format = function (fmt) {
            var o = {
                "M+": this.getMonth() + 1, // 月份
                "d+": this.getDate(), // 日
                "H+": this.getHours(), // 小时
                "m+": this.getMinutes(), // 分
```

```
            "s+": this.getSeconds(), // 秒
            "q+": Math.floor((this.getMonth() + 3) / 3), // 季度
            "S": this.getMilliseconds() // 毫秒
        };
        if (/(y+)/.test(fmt)) fmt = fmt.replace(RegExp.$1, (this.getFullYear()
+ "").substr(4 - RegExp.$1.length));
        for (var k in o)
        if (new RegExp("(" + k + ")").test(fmt)) fmt = fmt.replace(RegExp.$1,
(RegExp.$1.length == 1) ? (o[k]) : (("00" + o[k]).substr(("" + o[k]).length)));
        return fmt;
        }


        var date=new Date();
        var $time=date.Format("yyyy 年 MM 月 dd HH:mm:ss");

        // 添加内容到 class 为 recceive 的 div 框中
        var $p1=$('<p style="color:red;">').text($content);
        var $p2=$('<p style="color:#000000;">').text($time);
        $('.receive').append($p2)
        $('.receive').append($p1)
    }
</script>
</body>
</html>
```

步骤 5：启动 Tornado 应用项目，在浏览器中访问地址 http://127.0.0.1:8180/，在个人登录页面中输入当前用户的昵称，即可跳转到聊天页面。多用户登录账号后，即可实现多人聊天，如图 11-9 所示。

图11-9　多人在线聊天

本章小结

　　本章学习了 Tornado 框架的核心知识点，主要包括 Tornado 的路由、模板、ORM 编程、同步 Web 服务与异步 Web 服务、Cookie 安全、跨域请求 XSRF 等。学习 Cookie 安全、跨域请求 XSRF 对 Python Web 的安全开发有着重要的帮助。在未来的学习和实践中，读者也需要注意提升 Web 应用开发的安全意识。

第 12 章

底层框架 Twisted

　　底层框架 Twisted 是用 Python 实现的基于事件驱动的网络框架，它诞生于 21 世纪初。当时，Twisted 的创建者为了解决游戏中的难扩展、缓存污染、线程死锁等问题，迫切需要一个可扩展性高、基于事件驱动、跨平台的网络开发框架，为此他们从之前的游戏和网络应用中汲取经验，开发出了 Twisted。

　　在本章中，读者将学习 Twisted 的核心概念和设计模式，Twisted 支持许多常见的传输和应用层协议，包括 TCP、UDP、IMAP 等。本章将从最基础的 TCP 客户端和服务器开始，使用 Twisted 基础应用构建出生产级应用程序，帮助读者掌握使用 Twisted 的工具去构建生产级应用程序的方法。

通过本章内容的学习，读者将掌握以下知识。

- ◆ 掌握 Twisted 的安装与虚拟环境配置
- ◆ 了解范式编程，如单线程编程、多线程编程、事件驱动编程
- ◆ 了解基于 TCP 的客户端和服务端
- ◆ 掌握异步编程中的 Deferred 模块和 Reactor 模块
- ◆ 掌握 Web 服务中的 URL 解析、异步响应等
- ◆ 了解邮箱服务，如 SMTP/IMAP/POP3 客户端

12.1　认识Twisted

Twisted 是一个事件驱动的网络引擎框架，事件驱动编程模式在 Twisted 的设计中占据着非常重要的位置。所谓事件驱动编程是一种编程范式，是指程序的执行由外部事件来决定。在 Twisted 中，事件的驱动体现在 reactor（反应堆）的事件循环内，当外部事件发生时，使用回调机制来触发相关的业务逻辑。

12.1.1　安装Twisted

安装 Twisted 需配置虚拟环境。本章节中 Twisted 项目所使用的虚拟环境统一为 twistedenv（如果对虚拟环境搭建还有疑问，可以参考第 6 章内容）。虚拟环境的搭建与 Twisted 安装如示例 12-1 所示。

【示例 12-1】搭建虚拟环境并安装 Twisted。

```
# 创建虚拟环境 twistedenv
virtualenv --no-site-packages -p D:\python3\python.exe twistedenv
# Windows 下激活虚拟环境
cd Scripts
activate
# 安装 Twisted
pip install twisted
```

使用 virtualenv 命令创建纯净的 twistedenv 虚拟环境，并指定虚拟环境中的 Python 3 的版本。安装好虚拟环境 twistedenv 并激活环境后，直接使用 pip install twistedenv 命令安装 twistedenv 模块即可。

检测虚拟环境中的 Twisted 是否安装成功，如示例 12-2 所示。

【示例 12-2】进入虚拟环境 twistedenv 中的 Python 解释器，并检测 Twisted 是否安装成功。

```
(twistedenv) E:\env\twistedenv\Scripts>python
Python 3.6.3 (v3.6.3:2c5fed8, Oct  3 2017, 18:11:49) [MSC v.1900 64 bit (AMD64)]
on win32
Type "help", "copyright", "credits" or "license" for more information.
>>> import twisted
>>> twisted.version
Version('Twisted', 18, 9, 0)
```

温馨提示：

如果在交互式的控制台中输入 twisted.version，并能看到输出的版本号内容，则表示 Twisted 安装成功。

12.1.2 范式编程

Twisted 的范式编程主要分为单线程编程、多线程编程和事件驱动编程。其中，单线程编程中的多任务是串行运行的；多线程编程中的多任务不再是串行的，而是在不同的控制线程中执行不同的任务；事件驱动编程是在事件循环中注册一个回调，任务在执行完耗时任务后再通过触发回调继续执行接下来的任务。

1.单线程编程

在单线程编程中，多任务同时启动，在执行顺序上却是串行的。当一个任务执行比较耗时的 I/O 操作时，如数据库数据的批量插入、网页源码的爬取等，即便任务互相不依赖，其他任务也必须等待这个耗时任务响应后才能被依次执行，因此单线程程序在一定程度上运行是比较慢的。

执行多任务时，单线程执行顺序如图 12-1 所示。

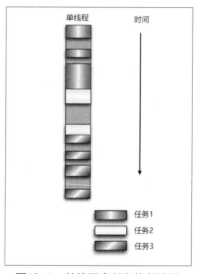

图12-1　单线程多任务执行流程

温馨提示：

单线程编程中同时启动多任务时，如果任务 1 没有响应，则任务 2 和任务 3 会被阻塞，只有当任务 1 完成并返回响应后，任务 2 才会开始执行。同样，任务 2 完成并返回响应后，任务 3 才会开始执行。需要注意的是，单线程中的任务是串行执行的，但单线程的执行效率不一定比多线程慢。

2.多线程编程

在多线程编程中，启动多线程执行多任务时，执行顺序不再是串行的，而是在不同的控制线程中执行不同的任务。这些线程由操作系统管理，多线程可以充分地利用 CPU 资源，提升任务执行的效率。但如果线程之间需要访问公共资源，这时多线程程序将会出现竞争公共资源的情况，导致资源分配不合理、线程安全出现问题，从而导致线程不可控。多线程的优点当然也是非常突出的，图 12-2 演示了多任务时，多线程的执行过程。

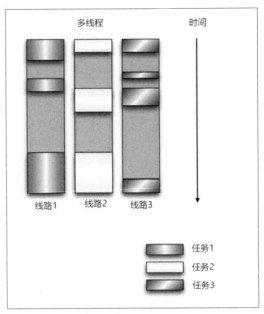

图12-2　多线程多任务执行流程

图 12-2 中阐述了启动 3 个线程分别执行任务的情况，但当线程 1 开始执行任务 1 时，线程 2 和线程 3 其实是处于阻塞状态的，而当线程 1 阻塞时，线程 2 才开始执行任务 2。从图中可以发现同一个时间段内只能有一个线程执行任务。为何在多线程编程中会出现同一个时间段只能有一个线程运行的情况呢？因为 Python 的解释器为 CPython，CPython 中全局解释性锁（GIL）的存在导致了这种情况的发生。

多线程的执行效率和单线程的执行效率可以从以下两个方面进行分析。

（1）在处理 IO 操作等可能引起阻塞的任务时，多线程比单线程快。

（2）在处理像科学计算这类需要持续使用 CPU 的任务时，单线程比多线程快。

3.事件驱动编程

事件驱动编程是范式编程的一种，程序的执行流程由外部事件决定。例如监听鼠标点击事件和监听键盘点击事件，在点击鼠标和敲击键盘时，系统会执行对应的点击事件处理；再如关注公众号后，公众号会定时发布内容，而用户可接收到公众号推送的信息。这些例子都可以理解为事件驱动编程。图 12-3 演示了事件驱动编程执行多任务的过程。

事件驱动编程中，在一个线程中会交替执行多个任务，当一个线程在处理比较耗时的任务时，就会在事件循环中注册一个回调，耗时的任务执行完全通过触发回调继续执行接下来的任务。事件循环会循环检测事件的执行情况，并正确地调用对应的回调。事件驱动编程适用于同时执行大量任务、处理密集 IO 操作等场景，其具有多线程的并发性，也具有单线程的简单逻辑。

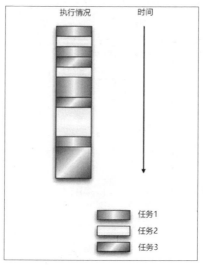

图12-3 事件驱动编程

12.2 构建基础的客户端和服务端

本节将介绍 Twisted 框架中的 3 个基础模块：Reactor 模块、Transports 模块、Protocol 模块，并使用这 3 个基础模块来构建基础的 TCP 服务端和客户端程序。

12.2.1 Reactor模块

Twisted 的核心是 reactor 事件循环，reactor 表示事件发生后，立即做出相应的响应。Reactor 模式的理解如图 12-4 所示。

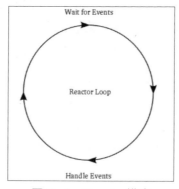

图12-4 Reactor模式

Reactor 的使用语法如下。

```
run(): 启动事件循环
stop(): 暂停
listenTCP(): 注册一个监听事件
```

reactor 的使用语法，如示例 12-3 所示。

【示例 12-3】reactor 使用语法。

```
From twisted.internet import reactor

reactor.listenTCP()  # 监听事件
reactor.run()    # 启动
reactor.stop()   # 暂停
```

温馨提示:

在 Twisted 中，reactor 是单例模式，即在一个程序中只能有一个 reactor，并且只要引入 reactor 就能创建它。

12.2.2　Transports模块

Transports 代表网络中两个通信节点之间的连接，即一个 Twisted 的 Transports 模块代表一个可以接收或发送字节的单条连接。Transports 连接可以面向流模式（如 TCP），也可以面向数据报模式（如 UDP 和 Unix sockets）。

Transports 抽象是通过 Twisted 的 interfaces 模块中的 Ttransport 接口定义的，操作语法如下。

```
write: 以非阻塞的方式按顺序依次将数据写到物理连接上
writeSequence: 将一个字符串列表写到物理连接上
loseConnection: 将所有挂起的数据写入，然后关闭连接
getPeer: 取得连接中对端的地址信息
getHost: 获取连接中本端的地址信息
```

12.2.3　Protocols模块

Twisted 中的 Protocols 模块描述了如何以异步的形式处理网络中的事件。Protocol 对象用来实现协议内容。也就是说，一个具体的 Twisted 的 Protocol 的实现应该对应一个具体的网络协议的实现。

严格地讲，每一个 Twisted 的 Protocols 类实例都会为一个具体的连接提供协议解析，因此程序每建立一条连接，都需要一个协议实例。这就意味着，Protocol 实例是存储协议状态与间断性接收并累积数据的地方。Protocol 实例如何得知它为哪条连接服务呢？在 Iprotocol 的定义中存在一个 makeConnection 函数，这是一个回调函数，Twisted 会在调用它时传递一个 Transports 实例作为参数，这个 Transport 实例就代表了 Protocol 将要使用的连接。

Twisted 的 Protocols 抽象由 interfaces 模块中的 Iprotocol 定义，操作语法如下。

makeConnection：在 Transport 对象和服务器之间建立一条连接
connectionMade：建立连接后调用
dataReceived：接收数据时调用
connectionLost：关闭连接时调用

每一个连接都需要一个协议实例，即 Protocols 实例。由于将创建连接的工作交给了 Twisted，Twisted 需要通过 Protocob Factories 给每一个连接指定合适的协议。Protocol Factories 是工厂设计模式的一个例子，其中的 build Protocol 方法在每次调用的时候都会返回一个 Protocol 的实例，这就是 Twisted 为每个新的连接新建 Protocol 对象的方法。

12.2.4　TCP广播客户端和服务端

使用 Twisted 框架可以开发基于 TCP 的网络系统，服务端用于接收客户端发送的连接和信息，并将客户端发送的信息发送给任何一个客户端，客户端也可以发送信息、接收信息和关闭连接。

基于 TCP 的网络系统服务端的代码，如示例 12-4 所示。

【示例 12-4】创建服务端 first_server.py 文件。

```python
From twisted.internet import protocol, reactor


# 定义继承 Protocol 的类
class BroadServer(protocol.Protocol):
    # 定义接收数据时调用的方法
    def dataReceived(self, data):
        # 以非阻塞的方式按顺序依次将数据写到物理连接上
        self.transport.write(data)



# 定义继承 Factory 的类
class BroadFactory(protocol.Factory):
    # 构建一个 Protocol 对象
    def buildProtocol(self, addr):
        return BroadServer()


if __name__ == '__main__':
    # 监听 8000 端口
    reactor.listenTCP(8000, BroadFactory())
    # 启动事件循环
    reactor.run()
```

示例 12-4 中定义了 Protocol 的子类 BroadServer，并重构了 dataReceived 方法，该方法用于接收数据，并将数据写入物理连接中，例如，可以将数据分发给除自己以外的其他客户端。绑定

8000 端口，传入 Protocol 对象，并使用 run() 函数来启动事件循环。

基于 TCP 的网络系统客户端的代码，如示例 12-5 所示。

【示例 12-5】创建客户端 first_client.py 文件。

```python
From twisted.internet import reactor, protocol


# 定义继承 Protocol 的类
class BroadClient(protocol.Protocol):
    # 建立连接后调用
    def connectionMade(self):
        # 以非阻塞的方式按顺序依次将数据写到物理连接上
        self.transport.write('hello twisted'.encode('utf-8'))

    # 接收数据时被调用
    def dataReceived(self, data):
        print('Server: ', data)
        # 将所有挂起的数据写入，然后关闭连接
        self.transport.loseConnection()


# 定义继承 ClientFactory 的类
class BroadFactory(protocol.ClientFactory):

    # 构建一个 Protocol 对象
    def buildProtocol(self, addr):
        return BroadClient()

    # 客户端连接失败时的处理
    def clientConnectionFailed(self, connector, reason):
        print('Connecttion faild')
        # 关闭事件循环 reactor
        reactor.stop()

    # 客户端连接丢失时的处理
    def clientConnectionLost(self, connector, reason):
        print('Conection lost')
        reactor.stop()


if __name__ == '__main__':
    # 启动客户端，监听 8000 端口，并注册回调函数到 reactor 事件循环中，当 socket 上有数据可
    # 读时通知回调处理
    reactor.connectTCP('localhost', 8000, BroadFactory())
    # 启动事件循环 reactor
```

```
reactor.run()
```

运行服务端 first_server.py 文件将启动一个 TCP 服务器，并监听 8000 端口上的连接。运行客户端 first_client.py 文件将向服务器发送一个 TCP 连接并回应服务端的响应，然后终止连接并停止 reactor 事件循环（reactor.stop()）。

12.2.5 TCP通信客户端和服务端

优化 12.2.4 小节中的 TCP 客户端和服务端，实现客户端和服务端之间的互相通信。当服务端接收到客户端发送的通信信息后，将保存当前通信信息，并在下一个客户端连接到达后，将该通信信息分享给该客户端。服务端也记录着当前连接客户端的连接数。

优化示例 12-4 代码，重新编写基于 TCP 的网络系统服务端的代码，如示例 12-6 所示。

【示例 12-6】创建 second_server.py 文件。

```python
from twisted.internet.protocol import Factory
from twisted.internet import reactor, protocol


class QuoteProtocol(protocol.Protocol):
    def __init__(self, factory):
        self.factory = factory

    # 建立连接后调用
    def connectionMade(self):
        # 客户端建立连接后，连接数加 1
        self.factory.numConnections += 1

    # 接收数据时被调用
    def dataReceived(self, data):
        # 输出当前连接数
        print("连接数为 %d" % self.factory.numConnections)
        # 输出接收和发送的数据
        print("> 接收：``%s''\n> 发送：``%s''" % (data, self.getQuote()))
        # 以非阻塞的方式按顺序依次将数据写到物理连接上，即将数据发送给客户端
        self.transport.write(self.getQuote())
        # 更新需要发送给客户端的数据
        self.updateQuote(data)

    # 关闭连接时调用
    def connectionLost(self, reason):
        # 关闭连接时，连接数减 1
        self.factory.numConnections -= 1

    def getQuote(self):
```

```
            # 获取 quote 变量的值
            return self.factory.quote

        def updateQuote(self, quote):
            # 修改 quote 变量的值
            self.factory.quote = quote


# 定义继承 Factory 的类
class QuoteFactory(Factory):
    # 初始化连接数，默认为 0
    numConnections = 0

    def __init__(self, quote=None):
        self.quote = quote

    # 构建一个 Protocol 对象
    def buildProtocol(self, addr):
        return QuoteProtocol(self)


if __name__ == '__main__':
    # 监听 8000 端口和 Protocol 实例对象
    reactor.listenTCP(8000, QuoteFactory())
    # 启动事件循环
    reactor.run()
```

启动服务端时，服务端会监听 8000 端口和 Protocol 协议实例，具体分析如下。

（1）当有客户端和服务端建立连接后，服务端会主动调用建立连接后的回调函数 connection-Made()，该函数实现的功能为记录 numConnections 变量，这个变量表示连接的客户端的个数。

（2）当客户端发送信息给服务端后，服务端会主动调用接收数据的回调函数 dataReceived()，该函数实现的功能为输出当前连接数、当前接收客户端发送的数据和存储客户端最新发送的数据，并向客户端发送服务端存储的信息。

（3）当客户端关闭连接后，服务端会主动调用关闭连接的回调函数 connectionLost()，该函数实现的功能为修改 numConnections 变量的值。

优化示例 12-5 代码，重新编写基于 TCP 的网络系统客户端的代码，如示例 12-7 所示。

【示例 12-7】创建 second_client.py 文件。

```
from twisted.internet import reactor, protocol


class QuoteProtocol(protocol.Protocol):
    def __init__(self, factory):
```

```
            self.factory = factory

        # 建立连接后调用
        def connectionMade(self):
            # 以非阻塞的方式按顺序依次将数据写到物理连接上
            self.transport.write(self.factory.quote)

        # 接收数据时被调用
        def dataReceived(self, data):
            print("接收 quote:", data)
            # 将所有挂起的数据写入，然后关闭连接
            self.transport.loseConnection()


class QuoteClientFactory(protocol.ClientFactory):
    def __init__(self, quote):
        self.quote = quote

    # 构建一个 Protocol 对象
    def buildProtocol(self, addr):
        return QuoteProtocol(self)

    # 客户端连接失败时调用
    def clientConnectionFailed(self, connector, reason):
        print('连接失败:', reason.getErrorMessage())
        maybeStopReactor()

    # 客户端连接丢失时调用
    def clientConnectionLost(self, connector, reason):
        print('连接丢失:', reason.getErrorMessage())
        maybeStopReactor()


def maybeStopReactor():
    global quote_counter
    # 设置全局变量 quote_counter，关闭／丢失连接时变量自减 1
    quote_counter -= 1
    # 如果全局变量自减到 0 时，暂停当前事件循环 reactor
    if not quote_counter:
        reactor.stop()


if __name__ == '__main__':

    quotes = [b"hello", b"hello Twisted", b"bye"]
```

```
        quote_counter = len(quotes)
        # 循环建立 TCP 连接
        for quote in quotes:
            reactor.connectTCP('localhost', 8000, QuoteClientFactory(quote))
        reactor.run()
```

当启动客户端时，客户端会监听 8000 端口和 Protocol 协议实例，并接收需要向服务器发送的信息。具体分析如下。

（1）当客户端和服务端建立连接后，服务端会主动调用建立连接后的回调函数 connection-Made()，该函数表示向服务端发送 quote 信息。

（2）当服务端向客户端发送信息时，服务端会主动调用回调函数 dataReceived()，该函数用于关闭客户端的连接。

（3）当客户端正常关闭或异常关闭时，服务端会主动调用工厂中的 clientConectionFailed() 函数和 clientConnectionLost() 函数。这两个函数主要用于修改全局变量的值，如果该值减为 0，则关闭事件循环 reactor.stop()。

12.3　异步编程

在事件驱动编程中最重要的基本单元就是回调。Twisted 中提供了一个抽象的 Deferred 模块用于管理回调，本章将讲解 Deferred 模块的使用，并将 Deferred 融合到客户端和服务端中以实现异步功能。

12.3.1　Deferred模块

Twisted 中的 Deferred 对象是管理回调函数的对象，包含两条回调链，一条是针对操作正常的回调链，另一条是针对操作错误的回调链。在初始状态下正常回调链和错误回调链都处于空的状态，在处理阶段为其添加处理正常和错误的回调即可。当异步处理的结果返回时，Deferred 将会启动并按照添加回调的顺序触发回调链。

添加回调语法如下。

```
addCallback(self, callback, *args, **kwargs)
```

参数 callback 为添加正常的回调函数名。

```
addErrback(self, errback, *args, **kwargs)
```

参数 errback 为添加错误的回调函数名，传给 addErrback 的错误回调函数至少应该具有一个输入参数。当函数被调用时，第一个参数是一个 twisted.python.failure.Failure 的对象实例。

```
addBoth(self, callback, *args, **kwargs)
```

参数 callback 为回调函数，表示将同一个回调函数作为正常处理函数和错误处理函数添加到 Deferred 对象中。

```
chainDeferred(self, d)
```

将另一个 Deferred 对象（参数 d）的正常回调函数和错误回调函数添加到本 Deferred 对象中。

```
callback(self, result)
```

调用正常处理的回调函数，其中参数 result 为传递给第一个正常处理回调函数的参数。

```
errback(self, failure)
```

调用错误处理的回调函数，其中参数 failure 为传递给第一个错误处理回调函数的参数。

```
pause(self) 和 unpause(self)
```

表示暂停或继续 Deferred 对象中函数链的调用。

```
addCallbacks(callback,errback)
```

表示同时添加正常处理回调 callback 和错误处理回调 errback。

温馨提示：

Deferred.addCallback() 和 Deferred.addErrback() 用于添加正常处理回调和错误回调函数到 Deferred 对象中。通过调用 Deferred 对象的 callback(参数) 方法将调用 callback 链，传入的参数将作为 callback 链的第一个函数被接收，而调用 Deferred 对象的 errback() 方法将调用 errback 链。两条回调链总是保持着相同的长度，当向一条回调链中加入回调后，另外一条回调链也将默认添加一个回调。

Deferred 的触发流程如图 12-5 所示。

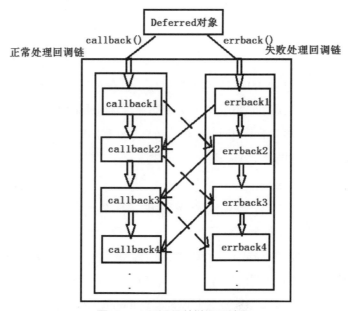

图12-5　回调函数链调用流程

Deferred 的触发流程及回调函数之间的执行顺序分析如下。

（1）当 callback() 函数被调用时，将执行正常处理回调链中的回调函数。正常处理回调链中回调的函数在被调用时将按照添加回调的顺序依次触发，且 callback() 函数中接收的参数将被第一个回调函数接收，回调函数中返回的结果将作为参数传入下一级的 callback 中。

（2）当 errback() 函数被调用时，将执行错误处理回调链中的回调函数。错误处理回调链中回调的函数在被调用时，如果发生异常则继续调用错误回调链中的下一个错误回调函数。

（3）如果错误回调链中的回调函数执行正常，则当错误回调函数执行完毕后，将调用正常回调链中定义的下一个回调函数。

（4）如果正常回调链中的回调函数在执行中发送异常，则当正常回调函数执行完毕后，将调用错误回调链中定义的下一个错误回调函数。

Deferred 是管理回调函数的对象，向 Deferred 对象的正常回调链中添加回调函数，如示例 12-8 所示。

【示例 12-8】创建 first_deferred_nomal.py 文件，实现向正常处理回调链中添加回调函数。

```python
from twisted.internet.defer import Deferred


# 定义回调函数
def SuccessCallback(result):
    print(result)


# 生成 Deferred 对象
d = Deferred()
# 向正常回调链中添加回调
d.addCallback(SuccessCallback)
# 用指定的结果运行回调
d.callback(" 触发回调 ")
```

向 Deferred 对象的错误处理回调链中添加回调函数，如示例 12-9 所示。

【示例 12-9】创建 first_deferred_err.py 文件，实现向错误处理回调链中添加回调函数。

```python
from twisted.internet.defer import Deferred

# 定义回调函数
def ErrorCallback(failure):
    print(failure)


# 生成 Deferred 对象
d = Deferred()
# 向错误回调链中添加回调
```

```
d.addErrback(ErrorCallback)
# 用指定的结果运行回调
d.errback(ValueError(' 回调失败 '))
```

示例 12-8 和示例 12-9 中使用 addCallback() 函数和 addErrback() 函数向正常回调链和错误回调链中添加回调函数，并通过调用 callback() 函数和 errback() 函数来调用回调链中的第一个回调函数。

示例 12-8 和示例 12-9 是向回调链中添加一个回调函数，向正常回调链中添加多个回调函数如示例 12-10 所示，调用 callback() 函数来调用第一个回调函数。

【示例 12-10】创建 register_multiple_callbacks.py 文件，实现注册多个回调。

```
from twisted.internet.defer import Deferred


# 定义回调函数
def callback1(result):
    return '<span>%s</span>' % result


def callback2(result):
    return '<b>%s</b>' % result


def callback3(result):
    print(result)


# 生成 Deferred 对象
d = Deferred()

# 向正常回调链中添加回调
d.addCallback(callback1)
d.addCallback(callback2)
d.addCallback(callback3)

# 用指定的结果运行回调
d.callback(" 触发回调 ")
```

运行 python register_multiple_callbacks.py 命令可以在控制台中看到如下的输出结果。

```
<b><span> 触发回调 </span></b>
```

温馨提示：

注意回调链总是具有相同的长度。当向回调链中添加一个正常的回调时，默认会向错误回调链的 errback 回调链中添加一个 pass-through 级别的错误回调。

12.3.2 Deferred模块和Reactor模块综合使用

前文分别讲解了 Deferred 模块和 Reactor 模块的基础知识，本小节中将综合使用 Deferred 模块和 Reactor 模块进行异步编程。

使用 Deferred 模块和 Reactor 模块实现异步编程，如示例 12-11 所示。

【示例 12-11】创建 first_deferred_reactor.py 文件，将 defer 对象和 reactor 对象结合在一起，实现强大的异步调用功能。

```python
import time

from twisted.internet import reactor, defer


class DayRetriever(object):
    def processDay(self, input):
        # 获取当前星期的英文结果
        today = time.strftime('%A')
        # 判断输入的当前星期和获取的当前星期是否一致
        if today == input:
            # 如果日期一致，则调用正常回调链中的第一个回调函数，并传入参数
            self.d.callback(" 今天是周五，不用加班 ")
        else:
            # 如果日期不一致，则调用错误回调链中第一个回调函数，并传入参数
            self.d.errback(Exception(" 好好工作，今天不是 %s" % input))

    def _toHTML(self, result):
        return "<h1>%s</h1>" % result

    def getDay(self, input):
        self.d = defer.Deferred()
        # 1 秒后调用 self.processHeadline()
        reactor.callLater(1, self.processDay, input)
        # 添加正常回调函数 _toHTML() 到回调链中
        self.d.addCallback(self._toHTML)
        return self.d


def printData(result):
    print(result)
    # 事件循环暂停
    reactor.stop()


def printError(failure):
    print(failure)
```

```
    # 事件循环暂停
    reactor.stop()


if __name__ == '__main__':

    h = DayRetriever()
    # 实例化 Deferred 对象，并添加一个回调到正常处理回调链中，并设置 1 秒后执行 processDay()
方法
    d = h.getDay("Friday")
    # 向 Deferred 对象中注册正常回调和错误的回调
    d.addCallbacks(printData, printError)
    # 启动事件循环
    reactor.run()
```

示例 12-11 中代码实现的功能为判断当前日期是否为星期五，如果为星期五则输出"今天是周五，不用加班"，否则输出"好好工作，今天不是周五"。示例代码分析如下。

（1）实例化 DayRetriever 类，调用 getDay () 函数并返回 defer 对象。getDay() 函数内部用 reactor.callLater() 函数定义了一秒后执行的 processDay() 函数。

（2）当程序执行到 reactor.run() 函数之前时，正常处理回调链中将加入回调函数 printData() 和 _toHTML()，而错误处理回调链中将加入回调函数 printError() 和 'pass-through'。

（3）当 reactor.run() 运行一秒后将调用 processDay() 函数，在函数内部判断日期是否为周五。如果当前日期为周五，则通过 callback() 函数调用正常处理回调链中的第一个回调函数；如果当前日期不是周五，则通过 errback() 函数调用错误处理回调链中的回调函数。

（4）Deferred 回调链中注册回调函数如图 12-6 所示。

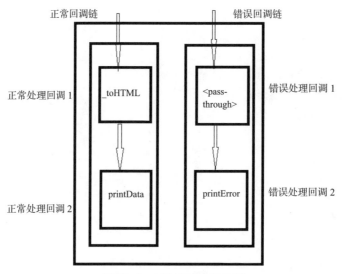

图12-6　回调链中回调函数

12.4　Web项目

本章将使用 Twisted 框架进行 Web 项目搭建，通过对上下文和 HTTP 知识的运用，带领读者使用高阶的 twisted.web 模块中的 API 接口实现复杂的 Web Servers。

12.4.1　最简单的Web项目

Twsited 框架提供了 web 模块用于实现 Web Server。示例 12-12 中展示了最简单的 Web 应用，在浏览器中通过访问 URL 地址实现响应字符串 'Hello, world!' 的输出。

【示例 12-12】创建 first_web_demo.py 文件，实现访问根路径输出 "Hello, world!" 的最简单的 Web 应用。

```python
from twisted.web import server, resource
from twisted.internet import reactor


class Simple(resource.Resource):
    # isLeaf 描述资源是否有子资源
    # 如果 isLeaf 设置为 False，则访问任务 URL 都将是 404
    isLeaf=True

    # 定义使用 render_method 方法来接收每一个 HTTP 请求
    # 如 render_GET 方法用于处理 HTTP GET 请求
    # 如 render_POST 方法用于处理 HTTP POST 请求
    def render_GET(self, request):
        return b"Hello, world!"


site = server.Site(Simple())
reactor.listenTCP(8080, site)
reactor.run()
```

根据示例 12-12，我们可以分析出以下结论。

（1）定义继承于 Resource 的子类 Simple，用于描述 Web 服务的动态资源。

（2）定义变量 isLeaf 表示该资源是否有子资源。如果设置为 False 则访问任何一个 URL 地址都将出现 404 "No Such Resource" 的错误提示页面，如图 12-7 所示。默认将 isLeaf 设置为 True。

（3）定义接收 HTTP GET 请求的方法，方法命名为 render_GET。如果接收 POST 请求方式，则方法名为 render_POST。

（4）使用 reactor.listenTCP() 方法监听启动 Web 服务的端口和 Twisted 的 Web 站点。

（5）使用 reactor.run() 方法启动项目。

在浏览器中访问地址 Http://127.0.0.1:8080，可看到如图 12-8 所示效果。

图12-7　404错误页面　　　　　　　　　图12-8　Twisted 最简单Web应用

温馨提示：

　　render_GET 方法用于响应 HTTP GET 请求，如示例 12-12 中响应字符串 'Hello, world!'。当项目启动后以 GET 请求方式访问地址 http://127.0.0.1:8000 时，可以在浏览器中看到响应的结果；但如果以 POST 请求方式访问地址 http://127.0.0.1:8000，则会出现 405 "Method Not Allowed" 错误信息。因此接收 GET 请求时定义 render_GET() 函数，如果接收 POST 请求则定义 render_POST() 函数。

12.4.2　请求request

　　12.4.1 小节示例中实现了处理 HTTP GET 请求，而处理 POST 请求，就需要在继承 Resource 的子类中调用 render_POST() 函数，并处理请求中传递的参数。

　　request 常用属性与方法如下。

　　（1）args：获取请求参数，包括 URL 参数和 POST 参数。格式为 {key:[value1,value2]}。

　　（2）path：请求路径，不包含参数。

　　（3）url：完整的请求路径，包括参数。

　　（4）client：请求的客户端地址对象，包含 type 协议、host 地址、port 端口属性。格式为 IPv4Address(type='TCP', host='127.0.0.1', port=59702)。

　　（5）host：本机接收请求的地址对象。格式为 IPv4Address(type='TCP', host='127.0.0.1', port=8080)。

　　（6）getHeader(key)：获取请求的头字段。

　　（7）getCookie(key)：获取请求中指定名为 key 的 Cookie。

　　（8）cookies：获取请求的 Cookies。

　　（9）getUser()：获取 basic 验证中的用户名。

　　（10）getPassword()：获取 basic 验证中的密码。

　　（11）code：获取当前请求的状态码。

（12）method：获取当前 HTTP 请求方式。如 GET、POST。

定义响应 GET 请求的方法，实现渲染提交表单页面；定义响应 POST 请求的方法，实现获取提交表单中数据的功能，如示例 12-13 所示。

【示例 12-13】创建 request_demo.py 文件，实现渲染提交表单页面并实现获取提交表单中传递的参数。

```python
from twisted.web import server, resource
from twisted.internet import reactor


class Index(resource.Resource):
    # isLeaf 描述资源是否有子资源
    # 如果 isLeaf 设置为 False，则访问任务 URL 都将是 404
    isLeaf=True

    # render_GET 用于处理 GET 请求
    def render_GET(self, request):
        a=1
        return bytes("""
        <html>
            <head>
                <title>GET</title>
            </head>
            <body>
                <form action="" method="POST">
                    姓名 :<input type="text" name="username" />
                    <input type="submit" value="submit">
                </form>
            </body>
        </html>
        """, encoding='gbk')

    # render_POST 用于处理 POST 请求
    def render_POST(self, request):
        username = request.args[b'username'][0]
        return b"Hello, %b!" % username


site = server.Site(Index())
reactor.listenTCP(8080, site)
reactor.run()
```

示例 12-13 代码中定义了接收 GET 请求和 POST 请求的方法，分别实现渲染页面提交表单和获取提交表单中数据的功能，重点代码分析如下。

（1）Twisted 框架中所有数据都必须是 bytes 类型，因此在渲染页面时，要使用 bytes() 方法将 str 类型的数据转化为 bytes 类型数据。

（2）render_GET() 方法返回一个 HTML 页面，页面中定义了一个 name 属性为 username 的 input 标签和一个 type 属性为 submit 的 input 标签。当在浏览器中访问地址 http://127.0.0.1:8080/ 的时候，可以看到渲染后的页面。

（3）render_POST() 方法使用 request.args 方法获取 HTML 中 form 表单提交的数据，然后将名字输出到浏览器中。 需要注意的是，通过 request.args[key] 获取到的值为列表，要获取结果中的参数，可按照列表获取元素的方式来获取 request.args 中传递的数据。

12.4.3 异步响应

在 Twisted Web 服务器中，当访问某个路由地址时，如果需要进行非常耗时的数据查询操作或比较消耗性能的计算，服务器如何才能快速地响应客户端的请求？示例 12-14 和示例 12-15 分别模拟了请求阻塞时，将同步处理修改为异步处理的过程，快速响应客户端的请求。

如示例 12-14 所示，模拟比较耗时的业务逻辑，并在 10 秒后响应请求。

【示例 12-14】创建 serially_response.py 文件，实现延时处理。

```python
import time

from twisted.web import server, resource
from twisted.internet import reactor



class Simple(resource.Resource):
    # isLeaf 描述资源是否有子资源
    # 如果 isLeaf 设置为 False，则访问任务 URL 都将是 404
    isLeaf=True

    # 定义使用 render_method 方法来接收每一个 HTTP 请求
    # render_GET 方法用于处理 HTTP GET 请求
    def render_GET(self, request):
        # 休眠 10 秒后，才执行响应。串行处理请求
        time.sleep(10)
        return b"Hello, world!"


if __name__ == '__main__':
    site = server.Site(Simple())
    reactor.listenTCP(8080, site)
    reactor.run()
```

启动项目并在浏览器中访问地址 http://127.0.0.1:8000，浏览器会将在 10 秒后响应 "Hello,

world!"页面。在示例 12-14 中使用 time.sleep(10) 来模拟比较耗时的操作，当服务器在处理耗时的请求时，将无法响应其他的请求，因此整个服务器将被阻塞。如果在浏览器中打开多个标签并访问地址 http://127.0.0.1:8000，从页面刷新的时间上可以发现，第 1 个页面和第 2 个页面的渲染时间相差 10 秒，第 2 个页面和第 3 个页面的渲染时间也相差 10 秒，也就是说，第一个渲染的页面和最后一个渲染的页面之间相差了 N*10 秒时间。这样的程序对用户而言是非常难以接受的，因此需要进行异步处理。

Twisted 是一个异步框架，示例 12-15 将演示如何使用异步特性来提高服务器性能，而不是阻塞资源。

【示例 12-15】创建 async_response.py 文件，实现异步请求处理。

```python
import time

from twisted.internet import reactor
from twisted.internet.task import deferLater
from twisted.web.resource import Resource
from twisted.web.server import Site, NOT_DONE_YET


class AsyncPage(Resource):
    isLeaf = True

    def _delayedRender(self,request):
        # 渲染页面，在页面中输出渲染页面时的时间
        request.write(b"Page Loading Completed, at %b"% time.asctime().
encode('utf-8'))
        # 请求结束，调用 finish()
        request.finish()

    def render_GET(self,request):
        # 返回一个由 request 引起的 deferred
        d = deferLater(reactor, 10, lambda:request)
        # 向正常回调链中加入回调函数
        d.addCallback(self._delayedRender)
        # 它告知 Resource 有些事情是异步的而且尚未完成，直到调用 request.finish()
        return NOT_DONE_YET


if __name__ == '__main__':

    site = Site(AsyncPage())
    # 监听端口 8000 和站点
    reactor.listenTCP(8000, site)
    # 启动 reactor 事件循环
```

```
    reactor.run()
```

启动项目，在浏览器中打开多个标签并访问地址 http://127.0.0.1:8000。从页面刷新的时间上可以发现，每一个窗口的刷新时间都是相差无几的，也就是说，每一个请求都是同时进行的，实现了异步处理。

12.5 Twisted Mail

Twisted 可以用于构建邮件系统的客户端和服务端，并支持 SMTP、IMAP、POP3。本节将分别用这 3 种协议来实现邮件的客户端和服务端编程。以下先简短地描述这 3 种协议的使用。

（1）SMTP。SMTP（Simple Mail Transfer Protocol）是最简单的邮件发送协议，基于一个相对简单的基本文本，原理就是指定一条信息的一个或多个接收者，进行数据文本的传输。现在使用的邮件 app 或桌面的邮件系统有可能使用的就是 SMTP。默认的使用端口为 25。

（2）IMAP。IMAP（Internet Mail Access Protocol）是 Internet 邮件访问协议，也是一种邮件获取协议，可以用于进行远程管理、存储、访问、下载电子邮件操作。用户不用下载所有的邮件，可通过客户端直接对服务端上的邮件进行浏览、删除、编辑等操作。默认的使用端口为 143。

（3）POP3。POP3（Post Office Protocol-Version3）是邮局协议的第 3 版本，支持离线邮件处理，允许用户把服务器上的邮件存储在本地，可以选择性地删除服务器上的邮件。默认的使用端口为 110。

12.5.1 SMTP客户端

Twisted 框架中包含了很多种实现邮件发送功能的方式，其中以 SMTP 最为简便。普通的 SMTP 由于没有用户认证，传输安全性极差，因此不适合在不安全的网络环境中使用。尽管如此，还是有许多的邮件系统仍然在使用 SMTP 发送电子邮件。

示例 12-16 将使用 SMTP 实现邮件发送功能。

【示例 12-16】创建 smtp_send_mail.py 文件，使用 SMTP 实现邮件发送功能。

```
import sys
from email.mime.text import MIMEText

from twisted.python import log
from twisted.mail.smtp import sendmail
from twisted.internet import reactor
```

```python
def send(message, subject, sender, recipients, host):
    """
    发送邮箱方法
    """
    msg = MIMEText(message)
    # 设置发送的标题
    msg['Subject'] = subject
    # 设置发送邮件者
    msg['From'] = sender
    # 设置接收邮件者
    msg['To'] = ', '.join(recipients)
    # 邮件发送
    dfr = sendmail(host, sender, recipients, msg.as_bytes(), port=25, username=sender, password='xxxx')

    def success(r):
        # 关闭事件循环 reactor
        reactor.stop()

    def error(e):
        print(e)
        # 关闭事件循环 reactor
        reactor.stop()

    # 向回调链中加入正常回调函数和错误回调函数
    dfr.addCallback(success)
    dfr.addErrback(error)
    # 启动事件循环
    reactor.run()


if __name__ == '__main__':
    # 配置参数
    msg = '测试邮件内容 1'
    subject = '测试邮件标题 1'

    # 邮件服务器地址
    host = "smtp.163.com"
    # 发送者邮件地址
    sender = "xxxxxx@163.com"
    # 接收者邮件地址
    recipients = ["xxxxx"]

    # 打印日志
    log.startLogging(sys.stdout)
    # 邮件发送
```

```
send(msg, subject, sender, recipients, host)
```

在示例 12-16 中需注意配置的参数有 SMTP 邮箱服务器地址、发送者的邮箱地址、接收者的邮件地址，以及发送的邮件信息。将参数 sender 修改为发送者的邮件地址，recipients 修改为接收者的邮件地址，password 参数修改为开启 SMTP 服务的密码，就可向指定的邮箱发送邮件。

温馨提示：

为了保证数据传输的安全性，可以设置 requiredTransportSecurity 参数，并将其设置为 True。这意味着邮件信息不会以纯文本的形式传输。

数据安全传输的参数设置，如示例 12-17 所示。

【示例 12-17】设置 requiredTransportSecurity 参数。

```
# 邮件发送配置
sendmail(host, sender, recipients, msg.as_bytes(), port=25, username=sender,
password='xxxx', requireTransportSecurity=True)
```

12.5.2　IMAP客户端

使用 IMAP 可以从邮件服务器上获取邮件的信息，进行接收邮件、发送邮件、下载邮件等操作。本小节的示例将获取邮箱服务器上某账号中所有邮件信息，并输出邮件的接收者、发送者、邮件标题等内容。

示例 12-18 实现了获取邮件收件箱中邮件信息的功能。

【示例 12-18】创建 imap_client.py 文件，实现 IMAP 客户端远程查看 163 邮箱中邮件的功能。

```python
from twisted.internet import protocol, reactor
from twisted.mail import imap4

# 163 账号
USERNAME = b'xxxxx@163.com'
# 授权开通 IMAP 的授权密码
PASSWORD = b'xxxx'


class IMAP4LocalClient(imap4.IMAP4Client):

    # 建立连接后调用
    def connectionMade(self):
        # 使用账号密码进行登录，并添加正常回调 getMessages 和错误回调 errLogin
        self.login(USERNAME, PASSWORD).addCallbacks(
        self.getMessages, self.errLogin)

    # 关闭连接时调用
    def connectionLost(self, reason):
```

```
        reactor.stop()

    def errLogin(self, result):
        # 如果账号 USERNAME 和密码 PASSWORD 登录失败，则关闭通信连接
        self.transport.loseConnection()

    def getMessages(self, result):
        # 获取邮件中所有的文件，并添加回调 cbPickMailbox 函数
        return self.list("", "*").addCallback(self.cbPickMailbox)

    def cbPickMailbox(self, result):
        # result 为邮箱中的菜单分类，"INBOX" 表示收件箱，"Deafts" 表示草稿箱，"Sent"
表示已发送，"Trash" 表示已删除
        # [((), '/', 'INBOX'), (('\\Drafts',), '/', ' 草稿箱 '), (('\\Sent',), '/',
' 已发送 '), (('\\Trash',), '/', ' 已删除 '), (('\\Junk',), '/', ' 垃圾邮件 '), ((),
'/', ' 病毒文件夹 ')]
        mbox = 'INBOX'
        return self.select(mbox).addCallback(self.cbExamineMbox)

    def cbExamineMbox(self, result):
        # 获取选定分类中的所有邮件，并调用 cbFetchMessages 函数解析返回的邮件内容
        return self.fetchMessage('*', uid=False).addCallback(
        self.cbFetchMessages)

    def cbFetchMessages(self, result):
        for seq, message in result.items():
            # 输出邮件的发送者、邮件的接收者、邮件的内容等信息
            print(seq, message["RFC822"])
            # 退出登录
            return self.logout()


# 定义继承 ClientFactory 的类
class IMAP4ClientFactory(protocol.ClientFactory):

    # 构建一个 Protocol 对象
    def buildProtocol(self, addr):
        return IMAP4LocalClient()

    # 客户端连接失败时的处理
    def clientConnectionFailed(self, connector, reason):
        print(reason)
        # 关闭事件循环 reactor
        reactor.stop()
```

```
if __name__ == '__main__':
    # 连接 imap.163.com 邮箱地址，并监听 143 端口
    reactor.connectTCP("imap.163.com", 143, IMAP4ClientFactory())
    # 启动事件循环
    reactor.run()
```

示例 12-18 使用 IMAP 实现了获取邮箱服务器上某账号中所有的邮件信息。需注意，定义的变量 USERNAME 为 163 邮箱地址，PASSWORD 为开启 IMAP 的授权密码。详细步骤如下。

步骤 1：建立连接后将调用 connectionMade 函数，该函数使用账号和密码进行登录，并添加正常登录账号的回调函数 getMessages 和登录账号失败的回调函数 errLogin。

步骤 2：如果账号登录成功，则调用 getMessages 函数，该函数用于获取邮件中所有的文件，并添加回调函数 cbPickMailbox。

步骤 3：回调函数 cbPickMailbox 用于指定邮箱中的菜单分类，如 "INBOX" 表示收件箱、"Deafts" 表示草稿箱、"Sent" 表示已发送、"Trash" 表示已删除。添加回调函数 cbExamineMbox 用于解析该邮箱分类下的邮件信息。

步骤 4：回调函数 cbExamineMbox 用于获取选定分类中的所有邮件，并调用 cbFetchMessages 函数解析返回的邮件内容。

运行示例 12-18 中的代码，可看到如示例 12-19 所示的输出内容。

【示例 12-19】执行 imap_client.py 文件，可以看到如下的输出信息。

```
3 Received: from qq.com
From: "=?gb18030?B?l0Ckzruo1q676g==?=" <wanghaifei36@qq.com>
To: "=?gb18030?B?d2FuZ2hhaWZlaTM2?=" <wanghaifei36@163.com>
Subject: 432
Mime-Version: 1.0
Content-Type: multipart/alternative;
    boundary="----=_NextPart_5C01F626_0B7E2A60_7F94996E"
Content-Transfer-Encoding: 8Bit
Date: Sat, 1 Dec 2018 10:47:02 +0800
```

温馨提示：

cbPickMailbox() 函数中的 mbox 参数可以根据获取邮箱的菜单分类来设置，例如，"INBOX" 表示收件箱，"Deafts" 表示草稿箱，"Sent" 表示已发送，"Trash" 表示已删除。

12.5.3　POP3客户端

POP3 主要用于支持客户端远程管理邮件服务器上的电子邮件，适用于 C/S 的框架结构。示例 12-20 创建了 POP3 客户端，并与服务端建立连接，客户端向服务器发送认证的账号和密码并等待服务器进行账号、密码的校验。校验成功以后，客户端可以将邮件下载到计算机中，最后断开与服务端的连接。

【示例 12-20】创建 pop3_client.py 文件，实现 POP3 客户端远程查看 163 邮箱中邮件的功能。

```python
from twisted.mail import pop3client
from twisted.internet import reactor, protocol, defer


# 163 账号
USERNAME = b'xxxxx@163.com'
# 开通 POP3 的授权密码
PASSWORD = b'xxxx'


class POP3LocalClient(pop3client.POP3Client):

    def connectionMade(self):
        self.login(username=USERNAME, password=PASSWORD).addCallbacks(self._loggedIn,
self._ebLogin)


    # 关闭连接时调用
    def connectionLost(self, reason):
        reactor.stop()


    # 登录成功后调用
    def _loggedIn(self, result):
        return self.listSize().addCallback(self._gotMessageSizes)


    # 登录失败后调用
    def _ebLogin(self, result):
        # 如果账号 USERNAME 和密码 PASSWORD 登录失败，则关闭通信连接
        self.transport.loseConnection()


    def _gotMessageSizes(self, sizes):
        retrievers = []

        for i in range(len(sizes)):
            retrievers.append(self.retrieve(i).addCallback(self._gotMessageLines))
        return defer.DeferredList(retrievers).addCallback(self._finished)


    def _gotMessageLines(self, messageLines):
        # 获取信息中的每一行数据
        for line in messageLines:
            print(line)


    # 退出
    def _finished(self, downloadResults):
```

```
            return self.quit()


    # 定义继承 ClientFactory 的类
    class POP3ClientFactory(protocol.ClientFactory):


        # 构建一个 Protocol 对象
        def buildProtocol(self, addr):
            return POP3LocalClient()


        # 客户端连接失败时的处理
        def clientConnectionFailed(self, connector, reason):
            # 关闭事件循环 reactor
            reactor.stop()


if __name__ == '__main__':
    # 连接 pop.163.com 邮箱地址，并监听 110 端口
    reactor.connectTCP("pop.163.com", 110, POP3ClientFactory())
    # 启动事件循环
    reactor.run()
```

示例 12-20 使用 POP3 实现了使用客户端远程管理邮件服务器上的电子邮件信息。需注意，定义的变量 USERNAME 为 163 邮箱地址、PASSWORD 为开启 POP3 的授权密码。详细步骤如下。

步骤 1：建立连接后将调用 connectionMade 函数，该函数使用账号和密码进行登录，并添加成功登录账号的回调函数 _loggedIn 和登录账号失败的回调函数 _ebLogin。

步骤 2：如果账号登录成功，则调用 _loggindIn 函数，该函数通过调用 _gotMessageSizes 函数接收邮件信息，并通过调用回调函数 _gotMessageLines 实现邮件信息的输出。

步骤 3：断开与服务端的链接时，调用 _finished 函数。

新手问答

问题1：reactor的单例模式如何实现？

答：Twisted 是基于事件驱动的网络框架，事件驱动编程是一种编程范式，是指程序的执行由

外部事件来决定。在 Twisted 中，事件驱动体现在 reactor 的事件循环中，当外部事件发生时使用回调机制来触发相关的业务逻辑处理。Twisted 是基于 reactor 模式设计的，是在等待事件、处理事件的过程中不断循环的。

reactor 是事件管理器，而 Twisted 的 reactor 只有通过调用 reactor.run() 函数来启动，且 reactor 事件循环启动后会运行在主进程中，一旦启动，就会一直运行下去。reactor 事件循环并不会消耗任何 CPU 的资源，且 reactor 也并不需要显式地创建，只需要引入即可。

在 Twisted 中 reactor 是单例模式（Singleton），因此在一个进程中只能有一个 reactor。在 Twisted 中 reactor 如何实现单例呢？示例 12-21 展示了 reactor.py 文件中的实现代码。

【示例 12-21】展示 twisted/internet/reactor.py 文件中的代码。

```
from __future__ import division, absolute_import


import sys
del sys.modules['twisted.internet.reactor']
from twisted.internet import default
default.install()
```

在 Python 中所有加载到内存中的模块都存放在 sys.modules 中，sys.modules 是一个全局的模块。当导入一个模块时，如果在 sys.modules 中查询到已经加载了此模块，则 import 只是将模块的名字加入正在调用 import 的模块的命名空间中；如果没有加载该模块，则从 sys.path 目录中根据模块名查找到对应的模块文件加载到内存与 sys.modules 中，然后再将当前模块导入当前的命名空间中。

第一次引入 reactor，即调用 from twisted.internet import reactor 时，由于 sys.modules 中还没有加载 twisted.internet.reactor，因此会执行 reactor.py 文件，并将 reactor 模块加载到 sys.modules 中。如果在引入 reactor 时，发现在 sys.modules 中存在该模块，则直接将 sys.modules 中的 reactor 导入当前命名空间。

从示例 12-21 中可以发现 reactor 的安装是调用 default.install() 函数，具体的安装方法如示例 12-22 所示。

【示例 12-22】展示 twisted/internet/default.py 文件中的代码。

```
from __future__ import division, absolute_import


__all__ = ["install"]


from twisted.python.runtime import platform


def _getInstallFunction(platform):

    try:
        if platform.isLinux():
```

```
        try:
            from twisted.internet.epollreactor import install
        except ImportError:
            from twisted.internet.pollreactor import install
    elif platform.getType() == 'posix' and not platform.isMacOSX():
        from twisted.internet.pollreactor import install
    else:
        from twisted.internet.selectreactor import install
except ImportError:
    from twisted.internet.selectreactor import install
return install


install = _getInstallFunction(platform)
```

示例 12-22 展示了 twisted/internet/default.py 文件代码，通过导入 platform 类判断当前的平台，如果 platform.isLinux() 函数返回 True 则表示当前平台为 Linux 系统，Linux 系统下会优先使用 epollreactor 模式，如果不支持 epollreactor 模式则使用 pollreactor 模式；如果是 MacOSX 系统，则会使用 pollreactor 模式；如果是 Windows 系统，则会使用 selectreactor 模式。示例 12-23 将展示 Linux 系统下 install 的实现。

【示例 12-23】Linux 系统下 install 的实现。

```
def install():
    """
    Install the epoll() reactor.
    """
    p = EPollReactor()
    from twisted.internet.main import installReactor
    installReactor(p)
```

从示例 12-23 中可以发现 install 是通过调用 installReactor() 函数实现的，示例 12-24 将展示 installReactor 函数的实现。

【示例 12-24】查看 twisted/internet/main.py 文件，installReactor() 函数的实现如下。

```
def installReactor(reactor):
    """
    Install reactor C{reactor}.

    @param reactor: An object that provides one or more IReactor* interfaces.
    """
    # this stuff should be common to all reactors.
    import twisted.internet
    import sys
    if 'twisted.internet.reactor' in sys.modules:
```

```
        raise error.ReactorAlreadyInstalledError("reactor already installed")
    twisted.internet.reactor = reactor
    sys.modules['twisted.internet.reactor'] = reactor
```

示例 12-24 中 installReactor() 函数的实现是先验证 sys.modules 模块中是否已经加载 twisted.internet.reactor，如果已经加载则抛出 "reactor already installed"；如果没有加载则向 sys.modules 中添加键值对，键为 twisted.internet.reactor，值为在 install 中创建的 reactor 对象。以后使用 from twisted.internet import reactor 导入 reactor 时，就会从 sys.modules 中导入这个单例 reactor 对象。

问题2：Deferred的回调流程如何实现？

答：Twisted 提供了一个抽象的 Deferred 模块，而 Deferred 模块是管理事件驱动编程中最重要的回调。Deferred 对象管理着两条回调链，一条是处理正常结果的回调链，一条是处理错误结果的回调链，并分别调用 addCallback() 函数和 addErrback() 函数向正常处理回调链和错误处理回调链中添加回调函数。addCallback() 函数进行正常处理回调函数添加的源码分析如示例 12-25 所示。

【示例 12-25】查看 twisted/internet/defer.py 文件，展示 addCallback() 和 addCallbacks() 函数的实现代码。

```
class Deferred:

    called = False
    paused = False
    _debugInfo = None
    _suppressAlreadyCalled = False

    debug = False

    _chainedTo = None

    def __init__(self, canceller=None):
        """
        Initialize a L{Deferred}.
        """
        self.callbacks = []
        self._canceller = canceller
        if self.debug:
            self._debugInfo = DebugInfo()
            self._debugInfo.creator = traceback.format_stack()[:-1]

    def addCallbacks(self, callback, errback=None,
                callbackArgs=None, callbackKeywords=None,
                errbackArgs=None, errbackKeywords=None):
        """
```

363

```
        Add a pair of callbacks (success and error) to this L{Deferred}.

        These will be executed when the 'master' callback is run.

        @return: C{self}.
        @rtype: a L{Deferred}
        """
        assert callable(callback)
        assert errback is None or callable(errback)
        cbs = ((callback, callbackArgs, callbackKeywords),
         (errback or (passthru), errbackArgs, errbackKeywords))
        self.callbacks.append(cbs)

        if self.called:
        self._runCallbacks()
        return self


    def addCallback(self, callback, *args, **kw):
        """
        Convenience method for adding just a callback.

        See L{addCallbacks}.
        """
        return self.addCallbacks(callback, callbackArgs=args,
                            callbackKeywords=kw)
```

从示例 12-25 中可以发现 addCallback(self, callback, *args, **kw) 函数中接收了 3 个参数，callback 参数表示需要添加到正常回调链中的函数，*args 表示传递给回调函数的参数，**kw 参数表示传递给回调函数的关键字。当调用 addCallback(self, callback, *args, **kw) 函数时，会调用 addCallbacks() 函数。addCallbacks() 函数会添加一对正常回调和错误回调的函数到回调链中。从示例 12-25 中可以发现 self.callbacks = [] 这一行代码，表示初始化时回调链中是空的。

以上是通过调用 addCallback() 函数向正常回调链中加入回调，示例 12-26 将展示调用 addErrback() 函数向错误回调链中加入回调。

【示例 12-26】查看 twisted/internet/defer.py 文件，展示 addErrback() 函数的实现代码。

```
def addErrback(self, errback, *args, **kw):
    """
    Convenience method for adding just an errback.

    See L{addCallbacks}.
    """
    return self.addCallbacks(passthru, errback,
                        errbackArgs=args,
```

```
                                    errbackKeywords=kw)
```

源码中可以发现调用 addErrback(self, errback, *args, **kw) 函数时也会调用 addCallbacks() 函数，表示向错误回调链中添加一个回调。

以上的源码剖析了如何向回调链中加入正常回调和错误回调。当使用 callback() 函数进行回调函数调用时，又是怎么执行回调函数的？示例 12-27 展示了 callback() 函数如何调用正常回调链中的回调。

【示例 12-27】查看 twisted/internet/defer.py 文件，展示 callback() 函数和 _ startRunCallbacks() 函数的实现代码。

```python
def callback(self, result):
    """
    Run all success callbacks that have been added to this L{Deferred}.

    Each callback will have its result passed as the first argument to
    the next; this way, the callbacks act as a 'processing chain'.  If
    the success-callback returns a L{Failure} or raises an L{Exception},
    processing will continue on the *error* callback chain.  If a
    callback (or errback) returns another L{Deferred}, this L{Deferred}
    will be chained to it (and further callbacks will not run until that
    L{Deferred} has a result).

    An instance of L{Deferred} may only have either L{callback} or
    L{errback} called on it, and only once.

    @param result: The object which will be passed to the first callback
        added to this L{Deferred} (via L{addCallback}).

    @raise AlreadyCalledError: If L{callback} or L{errback} has already been
        called on this L{Deferred}.
    """
    assert not isinstance(result, Deferred)
    self._startRunCallbacks(result)

def _startRunCallbacks(self, result):
    if self.called:
        if self._suppressAlreadyCalled:
            self._suppressAlreadyCalled = False
            return
        if self.debug:
            if self._debugInfo is None:
                self._debugInfo = DebugInfo()
            extra = "\n" + self._debugInfo._getDebugTracebacks()
            raise AlreadyCalledError(extra)
```

```
            raise AlreadyCalledError
        if self.debug:
            if self._debugInfo is None:
                self._debugInfo = DebugInfo()
            self._debugInfo.invoker = traceback.format_stack()[:-2]
        self.called = True
        self.result = result
        self._runCallbacks()
```

从 callback() 函数中的注解可以发现，调用 callback() 函数其实就是运行添加到 Deferred 对象的正常回调链中的所有回调函数，且每一个回调函数的结果 result 将传递给下一个回调函数，因此回调函数的链式执行也可以看作一个"回调链"。如果正常回调链中的回调函数发生异常，则继续执行错误回调链中的回调函数。从示例 12-27 中可以发现调用 callback() 函数其实在调用 _startRun-Callbacks(result) 函数，这个函数在最后通过调用 _runCallbacks() 函数来调用回调链中的回调函数。

【示例 12-28】展示 _runCallbacks() 函数的代码实现。

```
def _runCallbacks(self):
    if self._runningCallbacks:
        # Don't recursively run callbacks
        return

    # Keep track of all the Deferreds encountered while propagating results
    # up a chain.  The way a Deferred gets onto this stack is by having
    # added its _continuation() to the callbacks list of a second Deferred
    # and then that second Deferred being fired.  ie, if ever had _chainedTo
    # set to something other than None, you might end up on this stack.
    chain = [self]

    while chain:
        current = chain[-1]

        if current.paused:
            # This Deferred isn't going to produce a result at all.  All the
            # Deferreds up the chain waiting on it will just have to...
            # wait.
            return

        finished = True
        current._chainedTo = None
        while current.callbacks:
            item = current.callbacks.pop(0)
            callback, args, kw = item[
                isinstance(current.result, failure.Failure)]
            args = args or ()
```

```
        kw = kw or {}

        # Avoid recursion if we can.
        if callback is _CONTINUE:
            # Give the waiting Deferred our current result and then
            # forget about that result ourselves.
            chainee = args[0]
            chainee.result = current.result
            current.result = None
            # Making sure to update _debugInfo
            if current._debugInfo is not None:
                current._debugInfo.failResult = None
            chainee.paused -= 1
            chain.append(chainee)
            # Delay cleaning this Deferred and popping it from the chain
            # until after we've dealt with chainee.
            finished = False
            break

    try:
        current._runningCallbacks = True
        try:
            current.result = callback(current.result, *args, **kw)
            if current.result is current:
                warnAboutFunction(
                    callback,
                    "Callback returned the Deferred "
                    "it was attached to; this breaks the "
                    "callback chain and will raise an "
                    "exception in the future.")
        finally:
            current._runningCallbacks = False
    except:
        # Including full frame information in the Failure is quite
        # expensive, so we avoid it unless self.debug is set.
        current.result = failure.Failure(captureVars=self.debug)
    else:
        if isinstance(current.result, Deferred):
            # The result is another Deferred.  If it has a result,
            # we can take it and keep going.
            resultResult = getattr(current.result, 'result', _NO_RESULT)
            if resultResult is _NO_RESULT or isinstance(resultResult,
Deferred) or current.result.paused:
                # Nope, it didn't.  Pause and chain.
                current.pause()
                current._chainedTo = current.result
```

367

```
                        # Note: current.result has no result, so it's not
                        # running its callbacks right now.  Therefore we can
                        # append to the callbacks list directly instead of
                        # using addCallbacks.
                        current.result.callbacks.append(current._continuation())
                        break
                    else:
                        # Yep, it did.  Steal it.
                        current.result.result = None
                        # Make sure _debugInfo's failure state is updated.
                        if current.result._debugInfo is not None:
                            current.result._debugInfo.failResult = None
                        current.result = resultResult

            if finished:
                # As much of the callback chain - perhaps all of it - as can be
                # processed right now has been.  The current Deferred is waiting on
                # another Deferred or for more callbacks.  Before finishing with it,
                # make sure its _debugInfo is in the proper state.
                if isinstance(current.result, failure.Failure):
                    # Stash the Failure in the _debugInfo for unhandled error
                    # reporting.
                    current.result.cleanFailure()
                    if current._debugInfo is None:
                        current._debugInfo = DebugInfo()
                    current._debugInfo.failResult = current.result
                else:
                    # Clear out any Failure in the _debugInfo, since the result
                    # is no longer a Failure.
                    if current._debugInfo is not None:
                        current._debugInfo.failResult = None

                # This Deferred is done, pop it from the chain and move back up
                # to the Deferred which supplied us with our result.
                chain.pop()
```

示例 12-28 中 _runCallbacks() 函数实现了调用回调链中的回调，下面看示例 12-29 片段代码。

【示例 12-29】判断回调链中将要执行的是正常回调还是错误回调。

```
while current.callbacks:
    item = current.callbacks.pop(0)
    callback, args, kw = item[
        isinstance(current.result, failure.Failure)]
```

示例 12-29 中 while 判断语句用于判断回调链中是否有回调，如果存在回调则从当前回调链中取出第一对回调函数，再通过 current.result 判断当前回调是否为 failure.Failure 类型，从而选择回调函数。

真正执行回调的是 current.result = callback(current.result, *args, **kw) 这句代码，表示调用回调时接收一个参数，该参数的值为上一个回调的结果。回调链中的回调将以此继续执行下去，且回调的结果将作为参数传递给下一个回调函数。

实战演练：在Web应用中展示日历输出效果

【案例任务】

在 Web 服务章节中我们学习了如何响应请求 URL，如何渲染静态和动态的网页。在本实战演练中将动态地接收 URL，并基于动态的 URL 来渲染响应的页面，实现在浏览器中访问地址后展示日历输出信息。

【技术解析】

案例中涉及开发工具 PyCharm 和虚拟环境的使用及 Web 项目的创建与运用。

【实现方法】

本案例演示显示年度日历的日历服务器，如在浏览器中访问地址 http://127.0.0.1:8000/2018，浏览器中将显示 2018 年的日历信息，具体如示例 12-30 所示。

【示例 12-30】在浏览器中展示 2018 年的日历信息。

```python
from twisted.internet import reactor
from twisted.web.resource import Resource, NoResource
from twisted.web.server import Site
from calendar import calendar


class YearPage(Resource):

    def __init__(self, year):
        Resource.__init__(self)
        self.year = year

    def render_GET(self, request):
        return bytes(
            "<html><body><pre>%s</pre></body></html>" % (calendar(self.year),),
            encoding='gbk'
            )
```

```python
class CalendarHome(Resource):

    def getChild(self, name, request):
        if name == '':
            return self
        if name.isdigit():
            return YearPage(int(name))
        else:
            return NoResource()

    def render_GET(self, request):
        return b"<html><body>Welcome to the calendar server!</body></html>"


if __name__ == '__main__':

    reactor.listenTCP(8000, Site(CalendarHome()))
    reactor.run()
```

启动项目并在浏览器中访问地址 http://127.0.0.1:8000/2018，将看到如图 12-9 所示的效果页面。

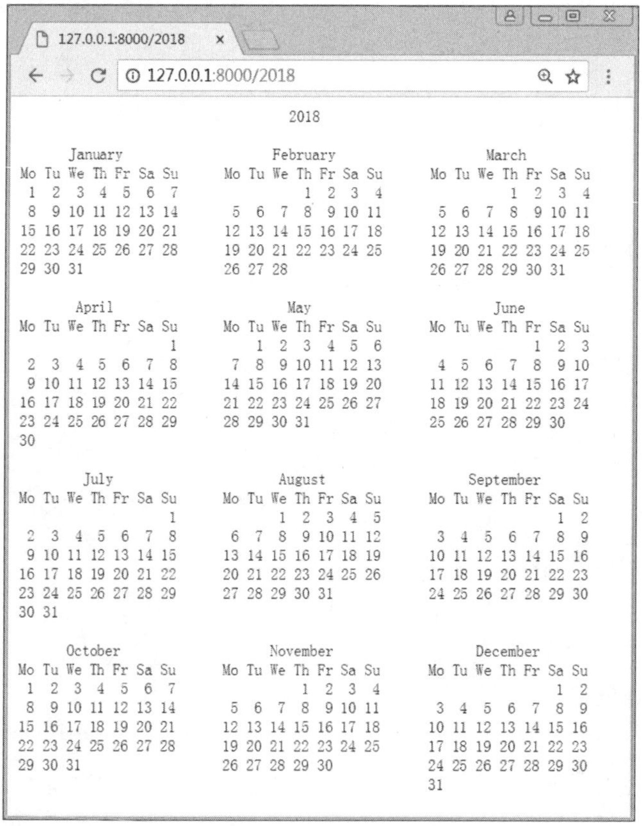

图12-9　日历信息输出

本章小结

本章详细地讲解了 Twisted 框架的核心知识点，包括支持 Web 服务、异步编程、Deferred 回调链、reactor 事件循环（单例模式）、邮箱服务等。读者学习编程时需理解 Twisted 的核心思想——事件驱动，也需要详细掌握事件驱动范式编程和单线程及多线程编程范式的区别。使用 Deferred 模块进行异步编程对学习异步编程有重要的帮助，学习如何构建监听端口的 Web 服务、异步请求与响应等知识点也利于对本章知识的掌握。为了更好地帮助读者理解本章内容，本章实战演练中实现了定义动态响应内容的日历 Web 服务，读者可以通过制作其他年份的日历加以练习。

第 4 篇

实 战 篇

Web 开发项目实战

 第 4 篇为实战篇，本篇中的章节以 Web 开发项目实战为主，带领读者使用 Django 框架完成商城项目的前台系统与后台系统的开发。商城项目是学习 Web 知识的最佳项目。

 Web 商城项目将线上互联网与线下的商务机会结合起来，让互联网成为交易的平台，其中又涉及线上，因此这种商业模式也被称为 O2O（Online To Offline）模式。本篇内容就以 Web 商城项目为例展开。

第 13 章

实战：商城网站后台管理系统开发

本章项目将使用 Python 3.7 和 Django 2.0 进行开发。项目为生鲜商城，其前端页面来自于互联网。在本项目中每个模板的渲染都通过继承父模板文件来实现，在模板文件中定义所有页面的共有元素，包括 CSS、JS、IMAGES 等静态文件。

商城后台管理系统中包含商品的添加、删除、编辑功能，还有富文本编辑器的使用，以及订单的列表展示、注册账号的列表展示等功能。

数据的持久化使用关系型数据库 MySQL 来实现，在 Django 中使用 ORM 技术实现与 MySQL 数据库的交互。我们将通过面向对象的方式来操作数据库，实现数据库中数据的增删改查操作。

通过本章内容的学习，读者将掌握以下知识。

- 商城后台管理系统的搭建，如使用 virtualenv 进行虚拟环境的创建
- 模型定义，如 ORM 技术的使用、模型关联关系的定义等
- 模板的运用，如父模板、子模板的定义及继承语法

13.1 项目开发前准备

在项目开发前，开发人员需要了解项目的商业模式、项目的开发流程、项目的需求分析、项目的框架结构及项目的虚拟环境等。本节将讲解一个项目从成立到上线的大体流程、项目初期搭建所依赖的虚拟环境、项目的具体功能及使用技术等。

本项目的前端模板来自于互联网，本章将使用 Django 框架渲染前端模板，并进行模板中数据的动态刷新。本章中项目所需要使用的技术与架构分析如下。

（1）商业模式：O2O 模式。

（2）数据库：数据的持久化存储采用关系型数据库 MySQL。

（3）技术栈：Django 框架 2.0 版本，Python 3.7 版本。

（4）虚拟环境：virtualenv 的搭建。

（5）软件需求分析：用户功能（登录、注册、个人信息），购物车功能（登录状态和非登录状态下购物车的实现），商品功能（商品详情、商品），订单功能（下单、订单展示、收货地址）等等。

13.1.1 虚拟环境搭建

本小节将创建生鲜项目所依赖的虚拟环境，虚拟环境名为 freshshopenv。以下使用 virtualenv 进行虚拟环境的创建，并使用 pip 安装 Django 2.0、PyMySQL、Pillow，如示例 13-1 所示。

【示例 13-1】创建项目所依赖的环境 freshshopenv，并安装相关库。

```
# 创建虚拟环境 freshshopenv
virtualenv --no-site-packages -p D:python3\python.exe freshshopenv
# Windows 下激活虚拟环境
cd freshshopenv
cd Scripts
activate
# 安装 Django 2.0
pip install django==2.0.7
# 安装 PyMySQL
pip install pymysql
# 安装 Pillow
pip install Pillow
```

13.1.2 项目需求与开发流程

在项目开发的初期，需求分析是必不可少的重要环节，正确的需求分析能指引项目开发的方向。项目开发必须分析两点内容，一点为项目需求分析，另一点为项目开发流程。

1.项目需求分析

本商城项目的框架设计需要考虑以下几点。

（1）分析需要用到的技术点，如会话技术、缓存技术等。

（2）前端和后端是否需要使用前后分离技术，如 REST 接口。

（3）后端使用的框架的确定及框架版本的确定，如本章中使用 Django 2.0 版本。

（4）数据库的选择，如使用关系型数据库 MySQL 还是使用非关系型数据库 MongoDB。

（5）如何管理代码，如使用 github 进行代码托管与开发。

（6）数据库的设计，如实体对象商品、购物车等的抽象定义，如何设计抽象的模型，如何根据项目的需求来设计合适的数据库表，如何设计出高扩展性的、易于扩展的数据表。

2.项目开发流程

一个项目从 0 到 1 的过程不仅仅是对项目需求进行分析，还包括对产品原型的设计、前后端架构的设计、UI 交互界面的设计、数据库设计、前端页面的设计、代码的实现、单元的测试、代码的整合、集成测试等，最后才是项目上线。项目从 0 到 1 的过程如图 13-1 所示。

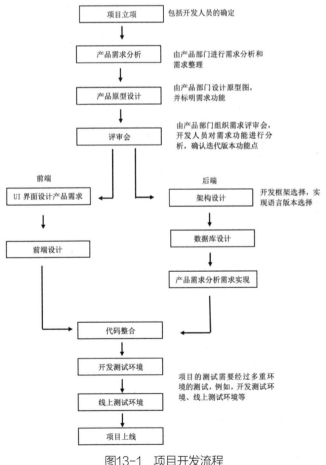

图13-1　项目开发流程

13.1.3　模型定义

在 Django ORM 框架中，可以定义模型类和表之间的对应关系，并允许通过面向对象的方式来操作数据库中的表。本项目需要定义如下的模型，并定义模型与模型之间的关联关系，如一对多、一对一、多对多等关联关系。

定义用户模型和收货地址模型，设置两个模型之间的关联关系为一对多，如示例 13-2 所示。

【示例 13-2】定义用户模型、用户收货地址模型。

```python
from django.db import models


class User(models.Model):
    """
    用户表
    """
    username = models.CharField(max_length=20, unique=True, null=True, blank=True,
verbose_name="姓名")
    password = models.CharField(max_length=255, verbose_name="密码")
    birthday = models.DateField(null=True, blank=True, verbose_name="出生年月")
    GENDER = (
        ("male", u"男"),
        ("female", "女")
    )
    gender = models.CharField(max_length=6, choices=GENDER, default="female",
                              verbose_name="性别")
    mobile = models.CharField(null=True, blank=True, max_length=11, verbose_name="
电话")
    email = models.EmailField(max_length=100, null=True, blank=True, verbose_name="
邮箱")

    class Meta:
        db_table = 'f_user'


class UserAddress(models.Model):
    """    收货地址表
    """
    user = models.ForeignKey(User, verbose_name='用户', on_delete=models.CASCADE)
    province = models.CharField(max_length=100, default='', verbose_name='省份')
    city = models.CharField(max_length=100, default='', verbose_name='城市')
    district = models.CharField(max_length=100, default='', verbose_name='区域')
    address = models.CharField(max_length=100, default='', verbose_name='详细地址')
    signer_name = models.CharField(max_length=20, default='', verbose_name='签收人
')
    signer_mobile = models.CharField(max_length=11, default='', verbose_name='电话
```

```
')
    signer_postcode = models.CharField(max_length=11, default='', verbose_name=' 邮
编 ')
    add_time = models.DateTimeField(auto_now_add=True, verbose_name=' 添加时间 ')

    class Meta:
        db_table = 'f_user_address'
```

温馨提示：

用户模型 User 和用户地址模型 UserAddress 之间的关联关系为一对多。

用户模型类主要用于记录注册商城的用户信息，需要定义用户名 username、密码 password、生日 birthday、性别 gender、电话 mobile、邮箱 email 等字段。

用户收货地址模型主要用于记录用户收货信息，需要定义和用户的一对多关联关系字段 user、省份 province、城市 city、区域 district、详细地址 address、签收人姓名 signer_name、签收人电话 signer_mobile、邮编 signer_postcode、创建地址时间 add_time 等字段。

定义商品模型和商品分类模型，设置两个模型之间的关联关系为一对多，如示例 13-3 所示。

【示例 13-3】定义商品模型、商品分类模型。

```
from django.db import models


class GoodsCategory(models.Model):
    """
    商品类别
    """
    CATEGORY_TYPE = (
        (1, ' 新鲜水果 '),
        (2, ' 海鲜水产 '),
        (3, ' 猪牛羊肉 '),
        (4, ' 禽类蛋品 '),
        (5, ' 新鲜蔬菜 '),
        (6, ' 速冻食品 '),
    )
    category_type = models.IntegerField(choices=CATEGORY_TYPE, verbose_name=' 类目级
别 ')
    category_front_image = models.ImageField(upload_to='goods/images/', null=True,
blank=True, verbose_name=' 封面图 ')

    class Meta:
        db_table = 'f_goods_category'


class Goods(models.Model):
```

```
    """
    商品
    """
    category = models.ForeignKey(GoodsCategory, verbose_name=' 商品类目 ', on_delete=
models.CASCADE)
    name = models.CharField(max_length=100, verbose_name=' 商品名 ')
    goods_sn = models.CharField(max_length=50, default='', verbose_name=' 商品唯一货
号 ')
    click_nums = models.IntegerField(default=0, verbose_name=' 点击数 ')
    sold_nums = models.IntegerField(default=0, verbose_name=' 销售量 ')
    fav_nums = models.IntegerField(default=0, verbose_name=' 收藏数 ')
    goods_nums = models.IntegerField(default=0, verbose_name=' 商品库存 ')
    market_price = models.FloatField(default=0, verbose_name=' 市场价格 ')
    shop_price = models.FloatField(default=0, verbose_name=' 本店价格 ')
    goods_brief = models.CharField(max_length=500, verbose_name=' 商品简短描述 ')
    goods_desc = models.TextField(null=True)
    ship_free = models.BooleanField(default=True, verbose_name=' 是否承担运费 ')
    goods_front_image = models.ImageField(upload_to='goods/images/', null=True,
blank=True, verbose_name=' 封面图 ')
    is_new = models.BooleanField(default=False, verbose_name=' 是否新品 ')
    is_hot = models.BooleanField(default=False, verbose_name=' 是否热销 ')
    add_time = models.DateTimeField(auto_now_add=True, verbose_name=' 添加时间 ')

    class Meta:
        db_table = 'f_goods
```

温馨提示：

商品分类 GoodsCategory 模型类和商品 Goods 模型类之间的关联关系为一对多。

商品分类 GoodsCategory 模型类主要用于记录商品分类信息，其中定义的商品分类 category_type 字段的值只能为枚举值 CATEGORY_TYPE 中的第一个元素，即 1、2、3、4、5、6。定义商品分类封面图 category_front_image 字段，并指定保存图片的位置参数 upload_to 为 goods/images 文件夹。

商品 Goods 模型类主要用于记录商品的信息，如商品模型中定义商品分类 category 字段、商品名称 name 字段、商品唯一货号 goods_sn 字段、点击数 click_nums 字段、销售量 sold_nums 字段、收藏数 fav_nums 字段、商品库存 goods_nums 字段、市场价格 market_price 字段、本店价格 shop_price 字段、商品简单描述 goods_brief 字段、商品描述 goods_desc 字段、是否承担运费 ship_free 字段、商品的封面图 goods_front_image 字段、是否新品 is_new 字段、是否热销 is_hot 字段、商品添加时间 add_time 字段。

定义购物车模型，并设置购物车模型与用户模型及商品模型之间的关联关系为一对多，如示例 13-4 所示。

【示例 13-4】定义购物车模型。

```python
from django.db import models

from goods.models import Goods
from user.models import User


class ShoppingCart(models.Model):
    """
    购物车
    """
    user = models.ForeignKey(User, verbose_name='用户 ', on_delete=models.CASCADE)
    goods = models.ForeignKey(Goods, verbose_name='商品 ', on_delete=models.CASCADE)
    nums = models.IntegerField(default=0, verbose_name=' 数量 ')
    add_time = models.DateTimeField(auto_now_add=True, verbose_name=' 添加时间 ')
    is_select = models.BooleanField(default=True)

    class Meta:
        db_table = 'f_shopping_cart
```

温馨提示：

　　用户模型 User 和购物车模型 ShoppingCart 是一对多关联关系，关联字段为 user；商品模型 Goods 和购物车模型 ShoppingCart 是一对多关联关系，关联字段为 goods。

　　购物车 ShoppingCart 模型类用于记录用户向购物车中添加的商品信息。在其中定义 user 字段用于关联到 User 模型、定义 goods 字段用于关联 Goods 模型及添加到购物车中的商品数量 nums 字段、商品的选择状态 is_select 字段、商品的创建时间 add_time 字段。

　　设置订单模型和订单详情模型关联关系为一对多，如示例 13-5 所示。

【示例 13-5】定义订单模型、订单详情模型。

```python
from django.db import models

from goods.models import Goods
from user.models import User


class OrderInfo(models.Model):
    """
    订单模型
    """
    ORDER_STATUS = {
        ('TRADE_SUCCESS', ' 成功 '),
        ('TRADE_CLOSE', ' 交易关闭 '),
        ('WAIT_BUYER_PAY', ' 交易创建 '),
```

```
        ('TRADE_FINISHED', '交易结束'),
        ('paying', '待支付')
    }

    user = models.ForeignKey(User, verbose_name='用户', on_delete=models.CASCADE)
    order_sn = models.CharField(max_length=50, null=True, blank=True, unique=True,
verbose_name='订单号')
    trade_no = models.CharField(max_length=50, null=True, blank=True, unique=True,
verbose_name='交易号')
    pay_status = models.CharField(choices=ORDER_STATUS, default="paying", max_
length=20, verbose_name='交易状态')
    post_script = models.CharField(max_length=200, verbose_name='订单留言')
    order_mount = models.FloatField(default=0.0, verbose_name='订单金额')
    pay_time = models.DateTimeField(auto_now_add=True, null=True, blank=True,
verbose_name='支付时间')
    # 用户收货信息
    address = models.CharField(max_length=200, default='', verbose_name='收货地址')
    signer_name = models.CharField(max_length=20, default='', verbose_name='收货人
')
    signer_mobile = models.CharField(max_length=11, verbose_name='联系电话')
    add_time = models.DateTimeField(auto_now_add=True, verbose_name='添加时间')

    class Meta:
        db_table = 'f_order'


class OrderGoods(models.Model):
    """
    订单详情商品信息模型
    """
    order = models.ForeignKey(OrderInfo, verbose_name='订单详情', related_name='goods',
on_delete=models.CASCADE)
    goods = models.ForeignKey(Goods, verbose_name='商品', on_delete=models.CASCADE)
    goods_nums = models.IntegerField(default=0, verbose_name='数量')

    class Meta:
        db_table = 'f_order_goods'
```

温馨提示：

　　用户模型 User 和订单模型 OrderInfo 是一对多关联关系，关联字段为 user；订单模型 OrderInfo 和订单详情模型 OrderGoods 之间也是一对多关联关系，关联字段为 order；商品模型 Goods 与订单详情模型 OrderGoods 之间也是一对多的关联关系，关联字段为 goods。

　　订单 OrderInfo 模型类用于记录用户下单的信息，其中定义了 user 字段用于关联到 User 模型、订单号 order_sn 字段、交易号 trade_no 字段、交易状态 pay_status 字段、订单留言 post_script 字段、

订单金额 order_mount 字段、支付时间 pay_time 字段、收货地址 address 字段、收货人 signer_name 字段、联系电话 signer_mobile 字段、创建订单 add_time 字段。

订单详情 OrderGoods 模型类用于记录用户的订单和商品之间的关联信息。其中定义了关联订单的 order 字段、关联商品的 goods 字段、下单的商品数量 goods_nums 字段。

示例 13-2～示例 13-5 中定义了用户、商品、商品分类、订单、订单详情等模型，图 13-2 将使用实体 - 联系图（E-R 图）中提供的实体类型、属性和联系的方法来描述各概念模型间的关联关系。

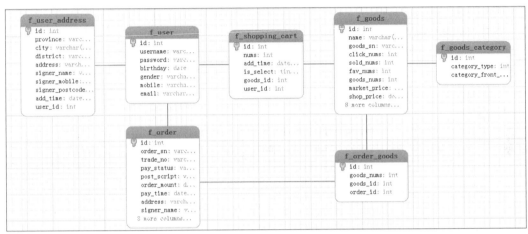

图13-2　E-R图

13.2　商城后台管理系统

本商城项目分为商城前台管理系统和商城后台管理系统，商城前台管理系统用于展示商品信息、商品详情、个人信息等，而商城后台管理系统用于管理商品信息、商品分类信息、订单展示信息、会员展示信息等。本节将完成商城后台管理系统的创建，并实现商品管理模块和订单管理模块的功能。

13.2.1　项目构建

项目所依赖的虚拟环境 freshshopenv 已创建，Djnago、PyMySQL、Pillow 等包已经安装，因此只需在激活环境中使用命令行创建工程名为 fresh_shop_back 的后台管理系统，以及创建 goods、home、order、shopping 等应用即可。代码如示例 13-6 所示。

【示例 13-6】项目搭建。

```
# Windows 下激活虚拟环境
```

```
cd freshshopenv
cd Scripts
activate
# 创建工程名为 fresh_shop_back 的项目
django-admin startproject fresh_shop_back
# 进入项目文件夹
cd fresh_shop_back
# 创建应用 goods、home、order、shopping
python manage.py startapp goods
python manage.py startapp home
python manage.py startapp order
python manage.py startapp shopping
```

如示例 13-6 所示，使用命令创建 fresh_shop_back 工程及各应用。使用 PyCharm IDE 打开项目，项目目录结构如图 13-3 所示。

图13-3　fresh_shop_back项目目录结构

项目架构搭建完成后，需要配置整个项目所使用的静态文件 static、模板文件 templates、数据库 MySQL、媒体文件 media 等信息。整个系统的配置分为以下 4 个步骤。

步骤 1：修改工程目录 fresh_shop_back 中的初始化文件，并配置 MySQL 数据库连接驱动，如示例 13-7 所示。

【示例 13-7】fresh_shop_back/__init__.py 文件的修改。

```
import pymysql

pymysql.install_as_MySQLdb()
```

步骤 2：修改工程目录 fresh_shop_back 中的配置文件 settigns.py，如示例 13-8 所示。

【示例 13-8】fresh_shop_back/settings.py 文件的修改。

```
# 配置应用 app
INSTALLED_APPS = [
......
    'home',
    'goods',
```

```
        'order',
        'shopping',
]

# 配置 templates 路径
TEMPLATES = [
    {
        'BACKEND': 'django.template.backends.django.DjangoTemplates',
        'DIRS': [os.path.join(BASE_DIR, 'templates')],
        'APP_DIRS': True,
        'OPTIONS': {
            'context_processors': [
                'django.template.context_processors.debug',
                'django.template.context_processors.request',
                'django.contrib.auth.context_processors.auth',
                'django.contrib.messages.context_processors.messages',
            ],
        },
    },
]

# 配置 MySQL 数据库
DATABASES = {
    'default': {
        'ENGINE': 'django.db.backends.mysql',
        'NAME': 'freshdb',
        'USER': 'root',
        'PASSWORD': '123456',
        'HOST': '127.0.0.1',
        'PORT': 3306,
        'OPTIONS': {'isolation_level': None}
    }
}

# 配置静态 static 文件
STATIC_URL = '/static/'
STATICFILES_DIRS = [
    os.path.join(BASE_DIR, 'static')
]

# 登录失败，则跳转到登录地址
LOGIN_URL = '/home/login/'

# 定义 media 文件路径
MEDIA_URL = '/media/'
MEDIA_ROOT = 'E:\my_workspace\/fresh_shop_media\media'
```

settings.py 文件中分别定义了 media 文件的路径配置参数：MEDIA_URL 和 MEDIA_ROOT 参数。MED-IA_ROOT 参数表示保存后台中上传的图片文件的地址，由于商城前台页面中需要展示商品图片等信息，因此 MEDIA_ROOT 参数表示商品图片路径必须单独定义在某个位置，所以 MEDIA_ROOT 参数定义为绝对路径，表示商城后台进行商品图片上传时，图片将保存在 E:\my_workspace\/fresh_shop_media\media 文件夹下。

步骤 3：修改工程目录 fresh_shop_back 中的路由文件 urls.py，如示例 13-9 所示。

【示例 13-9】fresh_shop_back/urls.py 文件的修改。

```python
from django.contrib import admin
from django.urls import path, include, re_path
from django.contrib.staticfiles.urls import static

from fresh_shop_back import settings

urlpatterns = [
    path('admin/', admin.site.urls),      # 管理后台 home 方法
    path('home/', include(('home.urls', 'home'), namespace='home')),
    # 商品模块
    path('goods/', include(('goods.urls', 'goods'), namespace='goods')),
    # 商品模块
    path('order/', include(('order.urls', 'order'), namespace='order')),
]
# 配置 media 访问路径
urlpatterns += static(settings.MEDIA_URL, document_root=settings.MEDIA_ROOT)
```

在工程目录 fresh_shop_back 文件中定义路由文件 urls.py，在 urls.py 文件中定义路由分发，使用 include 分别引入应用 home 模块、goods 模块、order 模块中的 urls.py 文件，并同时设置 namespace 参数；定义解析 media 文件夹的路由地址。

在各应用模块中创建路由文件 urls.py，如示例 13-10 所示。

【示例 13-10】创建应用 home 模块、goods 模块、order 模块中的 urls.py 文件，定义如下内容。

```python
from django.urls import path

urlpatterns = [

]
```

步骤 4：将静态文件复制到 static/backweb 文件夹中，并将模板文件复制到 templates/backweb 文件夹中。

使用启动命令 python manage.py runserber 8088 启动 fresh_shop_back 项目。启动命令表示启动项目的端口为 8088，IP 地址为 127.0.0.1。

13.2.2　模板继承

在 Django 框架中可以通过模板继承的方式获取父模板中的所有元素。模板继承需要事先创建一个基本的"骨架"父模板，该基础模板中包含了网站的所有元素，并定义了可以被子模板覆盖的 block 块。子模板通过继承事先定义的父模板，并拓展父模板文件中定义的 block，形成自身的特有内容。

如示例 13-11 所示，分析商城后台模板页面，并根据页面结构将模板进行拆分，提炼出一个基本的"骨架"父模板。

【示例 13-11】在 fresh_shop_back/templates/backweb 文件下创建 base.html 页面，表示父模板。

```
<!DOCTYPE html>
<html lang="en">
<head>
    <meta http-equiv="Content-Type" content="text/html;charset=UTF-8">
    <title>
        {% block ticle %}
        {% endblock %}
    </title>
    {% block extCss %}
    {% endblock %}

    {% block extJs %}
    {% endblock %}
</head>
<body>

{% block header %}
{% endblock %}

{% block menu %}
{% endblock %}

{% block content %}
{% endblock %}

</body>
</html>
```

在模板继承中 base.html 页面通常只用于定义可以被子模板动态填充的 block 块内容，如果所有的模板页面中都有公共的代码，则这些公共的代码都可定义在 base_main.html 页面中。该模板页面用于初始化公共内容，如示例 13-12 所示。

【示例 13-12】在 fresh_shop_back/templates/backweb 文件下创建 base_main.html 页面，该页面用于继承父模板，并动态地初始化页面的公共内容。

```
{% extends 'backweb/base.html' %}

{% block extCss %}
    {% load static %}
    <link rel="stylesheet" type="text/css" href="{% static 'backweb/css/style.css'
%}">
{% endblock %}

{% block extJs %}
    {% load static %}
    <script src="{% static 'backweb/js/jquery.js' %}"></script>
    <script src="{% static 'backweb/js/jquery.mCustomScrollbar.concat.min.js' %}"></
script>
{% endblock %}

{% block header %}
<header>
    <h1><img src="{% static 'backweb/images/admin_logo.png' %}"/></h1>
    <ul class="rt_nav">
        <li><a href="/" target="_blank" class="website_icon"> 站点首页 </a></li>
        <li><a href="#" class="set_icon"> 账号设置 </a></li>
        <li><a href="login.html" class="quit_icon"> 安全退出 </a></li>
    </ul>
</header>
{% endblock %}

{% block menu %}

    <aside class="lt_aside_nav content mCustomScrollbar">
        <h2><a href="{% url 'home:index' %}"> 商城后台菜单栏 </a></h2>
        <ul>
            <li>
                <dl>
                    <dt> 商品管理 </dt>
                    <!-- 当前链接则添加 class:active-->
                    <dd><a href="{% url 'goods:goods_category_list' %}"> 商品分类 </
a></dd>
                    <dd><a href="{% url 'goods:goods_list' %}"> 商品列表 </a></dd>
                </dl>
            </li>
            <li>
                <dl>
                    <dt> 订单管理 </dt>
                    <dd><a href="{% url 'order:order_list' %}"> 订单列表 </a></dd>
                </dl>
            </li>
```

```
            </ul>
      </aside>

      <style>
      .dataStatistic{width:400px;height:200px;border:1px solid #ccc;margin:0
auto;margin:10px;overflow:hidden}
      #cylindrical{width:400px;height:200px;margin-top:-15px}
      #line{width:400px;height:200px;margin-top:-15px}
      #pie{width:400px;height:200px;margin-top:-15px}
      </style>
{% endblock %}
```

温馨提示：

通过分析其余模板创建一个"骨架"父模板 base.html 和初始化网站菜单、顶部导航栏等信息的 base_main. html 模板页面。其余模板只需继承 base_main.html 模板页面即可。

13.2.3 登录与注销

商品后台管理系统中账号的登录验证成功之后便可使用 Django 自带的 User 模型进行登录操作。向 User 模型中添加数据，可以使用命令行添加管理员账号信息，如示例 13-13 所示。

【示例 13-13】使用命令行创建管理员账号。

```
>>> python manage.py createsuperuser

Username (leave blank to use 'administrator'): coco
Email address: test@qq.com
Password:
Password (again):
Superuser created successfully.
```

通过命令行 python manage.py createsuperuser 创建用于登录后台系统的名为 coco 的管理员账号。实现登录操作的步骤如下。

步骤 1：在应用 home/urls.py 文件中定义访问首页、登录与注销的路由，如示例 13-14 所示。

【示例 13-14】在 home/urls.py 文件中定义路由。

```
from django.contrib.auth.decorators import login_required
from django.urls import path

from home import views

urlpatterns = [
    # 后台首页
    path('index/', login_required(views.Index.as_view()), name='index'),
```

```
    # 登录
    path('login/', views.Login.as_view(), name='login'),     # 注销（退出）
    path('logout/', login_required(views.Logout.as_view()), name='logout'),
]
```

在路由文件 urls.py 中定义访问后台首页的地址、登录地址、注销（退出）地址，并使用登录验证装饰器 login_required 对视图进行装饰。装饰器 login_required 主要用于用户的登录验证，如果用户登录验证失败，则跳转到 settings.py 文件中定义的 LOGIN_URL 参数定义的地址；如果用户登录验证成功，则继续访问路由对应的视图。

步骤 2：在应用 home/views.py 文件中定义首页、登录和注销的视图，如示例 13-15 所示。

【示例 13-15】在 home/views.py 文件中定义视图。

```
from django.contrib.auth.models import User
from django.contrib import auth
from django.shortcuts import render, redirect
from django.views import View

from home.forms import UserLoginForm


class Index(View):
    def get(self, request, *args, **kwargs):
        # 判断如果是 GET 请求，则返回管理后台首页
        return render(request, 'backweb/index.html')


class Login(View):
    def get(self, request, *args, **kwargs):
        return render(request, 'backweb/login.html')

    def post(self, request, *args, **kwargs):
        form = UserLoginForm(request.POST)
        if form.is_valid():
            # 使用 auth，验证用户名和密码是否正确
            user = auth.authenticate(request,
                                    username=form.cleaned_data['username'],
                                    password= form.cleaned_data['password'])
            if user:
                # 如果验证用户成功，则获取到 user 对象，并使用 Djnaog 自带的 auth 的 login
方法实现登录
                auth.login(request, user)
                return redirect('home:index')
            else:
                return redirect('home:login')
        else:
```

```
            return render(request, 'backweb/login.html', {'form': form})


class Logout(View):
    def get(self, request, *args, **kwargs):
        # 使用 Django 自带的 auth 的 logout 方法，实现退出操作
        auth.logout(request)
        return redirect('home:login')
```

在登录视图 Login 中使用表单 UserLoginForm 校验 POST 提交的参数，表单只用于校验字段是否填写。如果验证的字段没有填写，则验证失败；如果表单校验成功，则 is_valid() 函数返回 True。在登录方法中，当 UserLoginForm 验证参数成功后，使用 auth.authenticate(request, username = form.cleaned_data['username'],password = form.cleaned_data['password']) 可以获取到当前用户对象，使用 auth.login(request, user) 可以实现当前用户登录。可以使用 auth.logout(request) 注销用户的登录状态。

步骤 3：在 home/forms.py 文件中定义表单验证 UserLoginForm，如示例 13-16 所示。

【示例 13-16】定义登录 UserLoginForm 表单。

```
from django import forms


class UserLoginForm(forms.Form):
    username = forms.CharField(required=True,
                              error_messages={'required': '用户名必填 '})
    password = forms.CharField(required=True,
                              error_messages={'required': '密码必填 '})
```

温馨提示：

登录表单 UserLoginForm 只用于验证登录时的用户名和密码是否填写。

在浏览器中访问地址 http://127.0.0.1:8088/home/login/ 将展示登录界面，如图 13-4 所示。

图13-4　商城后台管理系统的登录页面

访问地址 http://127.0.0.1:8088/home/index/ 将展示商城后台管理系统的首页渲染页面，如图 13-5 所示。

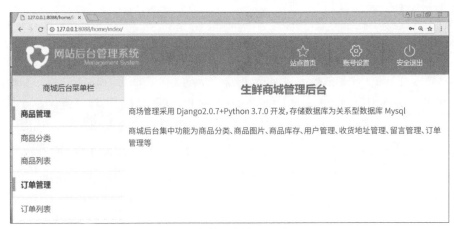

图13-5　商城后台管理系统首页

13.2.4　商品分类管理

商城后台管理系统中左侧菜单栏分为两个模块，分别为商品管理模块和订单管理模块。

商品管理模块定义如下。

（1）商品分类信息，其中包含商品分类信息的修改与添加等操作。

（2）商品列表信息，其中包含商品信息的添加、删除、修改、列表查询等操作。

订单管理模块定义如下。

订单列表，其中包含订单的查询操作。

本小节中主要实现商品分类管理的操作，从商品分类模型 GoodsCategory 中可以发现商品的类别共有 6 种：新鲜水果、新鲜水产、猪牛羊肉、禽类蛋品、新鲜蔬菜、速冻食品。

商品的分类是固定的 6 种，因此需要在数据库中添加商品分类的初始化数据，如示例 13-17 所示。

【示例 13-17】向商品分类表 f_goods_category 中添加初始化内容。

```
# 向商品分类表中插入初始化数据
INSERT INTO f_goods_category(category_type) VALUES ('1'),('2'),('3'),('4'),('5'),('6');
```

温馨提示：

示例 13-17 中只是向数据库表 f_goods_category 中加入初始化数据，并没有添加商品分类的封面图，因此需要在商品管理后台中进行商品分类的封面图的添加和修改等操作。

数据库表 f_goods_category 中初始化数据已经添加，实现商品分类的封面图的添加与修改操作的具体步骤如下。

步骤 1：在 goods/urls.py 文件中定义商品分类操作的路由，如示例 13-18 所示。

【示例 13-18】 在 goods/urls.py 文件中定义商品分类列表路由 URL 和商品分类编辑路由 URL。

```
urlpatterns = [
    # 商品分类列表
    path('goods_category_list/', login_required(views.GoodsCategoryList.as_view()),
name='goods_category_list'),
    # 商品分类编辑
    path('goods_category_editor/<int:id>/', login_required(views.GoodsCategoryEditor.
as_view()), name='goods_category_editor'),
]
```

在 goods/urls.py 文件中定义商品分类列表 URL 和商品分类编辑 URL，并使用装饰器 login_re-quired 进行登录校验。只有登录系统以后才能访问商品分类列表 URL 和商品分类编辑 URL。如果没有登录，访问 URL 时将跳转到 settings.py 文件中定义的 LOGIN_URL 参数的地址。

步骤 2：编辑商品分类页面和商品列表页面，并将页面修改为继承于 base_main.html 的形式。

如示例 13-19 所示，修改商品分类页面 goods_category_list.html，其继承于 base_main.html，并动态填充名为 content 的 block 块的内容。

【示例 13-19】 使用模板继承的形式定义商品分类列表页面 goods_category_list.html。

```
{% extends 'backweb/base_main.html' %}

{% block content %}

<section class="rt_wrap content mCustomScrollbar">
    <div class="rt_content">
        <div class="page_title">
            <h2 class="fl">商品列表 </h2>
                <a href="{% url 'goods:goods_detail' %}" class="fr top_rt_btn add_
icon">添加商品 </a>
        </div>
        <table class="table">
            <tr>
                <th>缩略图 </th>
                <th>类型 </th>
                <th>操作 </th>
            </tr>
            {% csrf_token %}
            {% for category in goods_category %}
                <tr>
                    <td class="center"><img src="/media/{{ category.category_front_
image }}" width="50" height="50" alt="" /></td>
                    <td class="center">
```

```
                        {% for ca in categorys %}
                            {% if ca.0 == category.category_type %}
                                {{ ca.1 }}
                            {% endif %}
                        {% endfor %}
                    </td>
                    <td class="center">
                        <a href="{% url 'goods:goods_category_editor' category.id
%}" title=" 编辑 " class="link_icon">&#101;</a>
                    </td>
                </tr>
            {% endfor %}
        </table>
    </div>
</section>


{% endblock %}
```

如示例 13-20 所示，修改商品分类编辑页面 goods_detail_detail.html，其继承于 base_main.html，并动态填充名为 content 的 block 块的内容。

【示例 13-20】使用模板继承的形式定义商品分类编辑页面 goods_detail_detail.html。

```
{% extends 'backweb/base_main.html' %}

{% block content %}
<section class="rt_wrap mCustomScrollbar">

    <div class="rt_content">
        <div class="page_title">
            <h2 class="fl"> 商品分类详情 </h2>
            <a class="fr top_rt_btn" href="{% url 'goods:goods_category_list' %}">
返回商品分类列表 </a>
        </div>
        <form action="" method="post" enctype="multipart/form-data">
            {% csrf_token %}
            <section>
                <ul class="ulColumn2">
                    <li>
                        <span class="item_name" style="width:120px;"> 商品分类名称：
</span>
                        {% for category in categorys %}
                            {% if category.0 == goods_category.category_type %}
                                {{ category.1 }}
                            {% endif %}
                        {% endfor %}
                    </li>
```

```html
            <li>
                <span class="item_name" style="width:120px;">上传商品分类首
图: </span>
                {% if goods_category.category_front_image %}
                    <img src="/media/{{ goods_category.category_front_image
}}">
                {% endif %}
                <label class="uploadImg">
                    <input type="file" name="category_front_image"/>
                    <span> 上传图片 </span>
                </label>
            </li>
            <li>
                <span class="item_name" style="width:120px;"></span>
                <input type="submit" class="link_btn"/>
            </li>
        </ul>
    </section>
  </form>
 </div>
</section>

{% endblock %}
```

商品分类列表页面 goods_category_list.html 和商品分类编辑页面 goods_category_detail.html 都通过继承父模板 base_main.html，并拓展父模板文件中定义的 block 块来形成自身的特有内容。

步骤 3: 在 goods/views.py 文件中定义商品分类的路由所对应的视图函数，如示例 13-21 所示。

【**示例 13-21**】在 goods/views.py 文件中定义商品分类的查询和编辑操作。

```python
from django.shortcuts import render, redirect
from django.views import View

from goods.models import GoodsCategory, Goods


class GoodsCategoryList(View):

    def get(self, request, *args, **kwargs):
        # 获取所有的商品分类
        goods_category = GoodsCategory.objects.all()
        # 将商品分类的枚举值传递给页面
        categorys = GoodsCategory.CATEGORY_TYPE
        return render(request, 'backweb/goods_category_list.html',
                    {'goods_category': goods_category, 'categorys': categorys})
```

```
class GoodsCategoryEditor(View):

    def get(self, request, *args, **kwargs):
        # 获取某个商品分类的信息, 返给页面
        goods_category = GoodsCategory.objects.filter(id=kwargs['id']).first()
        # 将商品分类的枚举值传递给页面
        categorys = GoodsCategory.CATEGORY_TYPE
        return render(request, 'backweb/goods_category_detail.html',
                        {'goods_category': goods_category, 'categorys': categorys})

    def post(self, request, *args, **kwargs):
        # 获取商品类型的封面图
        category_front_image = request.FILES.get('category_front_image')
        # 判断商品的封面图是否上传, 如果上传了则进行修改, 否则直接跳转到商品分类页面
        if category_front_image:
            goods_category = GoodsCategory.objects.filter(id=kwargs['id']).first()
            goods_category.category_front_image = category_front_image
            goods_category.save()
        return redirect('goods:goods_category_list')
```

观察商品分类的查询和编辑功能, 可以得出以下结论。

（1）GoodsCategoryList 视图类中定义获取 GET 请求方法, 用于获取数据库中表 f_goods_category 中的所有商品分类信息, 并在页面 goods_category_list.html 中渲染商品分类的信息 goods_category, 以及传递在页面中需要渲染商品分类的枚举值 categorys。

（2）GoodsCategoryEditor 视图类中定义获取 GET 请求方法, 通过传递的 id 值获取编辑页面中需要编辑的商品分类对象 goods_category, 以及传递在页面中需要渲染商品分类的枚举值 categorys。POST 请求方法用于获取页面中修改的分类信息, 并进行保存, 如保存商品分类的封面图。

实现以上商品分类的查看和编辑功能后, 在浏览器中访问地址 http://127.0.0.1:8088/goods/goods_category_list/ 可看到商品分类的列表页面, 如图 13-6 所示。

图13-6　商品分类列表效果展示

在浏览器中继续访问地址 http://127.0.0.1:8088/goods/goods_category_editor/1/ 将看到如图 13-7 所示效果图。

图13-7　商品分类编辑页面效果展示

13.2.5　商品管理

商品管理模块中已实现向商品分类表 f_goods_category 中插入、编辑、修改数据功能，因此本小节将实现商品信息的上传、修改、删除、查询等操作。商品信息的操作可以分为以下几个步骤。

步骤 1： 在 goods/urls.py 文件中定义商品操作的路由，如示例 13-22 所示。

【示例 13-22】 在 goods/urls.py 文件中定义查看商品列表路由地址、添加商品路由地址、编辑商品路由地址、删除商品路由地址、编辑商品详情信息路由地址。

```
# 商品列表页面
path('goods_list/', login_required(views.GoodsList.as_view()), name='goods_list'),
# 商品添加
path('goods_detail/', login_required(views.GoodsDetail.as_view()), name='goods_detail'),
# 商品编辑
path('goods_edit/<int:id>/', login_required(views.GoodsEdit.as_view()), name='goods_edit'),
# 删除商品
path('goods_delete/<int:id>/', login_required(views.GoodsDelete.as_view()), name='goods_delete'),
# 编辑商品的详情信息
path('goods_desc/<int:id>/', login_required(views.GoodsDesc.as_view()), name='goods_desc'),
```

在 goods/urls.py 文件中使用装饰器 login_required 进行登录校验。只有登录系统以后才能对商品信息进行增删改查操作，如果没有登录，则访问 URL 时，将跳转到 settings.py 文件中定义的

LOGIN_URL 参数的地址。

步骤 2：在 templates/backweb 文件夹中定义商品的列表页面 goods_list.html、编辑页面 goods_detail.html，如示例 13-23 所示。

【**示例 13-23**】通过模板继承定义商品列表页面 goods_list.html，并在 goods_list.html 页面中定义编辑和删除商品的地址。

```html
{% extends 'backweb/base_main.html' %}


{% block content %}

<section class="rt_wrap content mCustomScrollbar">
    <div class="rt_content">
        <div class="page_title">
            <h2 class="fl"> 商品列表 </h2>
                <a href="{% url 'goods:goods_detail' %}" class="fr top_rt_btn add_
icon"> 添加商品 </a>
        </div>
        <table class="table">
            <tr>
                <th> 缩略图 </th>
                <th> 产品名称 </th>
                <th> 商品类型 </th>
                <th> 货号 </th>
                <th> 市场单价 </th>
                <th> 本店单价 </th>
                <th> 库存 </th>
                <th> 详情 </th>
                <th> 操作 </th>
            </tr>
            {% csrf_token %}
            {% for good in page %}
                <tr>
                    <td class="center"><img src="/media/{{ good.goods_front_image
}}" width="50" height="50" alt="" /></td>
                    <td class="center">{{ good.name }}</td>
                    <td class="center">
                        {% for category in goods_categorys %}
                            {% if category.0 == good.category.category_type %}
                                {{ category.1 }}
                            {% endif %}
                        {% endfor %}
                    </td>
                    <td class="center">{{ good.goods_sn }}</td>
                        <td class="center"><strong class="rmb_icon">{{ good.market_
```

```
price }}</strong></td>
                <td class="center"><strong class="rmb_icon">{{ good.shop_price
}}</strong></td>
                <td class="center">{{ good.goods_nums }}</td>
                <td class="center">
                    <a href="{% url 'goods:goods_desc' good.id %}">{{ good.name
}} 描述 </a>
                </td>
                <td class="center">
                    <a href="{% url 'goods:goods_edit' good.id %}" title=" 编辑
" class="link_icon">&#101;</a>
                    <a onclick="delete_goods({{ good.id }})" title=" 删除 "
class="link_icon">&#100;</a>
                </td>
                <script type="text/javascript">
                    function delete_goods(goods_id){
                        var csrf = $('input[name="csrfmiddlewaretoken"]').val()
                        $.ajax({
                            url: '/goods/goods_delete/' + goods_id + '/',
                            dataType: 'json',
                            type: 'POST',
                            headers:{'X-CSRFToken': csrf},
                            success:function(data){
                                if(data.code == '200'){
                                    location.href = '/goods/goods_list/'
                                }
                            }
                        })
                    }
                </script>
            </tr>
        {% endfor %}
    </table>
    <aside class="paging">
        <a> 当前 {{ page.number }} 页 </a>
        <a href="{% url 'goods:goods_list' %}"> 第一页 </a>
        {% for i in page.paginator.page_range %}
            <a href="{% url 'goods:goods_list' %}?page={{ i }}"> {{ i }} </a>
        {% endfor %}
        <a href="{% url 'goods:goods_list' %}?page={{ page.paginator.num_pages
}}"> 最后一页 </a>
    </aside>
    </div>
</section>

{% endblock %}
```

397

在 goods_list.html 页面中通过 {% url 'namespace:name' %} 标签进行 URL 地址的反向解析，具体如下。

（1）商品编辑按钮的地址解析：{% url 'goods:goods_edit' good.id %}。

（2）商品描述按钮的地址解析：{% url 'goods:goods_desc' good.id %}。

在 goods_list.html 页面中还定义了 AJAX，使用 AJAX 异步删除商品信息，并刷新页面。如示例 13-24 中定义 AJAX 请求。

【示例 13-24】删除商品的 AJAX 请求。

```html
<a onclick="delete_goods({{ good.id }})" title=" 删除 " class="link_icon">&#100;</a>

<script type="text/javascript">
    function delete_goods(goods_id){
        var csrf = $('input[name="csrfmiddlewaretoken"]').val()
        $.ajax({
            url: '/goods/goods_delete/' + goods_id + '/',
            dataType: 'json',
            type: 'POST',
            headers:{'X-CSRFToken': csrf},
            success:function(data){
                if(data.code == '200'){
                    location.href = '/goods/goods_list/'
                }
            }
        })
    }
</script>
```

在浏览器中访问地址 http://127.0.0.1:8088/goods/goods_list/ 将看到如图 13-8 所示效果图。

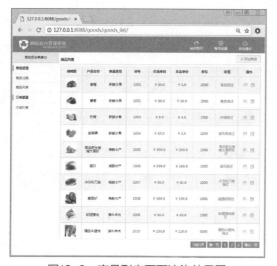

图13-8　商品列表页面渲染效果图

商品编辑页面 goods_detail.html 的定义，如示例 13-25 所示。

【示例 13-25】使用模板继承定义商品编辑页面 goods_detail.html。

```
{% extends 'backweb/base_main.html' %}

{% block content %}
<section class="rt_wrap mCustomScrollbar">

    <div class="rt_content">
        <div class="page_title">
            <h2 class="fl">商品详情 </h2>
            <a class="fr top_rt_btn" href="{% url 'goods:goods_list' %}">返回商品列
表 </a>
        </div>
        <form action="" method="post" enctype="multipart/form-data">
            {% csrf_token %}
            <section>
                <ul class="ulColumn2">
                    <li>
                        <span class="item_name" style="width:120px;">商品名称: </
span>
                        <input type="text" name="name" value="{{ goods.name }}"
class="textbox textbox_295" placeholder=" 商品名称 ..."/>
                        {% if form.errors.name %}
                         <span class="errorTips">{{ form.errors.name|striptags }}</
span>
                        {% endif %}
                    </li>
                    <li>
                        <span class="item_name" style="width:120px;">商品货号: </
span>
                        <input type="text" name="goods_sn" value="{{ goods.goods_
sn }}"  class="textbox" placeholder=" 商品货号 ..."/>
                        {% if form.errors.goods_sn %}
                                <span class="errorTips">{{ form.errors.goods_
sn|striptags }}</span>
                        {% endif %}
                    </li>
                    <li>
                        <span class="item_name" style="width:120px;">分类: </span>
                        <select class="select" name="category">
                            {% for goods_category in goods_categorys %}
                                <option value="{{ goods_category.0 }}">{{ goods_
category.1 }}</option>
                            {% endfor %}
                        </select>
```

```
                              {% if form.errors.category %}
                                        <span class="errorTips">{{ form.errors.
category|striptags }}</span>
                              {% endif %}
                 </li>
                 <li>
                     <span class="item_name" style="width:120px;">商品库存: </
span>
                     <input type="text" name="goods_nums" value="{{ goods.goods_
nums }}" class="textbox textbox_295" placeholder="商品库存 ..."/>
                              {% if form.errors.goods_nums %}
                                        <span class="errorTips">{{ form.errors.goods_
nums|striptags }}</span>
                              {% endif %}
                 </li>
                 <li>
                     <span class="item_name" style="width:120px;">市场价格: </
span>
                     <input type="text" name="market_price" value="{{ goods.
market_price }}" class="textbox textbox_295" placeholder="市场价格 ..."/>
                              {% if form.errors.market_price %}
                                        <span class="errorTips">{{ form.errors.market_
price|striptags }}</span>
                              {% endif %}
                 </li>
                 <li>
                     <span class="item_name" style="width:120px;">本店价格: </
span>
                     <input type="text" name="shop_price" value="{{ goods.shop_
price }}" class="textbox textbox_295" placeholder="本店价格 ..."/>
                              {% if form.errors.shop_price %}
                                        <span class="errorTips">{{ form.errors.shop_
price|striptags }}</span>
                              {% endif %}
                 </li>
                 <li>
                     <span class="item_name" style="width:120px;">商品简短描述:
</span>
                     <input type="text" name="goods_brief" value="{{ goods.
goods_brief }}" class="textbox textbox_295" placeholder="商品简短描述 ..."/>
                              {% if form.errors.goods_brief %}
                                        <span class="errorTips">{{ form.errors.goods_
brief|striptags }}</span>
                              {% endif %}
                 </li>
                 <li>
```

```
                         <span class="item_name" style="width:120px;">上传商品首图：
</span>
                    {% if goods.goods_front_image %}
                        <img src="/media/{{ goods.goods_front_image }}">
                    {% endif %}
                    <label class="uploadImg">
                        <input type="file" name="goods_front_image"/>
                        <span> 上传图片 </span>
                    </label>
                </li>
                <li>
                    <span class="item_name" style="width:120px;"></span>
                    <input type="submit" class="link_btn"/>
                </li>
            </ul>
        </section>
    </form>
    </div>
</section>

{% endblock %}
```

在浏览器中访问地址 http://127.0.0.1:8088/goods/goods_edit/7/ 将看到渲染商品 id=7 的商品编辑 goods_detail.html 页面，效果如图 13-9 所示。

图13-9　商品编辑页面效果图

步骤 3：在 templates/backweb 文件夹中定义商品描述添加页面 goods_ desc.html。该模板页面同样继承于 base_main.html 模板页面，如示例 13-26 所示。

【**示例 13-26**】使用模板继承定义商品描述添加页面 goods_desc.html。

```
{% extends 'backweb/base_main.html' %}

{% block extJs %}
    {{ block.super }}
    {% load static %}
    <script type="text/javascript" src="{% static 'kindeditor/kindeditor-all.js' %}"></script>
    <script type="text/javascript" src="{% static 'kindeditor/lang/zh-CN.js' %}"></script>
    <script type="text/javascript">
        KindEditor.ready(function(K) {
                window.editor = K.create('#editor_id',{
                    uploadJson:'/util/upload/kindeditor'
                });
        });
    </script>
{% endblock %}

{% block content %}
<section class="rt_wrap">

    <div class="rt_content">
        <div class="page_title">
            <h2 class="fl">商品详情 </h2>
            <a class="fr top_rt_btn" href="{% url 'goods:goods_list' %}">返回商品列表 </a>
        </div>
        <form action="" method="post" enctype="multipart/form-data">
            {% csrf_token %}
            <section>
                <ul class="ulColumn2">
                    <li>
                        <span class="item_name" style="width:120px;">产品详情: </span>
                        <label style="display:inline-block;padding:15px;background:#f8f8f8;">
                            <textarea id="editor_id" name="content" style="width:700px;height:300px;">
                                {% if goods.goods_desc %}
                                    {{ goods.goods_desc }}
                                {% endif %}
```

```
                        </textarea>
                    </label>
                </li>
                <li>
                    <span class="item_name" style="width:120px;"></span>
                    <input type="submit" class="link_btn"/>
                </li>
            </ul>
        </section>
    </form>
  </div>
</section>

{% endblock %}
```

goods_desc.html 页面用于编辑商品的描述性内容，在页面中引入第三方的富文本编辑器 kindeditor，并实现富文本编辑器 kindeditor 的图片上传功能。图片上传地址为 /util/upload/kindeditor （富文本编辑器的使用具体参考步骤 6）。

在浏览器中访问地址 http://127.0.0.1:8088/goods/goods_desc/7/ 可以看到渲染添加商品描述 goods_desc.html 页面效果如图 13-10 所示。

图13-10　商品描述页面效果图

步骤 4：在 goods/views.py 文件中定义商品操作的路由，如示例 13-27 所示。

【**示例 13-27**】在 goods/views.py 文件中定义查看商品列表、商品添加、商品编辑、删除商品、编辑商品的详情信息等视图。

```
from django.core.paginator import Paginator
from django.http import JsonResponse
from django.shortcuts import render, redirect
```

```python
from django.views import View

from fresh_shop_back.settings import PAGE_NUMBER
from goods.forms import GoodsForm
from goods.models import GoodsCategory, Goods


class GoodsList(View):
    def get(self, request, *args, **kwargs):
        # 判断如果是 GET 请求，则返回首页
        try:
            page = request.GET.get('page', 1)
        except:
            page = 1
        goods_categorys = GoodsCategory.CATEGORY_TYPE
        goods = Goods.objects.all()
        paginator = Paginator(goods, PAGE_NUMBER)
        page = paginator.page(page)
        return render(request, 'backweb/goods_list.html', {'page': page, 'goods_
categorys': goods_categorys})


class GoodsDetail(View):
    def get(self, request, *args, **kwargs):
        # 判断如果是 GET 请求，则返回首页
        goods_categorys = GoodsCategory.CATEGORY_TYPE
        return render(request, 'backweb/goods_detail.html', {'goods_categorys':
goods_categorys})

    def post(self, request, *args, **kwargs):
        data = request.POST
        form = GoodsForm(data, request.FILES)
        # 验证商品表单数据是否填写正确
        if form.is_valid():
            # 创建商品信息
            goods_data = form.cleaned_data
            Goods.objects.create(**goods_data)
            # 创建成功，则跳回商品列表页面
            return redirect('goods:goods_list')
        else:
            # 如果验证商品表单数据不成功，则返回商品添加页面，并且返回错误信息
            return render(request, 'backweb/goods_detail.html', {'form': form, 'data':
data})


class GoodsEdit(View):
```

```python
    def get(self, request, *args, **kwargs):
        goods_categorys = GoodsCategory.CATEGORY_TYPE
        goods = Goods.objects.filter(id=kwargs['id']).first()
            return render(request, 'backweb/goods_detail.html', {'goods': goods,
'goods_categorys': goods_categorys})

    def post(self, request, *args, **kwargs):
        data = request.POST
        form = GoodsForm(data, request.FILES)
        # 验证商品表单数据是否填写正确
        if form.is_valid():
            # 创建商品信息
            goods_data = form.cleaned_data
            goods_front_image = goods_data.pop('goods_front_image')
            if goods_front_image:
                # 保存修改的图片，如果使用 update() 更新，则保存图片地址图片名称
                goods = Goods.objects.get(id=kwargs['id'])
                goods.goods_front_image = goods_front_image
                goods.save()
            # 保存修改的商品信息
            Goods.objects.filter(id=kwargs['id']).update(**goods_data)
            # 创建成功，则跳回商品列表页面
            return redirect('goods:goods_list')
        else:
            # 如果验证商品表单数据不成功，则返回商品添加页面，并且返回错误信息
            return render(request, 'backweb/goods_detail.html', {'form': form, 'data':
data})


class GoodsDelete(View):
    def post(self, request, *args, **kwargs):
        # 获取删除的商品 id，查询数据，使用 delete() 方法删除
        Goods.objects.filter(id=kwargs['id']).delete()
        return JsonResponse({'code': 200, 'msg': ' 请求成功 '})


class GoodsDesc(View):
    def get(self, request, *args, **kwargs):
        goods = Goods.objects.filter(id=kwargs['id']).first()
        return render(request, 'backweb/goods_desc.html', {'goods': goods})

    def post(self, request, *args, **kwargs):
        # 获取编辑的商品描述内容
        content = request.POST.get('content')
        # 获取需要编辑的商品，并且使用 save() 保存商品的描述内容
        goods = Goods.objects.filter(id=kwargs['id']).first()
```

```
        goods.goods_desc = content
        goods.save()
        return redirect('goods:goods_list')
```

在 goods/views.py 文件中实现商品的添加、编辑、删除、修改等操作。在视图中将用到如下两个知识点。

（1）form 表单：使用 form 表单验证前端传递的商品的数据。使用 form 表单的 is_valid() 方法校验字段是否合法，如果字段验证不通过，则会返回 form.errors 的错误信息给页面，并在页面解析对应字段的错误信息。

（2）Paginator 分页：在商品列表视图中，使用 Paginator 库进行分页处理。每页最多展示 PAGE_NUMBER 条数据，PAGE_NUMBER 的值在 fresh_shop_back/settings.py 文件中定义，默认定义为 10。

步骤 5：在 goods/forms.py 文件中定义验证商品字段的 form 表单，如示例 13-28 所示。

【示例 13-28】 在 goods/forms.py 文件中定义 GoodsForm 表单类，用于验证添加或编辑商品时页面传递的商品信息。

```python
from django import forms

from goods.models import Goods, GoodsCategory


class GoodsForm(forms.Form):
    """
    商品表单
    """
    category = forms.CharField(required=True,error_messages={'required': '商品分类
必填'})
    goods_sn = forms.CharField(required=True, error_messages={'required': '商品唯一
货号必填'})
    name = forms.CharField(required=True, error_messages={'required': '商品名称必填
'})
    goods_nums = forms.IntegerField(required=True,
                                    error_messages={'required': '商品库存必填',
                                                    'invalid': '库存数为整型'})
    market_price = forms.DecimalField(required=True,
                                      error_messages={'required': '市场价格必填',
                                                      'invalid': '市场价格为整型'})
    shop_price = forms.DecimalField(required=True,
                                    error_messages={'required': '本店价格必填',
                                                    'invalid': '本店价格为整型'})
    goods_front_image = forms.ImageField(required=False)
    goods_brief = forms.CharField(required=False,
                                  error_messages={'required': '商品简短描述必填'})
```

```
def clean_category(self, *args, **kwargs):
    category = self.cleaned_data.get('category')
    goods_category = GoodsCategory.objects.filter(category_type=category)
    if goods_category:
        goods_category = goods_category.first()
        return goods_category
    else:
        raise forms.ValidationError({'category': ' 商品分类错误 '})
```

示例 13-28 中定义了验证商品字段，并限制字段是否为必填的 required 参数，以及显示自定义字段验证不通过的错误信息。示例 13-28 中还通过定义 clean_category() 方法来验证商品分类的类型是否存在于数据库中，并返回商品分类对象。

步骤 6：在 fresh_shop_back/urls.py 文件中添加富文本编辑器中图片上传的路由地址，如示例 13-29 所示。

【示例 13-29】在 fresh_shop_back/urls.py 文件中新增处理富文本编辑器中上传图片的 URL 地址，并调用 utils/upload_image.py 文件中定义的 uplaod_image 函数。

```
from utils.upload_image import upload_image
# kindeditor 编辑器上传图片地址
re_path(r'^util/upload/(?P<dir_name>[^/]+)$', upload_image, name='upload_image'),
```

步骤 7：在 utils/upload_image.py 文件中定义保存富文本编辑器中上传图片的功能函数，如示例 13-30 所示。

【示例 13-30】在 utils/upload_image.py 文件中定义 upload_image() 方法，实现保存图片功能。

```
from django.http import HttpResponse
from django.conf import settings
from django.views.decorators.csrf import csrf_exempt
import os
import uuid
import json
import datetime as dt


@csrf_exempt
def upload_image(request, dir_name):
    ###################
    #  kindeditor 图片上传返回数据格式说明：
    # {"error": 1, "message": " 出错信息 "}
    # {"error": 0, "url": " 图片地址 "}
    ##################
    result = {"error": 1, "message": " 上传出错 "}
    files = request.FILES.get("imgFile", None)
    if files:
```

```
        result =image_upload(files, dir_name)
    return HttpResponse(json.dumps(result), content_type="application/json")


# 目录创建
def upload_generation_dir(dir_name):
    today = dt.datetime.today()
    dir_name = dir_name + '/%d/%d/' %(today.year,today.month)
    if not os.path.exists(settings.MEDIA_ROOT + dir_name):
        os.makedirs(settings.MEDIA_ROOT + dir_name)
    return dir_name

# 图片上传
def image_upload(files, dir_name):
    # 允许上传文件类型
    allow_suffix =['jpg', 'png', 'jpeg', 'gif', 'bmp']
    file_suffix = files.name.split(".")[-1]
    if file_suffix not in allow_suffix:
        return {"error": 1, "message": " 图片格式不正确 "}
    relative_path_file = upload_generation_dir(dir_name)
    path=os.path.join(settings.MEDIA_ROOT, relative_path_file)
    if not os.path.exists(path): # 如果目录不存在则创建目录
        os.makedirs(path)
    file_name=str(uuid.uuid1())+"."+file_suffix
    path_file=os.path.join(path, file_name)
    file_url = settings.MEDIA_URL + relative_path_file + file_name
    open(path_file, 'wb').write(files.file.read()) # 保存图片
    return {"error": 0, "url": file_url}
```

13.2.6 订单管理

商城后台管理系统中的订单管理模块用于展示订单信息。订单是用户在商城中下单时创建的，而商城后台管理系统只需要展示所有的订单信息即可。在应用 order 模块中定义查询订单列表信息的路由，并在对应的 views.py 中定义视图即可。

在应用 order 模块的路由文件 urls.py 文件中定义查询订单的路由，如示例 13-31 所示。

【示例 13-31】在 order/urls.py 文件中定义查询订单的路由地址。

```
from django.contrib.auth.decorators import login_required
from django.urls import path


from order import views


urlpatterns = [
```

```
      # 订单列表页面
      path('order_list/', login_required(views.OrderList.as_view()), name='order_
list'),
]
```

在应用 order 模块的视图文件 views.py 中定义查询订单的视图函数，如示例 13-32 所示。

【示例 13-32】在 order/views.py 文件中定义查询订单的视图。

```
from django.core.paginator import Paginator
from django.shortcuts import render
from django.views import View


from fresh_shop_back.settings import PAGE_NUMBER
from order.models import OrderInfo



class OrderList(View):

    def get(self, request, *args, **kwargs):
        try:
            page = request.GET.get('page', 1)
        except:
            page = 1
        order_infos = OrderInfo.objects.all()
        paginator = Paginator(order_infos, PAGE_NUMBER)
        page = paginator.page(page)
        return render(request, 'backweb/order_list.html', {'order_infos': order_
infos, 'page': page})
```

示例 13-32 中定义了展示订单视图 OrderList 类和 get 方法，get 方法可以获取所有订单对象 order_infos，通过分页 Paginator 库实现将所有订单 order_infos 变量按照一页 PAGE_NUMBER 条数据进行分页，最后将某一页的订单数据渲染在 order_list.html 中。

本章小结

本章主要通过实战项目讲解了 O2O 商城后台管理系统的搭建与开发，包括项目需求的分析、开发环境的搭建、项目模型定义、模板构建等功能。其中，比较核心的功能点为用户模块与商品模块，该模块的编程将会话、装饰器、ORM 编程、Form 表单验证等技术结合起来，读者需要重点掌握这些内容。

第 14 章
实战：商城网站前台系统开发

在第 13 章中已实现商城后台管理系统的开发，本章将实现商城网站的前台系统开发。

商城前台系统包括基础的首页渲染、登录注册功能、商品详情页面的渲染、购物车商品的添加与删除、下单的创建与查看、收货地址的添加与勾选、用户个人信息的修改等。数据的持久化同样通过关系型数据库 MySQL 实现，在 Django 中使用 ORM 技术实现与 MySQL 数据库的交互。我们将通过面向对象的方式来操作数据库，实现数据库中数据的增删改查操作。

通过本章内容的学习，读者将掌握以下知识。

- 商城前台系统的搭建，如使用 virtualenv 进行虚拟环境的创建
- 模型定义，如 ORM 技术的使用，模型关联关系的定义等
- 模板的运用，如父模板、子模板的定义及继承语法
- 购物车模块中商品的管理，如购物车中商品的添加、删除、修改及数据同步
- 订单模块中订单的管理，如收货地址、结算、下单等
- 用户认证模块功能的实现，如用户的注册、登录、注销、登录校验等

14.1 商城前台管理系统

商城前台管理系统是一个功能完善的在线购物系统，主要提供在线销售和在线购物服务。其功能主要为实现用户在线注册、登录、购物、订单提交及商品展示等操作。

14.1.1 项目构建

商城前台管理系统项目使用虚拟环境 freshshopenv，因此只需在激活环境中使用命令行创建工程名为 fresh_shop 的商城前台管理系统，以及创建 goods、home、order、shopping、users 等应用即可，如示例 14-1 所示。

【示例 14-1】项目搭建。

```
# Windows 下激活虚拟环境
cd freshshopenv
cd Scripts
activate
# 创建工程名为 fresh_shop 的项目
django-admin startproject fresh_shop
# 进入项目文件夹
cd fresh_shop
# 创建应用 goods、home、order、shopping
python manage.py startapp goods
python manage.py startapp home
python manage.py startapp order
python manage.py startapp shopping
python manage.py startapp users
```

使用命令创建 fresh_shop 工程，以及各应用 app，并使用 PyCharm IDE 打开项目，项目目录结构如图 14-1 所示。

图14-1　fresh_shop项目目录结构

项目架构搭建完成后，需要配置整个项目所使用的静态文件 static、模板文件 templates、数据库 MySQL、媒体文件 media 等信息。整个系统的配置分为以下 4 个步骤。

步骤 1： 修改工程目录 fresh_shop 中的初始化文件，并配置 MySQL 数据库连接驱动，如示例 14-2 所示。

【**示例 14-2**】fresh_shop/__init__.py 文件的修改。

```python
import pymysql

pymysql.install_as_MySQLdb()
```

步骤 2： 修改工程目录 fresh_shop 中的配置文件 settigns.py，包括配置应用 app、templates 路径、数据库 DATABASES、静态 static 路径等，如示例 14-3 所示。

【**示例 14-3**】编辑 fresh_shop/settings.py 文件，并配置静态 static 文件、templates 路径、数据库 DATABASES 等信息。

```python
# 配置应用 app
INSTALLED_APPS = [
......
    'home',
    'goods',
    'order',
    'shopping',
    'users',
]


# 配置 templates 路径
TEMPLATES = [
    {
        'BACKEND': 'django.template.backends.django.DjangoTemplates',
        'DIRS': [os.path.join(BASE_DIR, 'templates')],
        'APP_DIRS': True,
        'OPTIONS': {
            'context_processors': [
                'django.template.context_processors.debug',
                'django.template.context_processors.request',
                'django.contrib.auth.context_processors.auth',
                'django.contrib.messages.context_processors.messages',
            ],
        },
    },
]

# 配置 MySQL 数据库
DATABASES = {
    'default': {
```

```
        'ENGINE': 'django.db.backends.mysql',
        'NAME': 'freshdb',
        'USER': 'root',
        'PASSWORD': '123456',
        'HOST': '127.0.0.1',
        'PORT': 3306,
        'OPTIONS': {'isolation_level': None}
    }
}


# 配置静态 static 文件
STATIC_URL = '/static/'
STATICFILES_DIRS = [
    os.path.join(BASE_DIR, 'static')
]


# 登录失败，则跳转到登录地址
LOGIN_URL = '/home/login/'



# 定义 media 文件地址
MEDIA_URL = '/media/'
MEDIA_ROOT = 'E:\my_workspace\/fresh_shop_media\media'


# 分页条数
PAGE_NUMBER = 10
```

温馨提示：

在 settings.py 文件中定义 media 文件的路径应和商城管理后台系统中定义的 media 路径一致。

步骤 3：修改工程目录 fresh_shop 中的路由文件 urls.py，如示例 14-4 所示。

【示例 14-4】fresh_shop/urls.py 文件的修改。

```
from django.contrib import admin
from django.urls import path, include, re_path
from django.contrib.staticfiles.urls import static


from fresh_shop import settings
from home import views



urlpatterns = [
    path('admin/', admin.site.urls),
    # 用户地址
    path('users/', include(('users.urls', 'users'), namespace='users')),    # 商品
地址
```

413

```
        path('goods/', include(('goods.urls', 'goods'), namespace='goods')),
        # 生鲜前台地址
        path('home/', include(('home.urls', 'home'), namespace='home')),
        # 购物车模块
        path('shopping/', include(('shopping.urls', 'home'), namespace='shopping')),
        # 订单模块
        path('order/', include(('order.urls', 'order'), namespace='order')),
        # 访问生鲜首页地址
        re_path(r'^$', views.Index.as_view()),
]


# 配置 media 访问路径
urlpatterns += static(settings.MEDIA_URL, document_root=settings.MEDIA_ROOT)
```

温馨提示:

在工程目录 fresh_shop/urls.py 文件中定义以下几点。

（1）路由分发：使用 include 分别引入应用 home 模块、goods 模块、order 模块、users 模块中的 urls.py 文件，并同时设置 namespace 参数。

（2）根路径路由：定义正则表达式 r'^$' 匹配根路径，即访问根路径是执行 home/views.py 文件中的 Index 视图类。

（3）media 文件解析：定义 media 文件解析路由。

在各应用模块中创建路由文件 urls.py，如示例 14-5 所示。

【示例 14-5】创建应用 home 模块、goods 模块、order 模块、users 模块中的 urls.py 文件，先定义如下内容即可。

```
from django.urls import path

urlpatterns = [

]
```

步骤 4：复制静态文件到 static/web 文件夹中，并将模板文件复制到 templates/web 文件夹中。

温馨提示:

使用启动命令 python manage.py runserber 8083 启动 fresh_shop 项目。启动命令表示启动项目的端口为 8083，IP 地址为 127.0.0.1。

14.1.2　模板继承

在 fresh_shop 项目的 templates/web 文件夹中创建一个基本的"骨架"父模板文件 base.html，其余模板文件可以通过继承的方式，获取父模板中的所有元素。父模板 base.html 包含网站的所有元素，并定义了可以被子模板覆盖的 block。子模板通过继承事先定义的父模板，并拓展父模板文件中定义的 block，形成自身的特有内容。

分析其余模板，并根据模板结构将模板进行拆分，提炼出一个基本的"骨架"父模板，如示例 14-6 所示。

【示例 14-6】在 fresh_shop/templates/web 文件下创建 base.html 页面，表示父模板。

```html
<!DOCTYPE html>
<html lang="en">
<head>
    <meta http-equiv="Content-Type" content="text/html;charset=UTF-8">
    <title>
        {% block ticle %}
        {% endblock %}
    </title>
    {% block extCss %}
    {% endblock %}

    {% block extJs %}
    {% endblock %}
</head>
<body>

{% block header %}
{% endblock %}

{% block content %}
{% endblock %}

{% block footer %}
{% endblock %}
</body>
</html>
```

父模板 base.html 只是用于定义一个基本的"骨架"模板，而其余子模板中有公共的代码块，如顶部导航栏、底部信息栏等，因此可以定义 base_main.html 模板文件，该模板文件继承 base.html 模板，用于初始化网站的内容，如示例 14-7 所示。

【示例 14-7】定义 base_main.html 模板文件，用于初始化网站的内容。

```html
{% extends 'web/base.html' %}

{% block extCss %}
    {% load static %}
    <link rel="stylesheet" type="text/css" href="{% static 'web/css/reset.css' %}">
    <link rel="stylesheet" type="text/css" href="{% static 'web/css/main.css' %}">
{% endblock %}
```

```html
{% block header %}
    {% load static %}

    <div class="header_con">
      <div class="header">
          <div class="welcome fl">欢迎来到天天生鲜！</div>
          <div class="fr">
              <div class="login_info fl" style="display:block;">
                  欢迎您: <em></em>
                  <span>|</span>
              </div>
              <div class="login_btn fl">
                  <a href="{% url 'users:login' %}">登录</a>
                  <span>|</span>
                  <a href="{% url 'users:register' %}">注册</a>
              </div>
              <div class="user_link fl">
                  <span>|</span>
                  <a href="{% url 'users:user_center_order' %}">用户中心</a>
                  <span>|</span>
                  <a href="{% url 'shopping:cart' %}">我的购物车</a>
                  <span>|</span>
                  <a href="{% url 'order:user_order' %}">我的订单</a>
              </div>
          </div>
      </div>
    </div>

    <div class="search_bar clearfix">
        <a href="/" class="logo fl"><img src="{% static 'web/images/logo.png' %}"></a>
      <div class="search_con fl">
          <input type="text" class="input_text fl" name="" placeholder="搜索商品">
          <input type="button" class="input_btn fr" name="" value="搜索">
      </div>
      <div class="guest_cart fr">
          <a href="{% url 'shopping:cart' %}" class="cart_name fl">我的购物车</a>
          <div class="goods_count fl cart_goods_num" id="show_count">0</div>
      </div>
    </div>

{% endblock %}

{% block footer %}
    <div class="footer no-mp">
    <div class="foot_link">
```

```
            <a href="#"> 关于我们 </a>
            <span>|</span>
            <a href="#"> 联系我们 </a>
            <span>|</span>
            <a href="#"> 招聘人才 </a>
            <span>|</span>
            <a href="#"> 友情链接 </a>
        </div>
    </div>
{% endblock %}
```

示例 14-7 在 base_main.html 模板中定义了初始化内容，如顶部导航栏、底部导航栏等信息，并在模板中使用标签 {% url %} 进行 URL 地址的反向解析，反向解析登录、注册、注销的地址。具体格式如下。

（1）登录路由 URL 地址：{% url 'users:login' %}。

（2）注册路由 URL 地址：{% url 'users:register' %}。

（3）注销路由 URL 地址：{% url 'users: logout%}。

14.2 认证模块

消费者在浏览商城中的商品时，可以任意挑选中意的商品，并将商品添加到购物车中进行购买及支付等操作。只有登录商城的消费者才能进行购买及支付等操作，因此消费者需要在商城中注册账号并登录。

示例 13-2 中已经定义了用户模型类 User，因此本节将基于 User 模型类实现用户账号的注册、登录、注销及在中间件中定义登录校验功能。

14.2.1 注册

用户在访问商城时，单击顶部导航栏的注册按钮打开注册页面，在注册页面中填写账号信息、密码、确认密码、邮箱等字段并提交即可。程序需要验证注册页面提交的参数，判断其是否合法。如果参数校验成功，则通过模型类 User 实现账号创建，因此注册功能中要用到以下两个技术点。

（1）form 表单：用于判断注册页面传递的参数是否合法及校验账号密码。

（2）加密：用于加密注册页面中传递的明文密码。

将用户的注册功能的实现过程进行分解，步骤如下。

步骤 1：定义路由，如示例 14-8 所示。

【示例 14-8】在 users/urls.py 文件中定义注册路由。

```
from django.urls import path

from users import views

# 注册
path('register/', views.Register.as_view(), name='register'),
```

步骤 2：定义注册模板 register.html 页面，如示例 14-9 所示。

【示例 14-9】在 templates/web 文件夹下定义注册模板页面 register.html。注册模板页面继承于 base_main.html。

```
{% extends  'web/base_main.html' %}

{% block ticle %}     天天生鲜 - 注册
{% endblock %}

{% block extJs %}
    {{ block.super }}
    {% load static %}
    <script type="text/javascript" src="{% static 'web/js/register.js' %}"></script>
{% endblock %}

{% block header %}
{% endblock %}

{% block content %}
    {% load static %}
    <div class="register_con">
      <div class="l_con fl">
          <a class="reg_logo" href="{% url 'home:index' %}"><img src="{% static
'web/images/logo02.png' %}"></a>
        <div class="reg_slogan"> 足不出户·新鲜每一天 </div>
        <div class="reg_banner"></div>
    </div>

    <div class="r_con fr">
      <div class="reg_title clearfix">
        <h1> 用户注册 </h1>
        <a href="{% url 'users:login' %}"> 登录 </a>
      </div>
      <div class="reg_form clearfix">
        <form action="" method="post">
            {% csrf_token %}
          <ul>
            <li>
              <label> 用户名 :</label>
```

```
                    <input type="text" name="username" id="user_name" value="{{ data.
username }}">
                        <span class="error_tip" {% if form.errors.username %}
style="display: inline;" {% endif %}>
                            {{ form.errors.username }}
                        </span>
            </li>
            <li>
                <label> 密码 :</label>
                <input type="password" name="password" id="pwd" value="{{ data.
password }}">
                        <span class="error_tip" {% if form.errors.password %}
style="display: inline;" {% endif %}>
                            {{ form.errors.password }}
                        </span>
            </li>
            <li>
                <label> 确认密码 :</label>
                <input type="password" name="password2" id="cpwd" value="{{ data.
password2 }}">
                        <span class="error_tip" {% if form.errors.password2 %}
style="display: inline;" {% endif %}>
                            {{ form.errors.password2 }}
                        </span>
            </li>
            <li>
                <label> 邮箱 :</label>
                <input type="text" name="email" id="email" value="{{ data.email
}}">
                        <span class="error_tip" {% if form.errors.email %}
style="display: inline;" {% endif %}>
                            {{ form.errors.email }}
                        </span>
            </li>
            <li class="agreement">
                <input type="checkbox" name="allow" id="allow" checked="checked">
                <label> 同意 " 天天生鲜用户使用协议 "</label>
                        <span class="error_tip2" {% if form.errors.allow %}
style="display: inline;" {% endif %}>
                            {{ form.errors.allow }}
                        </span>
            </li>
            <li class="reg_sub">
                <input type="submit" value=" 注册 " name="">
            </li>
        </ul>
```

```
                </form>
            </div>

        </div>

    </div>
{% endblock %}
```

在浏览器中访问地址 http://127.0.0.1:8083/users/register/，可以看到如图 14-2 所示注册页面。

图14-2　注册页面

步骤 3：定义校验注册功能的 form 表单，校验注册的账号为必填值，且长度为 5~20 字符；校验注册的密码和确认密码为必填值，且长度为 8~20 字符，校验邮箱和勾选协议 allow 字段都是必填值。具体如示例 14-10 所示。

【**示例 14-10**】在 users/forms.py 文件中定义注册验证的 UserRegisterForm 表单类。

```
from django import forms
from django.contrib.auth.hashers import check_password

from users.models import User


class UserRegisterForm(forms.Form):
    username = forms.CharField(required=True, max_length=20, min_length=5,
                              error_messages={'required': '请输入 5-20 个字符的用户名 ',
                                              'max_length': ' 用户名不能超过 20 个字符 ',
                                              'min_length': ' 用户名不能少于 5 个字符 '}
                              )
    password = forms.CharField(required=True, max_length=20, min_length=8,
```

```
                          error_messages={'required': ' 密码最少 8 位, 最长 20 位 ',
                                          'max_length': ' 最长 20 位 ',
                                          'min_length': ' 密码最少 8 位 '}
                          )
    password2 = forms.CharField(required=True, error_messages={'required':' 确认密码
必填 '})
    email = forms.CharField(required=True, error_messages={'required':' 邮箱必填 '})
    allow = forms.BooleanField(required=True, error_messages={'required':' 请勾选同
意 '})

    def clean(self):
        # 获取用户名和密码
        username = self.cleaned_data.get('username')
        # 验证用户名是否存在
        user = User.objects.filter(username=username).first()
        if user:
            # 如果用户名存在, 则提示用户名已存在
            raise forms.ValidationError({'username': ' 用户名已存在 '})
        return self.cleaned_data
```

温馨提示:

定义 UserRegisterForm 表单类, 用于校验注册页面中提交的参数, 校验内容包括以下两点。

（1）校验必填字段: username 字段、password 字段、password2 字段、email 字段、allow 字段。

（2）校验账号是否已注册: 通过定义 clean() 方法来校验注册的账号是否已经注册过, 如果注册过, 则提示错误信息 "用户名已存在"。

步骤 4: 定义视图功能, 实现用户注册功能, 如示例 14-11 所示。

【示例 14-11】在 users/views.py 文件中定义注册 Register 类。

```
from django.shortcuts import render, redirect
from django.contrib.auth.hashers import make_password


class Register(View):
    def get(self, request, *args, **kwargs):
        # 判断如果是 GET 请求, 则返回注册页面
        return render(request, 'web/register.html')

    def post(self, request, *args, **kwargs):
        # 获取 POST 请求中传递的参数
        data = request.POST
        # 使用表单验证, 如果 form 表单验证成功, 则 is_valid() 为 True, 反之为 False
        form = UserRegisterForm(data)
if form.is_valid():
    # 表单验证成功以后, 可以通过 form 的 cleaned_data 方法获取参数值
```

421

```
username = form.cleaned_data['username']
password = form.cleaned_data['password']
email = form.cleaned_data['email']
# 保存用户信息，并加密密码
User.objects.create(username=username, password=make_password(password),
email=email)
# 验证表单成功，保存用户信息成功，则跳转到商城首页
return
HttpResponseRedirect(reverse('home:index'))
else:
# 如果表单验证不成功，则可以从 form.errors 中获取到验证失败的错误信息
return render(request, 'web/register.html', {'form': form, 'data': data})
```

定义实现注册功能的视图 Register 类。在注册页面中填写完整的注册信息后单击提交按钮，后端将使用 UserRegisterForm 表单校验 POST 请求中传递的参数。如果验证参数成功且账号不存在于数据库中，则 form.is_valid() 函数为 True，使用 make_password() 函数对密码进行加密后，将用户的信息保存在 User 模型对应数据库的 f_user 表中；如果 form.is_valid() 函数为 False，则表示 POST 请求中传递的参数验证不通过，将 form 返回给注册页面 register.html，在 register.html 页面中可以解析 form.errors 中的错误信息。字段验证不通过的错误信息提示如图 14-3 所示。

图14-3　验证失败错误提示

14.2.2　登录

用户在浏览商城中的商品信息时，可以向购物车中加入商品，也可以直接购买商品。用户只有在登录商城系统后，才可进行购买，因此登录功能是商城的核心功能，实现登录功能需要使用的技

术如下。

（1）form 表单：用于判断登录页面传递的参数是否合法及对账号密码进行校验。

（2）解密：使用 check_password() 函数校验登录页面中的密码和数据库中加密的密码是否一致，如果一致，则 check_password() 函数返回 True，否则返回 False。

将用户的登录功能实现过程进行分解，步骤如下。

步骤 1：定义路由，如示例 14-12 所示。

【示例 14-12】在 users/urls.py 文件中定义登录的路由地址。

```python
from django.urls import path

from users import views

# 登录
path('login/', views.Login.as_view(), name='login'),
```

步骤 2：定义登录页面，如示例 14-13 所示。

【示例 14-13】在 templates/web 文件夹下创建 login.html 页面，其继承于父模板 base_main.html。

```html
{% extends 'web/base_main.html' %}

{% block ticle %}
    天天生鲜 - 登录
{% endblock %}

{% block header %}
{% endblock %}

{% block content %}
    {% load static %}
    <div class="login_top clearfix">
        <a href="{% url 'home:index' %}" class="login_logo"><img src="{% static 'web/images/logo02.png' %}"></a>
    </div>

    <div class="login_form_bg">
        <div class="login_form_wrap clearfix">
            <div class="login_banner fl"></div>
            <div class="slogan fl">日夜兼程 · 急速送达 </div>
            <div class="login_form fr">
                <div class="login_title clearfix">
                    <h1>用户登录 </h1>
                    <a href="{% url 'users:register' %}">立即注册 </a>
                </div>
```

```
        <div class="form_input">
            <form action="" method="post">
                    {% csrf_token %}
                    <input type="text" value="{{ data.username }}" name="username"
class="name_input" placeholder=" 请输入用户名 ">
                        <div class="user_error" {% if form.errors.username %}
style="display: inline;" {% endif %}>
                            {{ form.errors.username }}
                    </div>
                        <input type="password" value="{{ data.password }}"
name="password" class="pass_input" placeholder=" 请输入密码 ">
                        <div class="pwd_error" {% if form.errors.password %}
style="display: inline;" {% endif %}>
                            {{ form.errors.password }}
                    </div>
                <div class="more_input clearfix">
                    <input type="checkbox" name="">
                    <label> 记住用户名 </label>
                    <a href="#"> 忘记密码 </a>
                </div>
                <input type="submit" name="" value=" 登录 " class="input_submit">
            </form>
        </div>
    </div>
  </div>
</div>
{% endblock %}
```

在浏览器中访问地址 http://127.0.0.1:8083/users/login/，可以看到如图 14-4 所示的登录页面。

图14-4 登录页面

步骤 3：定义登录验证表单，登录的账号和密码信息是必填值，如示例 14-14 所示。

【**示例 14-14**】在 users/forms.py 文件中定义 UserLoginForm 表单类，用于校验登录页面中传递的参数。

```python
from django import forms
from django.contrib.auth.hashers import check_password


from users.models import User


class UserLoginForm(forms.Form):
    username = forms.CharField(required=True,
                               error_messages={'required': ' 用户名必填 '})
    password = forms.CharField(required=True,
                               error_messages={'required': ' 密码必填 '})



    def clean(self):
        # 获取用户名和密码
        username = self.cleaned_data.get('username')
        password = self.cleaned_data.get('password')
        # 验证用户名是否存在
        user = User.objects.filter(username=username).first()
        if not user:
            # 如果用户名不存在，则提示先注册
            raise forms.ValidationError({'username':' 用户名不存在，请先注册 '})

        # 验证密码是否正确
        if not check_password(password, user.password):
            raise forms.ValidationError({'password':' 密码错误 '})

        return self.cleaned_data
```

温馨提示：

定义 UserLoginForm 表单类，用于校验登录页面中提交的参数，校验内容包括以下两点。

（1）校验必填字段：username 字段、password 字段。

（2）定义 clean 方法用于校验账号是否已注册及密码是否正确。如果账号没有注册过，则提示错误信息"用户名不存在，请先注册"；如果密码不正确，则提示错误信息"密码错误"。

步骤 4：定义视图，如示例 14-15 所示。

【**示例 14-15**】在 users/views.py 文件中定义登录 Login 类。

```python
from django.shortcuts import render, redirect
from django.contrib.auth.hashers import check_password
```

```
class Login(View):
    def get(self, request, *args, **kwargs):
        # 判断如果是 GET 请求, 则返回登录页面
        return render(request, 'web/login.html')

    def post(self, request, *args, **kwargs):
        data = request.POST
        form = UserLoginForm(data)
        if form.is_valid():
            # 验证表单成功, 获取用户信息
            username = form.cleaned_data['username']
            password = form.cleaned_data['password']
            user = User.objects.filter(username=username).first()
            # 如果验证用户名不正确, 则返回登录页面
            if not user:
                return redirect('users:login')
            # 如果验证用户存在, 但是密码错误, 则返回登录页面
            if not check_password(password, user.password):
                return redirect('users:login')
            # 如果用户验证成功, 则 Session 中保存用户的 id 值
            request.session['user_id'] = user.id
            return HttpResponseRedirect(reverse('home:index'))

        else:
            # 如果表单验证不成功, 则可以从 form.errors 中获取到验证失败的错误信息
            return render(request, 'web/login.html', {'form': form, 'data': data})
```

用户在登录页面中输入正确的登录账号和登录密码后, 视图 Login 类的 post 方法将被执行。使用 UserLoginForm 表单类校验 POST 请求传递的参数, 如果校验成功则 form.is_valid() 返回 True。登录功能分析如下。

（1）使用 check_password(password, user.password) 方法校验明文 password 字段和加密后的 user.password 字段是否一致, 如果校验成功, 则返回 True, 否则返回 False。

（2）当用户登录校验成功时, 需要向 Session 中保存登录系统的 id 值, 即 request.session['user_id'] = user.id。

14.2.3 注销

商城中用户的注销功能就是退出商城的用户登录状态, 即删除 Session 中所有的信息。

注销语法:

```
request.session.flush()
```

注销功能的实现过程可以分为如下几步骤。

步骤 1：定义路由，如示例 14-16 所示。

【示例 14-16】在 users/urls.py 文件中定义注销登录用户的路由地址。

```
from django.urls import path

from users import views

# 退出
path('logout/', views.Logout.as_view(), name='logout'),
```

步骤 2：定义视图功能，实现注销当前登录系统用户信息，如示例 14-17 所示。

【示例 14-17】在 users/views.py 文件中定义注销的视图 Logout 类。

```
from django.shortcuts import redirect

class Logout(View):

    def get(self, request, *args, **kwargs):
        # 清空 Session 中所有信息
        request.session.flush()
        # 跳转到首页
        return reverse('home:index')
```

当用户在浏览器中单击注销按钮时，将调用路由 /login/ 地址，实现的功能是清空 Session 中的所有信息，并跳转到首页。首页地址通过反向生成，即 reverse('home:index')。

14.2.4　登录校验

用户登录商城系统后，商城的每一个模板页面的顶部导航栏中都将展示登录用户的用户名信息。如图 14-5 所示。

欢迎您：coco1231 |　用户中心　|　我的购物车

图14-5　登录用户信息展示

商城的某些路由地址是需要登录后才能访问的，如用户中心、订单查看、个人中心页面等；有些路由地址不需要登录就可访问，如首页、商品详情页、我的购物车页，因此访问路由地址时需要进行登录校验。登录校验可以使用中间件来实现，且在登录校验中还需设置全局用户对象，以便在任何一个模板文件中都可以解析这个全局用户对象。登录校验的中间件定义步骤如下。

步骤 1：定义权限校验中间件，如示例 14-18 所示。

【示例 14-18】定义中间件实现登录校验，并设置当前登录系统的用户信息。

```
import re
```

```
from django.utils.deprecation import MiddlewareMixin
from django.shortcuts import redirect
from django.urls import reverse

from user.models import User

class UserAuthMiddleware(MiddlewareMixin):

    def process_request(self, request):

        # 给 request.user 赋值，赋的值为当前登录系统的用户对象
        user_id = request.session.get('user_id')
        if user_id:
            user = User.objects.filter(pk=user_id).first()
            request.user = user
            # 可以访问所有的页面
            return None


        # 没有登录，即没有 user_id
        # 思路: 首页、详情页面、登录页面、注册页面、访问 media、访问 static 不管登录与否都
可以查看
        # 下单、结算、订单页面、个人中心页面只有登录才能查看，没有登录则跳转到登录页面
        not_need_path = ['/user/login/', '/user/register/',
                         '/goods/index/', '/goods/detail/(.*)/',
                         '/media/(.*)', '/static/(.*)', '/cart/add_cart/',
                         '/cart/cart/', '/cart/cart_count/', '/cart/f_price/',
                         '/cart/change_goods_num/']
        path = request.path
        for not_path in not_need_path:
            # 判断当前路径是否为不需要登录验证的路径
            if re.match(not_path, path):
                return None

        # 如果访问首页，则直接访问首页方法
        if path == '/':
            return None

        # 当前的请求 URL 不在 not_need_path 中，则表示当前 URL 需要登录才能访问
        return redirect(reverse('user:login'))
```

　　自定义的中间件可以介入 Django 的 request 和 response 的处理过程，也就是说每一个请求都是先通过中间件的处理，然后才执行对应的视图函数。示例 14-18 中定义的中间件 UserAuthMiddleware 中的 process_request 方法在对应的视图函数执行之前执行，因此 process_request 方法用于校验用户的登录状态。

　　步骤 2：修改 settings.py 文件中中间件的配置，如示例 14-19 所示。

【示例 14-19】在 fresh_shop/settings.py 文件中添加登录校验的中间件配置。

```
MIDDLEWARE = [
    ......
    'utils.UserAuthMiddleware.AuthMiddleware', # 设置登录校验中间件
]
```

14.3 首页、商品展示模块

商城首页是供用户访问并购物的展示性页面，其中需要展示商品的分类及每一种分类下的商品信息。如果用户已登录，则首页页面中也需要展示当前登录的账号信息。首页效果如图 14-6 所示。

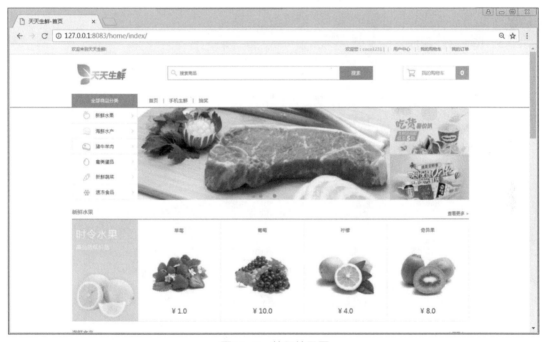

图14-6 首页效果图

14.3.1 首页展示

首页中需要展示商品的分类信息、分类下的商品信息、用户的登录状态。用户的登录状态功能展示已在 14.2.4 小节中实现，本小节将实现商城首页的业务功能，具体步骤如下。

步骤 1：定义路由，如示例 14-20 所示。

【示例 14-20】在 home/urls.py 文件中定义商城首页路由地址。

```
from django.urls import path

from home import views

urlpatterns = [
    # 首页
    path('index/', views.Index.as_view(), name='index'),
]
```

步骤 2： 定义视图，如示例 14-21 所示。

【示例 14-21】 在 home/views.py 文件中定义商城首页的视图。

```
from django.shortcuts import render
from django.views import View

from goods.models import Goods, GoodsCategory


class Index(View):
    def get(self, request, *args, **kwargs):
        # 判断如果是 GET 请求，则返回首页
        goods = Goods.objects.all().order_by('id')
        goods_all = {}
        goods_categorys = GoodsCategory.CATEGORY_TYPE
        for goods_type in goods_categorys:
            data = []
            # 用于统计每个分类下添加商品的个数
            count = 0
            for good in goods:
                # 判断商品的分类
                if good.category_id == goods_type[0]:
                    # 组装 data 列表，每一个商品分类下只有 4 个商品信息
                    if count < 5:
                        data.append(good)
                        count += 1
            goods_all['goods_' + str(goods_type[0])] = data
        return render(request, 'web/index.html', {'goods_all': goods_all, 'goods_
categorys': goods_categorys})
```

商城首页中需要展示每一种分类的信息，包括分类的名称、商品分类的封面图，此外，还需要展示每一种商品分类的前 4 个商品信息，因此在页面中既需要解析商品分类的信息，也需要解析属于该商品分类的前 4 个商品信息。后端返给前端的数据结构为 {'key1':value1, 'key2':value2, 'key3':value3, 'key4':value4, 'key5':value5, 'key6':value6}，其中 key 值为商品的 6 种分类，value 值为该商品分类下的前 4 个商品信息，如 value 为商品对象的列表 [Goods object, Goods object, Goods object, Goods object]。

步骤 3：定义首页页面，如示例 14-22 所示。

【示例 14-22】在 templates/web 文件夹下定义商城首页 index.html 页面。

```
{% extends  'web/base_main.html' %}

{% block ticle %}
    天天生鲜 - 首页
{% endblock %}

{% block extJs %}
    {{ block.super }}
    {% load static %}
    <script type="text/javascript" src="{% static 'web/js/jquery-ui.min.js' %}"></
script>
    <script type="text/javascript" src="{% static 'web/js/slide.js' %}"></script>
    <script type="text/javascript" src="{% static 'web/js/slideshow.js' %}"></script>
    <script type="text/javascript">
        BCSlideshow('focuspic');
        var oFruit = document.getElementById('fruit_more');
        var oShownum = document.getElementById('show_count');
        var hasorder = localStorage.getItem('order_finish');

        if(hasorder)
        {
            oShownum.innerHTML = '2';
        }

        oFruit.onclick = function(){
            window.location.href = 'list.html';
        }
    </script>
{% endblock %}


{% block content %}
    {% load static %}

    <div class="navbar_con">
        <div class="navbar">
            <h1 class="fl"> 全部商品分类 </h1>
            <ul class="navlist fl">
                <li><a href=""> 首页 </a></li>
                <li class="interval">|</li>
                <li><a href=""> 手机生鲜 </a></li>
                <li class="interval">|</li>
                <li><a href=""> 抽奖 </a></li>
```

```
        </ul>
    </div>
</div>

<div class="center_con clearfix">
    <ul class="subnav fl">
        <li><a href="#model01" class="fruit"> 新鲜水果 </a></li>
        <li><a href="#model02" class="seafood"> 海鲜水产 </a></li>
        <li><a href="#model03" class="meet"> 猪牛羊肉 </a></li>
        <li><a href="#model04" class="egg"> 禽类蛋品 </a></li>
        <li><a href="#model05" class="vegetables"> 新鲜蔬菜 </a></li>
        <li><a href="#model06" class="ice"> 速冻食品 </a></li>
    </ul>
    <div class="slide fl">
        <ul class="slide_pics">
            <li><img src="{% static 'web/images/slide.jpg' %}" alt=" 幻灯片 "></li>
            <li><img src="{% static 'web/images/slide02.jpg' %}" alt=" 幻灯片 "></
li>
            <li><img src="{% static 'web/images/slide03.jpg' %}" alt=" 幻灯片 "></
li>
            <li><img src="{% static 'web/images/slide04.jpg' %}" alt=" 幻灯片 "></
li>
        </ul>
        <div class="prev"></div>
        <div class="next"></div>
        <ul class="points"></ul>
    </div>
    <div class="adv fl">
        <a href="#"><img src="{% static 'web/images/adv01.jpg' %}"></a>
        <a href="#"><img src="{% static 'web/images/adv02.jpg' %}"></a>
    </div>
</div>

{% for goods, value in goods_all.items %}
    <div class="list_model">
        <div class="list_title clearfix">
            <h3 class="fl" id="model01">
                {% for category in goods_categorys %}
                    {% if category.0 == value.0.category.category_type %}
                        {{ category.1 }}
                    {% endif %}
                {% endfor %}
            </h3>
            <a href="#" class="goods_more fr" id="fruit_more"> 查看更多 </a>
        </div>
```

```
                    <div class="goods_con clearfix">
                        <div class="goods_banner fl"><img src="/media/{{ value.0.category.
category_front_image }}"></div>
                        <ul class="goods_list fl">
                        {% for good in value %}
                            <li>
                                <h4><a href="{% url 'goods:goods_detail' good.id %}">{{
good.name }}</a></h4>
                                <a href="{% url 'goods:goods_detail' good.id %}"><img
src="/media/{{ good.goods_front_image }}"></a>
                                <div class="prize">￥ {{ good.shop_price }}</div>
                            </li>
                        {% endfor %}
                        </ul>
                    </div>
                {% endfor %}

{% endblock %}
```

在 index.html 页面中解析后端返回结构为 {'key1':value1, 'key2':value2, 'key3':value3, 'key4':value4, 'key5':value5, 'key6':value6} 的数据，通过 for 循环解析并渲染 value 值中每一种商品的信息。商品渲染效果图如图 14-7 所示。

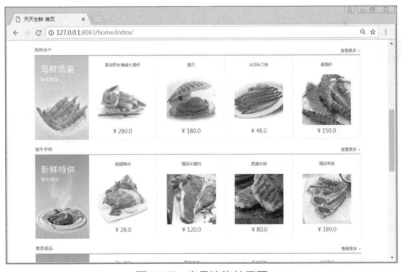

图14-7　商品渲染效果图

14.3.2　商品详情页展示

用户在商城首页中可以选择商品，并通过单击商品的图片或商品的名称实现查看商品详情的操

433

作，因此需要定义查看商品详情的路由、视图及商品详情页面。实现查看商品详情的步骤如下。

步骤 1：定义路由，如示例 14-23 所示。

【示例 14-23】在 goods/urls.py 文件中定义商品详情路由地址。

```python
from django.urls import path

from goods import views

urlpatterns = [
    # 商品详情
    path('goods_detail/<int:id>/', views.GoodsDetail.as_view(), name='goods_detail'),
]
```

温馨提示：

定义商品详情的路由地址，如 /goods/goods_detail/1/。

步骤 2：定义视图，如示例 14-24 所示。

【示例 14-24】在 goods/views.py 文件中定义查看商品详情的视图。

```python
from django.shortcuts import render
from django.views import View

from goods.models import Goods


class GoodsDetail(View):
    def get(self, request, *args, **kwargs):
        # 获取商品详情信息
        goods = Goods.objects.filter(id=kwargs['id']).first()
        return render(request, 'web/detail.html', {'goods': goods})
```

在浏览器中访问地址 http://127.0.0.1:8083/goods/goods_detail/9/ 时，goods/views.py 文件中的视图类 GoodsDetail 中可以通过 kwargs['id'] 来接收 URL 中传递的参数，即 kwargs['id']=9。

步骤 3：定义商品详情页面，如示例 14-25 所示。

【示例 14-25】在 templates/web 文件夹下定义商品详情 detail.html 页面。

```html
{% extends  'web/base_main.html' %}

{% block ticle %}
    天天生鲜 - 商品详情
{% endblock %}

{% block content %}
    {% load static %}
    <div class="navbar_con">
```

```html
<div class="navbar clearfix">
    <div class="subnav_con fl">
        <h1> 全部商品分类 </h1>
        <span></span>
        <ul class="subnav">
            <li><a href="#" class="fruit"> 新鲜水果 </a></li>
            <li><a href="#" class="seafood"> 海鲜水产 </a></li>
            <li><a href="#" class="meet"> 猪牛羊肉 </a></li>
            <li><a href="#" class="egg"> 禽类蛋品 </a></li>
            <li><a href="#" class="vegetables"> 新鲜蔬菜 </a></li>
            <li><a href="#" class="ice"> 速冻食品 </a></li>
        </ul>
    </div>
    <ul class="navlist fl">
        <li><a href=""> 首页 </a></li>
        <li class="interval">|</li>
        <li><a href=""> 手机生鲜 </a></li>
        <li class="interval">|</li>
        <li><a href=""> 抽奖 </a></li>
    </ul>
    </div>
</div>

<div class="breadcrumb">
    <a href="#"> 全部分类 </a>
    <span>></span>
    <a href="#"> 新鲜水果 </a>
    <span>></span>
    <a href="#"> 商品详情 </a>
</div>

<div class="goods_detail_con clearfix">
    <div class="goods_detail_pic fl"><img src="/media/{{ goods.goods_front_image
}}"></div>

    <div class="goods_detail_list fr">
        <h3>{{ goods.name }}</h3>
        <p>{{ goods.goods_brief }}</p>
        <div class="prize_bar">
            <span class="show_pirze">¥<em>{{ goods.shop_price }}</em></span>
            <span class="show_unit"> 单位: 500g</span>
        </div>
        <div class="goods_num clearfix">
            <div class="num_name fl"> 数量: </div>

            <div class="num_add fl">
```

435

```
            <input type="text" class="num_show fl" value="1">
             <a href="javascript:;" class="add fr" onclick="add_goods({{ goods.
shop_price }});">+</a>
             <a href="javascript:;" class="minus fr" onclick="sub_goods({{ goods.
shop_price }});">-</a>
           </div>
           <!-- 实现商品的价格动态变化 -->
           <script type="text/javascript">
             function add_goods(price){
               <!-- 获取选择的商品个数 -->
               var goods_num = $('.num_show').val()
                <!-- 使用 parseInt 方法，将商品个数转化为 int 类型，并实现加 1 操
作 -->
               $('.num_show').val(parseInt(goods_num) + 1)
               <!-- 计算商品个数的总价 -->
               var total_price = (parseInt(goods_num) + 1) * price
               $('.total em').html(total_price + '元')
             }

             function sub_goods(price){
               <!-- 获取选择的商品个数 -->
               var goods_num = $('.num_show').val()
                <!-- 使用 parseInt 方法，将商品个数转化为 int 类型，并实现减 1 操
作 -->
               var new_goods_num = parseInt(goods_num) - 1
               if(new_goods_num >= 1){
                 $('.num_show').val(new_goods_num)
                 <!-- 计算商品个数的总价 -->
                 var total_price = new_goods_num * price
                 $('.total em').html(total_price + '元')
               }
             }

             function add_cart(goods_id){
               <!-- 添加到购物车 -->
               goods_num = $('.num_show').val()
               var csrf = $('input[name="csrfmiddlewaretoken"]').val()
               $.ajax({
                 url:'/shopping/add_cart/',
                 type:'POST',
                 data:{'goods_id': goods_id, 'goods_num': goods_num},
                 dataType:'json',
                 headers:{'X-CSRFToken': csrf},
                 success:function(data){
                   if(data.code == '200'){
                     s='<a href="/shopping/cart/" class="cart_name
```

```
fl">我的购物车 </a>'
                                    s+= '<div class="goods_count fl cart_goods_num"
id="show_count">' + data.cart_goods_num + '</div>'
                            $('.guest_cart').html(s)
                    }
                }
            })


        }
    </script>


            <div class="num_name fl" style="margin-left:50px;">库存: </div>
        <div class="num_name fl" style="text-align:center;">
            {{ goods.goods_nums }}
        </div>
    </div>
    <div class="total">总价: <em>{{ goods.shop_price }}元 </em></div>
    <div class="operate_btn">
        <a href="javascript:;" class="buy_btn">立即购买 </a>
            {% csrf_token %}
        <a onclick="add_cart({{ goods.id }});" class="add_cart" id="add_cart">
加入购物车 </a>
    </div>
    </div>
</div>


<div class="main_wrap clearfix">
    <div class="l_wrap fl clearfix">
        <div class="new_goods">
            <h3>新品推荐 </h3>
            <ul>
                <li>
                    <a href="#"><img src="images/goods/goods001.jpg"></a>
                    <h4><a href="#">进口柠檬 </a></h4>
                    <div class="prize">￥3.90</div>
                </li>
                <li>
                    <a href="#"><img src="images/goods/goods002.jpg"></a>
                    <h4><a href="#">玫瑰香葡萄 </a></h4>
                    <div class="prize">￥16.80</div>
                </li>
            </ul>
        </div>
    </div>


    <div class="r_wrap fr clearfix">
```

```
        <ul class="detail_tab clearfix">
            <li class="active">商品介绍 </li>
            <li>评论 </li>
        </ul>

        <div class="tab_content">
            <dl>
                <dt>商品详情: </dt>
                <dd>{{ goods.goods_desc|safe }}</dd>
            </dl>
        </div>

    </div>
    </div>
{% endblock %}
```

在商城首页中的商品图片的 a 标签中添加访问商品详情的 URL 地址，地址通过反向解析进行渲染，如 {% url 'goods:goods_detail' good.id %} 反向解析后的地址为 /goods/goods_detail/商品的 id 值，因此单击商城首页中的商品图片可以看到商品的详情信息。商品的详情页面效果如图 14-8 所示。

图14-8　商品详情页效果图

商品的详情页面中，不仅可以定义商品数量的增加和减少操作，还可以定义将商品添加到购物车的操作。在商品详情 detail.html 页面中，分别给添加和减少的按钮添加点击事件，点击事件如下。

（1）添加按钮：绑定添加商品数量点击事件 add_goods() 方法。

（2）减少按钮：绑定减少商品数量点击事件 sub_goods() 方法。

（3）加入购物车：绑定点击事件 add_cart() 方法，将商品信息加入购物车。

14.4　购物车模块

购物车中数据的添加需要区分用户是否登录商城。如果用户登录了商城，则用户向购物车中加入的商品信息存储在数据库中的 f_shopping_cart 表中；如果用户没有登录商城，则用户单击【加入购物车】按钮时，商品信息存储在 Session 中，只有当用户登录商城后，Session 中存储的购物车商品信息才会同步到数据库中的 f_shopping_cart 表中。

14.4.1　加入购物车

在商品详情页面中单击【加入购物车】按钮，将使用 ajax 模拟提交 POST 请求向购物车中添加商品。

加入购物车功能具体实现步骤如下。

步骤 1：定义路由，如示例 14-26 所示。

【示例 14-26】在 shopping/urls.py 文件中定义加入购物车和查看购物车的路由。

```python
from django.urls import path

from shopping import views

urlpatterns = [
    # 添加商品到购物车中
    path('add_cart/', views.AddCart.as_view(), name='add_cart'),
    # 购物车
    path('cart/', views.Cart.as_view(), name='cart'),

]
```

步骤 2：定义视图，如示例 14-27 所示。

【示例 14-27】在 shopping/views.py 文件中定义加入购物车功能。

```python
from datetime import datetime

from django.http import JsonResponse
from django.shortcuts import render
from django.views import View

from goods.models import Goods
from shopping.models import ShoppingCart
from users.models import UserTicket
from utils.functions import is_login



class AddCart(View):
```

```
    def post(self, request, *args, **kwargs):
        # 保存到 Session 中
        # 获取前端 AJAX 提交的商品 goods_id，商品数量 nums
            # 组装存储到 Session 中的数据结构：[[goods_id, nums, is_select], [goods_id,
nums, is_select]...]
                # 如果加入 Session 中的商品已经存在于 Session 中，则更新 nums 字段
                goods_id = int(request.POST.get('goods_id'))
                nums = int(request.POST.get('nums'))
                # 组装存储的结构，[ 商品 id 值，商品数量，商品选择状态 ]
                goods_list = [int(goods_id), int(nums), 1]
                # 判断 Session 中是否保存了购物车数据
                # {'goods': [[id, nums, 1], [id, nums, 1]}
                session_goods = request.session.get('goods')
                if session_goods:
                # 修改
                flag = False
                for goods in session_goods:
                # goods 为 [goods_id, nums, is_select]
                if goods[0] == goods_id:
                        goods[1] += nums
                        flag = True
                # 添加
                if not flag:
                session_goods.append(goods_list)
                request.session['goods'] = session_goods
                # Session 中保存的商品的个数
                goods_count = len(session_goods)
        else:
                # 第一次添加商品到 Session 中时，保存键值对
                # 键为 goods，值为 [[goods_id, nums, is_select]]
                request.session['goods'] = [goods_list]
                goods_count = 1

    return JsonResponse({'code': 200,'msg':' 请求成功 ','cart_goods_num':goods_count})
```
加入购物车功能的思路分析如下。

（1）无论用户是否登录，添加商品到购物车时，商品数据都存储在 Session 中。

（2）如果用户登录，则定义中间件，在中间件中重构 request_response() 方法将 Session 中商品的数据同步到 f_shopping_cart 表中。

（3）商品数据存储在 Session 中时，存储的结构为 [[商品 id 值，商品数量，商品选择状态], [商品 id 值，商品数量，商品选择状态], [商品 id 值，商品数量，商品选择状态]...]。

（4）如果用户对同一商品重复进行"加入购物车"操作，则修改 Session 中存储的该商品的数量信息。

440

在应用 shopping 模块中的视图 views.py 文件中定义查看购物车功能，如示例 14-28 所示。

【示例 14-28】在 shopping/views.py 文件中定义查看购物车功能。

```python
class Cart(View):
    def get(self, request, *args, **kwargs):
        # 购物车页面不用区分是否登录商城，只需在下单的时候，判断用户是否登录即可
        # 下单的时候，如果用户没有登录，则跳转到登录页面；如果登录了，则跳转到支付页面
        # 不用判断用户是否登录，购物车中的商品信息只需要从 Session 中获取即可
        session_goods = request.session.get('goods')
        data = []
        if session_goods:
        for se_goods in session_goods:
        goods = Goods.objects.filter(pk=se_goods[0]).first()
        nums = se_goods[1]
        price = goods.shop_price * se_goods[1]
        data.append([goods, nums, price])
        # 需要将结构返回给页面
        # [[ 商品对象，商品数量，商品价格 ], [ 商品对象，商品数量，商品价格 ]…]
        return render(request, 'cart.html', {'goods_all': data})
```

购物车页面中需要展示当前用户加入购物车中的商品信息，由于购物车中的所有商品信息都已加入 Session 中进行缓存，因此商品数据需从 Session 中获取并组装返回给购物车 cart.html 页面。返回给页面的数据结构为 [[商品对象，商品数量，商品价格], [商品对象，商品数量，商品价格]...]。

步骤 3：定义购物车页面，如示例 14-29 所示。

【示例 14-29】在 templates/web 文件夹下定义购物车 cart.html 页面。

```html
{% extends 'web/base_main.html' %}

{% block title %}
    天天生鲜 - 购物车
{% endblock %}

{% block search %}
    <div class="search_bar clearfix">
      <a href="index.html" class="logo fl"><img src="/static/images/logo.png"></a>
      <div class="sub_page_name fl">|     购物车 </div>
      <div class="search_con fr">
          <input type="text" class="input_text fl" name="" placeholder=" 搜索商品 ">
          <input type="button" class="input_btn fr" name="" value=" 搜索 ">
      </div>
    </div>
{% endblock %}

{% block content %}
    <div class="total_count"> 全部商品 <em>2</em> 件 </div>
```

```html
<ul class="cart_list_th clearfix">
    <li class="col01">商品名称 </li>
    <li class="col02">商品单位 </li>
    <li class="col03">商品价格 </li>
    <li class="col04">数量 </li>
    <li class="col05">小计 </li>
    <li class="col06">操作 </li>
</ul>
{% if goods_all %}
    {% for goods in goods_all %}
        <ul class="cart_list_td clearfix">
            <li class="col01"><input type="checkbox" name="" checked></li>
            <li class="col02"><img src="/media/{{ goods.0.goods_front_image }}"></li>
            <li class="col03">{{ goods.0.name }}<br><em>{{ goods.0.shop_price }}元 /500g</em></li>
            <li class="col04">500g</li>
            <li class="col05">{{ goods.0.shop_price }} 元 </li>
            <li class="col06">
                <div class="num_add">
                    <a href="javascript:;" class="add fl" onclick="add_cart({{ goods.0.id }});">+</a>
                    <input type="text" class="num_show fl" value="{{ goods.1 }}" id="goods_cart_{{ goods.0.id }}">
                    <a href="javascript:;" class="minus fl" onclick="sub_cart({{ goods.0.id }});">-</a>
                </div>
            </li>
            <li class="col07">{{ goods.2 }}元 </li>
            <li class="col08"><a href="{% url 'carts:del_cart' goods.0.id %}"> 删除 </a></li>
        </ul>
    {% endfor %}
{% endif %}
{% csrf_token %}
<script>
    function add_cart(goods_id){
        <!-- 向后端传递 goods_id 和 nums-->
        var v = $('#goods_cart_' + goods_id).val();
        var new_value = parseInt(v) + 1;
        $('#goods_cart_' + goods_id).val(new_value);

        <!-- 使用 AJAX 向后端传递 goods_id 和 nums，实现更新 Session 中商品数据 -->
        cart_ajax(goods_id)
    }
```

```
        function sub_cart(goods_id){
            var v = $('#goods_cart_' + goods_id).val();
            if(v > 1){
                var new_value = parseInt(v) - 1;
                $('#goods_cart_' + goods_id).val(new_value);
                <!-- 调用 AJAX-->
                cart_AJAX(goods_id)
            }
        }


        function cart_ajax(goods_id){
            var nums = $('#goods_cart_' + goods_id).val()
            var csrf = $('input[name="csrfmiddlewaretoken"]').val()
            $.ajax({
                url:'/carts/change_cart/',
                type:'POST',
                dataType:'json',
                headers:{'X-CSRFToken': csrf},
                data: {'goods_id': goods_id, 'nums': nums},
                success: function(data){

                },
                error: function(data){
                    alert(' 失败 ')
                }
            })
        }

    </script>

<ul class="settlements">
    <li class="col01"><input type="checkbox" name="" checked=""></li>
    <li class="col02"> 全选 </li>
    <li class="col04"><a href="{% url 'order:place_order' %}"> 去结算 </a></li>
</ul>


{% endblock %}
```

在购物车 cart.html 页面中解析购物车中的商品名称、商品的图片、商品的数量、商品的价格小计、总价的统计等信息，效果如图 14-9 所示。

443

图14-9　购物车效果图

用户在购物车 cart.html 页面可以修改商品的选择状态、商品的数量，或直接删除商品的信息。本案例的购物车页面将实现修改商品数量及删除商品的功能。修改商品数量的点击事件和删除商品的功能通过异步 AJAX 实现，定义点击事件有以下 3 种方法。

（1）添加购物车中商品数量点击事件：add_cart()。

（2）减少购物车中商品数量点击事件：sub_cart()。

（3）定义删除购物车中商品信息路由：{% url 'carts:del_cart' goods.0.id %}。

14.4.2　购物车中商品数量的修改

在购物车 cart.html 页面中定义商品数量修改的点击事件 add_cart() 方法和 sub_cart() 方法，通过点击事件实现修改 Session 中商品的数量信息。存储在 Session 中的商品信息结构为 [商品 id 值，商品数量, 商品选择状态]，因此修改商品的数量即修改 Session 中存储的商品结构中的第 2 位元素。

在应用 shopping 模块中的路由文件 urls.py 中定义修改商品数量的路由，如示例 14-30 所示。

【示例 14-30】在 shopping/urls.py 文件中定义修改商品数量的路由。

```
# 修改购物车中数据
path('change_cart/', views.ChangeSessionGoods.as_view(), name='change_session_
goods')
```

在应用 shopping 模块中的视图文件 views.py 中定义修改商品数量的功能，如示例 14-31 所示。

【示例 14-31】在 shopping/views.py 文件中定义修改商品数量的视图类。

```
class ChangeSessionGoods(View):
    def post(self, request, *args, **kwargs):
        # 获取前端 AJAX 传递的 goods_id, nums
        goods_id = int(request.POST.get('goods_id'))
        nums = request.POST.get('nums')
        # 获取 Session 中商品的信息
```

```
            session_goods = request.session.get('goods')
            for goods in session_goods:
                # goods 结构为 [goods_id, nums, is_select]
                if goods_id == goods[0]:
                # 修改 Session 中的商品的数量
                goods[1] = int(nums) if nums else goods[1]

            request.session['goods'] = session_goods
            return JsonResponse({'code': 200, 'msg': ' 请求成功 '})
```

当用户在购物车页面中修改商品数量时，采用 AJAX 异步加载向后端提交 POST 请求，并传递商品的 id 值、goods_id 参数和修改的商品数量 nums 参数。后端接收到商品的 id 值和商品的数量 nums 值后，通过循环判断来修改 Session 中该商品对应的商品数量信息并返回响应 json 数据。

14.4.3　购物车中商品的删除

实现购物车中的商品的删除，需要对用户的登录状态进行判断。

如果用户已经登录系统，则用户在购物车中删除的商品操作其实处理了以下两个部分的数据信息。

（1）删除数据库 f_shopping_cart 表中存储的商品信息。

（2）删除 Session 中缓存的该商品的信息。例如，Session 中存储了 3 个商品的信息，结构为 [[7,1,1],[5,1,0], [9,3,1]]，当用户删除商品 id 为 7 的商品后，Session 中存储的商品结构为 [[5,1,0], [9,3,1]]。

如果用户没有登录，则用户在购物车中删除商品的操作其实只是删除了 Session 中存储的商品信息。

在应用 shopping 模块的路由文件 urls.py 中定义删除购物车中商品的路由，如示例 14-32 所示。

【示例 14-32】在 shopping/urls.py 文件中定义删除购物车中商品的路由。

```
# 删除购物车中商品的信息
path('del_cart/(\d+)/', views.DelCart, name='del_cart'),
```

在应用 shopping 模块的路由文件 views.py 中定义删除购物车中商品的功能，如示例 14-33 所示。

【示例 14-33】在 shopping/views.py 文件中定义删除购物车中商品的视图。

```
class ChangeCartGoodsSelect(View):

    def get(self, request, *args, **kwargs):

        user_id = request.session.get('user_id')
        if user_id:
            # 获取删除商品的 id 值
            id = kwargs['id']
```

```
        # 判断登录情况，删除数据库中的数据
        ShoppingCart.objects.filter(user_id=user_id, goods_id=id).delete()
    # 不管登录与否，删除 Session 中的数据
    session_goods = request.session.get('goods')
    # session_goods 结构为 [[goods_id, nums, is_select], [goods_id, nums, is_
select]...]
    # 实现删除 Session 中商品数据，如 session_goods 为 [[7,1,1],[5,1,0], [9,3,1]]
    # 删除 goods_id 为 7 的商品信息，最后结果为 [[5,1,0], [9,3,1]]
    for goods in session_goods:
        if goods[0] == int(id):
        session_goods.remove(goods)
    request.session['goods'] = session_goods
    # 删除购物车中的商品成功后，跳转到商品详情页面
    return HttpResponseRedirect(reverse('carts:cart'))
```

14.4.4 购物车数据同步

无论是否登录商城系统，用户在商城中对商品的操作都是操作存储在 Session 中的商品信息，包括添加商品到购物车、修改购物车中商品的数量、删除购物车中的商品信息等。

用户在登录商城后，Session 中存储的商品信息将同步到数据库中的 f_shpping_cart 表中，因此需要定义商品信息同步的中间件。

具体步骤如下。

步骤 1： 定义权限校验中间件，如示例 14-34 所示。

【示例 14-34】在 fresh_shop/utils 文件夹下创建 SessionMiddleware.py 文件，并定义中间件 SessionSyncMiddleware，用于实现将 Session 数据同步到数据库中。

```
class SessionSyncMiddleware(MiddlewareMixin):

    def process_response(self, request, response):
        # 没有登录就不用进行数据同步
        # 登录后才进行数据从 Session 到数据库的同步，且重新更新 Session 数据

        user_id = request.session.get('user_id')
        if user_id:
            # 登录情况
            session_goods = request.session.get('goods')
            # [[goods_id, nums, is_select], [goods_id, nums, is_select]...]
            if session_goods:
                # 判断 Session 中商品是否存在于数据库中，如果存在，则更新
                # 如果不存在则创建
                shop_carts = ShoppingCart.objects.filter(user_id=user_id)
                # 更新购物车中的商品数量，记录更新商品的 id 值
                data = []
```

```
                    for goods in shop_carts:
                        for se_goods in session_goods:
                            if se_goods[0] == goods.goods_id:
                                goods.nums = se_goods[1]
                                goods.save()
                                # 向 data 中添加编辑后的商品 id 值
                                data.append(se_goods[0])
                    # 添加
                    session_goods_ids = [i[0] for i in session_goods]
                    add_goods_ids = list(set(session_goods_ids) - set(data))

                    for add_goods_id in add_goods_ids:
                        for session_good in session_goods:
                            if add_goods_id == session_good[0]:
                                ShoppingCart.objects.create(user_id=user_id,
                                                            goods_id=add_goods_id,
                                                            nums=session_good[1])

                    # 将数据库中数据同步到 Session 中
                    # [[goods_id, nums, is_select], [goods_id, nums, is_select]...]
                    new_shop_carts = ShoppingCart.objects.filter(user_id=user_id)
                     session_new_goods = [[i.goods_id, i.nums, i.is_select] for i in new_
shop_carts]
                    request.session['goods'] = session_new_goods

        return response
```

定义中间件并重构 process_response 方法，如果用户登录了商城，则将 Session 中存储的商品信息同步到数据库中购物车 f_shopping_cart 表中；如果用户没有登录商城，则不进行任何处理。用户登录商城时，数据的同步分为以下 3 种情况。

（1）判断 Session 中商品是否存在于数据库的 f_shopping_cart 表中，如果存在，则更新数据库的 f_shopping_cart 表中的信息。

（2）如果 Session 中商品不存在于数据库的 f_shopping_cart 表中，则在数据库的 f_shopping_cart 表中创建商品信息。

（3）清空 Session 中商品的所有信息。重新从数据库的 f_shopping_cart 表中获取该用户添加到购物车中的所有商品信息，并重置 Session 中存储的商品信息。

温馨提示：

如果用户已经登录了商城，则中间件的作用是时刻保持 Session 中存储的商品信息和该用户添加到购物车中的商品信息一致。

步骤 2：修改 settings.py 文件中中间件的配置，如示例 14-35 所示。

【示例 14-35】在 fresh_shop/settings.py 文件中添加商品信息同步的中间件配置。

```
MIDDLEWARE = [
    ......
     'utils.SessionMiddleware. SessionSyncMiddleware, # 设置同步商品数据中间件
]
```

14.5 订单模块

用户在购物车中选择了需要购买的商品后，通过单击【去结算】按钮跳转到结算订单页面，在结算订单页面选择收货地址后即可提交订单。本小节中将分别实现添加收货地址、创建订单功能。

14.5.1 收货地址

在用户中心模块，用户可以编辑收货地址信息，如收件人、详细地址、邮编、手机号等。在浏览器中访问地址 http://127.0.0.1:8083/order/user_order_site/，可看到编辑收货信息页面如图 14-10 所示。

图14-10 用户中心收货地址效果图

实现编辑收货地址功能具体步骤如下所示。

步骤 1：定义路由，如示例 14-36 所示。

【示例 14-36】在 users/urls.py 文件中定义收货地址的路由。

```
# 收货地址
path('user_address/', views.Address.as_view(), name='user_address'),
```

步骤 2：定义视图，如示例 14-37 所示。

【**示例 14-37**】在 users/views.py 文件中定义编辑收货信息的视图。

```
class Address(View):
    def get(self, request, *args, **kwargs):
        user = request.user
        user_addresses = UserAddress.objects.filter(user=user).order_by('-id')

        return render(request, 'web/user_center_site.html', {'user_addresses':
user_addresses})

    def post(self, request, *args, **kwargs):
        form = UserAddressForm(request.POST)
        if form.is_valid():
            user = request.user
            address_info = form.cleaned_data
            UserAddress.objects.create(**address_info, user=user)
            return redirect('users:user_address')
        else:
            return render(request, 'web/user_center_site.html',{'form': form})
```

编辑收货信息的视图中，使用 UserAddressForm 表单对页面中提交的收货信息进行验证，如果校验成功，则向数据库中的 f_user_address 表中写入收货信息；如果校验不成功则将校验失败的信息返回给页面，并在页面中展示校验失败的错误信息。

步骤 3：定义收货地址页面，如示例 14-38 所示。

【**示例 14-38**】在 templates/web 文件夹中编辑收货地址 user_center_site.html 页面。

```
{% extends  'web/base_main.html' %}

{% block ticle %}
    天天生鲜 - 收货地址
{% endblock %}

{% block content %}

    <div class="main_con clearfix">
        <div class="left_menu_con clearfix">
            <h3>用户中心 </h3>
            <ul>
                <li><a href="{% url 'users:user_center_order' %}">· 个人信息 </a></li>
                <li><a href="{% url 'order:user_order' %}">· 全部订单 </a></li>
                <li><a href="{% url 'order:user_order_site' %}" class="active">· 收货地
址 </a></li>
            </ul>
        </div>
        <div class="right_content clearfix">
            <h3 class="common_title2">收货地址 </h3>
```

```
            <div class="site_con">
                <dl>
                                    {% if user_addresses %}
                    <dt> 当前地址：</dt>
                    {% for user_address in user_addresses %}
                        <dd>{{ user_address.address }}
                            （{{ user_address.signer_name }} 收）
                            {{ user_address.signer_mobile }}
                        </dd>
                    {% endfor %}
                                    {% endif %}
                </dl>
            </div>
        <h3 class="common_title2"> 编辑地址 </h3>
        <div class="site_con">
            <form action="{% url 'users:user_address' %}" method="post">
                {% csrf_token %}
                <div class="form_group">
                    <label> 收件人：</label>
                    <input type="text" name="signer_name">
                        {{ form.errors.signer_name }}
                </div>
                <div class="form_group form_group2">
                    <label> 详细地址：</label>
                    <textarea class="site_area" name="address"></textarea>
                        {{ form.errors.signer_name }}
                </div>
                <div class="form_group">
                    <label> 邮编：</label>
                    <input type="text" name="signer_postcode">
                        {{ form.errors.signer_postcode }}
                </div>
                <div class="form_group">
                    <label> 手机：</label>
                    <input type="text" name="signer_mobile">
                        {{ form.errors.signer_mobile }}
                </div>

                <input type="submit" name="" value=" 提交 " class="info_submit">
            </form>
        </div>
    </div>
</div>

{% endblock %}
```

在浏览器中访问地址 http://127.0.0.1:8083/order/user_order_site/，并填写收件人、详细地址、邮编、手机号，单击【提交】按钮后，将看到如图 14-11 所示效果图。

图14-11　编辑收货地址效果图

14.5.2　结算

用户在购物车中单击【去结算】按钮将跳转到订单结算页面。订单结算页面中会展示需要下单的商品信息、收货地址信息等，如图 14-12 所示。

图14-12　订单结算页面效果图

订单结算页面中商品的展示与收货地址信息的展示，实现步骤如下。

步骤 1：定义订单结算路由，如示例 14-39 所示。

【**示例 14-39**】在 order/urls.py 文件中定义订单结算路由。

```
from order import Order
```

```
# 订单结算
path('order/', views.Order.as_view(), name='order')
```

步骤 2：定义视图，如示例 14-40 所示。

【示例 14-40】在 order/views.py 文件中定义查看订单结算页面的视图。

```
class Order(View):

    def get(self, request, *args, **kwargs):
        # 获取当前登录系统的用户，该地址经过中间件处理，如果没有登录则直接跳转到登录页面
        user = request.user
        # 获取当前用户在购物车中勾选了的商品，并计算添加每一个商品的价格总和 count 字段
        shop_carts = ShoppingCart.objects.filter(user=user, is_select=True)
        for shop_cart in shop_carts:
            shop_cart.count = shop_cart.nums * shop_cart.goods.shop_price
        # 获取订单地址
        addresses = UserAddress.objects.filter(user=user)
        return render(request, 'web/place_order.html', {'shop_carts': shop_carts,
'addresses': addresses})
```

视图类中返回了用户加入购物车中的所有商品信息和该用户的收货地址信息。商品信息和收货地址信息解析如示例 14-41 所示。

步骤 3：定义订单结算页面，如示例 14-41 所示。

【示例 14-41】在 templates/web 文件夹下创建订单结算 place_order.html 页面。

```
{% extends 'web/base_main.html' %}

{% block ticle %}
    天天生鲜 - 订单结算
{% endblock %}

{% block content %}
    <h3 class="common_title">确认收货地址 </h3>

    <div class="common_list_con clearfix">
        <dl>
            <dt> 寄送到: </dt>
            {% for address in addresses %}
                <dd><input type="radio" id="radio_{{ address.id }}" value="{{
address.id }}" name="common_list">
                {{ address.address }}
                （{{ address.signer_name }} 收） {{ address.signer_mobile }}
                </dd>
            {% endfor %}
        </dl>
        <a href="user_center_site.html" class="edit_site">编辑收货地址 </a>
```

```
    </div>

    <h3 class="common_title"> 商品列表 </h3>

    <div class="common_list_con clearfix">
        <ul class="goods_list_th clearfix">
            <li class="col01"> 商品名称 </li>
            <li class="col02"> 商品单位 </li>
            <li class="col03"> 商品价格 </li>
            <li class="col04"> 数量 </li>
            <li class="col05"> 小计 </li>
        </ul>
        {% for shop_cart in shop_carts %}
            <ul class="goods_list_td clearfix">
                <li class="col01">{{ forloop.counter }}</li>
                <li class="col02"><img src="/media/{{ shop_cart.goods.goods_front_
image }}"></li>
                <li class="col03">{{ shop_cart.goods.name }}</li>
                <li class="col04">500g</li>
                <li class="col05">{{ shop_cart.goods.shop_price }} 元 </li>
                <li class="col06">{{ shop_cart.nums }}</li>
                <li class="col07">{{ shop_cart.count }} 元 </li>
            </ul>
        {% endfor %}
    </div>

    <h3 class="common_title"> 总金额结算 </h3>

    <div class="common_list_con clearfix">
        <div class="settle_con">
            <div class="total_goods_count"> 共 <em>{{ shop_carts|length }}</em> 件商品，
总金额 <b>0 元 </b></div>
            <div class="transit"> 运费：<b>10 元 </b></div>
        </div>
    </div>
    {% csrf_token %}
    <div class="order_submit clearfix">
        <a href="javascript:;" id="order_btn"> 提交订单 </a>
    </div>


    <div class="popup_con">
        <div class="popup">
            <p> 订单提交成功！3 秒后，返回首页 </p>
        </div>
```

```
        <div class="mask"></div>
    </div>
    <script type="text/javascript" src="/static/js/jquery-1.12.2.js"></script>
    <script type="text/javascript">
        $('#order_btn').click(function() {
            <!-- 验证用户是否选择了收货地址 -->
            var radio_length = $('input[name="common_list"]')
            for(var i = 0;i<radio_length.length;i++){
                if(radio_length[i].checked==True){
                    var value = radio_length[i].value;
                    break;
                }
            }
            if(value){
                <!-- 提交订单，弹出提示框 -->
                localStorage.setItem('order_finish',2);

                $('.popup_con').fadeIn('fast', function() {

                    setTimeout(function(){
                        $('.popup_con').fadeOut('fast',function(){
                            window.location.href = '/';
                        });
                    },3000)

                });

                <!-- 提交订单，向后端发送创建订单的 POST 请求 -->
                var csrf = $('input[name="csrfmiddlewaretoken"]').val()
                $.ajax({
                    url:'/order/make_order/',
                    type:'POST',
                    data:{'address_id': value},
                    dataType:'json',
                    headers:{'X-CSRFToken': csrf},
                    success:function(data){
                        if(data.code == '200'){
                            console.log(data.msg)
                        }
                    }
                })
            }else{
                alert(' 请选择收货人地址信息 ')
            }
        });
    </script>
```

```
{% endblock %}
```

用户在订单结算页面如果没有选择收货地址而直接单击【提交订单】按钮，页面将弹出"请选择收货人地址信息"的提示；如果用户选择了收货地址，单击【提交订单】按钮时，将采用异步 AJAX 向后端发送创建订单的请求。

使用 AJAX 向后端发送创建订单的请求时，需将收货地址的 id 作为参数传递给后端。后端在创建订单时，才知道订单的收货人、收货人地址及收货人电话等信息。在页面 place_order.html 中定义如下 JS 实现获取用户收货地址的 id 值，如示例 14-42 所示。

【示例 14-42】获取收货地址的 id 值的部分代码。

```
<script type="text/javascript">
  $('#order_btn').click(function() {
      <!-- 验证用户是否选择了收货地址 -->
      var radio_length = $('input[name="common_list"]')
          for(var i = 0;i<radio_length.length;i++){
              if(radio_length[i].checked==True){
                  var value = radio_length[i].value;
                  break;
              }
          }
......
</script>
```

当用户单击页面中的【提交订单】按钮后将执行 JS 的点击 click 事件，click 事件中的 value 值即用户选择的收货地址的 id 值。当获取到 value 值时，需使用异步 AJAX 实现订单的创建。

14.5.3 下单

用户在选择了收货地址后，单击【提交订单】按钮将执行异步 AJAX 请求。AJAX 请求的实现如示例 14-43 所示。

【示例 14-43】异步 AJAX 实现发送创建订单的 POST 请求，并将收货地址的 id 值传递给后端。

```
<!-- 提交订单，向后端发送创建订单的 POST 请求 -->
var csrf = $('input[name="csrfmiddlewaretoken"]').val()
$.ajax({
    url:'/order/make_order/',
    type:'POST',
    data:{'address_id': value},
    dataType:'json',
    headers:{'X-CSRFToken': csrf},
    success:function(data){
        if(data.code == '200'){
            console.log(data.msg)
        }
```

```
    }
})
```

在订单结算页面中单击【提交订单】按钮，提交绑定收货地址的 id 值的 POST 请求，后端将匹配创建订单的路由地址，并实现对应的创建订单功能。该功能实现步骤如下。

步骤 1：定义路由，如示例 14-44 所示。

【示例 14-44】在 order/urls.py 文件中定义创建订单的路由。

```
# 创建订单
path('make_order/', views.MakeOrder.as_view(), name='make_order'),
```

步骤 2：定义视图，实现订单创建功能。

订单的创建会涉及数据库中的用户地址表 f_user__address、订单表 f_order、订单详情表 f_order_goods、购物车表 f_shopping_cart。实现订单的创建需经过以下步骤。

步骤 1：从 f_shopping_cart 表中获取用户添加到购物车中的商品信息。

步骤 2：创建订单，订单信息包括随机生成的唯一交易号、订单的总价、订单的收货地址、订单的收货人姓名和电话。

步骤 3：在订单详情表 f_order_goods 中创建订单的详细商品信息。订单的详情表用于关联订单和订单的商品信息。

步骤 4：下单成功后，需要删除购物车中已下单的商品信息和 Session 中已下单的商品信息。

在应用 order 模块的视图 views.py 文件中定义创建订单的功能，如示例 14-45 所示。

【示例 14-45】在 order/views.py 文件中定义创建订单的视图。

```
class MakeOrder(View):

    def post(self, request, *args, **kwargs):
        # 创建订单
        user = request.user
        # 获取收货人的地址 id
        address_id = request.POST.get('address_id')
        user_address = UserAddress.objects.filter(id=address_id).first()
        # 获取随机生成的订单号
        order_sn = get_order_sn()
        # 计算下单的商品的价格总和
        order_mount = 0
        order_goods_id = []
        shop_carts = ShoppingCart.objects.filter(user=user, is_select=True)
        for shop_cart in shop_carts:
            order_goods_id.append(shop_cart.goods_id)
            order_mount += shop_cart.nums * shop_cart.goods.shop_price
        # 创建订单
        order_info = OrderInfo.objects.create(user=user,order_sn=order_sn,order_
mount=order_mount,
```

```
address=user_address.address,signer_name=user_address.signer_name, signer_
mobile=user_address.signer_mobile)
        # 创建订单和商品之间的详情关系
        for cart in shop_carts:
                OrderGoods.objects.create(order=order_info, goods=cart.goods, goods_
nums=cart.nums)

        # 下单成功后，删除购物车中已下单的商品
        shop_carts.delete()
        # 下单成功后，删除 Session 中已经下单的商品
        session_goods = request.session.get('goods')
        if session_goods:
            # 如果 Session 中有缓存的商品信息，用 for 循环判断 Session 中的商品是否已经下单
            # 如果已经下单，则删除 Session 中该商品的信息
            session_goods_new = session_goods
            for o_goods_id in order_goods_id:
                for s_goods in session_goods:
                    # 判断如果 Session 中商品的 id 存在于已经下单的商品中，有则删除
                    if int(s_goods[0]) == o_goods_id:
                        session_goods_new.remove(s_goods)
        request.session['goods'] = session_goods_new

        return JsonResponse({'code': 200, 'msg': ' 请求成功 '})
```

当用户在订单结算页面中选择了收货地址，并单击【提交订单】按钮后，将看到如图 14-13 所示的效果图。

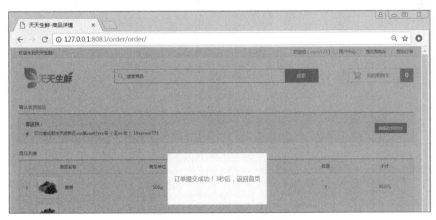

图14-13　下单成功效果图

本章小结

　　本章主要通过实战项目讲解了商城的前台管理系统的搭建与开发，包括用户认证模块、商品模块、购物车模块、订单模块等。在整个项目中使用了 form 表单、会话、中间件、模板、ORM 等技术。熟练地使用相关技术进行编程开发，是本篇的宗旨。

第 5 篇

部署篇

网站部署与上线

　　本篇主要内容是带领读者使用阿里云服务器实现网站的上线部署。网站部署是指将网站项目本身，包括配置信息、开发文档、使用手册等信息进行收集、打包、安装、配置、发布等的过程。

　　网站部署存在很多风险，如应用程序越来越复杂（包括迭代版本管理混乱、应用程序的结构变化过快）、服务器环境的不稳定（包括网络不稳定）、数据库的选型（如数据库无法支撑长久的业务发展）等。

　　网站部署也需考虑部署后的系统是否满足性能需求，如数据的吞吐量、负载均衡、压力测试等。不同的测试环境需要使用不同的技术实现不同方式的部署。

第 15 章
商城网站部署与上线

在企业中一个项目从开发到部署上线需要经过严格的流程控制，如开发阶段是开发人员进行功能开发的阶段，测试阶段 1 是测试人员介入进行从简单到复杂的业务测试的阶段，测试阶段 2 是测试人员进行程序性能测试的阶段，上线阶段是运维人员介入实现程序上线部署的阶段。因此在不同的阶段都需要进行不同的程序的部署，程序的部署方式是根据性能需求和业务需求选择的。

通过本章内容的学习，读者将掌握以下知识。

- ◆ 掌握远程连接 Linux 系统的工具使用，如 Xhsell 与 Xftp 工具
- ◆ 掌握测试环境的程序部署，如 nohup 的使用与调试
- ◆ 掌握线上正式环境的程序部署，如 Nginx 的安装与使用、uWSGI 的安装与使用

15.1　Linux环境搭建

在计算机系统中，常用的系统分别为 Linux 和 Windows。Linux 系统相对 Windows 系统而言，具备以下两个优点。

（1）稳定性：影响系统稳定性的主要因素是不运行的进程会占用资源。在进程的处理能力上，Linux 系统处理不运行进程的能力远高于 Windows，而且 Windows 服务器必须频繁地进行碎片整理，但在 Linux 系统中就不需要进行该项工作。

（2）安全性：Linux 是免费试用的类 Unix 操作系统，是基于 Unix 发展的。Linux 被设计为多用户操作系统，只有管理员或 root 账号才具备管理员权限，因此安全性比较高，即便某个用户想破坏计算机程序，底层系统文件依然会受到保护。

本章将使用 Linux 系统作为项目部署的服务器，因此需要安装常用的连接服务器的终端软件，如 Xshell 和 Xftp。

15.1.1　Xshell和Xftp的安装与使用

Xshell 是一款强大的终端模拟软件，可以通过互联网远程连接不同系统下的服务器，达到远程控制终端的目的。Xftp 是一款基于 MS Windows 平台的功能强大的 SFTP/FTP 文件传输软件，使用 Xftp 可以安全地在 Linux 系统和 Windows 系统之间传输文件。以下将分别演示安装 Xshell 和 Xftp 的方法。

安装软件前需要先下载软件，我们可以通过官网下载 Xshell 和 Xftp。官网下载地址为 https://www.netsarang.com/download/free_license.html，下载页面如图 15-1 所示。

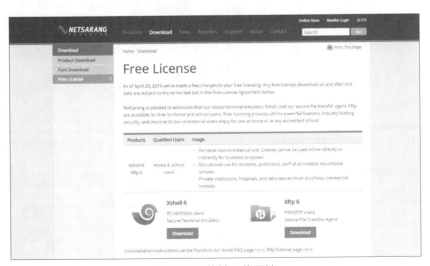

图15-1　终端下载网站

1.安装Xshell

下载 Xshell 后即可进行安装，具体安装步骤如下。

步骤 1：下载好 Xshell 后，双击运行 Xshell 的安装包，进入安装界面，如图 15-2 所示。

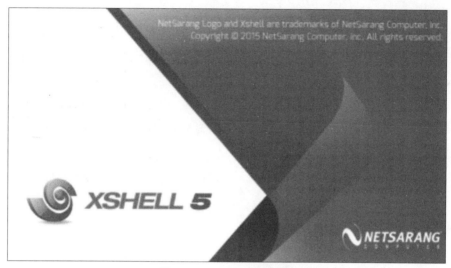

图15-2　Xshell安装界面

步骤 2：选择安装类型，如图 15-3 所示。

步骤 3：选择安装路径，如图 15-4 所示。

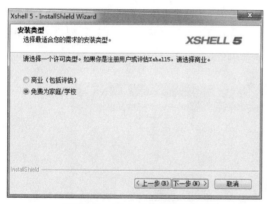

图15-3　Xshell安装类型选择

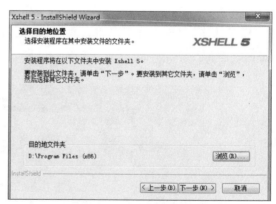

图15-4　Xshell安装路径选择

步骤 4：选择安装语言，如图 15-5 所示。

步骤 5：安装完成，如图 15-6 所示。

图15-5　Xshell安装语言选择　　　　　　图15-6　Xshell安装成功

2.安装Xftp

Xftp 下载完成后即可进行安装，具体安装步骤如下。

步骤 1： 下载好 Xftp 后，双击运行 Xftp 的安装包，进入安装界面，如图 15-7 所示。

步骤 2： 接受许可证协议，如图 15-8 所示。

图15-7　Xftp安装界面　　　　　　　图15-8　Xftp接受许可证协议界面

步骤 3： 填写客户信息，如图 15-9 所示。

步骤 4： 选择安装路径，如图 15-10 所示。

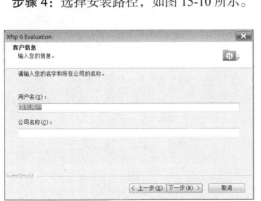

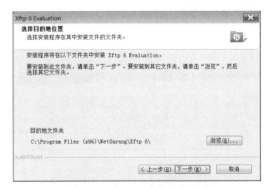

图15-9　Xftp填写客户信息界面　　　　图15-10　Xftp安装路径选择

步骤5：安装完成，如图15-11所示。

图15-11　Xftp安装成功

Xshell 和 Xftp 安装成功后，需使用终端 Xshell 连接阿里云服务器。运行 Xshell，在菜单栏的【文件】栏中单击【新建】按钮，将弹出如图 15-12 所示窗口。

图15-12　Xshell连接云服务器1

在窗口的【常规】选项中填写服务器名称、主机 IP 地址，并单击【连接】按钮，在弹出的窗口中输入登录云服务器的账号和密码即可进入云服务器，如图 15-13 所示。

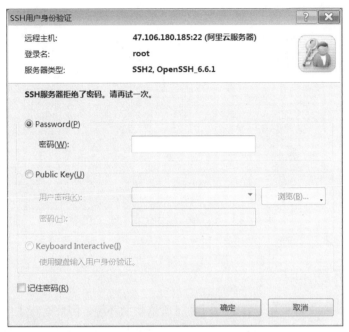

图15-13　Xshell连接云服务器2

15.1.2　项目目录结构的搭建

本章中使用的云服务器操作系统为 ContOS 7，本小节将演示如何在云服务器中进行项目环境的搭建与部署。在云服务器的根路径 /home/ 路径下创建 4 个文件夹，代表的含义如下。

（1）conf 文件夹：用于存放配置文件的内容。

（2）env 文件夹：用于存放项目所依赖的虚拟环境。

（3）logs 文件夹：用于存放日志文件。

（4）src 文件夹：用于存放项目代码。

进入 /home/ 目录并创建 4 个文件夹，如示例 15-1 所示。

【示例 15-1】在 home 路径下创建配置文件夹。

```
# 进入 /home/ 目录
cd /home/
# 创建 conf、env、logs、src 文件夹
mkdir conf env logs src
```

在 /home/ 根路径下创建配置文件夹成功后，需将商城后台管理系统源码和商城前台管理系统源码复制到 src 文件夹下。使用 Xftp 将本地项目源码传输到云服务器的 /home/src/ 文件夹下，传输界面如图 15-14 所示。

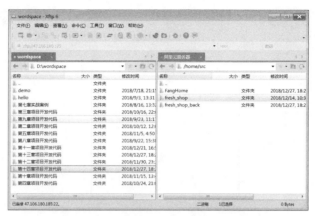

图15-14　Xftp传输项目到src文件夹下

15.1.3　虚拟环境的搭建

home 路径下的 env 文件夹用于存放运行项目所依赖的环境，因此运行生鲜商城项目所依赖的环境都存放在此文件夹下。使用 virtualenv 创建虚拟环境并定义生鲜商城的虚拟环境需安装的库，代码如示例 15-2 所示。

【示例 15-2】使用 virtualenv 创建项目的虚拟环境。

```
# 使用 yum 安装 virtualenv
yum install python-virtualenv
# 创建生鲜商城的虚拟环境
virtualenv --no-site-packages -p /usr/local/python3/bin/python3 freshenv
```

温馨提示：

虚拟环境的创建命令中，--no-site-packages 参数表示创建的虚拟环境为纯净的环境，不带有任何库；-p 参数表示创建的虚拟环境中的 Python 版本。

进入 /home/env/ 目录，并创建项目依赖库文件，如示例 15-3 所示。

【示例 15-3】在 /home/env/ 文件夹下创建生鲜商城项目依赖库文件。

```
# 创建生鲜商城依赖库文件
vim freshenv.txt
# 在 freshenv.txt 文件中编辑如下内容
django = 2.0.7
pymysql
Pillow
```

可以使用命令 pip install -r freshenv.txt 安装库，其中 freshenv.txt 表示包含需安装的库的文件。使用该命令安装库，相当于一行一行地安装 freshenv.txt 中定义的待安装的库名，如示例 15-4 所示，先激活虚拟环境，再安装项目的依赖库。

【示例 15-4】激活 /home/env/ 路径的虚拟环境 freshenv 并安装依赖库。

```
# 激活 freshenv 虚拟环境
source freshenv/bin/activate
# 安装生鲜商城的 freshenv 虚拟环境中的库
pip install -r freshenv.txt
```

项目依赖库还可以采用如示例 15-5 所示命令进行安装。

【示例 15-5】在虚拟环境 freshenv 中安装依赖库。

```
# 安装生鲜商城的 freshenv 虚拟环境中的库
/home/env/freshenv/bin/pip install -r freshenv.txt
```

项目所依赖的虚拟环境中的包,可以通过以下两种方式进行安装。

(1)如示例 15-4 所示,激活项目所依赖的虚拟环境,再使用 pip 命令将待安装的库安装在该虚拟环境中。

(2)如示例 15-5 所示,通过指定不同虚拟环境中的 pip 文件的绝对路径进行安装。

15.2 部署准备

在企业中,测试人员需对项目进行多次测试,确保整个项目没有任何一个遗漏的 bug,才可将项目交付给运维人员进行部署上线,因此测试人员在测试阶段测试项目时,对项目按照最简单的方式进行部署即可。确保项目没有任何 bug 后,在线上服务器进行项目部署时,就需考虑网站的并发处理情况、吞吐量等实际情况。可见,在测试阶段和线上部署阶段,项目的部署方式是不一样的。在测试阶段中可以使用 nohup 命令快速部署项目,而在线上部署阶段才使用 Nginx 和 uWSGI 进行项目部署。

15.2.1 nohup命令

nohup 命令表示不挂断地运行命令,即使用 nohup 命令将启动一个进程,当关闭终端之后这个进程仍然继续运行。在缺省的情况下,nohup 命令会将所有的输出都重定向到一个名为 nohup.out 的文件中。

nohup 语法:

```
nohup COMMAND [ARG]...
```

温馨提示:

使用 nohup 执行 COMMAND 命令,将忽略挂断信号(signals)。运行 nohup ./xxx.sh 文件后再关闭 shell 终端,已经启动的 xxx.sh 脚本文件的进程依然存在,但如果在 shell 终端中输入 Ctrl+C,则启动的 xxx.sh 脚本文件的进程将会清除掉。

15.2.2　Nginx服务

Nginx 是一个高性能的 HTTP 和反向代理服务，常作为 Web 服务器或反向代理服务器，其特点是占用内存少、并发能力强。Nginx 的并发能力在同类的 Web 服务器中表现得非常突出，百度、京东、淘宝都在使用 Nginx 做并发处理。

Nginx 的安装与启动配置如下。

（1）安装 epel-release 源，如示例 15-6 所示。

【示例 15-6】安装源。

```
yum install epel-release
```

（2）安装 Nginx，如示例 15-7 所示。

【示例 15-7】安装 Nginx。

```
yum install nginx
```

（3）运行 Nginx，如示例 15-8 所示。

【示例 15-8】执行 Nginx 操作命令。

```
# 启动 Nginx
systemctl start nginx
# 查看 Nginx 状态
systemctl status nginx
# 重启 Nginx
systemctl restart nginx
# 关闭 Nginx
systemctl stop nginx
# 设置 Nginx 开机自启动
systemctl enable nginx
# 设置 Nginx 禁止开机自启动
systemctl disable nginx
```

当 Nginx 启动成功后，需使用 systemctl status nginx 命令查看 Nginx 的启动状态，Nginx 的正常启动状态如图 15-15 所示。如果 Nginx 启动失败，则会提示"fail"。

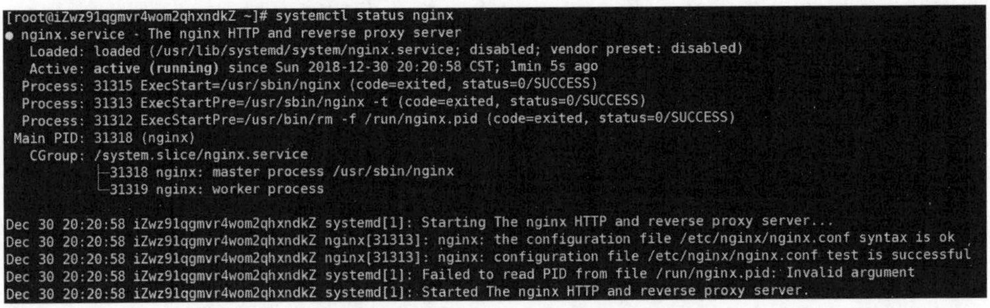

图15-15　Nginx启动成功状态

如果 Nginx 的启动状态为 running，则表示 Nginx 是正常启动的，这时可以在浏览器中访问云服务器的公网 IP。访问公网 IP 时，浏览器返回的界面如图 15-16 所示。

图15-16　Nginx启动界面

15.2.3　uWSGI服务

uWSGI 是一个 Web 服务器，实现了 WSGI 协议、uwsgi 协议、http 等协议。uWSGI 服务器主要用于和 Nginx 中的 HtppUwsgiModule 模块进行数据交换。

部署项目时，常采用 Nginx+uWSGI 的组合方式，Nginx 和 uWSGI 都为 Web 服务器，Nginx 主要负责静态文件内容的渲染，而 uWSGI 主要负责动态请求的解析。采用 Nginx+uWSGI 的组合方式进行项目部署，能提供更加高效的 Web 服务，达到高并发和负载均衡等目的。

uWSGI 的安装如示例 15-9 所示。

【示例 15-9】在虚拟环境 freshenv 和 fangenv 中安装 uWSGI。

```
# 在虚拟环境 freshenv 中安装 uWSGI
/home/env/freshenv/bin/pip install uwsgi


# 在虚拟环境 fangenv 中安装 uWSGI
/home/env/fangenv/bin/pip install uwsgi
```

15.3　商城网站部署

本节中将分别讲解在测试环境中使用 nohup 命令部署商城项目及在线上环境中使用 uwsgi 命令部署商城项目。

15.3.1　测试环境部署

在测试环境中测试人员对网站的测试主要集中在业务功能部分，网站的性能为次要因素，因此在测试环境中只需要使用启动命令来运行项目即可，不需要考虑项目的性能问题。示例 15-10 分别演示了使用命令启动商城前台系统和商城后台系统。

【示例 15-10】启动商城。

```
# 使用命令启动商城后台系统
/home/env/freshenv/bin/python /home/src/fresh_shop_back/manage.py runserver
0.0.0.0:8080

# 使用命令启动商城前台系统
/home/env/freshenv/bin/python /home/src/fresh_shop/manage.py runserver 0.0.0.0:8081
```

使用 Xshell 连接云服务器成功后，执行启动商城前后台项目的命令，启动命令分为以下 3 个部分。

（1）启动 Python 的绝对路径。如指定商城虚拟环境中的 Python 路径为 /home/env/freshenv/bin/python。

（2）启动项目 manage.py 文件的绝对路径。如商城前台的 manage.py 文件绝对路径为 /home/src/fresh_shop/manage.py，商城后台的 manage.py 文件绝对路径为 /home/src/fresh_shop_back/manage.py。

（3）启动项目的 IP 和端口。如需使用云服务器的公网 IP 访问商城，则需将启动项目的 IP 参数设置为 0.0.0.0。

使用示例 15-10 中的命令启动项目，在浏览器中访问云服务器的公网 IP 地址加端口 8080 即可访问商城首页，如图 15-17 所示。

图15-17 商城前台首页效果图

在浏览器中访问云服务器的公网 IP 地址加端口 8081 即可展示商城后台的登录界面，在登录界面中输入账号和密码进行登录，成功后将看到商城后台首页，如图 15-18 所示。

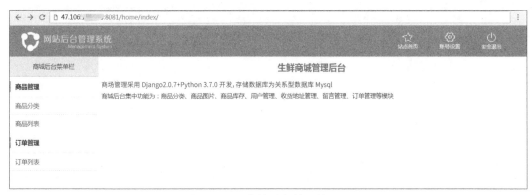

图15-18　商城后台首页效果图

在测试环境中部署项目，不同的项目只需启动不同的端口即可，如商城的前台管理系统项目应启动 8080 端口，商城的后台管理系统应启动 8081 端口。用户只需在浏览器中访问对应网址，如访问商城前台管理系统的地址为"云服务器的公网 IP:8080 端口"，而访问商城后台管理系统的地址为"云服务器的公网 IP:8081 端口"。

温馨提示：

测试环境中商城系统可通过运行 shell 脚本进行启动。如示例 15-11 和示例 15-12 将采用后台运行 nohup 命令和 shell 脚本进行项目的启动。

创建启动商城系统的脚本文件，如示例 15-11 所示。

【**示例 15-11**】在 /home/src/ 路径下创建启动商城前台系统的 start_fresh.sh 文件和启动商城后台系统的 start_fresh_back.sh 文件。

```
# 进入 /home/src/ 路径
cd /home/src/
# 创建 start_fresh.sh 脚本文件
touch start_fresh.sh
# 使用 vim 编辑 start_fresh_back.sh 文件，添加如下内容，并保存
/home/env/freshenv/bin/python /home/src/fresh_shop/manage.py runserver 0.0.0.0:8080

# 创建 start_fresh_back.sh 脚本文件
touch start_fresh_back.sh
# 使用 vim 编辑 start_fresh-back.sh 文件，添加如下内容，并保存
/home/env/freshenv/bin/python /home/src/fresh_shop_back/manage.py runserver
0.0.0.0:8080
```

示例 15-11 创建了商城系统启动的脚本文件。当用户在部署项目时，只需启动脚本文件即可。启动命令为 nohup ./start_fresh.sh 和 nohup ./start_fresh_back.sh，如示例 15-12 所示。

【示例 15-12】使用 nohup 命令启动项目。

```
# 进入 /home/src/ 路径
cd /home/src/

# 设置启动脚本文件的权限
chmod -R 777 start_fresh.sh
chmod -R 777 start_fresh_back.sh

# 启动脚本文件
nohup ./start_fresh.sh
nohup ./start_fresh_back.sh
```

温馨提示：

在测试环境中部署项目，分别采用以下两种方式进行项目的启动。

（1）采用命令行的形式进行项目的启动，但关闭终端后，项目进程将会被清除。

（2）采用 nohup 命令和启动脚本文件的形式进行项目的启动，关闭终端后，项目进程不会被清除，将一直以后台执行的形式挂起项目。

15.3.2　线上环境商城前台部署

项目经过测试人员的多重测试并确保无遗漏的 bug 后，才会被部署在线上环境中。在线上环境中部署 Django 项目最常用的部署方式为 Nginx+uWSGI 的组合，因此本商城项目也以这种方式进行部署。以下分别配置 Nginx 和 uWSGI 文件。

在 15.1.2 小节中讲解了在云服务器的根路径 /home/ 路径下创建 4 个文件夹，分别为存放配置文件的 conf 文件夹、项目所依赖的虚拟环境的 env 文件夹、日志文件的 logs 文件夹、项目代码的 src 文件夹。本小节将在 conf 文件夹下创建商城项目启动的 Nginx 和 uWSGI 配置文件。

创建商城前台管理系统的配置文件 freshnginx.conf，具体如示例 15-13 所示。

【示例 15-13】在 /home/conf 文件夹下配置启动商城前台系统的 freshnginx.conf 配置文件。

```
# 进入 /home/conf/ 路径
cd /home/conf/
# 创建 freshnginx.conf 文件
touch freshnginx.conf
# 编辑 freshnginx.conf 文件，并配置监听端口、静态处理等信息
vim freshnginx.conf
# 在 freshnginx.conf 文件下添加如下内容
server {
    listen    80;
    server_name 47.106.xxx.xxx;

    access_log /home/logs/freshaccess.log;
```

```
    error_log /home/logs/fresherror.log;

    location /static/ {
        alias /home/src/fresh_shop/static/;
    }

    location /media/ {
        alias /home/src/fresh_shop/media/;
    }

    location / {
        include uwsgi_params;
        uwsgi_pass 127.0.0.1:8890;
    }
}
```

在 freshnginx.conf 文件中配置了监听端口 listen 参数、访问商城地址 server_name 参数等信息。freshnginx.conf 中每个参数的含义如下。

（1）listen 参数：表示启动 Nginx 后项目监听的端口，端口为 80。

（2）server_name 参数：表示监听的地址。如果用户有已备案的域名，则 server_name 参数可以修改为域名（域名需解析到云服务器的公网 IP）。

（3）access_log 和 error_log 参数：表示记录 Nginx 启动成功或失败的日志信息。

（4）location /documents/ 参数：表示请求过滤。如果请求 URL 地址是以 /static/ 或 /media/ 开头，则直接用 alias 指定的路径替换 location 路径；如果请求的 URL 地址为 http://127.0.0.1:8080/static/css/style.css，则表示当前路由地址是查看 /home/src/fresh_shop/static/css/style.css 文件。

（5）location / 参数：表示匹配所有请求，并将请求交给 uWSGI 服务进行解析。如示例 15-13 中定义 127.0.0.1:8890，表示该 freshnginx.conf 文件和 uWSGI 通信的端口为 8890。

创建并配置启动商城前台系统的 freshuwsgi.ini 文件，如示例 15-14 所示。

【示例 15-14】在 /home/conf 文件夹下配置启动商城前台系统的 freshuwsgi.ini 配置文件。

```
# 进入 /home/conf/ 路径
cd /home/conf/
# 创建 freshuwsgi.ini 文件
touch freshuwsgi.ini
# 编辑 freshuwsgi.ini 文件，并配置启动项目的虚拟环境、日志等信息
vim freshuwsgi.ini
# 在 freshuwsgi.conf 文件下添加如下内容
[uwsgi]
master = True
processes = 4
chdir = /home/src/fresh_shop
pythonpath = /home/env/freshenv/bin/python
```

```
module = fresh_shop.wsgi
socket = 127.0.0.1:8890
logto = /home/logs/freshuwsgi.log
```

在 freshuwsgi.ini 文件中定义了启动项目的进程数、项目的路径等信息。freshuwsgi.ini 文件中每一个参数的含义如下。

（1）master 参数：表示启动进程。

（2）processes 参数：表示启动 4 个进程。

（3）chdir 参数：表示项目的地址。

（4）pythonpath 参数：表示指定运行项目所依赖的 Python 解释器地址。如示例中 pythonpath 参数指定为虚拟环境 freshenv 中的 Python。

（5）module 参数：表示指定项目的 uwsgi 文件。

（6）socket 参数：表示和 Nginx 通信的地址和端口，该参数必须和 freshnginx.conf 中定义的通信地址一致。

（7）logto 参数：表示启动 uWSGI 后，存储 uWSGI 的启动及运行的日志信息。

示例 15-13 和示例 15-14 分别定义了启动商城前台管理系统的配置文件：freshnginx.conf 文件和 freshuwsgi.ini 文件，只需修改全局文件 nginx.conf 即可启动项目，如示例 15-15 所示。

【示例 15-15】修改 /etc/nginx/nginx.conf 文件的内容并重启 Nginx。

```
# 编辑 nginx.conf 文件内容
vim /etc/nginx/nginx.conf
# 插入自定义的 freshnginx.conf 文件，并保存
include /home/conf/freshnginx.conf;

# 重启 Nginx
systemctl restart nginx
```

示例 15-15 中编辑了 nginx.conf 文件，在 37 行的位置插入自定义 freshnginx.conf 文件的路径，即插入配置 include /home/conf/freshnginx.conf; 。nginx.conf 文件编辑的效果如图 15-19 所示。

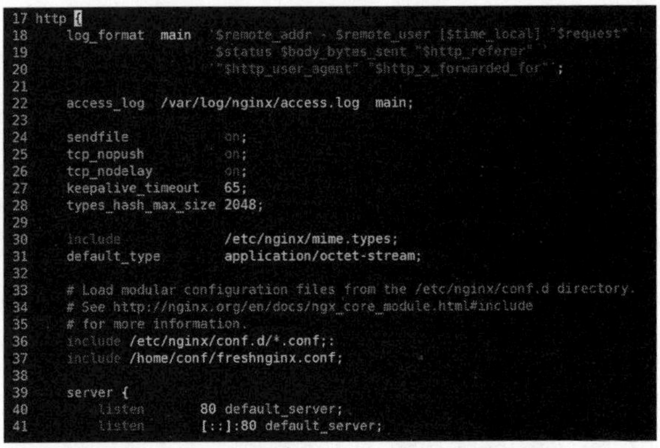

图15-19　修改nginx.conf文件效果图

根据示例 15-15 配置 nginx.conf 文件并重启 Nginx 成功后，可以使用 uwsgi 命令进行项目的启动。

启动命令：uwsgi --ini uwsgi.ini 文件。

使用 uwsgi 命令启动项目，如示例 15-16 所示。

【示例 15-16】项目的启动命令。

```
# 使用 uwsgi 库启动商城前台项目
/home/env/freshenv/bin/uwsgi --ini /home/conf/freshuwsgi.ini
```

温馨提示：

根据示例 15-13~ 示例 15-16 创建 freshnginx.conf 和 freshuwsgi.ini 文件，并修改 /etc/nginx/nginx.conf 文件，最后使用 uwsgi 命令进行项目启动。当启动成功后，即可使用"云服务器的 IP 地址：80 端口"访问商城前台管理系统。

15.3.3　线上环境商城后台部署

商城前台和后台管理系统的部署方式一致，只需在 /home/conf/ 路径中创建商城后台管理的启动配置文件：freshbacknginx.conf 和 freshbackuwsgi.ini 即可，如示例 15-17 所示。

【示例 15-17】在 /home/conf 文件夹下配置启动商城后台管理系统的 freshbacknginx.conf 配置文件。

```
# 进入 /home/conf/ 路径
cd /home/conf/
# 创建 freshbacknginx.conf 文件
touch freshbacknginx.conf
# 编辑 freshbacknginx.conf 文件，并配置监听端口、静态处理等信息
vim freshbacknginx.conf
# 在 freshbacknginx.conf 文件下添加如下内容
server {
    listen    8080;
    server_name 47.106.xxx.xxx;

    access_log /home/logs/freshback_access.log;
    error_log /home/logs/freshback_error.log;

    location /static/ {
        alias /home/src/fresh_shop_back/static/;
    }

    location /media/ {
        alias /home/src/fresh_shop_back/media/;
    }
```

```
    location / {
        include uwsgi_params;
        uwsgi_pass 127.0.0.1:8891;
    }
}
```

在 freshbacknginx.conf 文件中配置了监听端口 listen 参数、访问商城地址 server_name 参数等信息。freshbacknginx.conf 中每个参数的含义如下。

（1）listen 参数：表示启动 Nginx 后，商城后台管理系统监听的端口为 8080。

（2）server_name 参数、access_log 参数、error_log 参数、location /documents/ 参数：这些参数和在 freshnginx.conf 文件中定义的参数含义一致，请参考示例 15-13。

（3）location / 参数：表示匹配所有请求，并将请求交给 uWSGI 服务进行解析。如示例 15-17 中定义 127.0.0.1:8891，表示该 freshbacknginx.conf 文件和 uWSGI 通信的端口为 8891。

如示例 15-18 所示，定义 freshbackuwsgi.ini 文件。

【示例 15-18】在 /home/conf 文件夹下配置启动商城后台系统的 freshbackuwsgi.ini 配置文件。

```
# 进入 /home/conf/ 路径
cd /home/conf/
# 创建 freshbackuwsgi.ini 文件
touch freshbackuwsgi.ini
# 编辑 freshbackuwsgi.ini 文件，并配置启动项目的虚拟环境、日志等信息
vim freshbackuwsgi.ini
# 在 freshbackuwsgi.conf 文件下添加如下内容
[uwsgi]
master = True
processes = 4
chdir = /home/src/fresh_shop_back
pythonpath = /home/env/freshenv/bin/python
module = fresh_shop_back.wsgi
socket = 127.0.0.1:8891
logto = /home/logs/freshbackuwsgi.log
```

在 freshbackuwsgi.ini 文件中定义了启动项目的进程数、项目的路径、项目的虚拟环境位置等配置信息，该文件中的参数和 freshuwsgi.ini 文件中定义的参数含义一致。在定义配置文件时，需注意以下两点。

（1）商城前台管理系统和商城后台管理系统使用同一个虚拟环境，因此 pythonpath 参数指定的是同一路径，即 /home/env/freshenv/bin/python3。

（2）socket 通信端口应和 freshbacknginx.conf 文件中定义的端口一致，即端口为 8891。

示例 15-17 和示例 15-18 分别定义了启动商城后台管理系统的配置文件 freshbacknginx.conf 文件和 freshbacknginx.ini 文件。修改全局 nginx.conf 文件即可启动项目，如示例 15-19 所示。

【示例 15-19】修改 /etc/nginx/nginx.conf 文件的内容并重启 Nginx。

```
# 编辑 nginx.conf 文件内容
vim /etc/nginx/nginx.conf
# 插入自定义的 freshbacknginx.conf 文件，并保存
include /home/conf/freshbacknginx.conf;

# 重启 nginx
systemctl restart nginx
```

如示例 15-19 编辑 nginx.conf 文件，在 38 行的位置引入自定义的 freshbacknginx.conf 文件，即插入配置 include /home/conf/freshbacknginx.conf; 。nginx.conf 文件编辑的效果如图 15-20 所示。

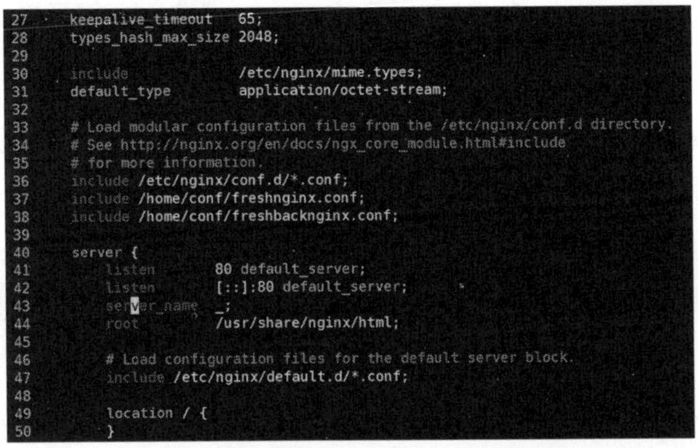

```
27    keepalive_timeout   65;
28    types_hash_max_size 2048;
29
30    include             /etc/nginx/mime.types;
31    default_type        application/octet-stream;
32
33    # Load modular configuration files from the /etc/nginx/conf.d directory.
34    # See http://nginx.org/en/docs/ngx_core_module.html#include
35    # for more information.
36    include /etc/nginx/conf.d/*.conf;
37    include /home/conf/freshnginx.conf;
38    include /home/conf/freshbacknginx.conf;
39
40    server {
41        listen       80 default_server;
42        listen       [::]:80 default_server;
43        server_name  _;
44        root         /usr/share/nginx/html;
45
46        # Load configuration files for the default server block.
47        include /etc/nginx/default.d/*.conf;
48
49        location / {
50        }
```

图15-20　修改nginx.conf文件效果图

修改 /etc/nginx/nginx.conf 文件并重启 Nginx 成功后，即可使用 uwsgi 命令启动商城后台管理系统。启动命令如示例 15-20 所示。

【示例 15-20】项目的启动命令。

```
# 使用 uwsgi 启动商城前台项目
/home/env/freshenv/bin/uwsgi --ini /home/conf/freshbackuwsgi.ini
```

启动商城后台管理系统成功后，即可在浏览器中访问后台系统，访问地址为“云服务器的 IP 地址 :8080 端口”。

本章小结

本章详细介绍了项目部署的核心知识，包括使用启动命令行、使用 nohup 命令、使用 Nginx+uWSGI 组合方式进行部署。其中，使用 Nginx+uWSGI 组合方式进行部署最为重要，通过这种方式部署的项目性能非常优秀。学习其他的部署方式，如使用 nohup 命令部署，有利于对本章内容的理解。

附录

Python 常见面试题精选

1. 基础知识（7题）

题 01：Python 中的不可变数据类型和可变数据类型是什么意思？

题 02：请简述 Python 中 is 和 == 的区别。

题 03：请简述 function(*args, **kwargs) 中的 *args 和 **kwargs 分别是什么意思？

题 04：请简述面向对象中的 __new__ 和 __init__ 的区别。

题 05：Python 子类在继承多个父类时，如多个父类有同名方法，子类将继承哪个方法？

题 06：请简述在 Python 中如何避免死锁。

题 07：什么是排序算法的稳定性？常见的排序算法如冒泡排序、快速排序、归并排序、堆排序、Shell 排序、二叉树排序等的时间、空间复杂度和稳定性如何？

2. 字符串与数字（7题）

题 08：s = "hfkfdlsahfgdiuanvzx"，试对 s 去重并按字母顺序排列输出 "adfghiklnsuvxz"。

题 09：试判定给定的字符串 s 和 t 是否满足 s 中的所有字符都可以替换为 t 中的所有字符。

题 10：使用 Lambda 表达式实现将 IPv4 的地址转换为 int 型整数。

题 11：罗马数字使用字母表示特定的数字，试编写函数 romanToInt()，输入罗马数字字符串，输出对应的阿拉伯数字。

题 12：试编写函数 isParenthesesValid()，确定输入的只包含字符 "(" ")" "{" "}" "[" 和 "]" 的字符串是否有效。注意，括号必须以正确的顺序关闭。

题 13：编写函数输出 count-and-say 序列的第 n 项。

题 14：不使用 sqrt 函数，试编写 squareRoot() 函数，输入一个正数，输出它的平方根的整数部分。

3. 正则表达式（4题）

题 15：请写出匹配中国大陆手机号且结尾不是 4 和 7 的正则表达式。

题 16：请写出以下代码的运行结果。

```
import re
str = '<div class="nam"> 中国 </div>'
res = re.findall(r'<div class=".*">(.*?)</div>',str)
print(res)
```

题 17：请写出以下代码的运行结果。

```
import re
```

```
match = re.compile('www\....?').match("www.baidu.com")
if match:
    print(match.group())
else:
    print("NO MATCH")
```

题 18：请写出以下代码的运行结果。

```
import re

example = "<div>test1</div><div>test2</div>"
Result = re.compile("<div.*").search(example)
print("Result = %s" % Result.group())
```

4. 列表、字典、元组、数组、矩阵（9题）

题 19：使用递推式将矩阵转换为一维向量。

题 20：写出以下代码的运行结果。

```
def testFun():
    temp = [lambda x : i*x for i in range(5)]
    return temp
for everyLambda in testFun():
    print (everyLambda(3))
```

题 21：编写 Python 程序，打印星号金字塔。

题 22：获取数组的支配点。

题 23：将函数按照执行效率高低排序。

题 24：螺旋式返回矩阵的元素。

题 25：生成一个新的矩阵，并且将原矩阵的所有元素以与原矩阵相同的行遍历顺序填充进去，将该矩阵重新整形为一个不同大小的矩阵但保留其原始数据。

题 26：查找矩阵中的第 k 个最小元素。

题 27：试编写函数 largestRectangleArea()，求一幅柱状图中包含的最大矩形的面积。

5. 设计模式（3题）

题 28：使用 Python 语言实现单例模式。

题 29：使用 Python 语言实现工厂模式。

题 30：使用 Python 语言实现观察者模式。

6. 树、二叉树、图（5题）

题 31：使用 Python 编写实现二叉树前序遍历的函数 preorder(root, res=[ ])。

题 32：使用 Python 实现一个二分查找函数。

题 33：编写 Python 函数 maxDepth()，实现获取二叉树 root 最大深度。

题 34：输入两棵二叉树 Root1、Root2，判断 Root2 是否是 Root1 的子结构（子树）。

题 35：判断数组是否是某棵二叉搜索树后序遍历的结果。

7. 文件操作（3题）

题 36：计算 test.txt 中的大写字母数。注意，test.txt 为含有大写字母在内、内容任意的文本文件。

题 37：补全缺失的代码。

题 38：设计内存中的文件系统。

8. 网络编程（4题）

题 39：请至少说出 3 条 TCP 和 UDP 协议的区别。

题 40：请简述 Cookie 和 Session 的区别。

题 41：请简述向服务器端发送请求时 GET 方式与 POST 方式的区别。

题 42：使用 threading 组件编写支持多线程的 Socket 服务端。

9. 数据库编程（6题）

题 43：简述数据库的第一、第二、第三范式的内容。

题 44：根据以下数据表结构和数据，编写 SQL 语句，查询平均成绩大于 80 的所有学生的学号、姓名和平均成绩。

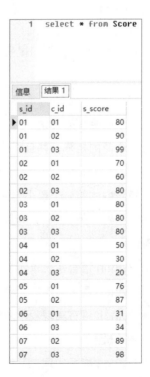

题 45：按照 44 题所给条件，编写 SQL 语句查询没有学全所有课程的学生信息。

题 46：按照 44 题所给条件，编写 SQL 语句查询所有课程第 2 名和第 3 名的学生信息及该课程成绩。

题 47：按照 44 题所给条件，编写 SQL 语句查询所有课程中有 2 人及以上不及格的教师、课程、学生信息及该课程成绩。

题 48：按照 44 题所给条件，编写 SQL 语句生成每门课程的一分段表（课程 ID、课程名称、分数、该课程的该分数人数、该课程累计人数）。

10. 图形图像与可视化（2题）

题 49：绘制一个二次函数的图形，同时画出使用梯形法求积分时的各个梯形。

题 50：将给定数据可视化并给出分析结论。

参 考 文 献

[1] Paul Bissex，Jeff Forcier，Wesley Chun. Django Web 开发指南 [M]. 徐旭铭，等译. 北京：机械工业出版社，2009.

[2] Wesley Chun. Python 核心编程 [M]. 孙波翔，李斌，李晗，译. 3 版. 北京：人民邮电出版社，2016.

[3] Kristina Cbodorow. MongoDB 权威指南 [M]. 邓强，王明辉，译. 2 版. 北京：人民邮电出版社，2016.

[4] Nicholas C. Zakas. JavaScript 高级程序设计 [M]. 李松峰，曹力，译. 3 版. 北京：人民邮电出版社，2016.

[5] David Beazley，Brian K. Jones. Python Cookbook[M]. 陈舸，译. 3 版. 北京：人民邮电出版社，2015.

[6] Baron Schwartz，Peter Zaitsev，Vadim Tkachenko. 高性能 MySQL[M]. 宁海元，周振兴，彭立勋，等译. 3 版. 北京：电子工业出版社，2013.